手把手教你学系列丛书

手把手教你学
PIC 单片机 C 程序设计

周兴华　吕超亚　李玉丽　岑　巍　编著
周兴华单片机培训中心策划

北京航空航天大学出版社

内容简介

作者从2010年起，在周兴华单片机培训中心(www.hlelectron.com)使用自行编写的《手把手教你学PIC单片机C程序设计》讲义进行培训，取得了非常好的教学效果。本书以此为母本，另外增加了大量实例进行充实，并补充了C语言的基础知识。本书以实践(实验)为主线，以具体应用的实例为灵魂，穿插介绍了PIC16F877A单片机的结构特点及设计技巧。本书理论与实践紧密结合，由浅入深、循序渐进地引导读者进行学习、实验，这样读者学得好、记得牢，不会产生任何畏难情绪，无形之中一步一步地掌握PIC单片机的应用设计。

本书贯彻《手把手教你学系列丛书》相同的教学方式。书中附有光盘，含本书所有的程序设计文件以及多媒体教学课件。本书可用作大学本科教材，也可用作专科、中高等职业技术学校、电视大学等的教学用书，还可作为单片机爱好者的自学用书。

图书在版编目(CIP)数据

手把手教你学PIC单片机C程序设计 /周兴华等编著
. -- 北京 :北京航空航天大学出版社，2013.10
ISBN 978-7-5124-1082-4

Ⅰ. ①手… Ⅱ. ①周… Ⅲ. ①单片微型计算机—C语言—程序设计 Ⅳ. ①TP368.1②TP312

中国版本图书馆CIP数据核字(2013)第042207号

手把手教你学PIC单片机C程序设计
周兴华　吕超亚　李玉丽　岑巍　编著
责任编辑　刘晨　刘朝霞
*
北京航空航天大学出版社出版发行
北京市海淀区学院路37号(邮编100191)　http://www.buaapress.com.cn
发行部电话:(010)82317024　传真:(010)82328026
读者信箱:emsbook@gmail.com　邮购电话:(010)82316936
涿州市新华印刷有限公司印装　各地书店经销
*
开本:710×1 000　1/16　印张:23.25　字数:496千字
2013年10月第1版　2013年10月第1次印刷　印数:4 000册
ISBN 978-7-5124-1082-4　定价:49.00元(含光盘1张)

前 言

自从笔者以实践为主的单片机入门系列书籍《手把手教你学系列丛书》出版后，受到广大学生、工程技术人员、电子爱好者的热烈欢迎。该系列丛书教学方式新颖独特，使初学者入门难度明显降低，结合边学边练的实训模式，很快引导数十万读者入了单片机这扇门。系列丛书与读者见面的8年来，已重印多次，就此可知对单片机初学入门的巨大帮助及引导作用，它使一大批的读者从传统的电子技术领域步入了微型计算机领域，进入了一个崭新的天地。

PIC单片机是当前应用非常广泛的一种单片机，是Microchip公司研发的一种采用哈佛总线及精简指令集(RISC)的8位单片机，其高速、低耗、低压、强驱动、高抗干扰设计体现了单片机发展的新趋势。它在工业控制、智能仪器仪表、通信设备、家电控制、汽车电子、计算机外围设备及一些高端的科研领域等都得到了广泛的应用。因此，掌握PIC单片机的设计及应用就显得尤为重要与迫切。

为了帮助读者朋友尽快掌握PIC单片机的设计，笔者采用《手把手教你学系列丛书》相同的教学方式，手把手地以实践为主，教读者学习PIC单片机设计，使读者能尽快掌握其设计方法并产生经济效益。

随书所附的光盘中提供了本书的所有软件设计程序文件，读者朋友可参考使用。另外为了方便学校教学使用，光盘中还带有多媒体教学课件。

参与本书编写的主要工作人员有周兴华、吕超亚、李玉丽、岑巍、周济华、沈惠莉、周渊、周国华、丁月妹、周晓琼、钱真、周桂华、刘卫平、周军、李德英、朱秀娟、刘君礼、毛雪琴、邱华锋、胡颖静、吴辉东、冯骏、孔雪莲、王锛、方渝、刘郑州、王菲、付毛仙、吕丁才、唐群苗、吕亚波等，全书由周兴华统稿并审校。

本书的编写工作得到了我国单片机权威何立民教授的关心与鼓励，北京航空航天大学出版社嵌入式系统事业部胡晓柏主任也做了大量耐心细致的工作，使得本书得以顺利完成，在此表示衷心感谢。

由于作者水平有限，书中必定还存在不少缺点或漏洞，诚挚欢迎广大读者提出意见并不吝赐教。

周兴华

2013年6月

工欲善其事，必先利其器！

学习 PIC 单片机设计需要一定的学习、实验器材。当前市场上的学习书籍与学习器材可谓是琳琅满目，但往往许多教科书缺乏廉价的配套实验器材，而销售实验器材的供应商又不提供配套的教学用书，导致许多读者学了多年还是一头雾水，没有长进。

因此，一本优秀的入门书籍与一套与之相配的实验器材是学会单片机的必要条件，在此前提下，加上自己的刻苦努力、持之以恒，才能在最短时间内学会单片机的设计。

本书的学习实践成本很低，全部的实验器材只有几百元，如读者朋友自制或购买书中介绍的实验器材有困难时，可与作者联系，咨询购买事宜。

本书所配的实验器材如下：

- MPLAB IDE 集成开发环境。
- PICC C 语言编译器。
- PIC DEMO 单片机综合试验板。
- 16×2 字符型液晶显示模组(带背光照明)。
- 128×64 点阵图型液晶显示模组(带背光照明)。
- ICD2 在线调试器/程序下载器。
- USB 程序下载器。
- 5 V 高稳定专用稳压电源。

联系方式如下：

地址：上海市闵行区莲花路 2151 弄 57 号 201 室

邮编：201103

联系人：周兴华

电话(传真)：021－64654216　　13774280345

技术支持 E－mail：zxh2151@sohu.com

zxh2151@yahoo.com.cn

周兴华单片机培训中心主页：http://www.hlelectron.com

目　录

第1章 概述

自从许多读者跟着《手把手教你学系列丛书》学习单片机设计应用技术后，已取得了丰硕的成果。读者朋友利用单片机研制了各种各样的智能控制装置，在生产实践中发挥了重要的作用，有的还做成产品投放市场，创造了很好的经济效益。

有很多读者给笔者来信来电，表示《手把手教你学系列丛书》的教学方式很适合他们学习进步，跟着《手把手教你学系列丛书》学习实验后，就渐渐地从不理解到了解、从不懂到学会单片机的设计了。因此他们是非常喜欢《手把手教你学系列丛书》的。但目前《手把手教你学系列丛书》还缺少一本关于 PIC 单片机学习应用的书籍，而 PIC 单片机在目前各类工控领域的应用非常广泛，因此不管是产品升级革新还是维护保养，读者朋友迫切需要一本具有《手把手教你学系列丛书》教学风格，便于他们迅速学会掌握的书籍，因此笔者特编写此书以期读者能快速、容易地学会 PIC 单片机的设计。

1.1 快速高效地学会 PIC 单片机应用编程的办法是采用 C 语言编程

为了提高编制计算机系统和应用程序的效率，改善程序的可读性和可移植性，最好的办法是采用高级语言编程。目前，C 语言逐渐成为国内外开发单片机的主流语言。

C 语言是一种通用的编译型结构化计算机程序设计语言，在国际上十分流行，兼顾了多种高级语言的特点，并具备汇编语言的功能。它支持当前程序设计中广泛采用的由顶向下的结构化程序设计技术。一般的高级语言难以实现汇编语言对于计算机硬件直接进行操作（如对内存地址的操作、移位操作等）的功能，而 C 语言既具有一般高级语言的特点，又能直接对计算机的硬件进行操作。C 语言有功能丰富的库函数、运算速度快、编译效率高，并且采用 C 语言编写的程序能够很容易地在不同类型的计算机之间进行移植。因此，C 语言的应用范围越来越广泛。

用 C 语言来编写目标系统软件，会大大缩短开发周期，且明显地增加软件的可读性，便于改进和扩充，从而研制出规模更大、性能更完备的系统。

因此，用 C 语言进行单片机程序设计是单片机开发与应用的必然趋势。对汇编语言掌握到只要可以读懂程序，在时间要求比较严格的模块中进行程序的优化即可。采用 C 语言进行设计也不必对单片机和硬件接口的结构有很深入的了解，编译器可以自动完成变量存储单元的分配，编程者就可以专注于应用软件部分的设计，大大加快了软件的开发速度。采用 C 语言可以很容易地进行单片机的程序移植工作，有利于产品中的单片机重新选型。

C 语言的模块化程序结构特点，可以使程序模块大家共享，不断丰富。C 语言可读性的特点，更容易使大家可以借鉴前人的开发经验，提高自己的软件设计水平。采用 C 语言，可针对单片机常用的接口芯片编制通用的驱动函数，可针对常用的功能模块、算法等编制相应的函数，这些函数经过归纳整理可形成专家库函数，供广大的工程技术人员和单片机爱好者使用完善，这样可大大提高国内单片机软件设计水平。

过去长时间困扰人们的"高级语言产生代码太长，运行速度太慢不适合单片机使用"的致命缺点已被大幅度地克服。目前，用于单片机的 C 语言编译代码长度，已超过中等程序员的水平。而且，一些先进的新型单片机（如 PIC、AVR、STM8 系列单片机）片上 SRAM、FLASH 空间都很大、运行速度很快，代码效率所差的 10%～20% 已经不是什么重要问题。关于速度优化的问题，只要有好的仿真器的帮助，用人工优化关键代码就是很简单的事了。至于谈到开发速度、软件质量、结构严谨、程序坚固等方面的话，则 C 语言的完美绝非是汇编语言编程所能比拟的。

1.2 C 语言具有的突出优点

1. 语言简洁，使用方便灵活

C 语言是现有程序设计语言中规模最小的语言之一，而小的语言体系往往能设计出较好的程序。C 语言的关键字很少，ANSI C 标准一共只有 32 个关键字，9 种控制语句，压缩了一切不必要的成分。C 语言的书写形式比较自由，表达方法简洁，使用一些简单的方法就可以构造出相当复杂的数据类型和程序结构。

2. 可移植性好

用过汇编语言的读者都知道，即使是功能完全相同的一种程序，对于不同的单片机，必须采用不同的汇编语言来编写。这是因为汇编语言完全依赖于单片机硬件。而现代社会中新器件的更新换代速度非常快，也许我们每年都要跟新的单片机打交道。如果每接触一种新的单片机就要学习一次新的汇编语言，那么我们将一事无成，

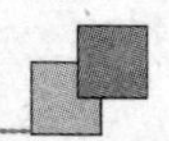

因为每学一种新的汇编语言，少则数月，多则一年，那么我们还有多少时间真正用于产品开发呢？

C语言是通过编译来得到可执行代码的，统计资料表明，不同机器上的C语言编译程序80%的代码是公共的，C语言的编译程序便于移植，从而使在一种单片机上使用的C语言程序，可以不加修改或稍加修改即可方便地移植到另一种结构类型的单片机上去。这大大增强了使用各种单片机进行产品开发的能力。

3. 表达能力强

C语言具有丰富的数据结构类型，可以根据需要采用整型、实型、字符型、数组类型、指针类型、结构类型、联合类型、枚举类型等多种数据类型来实现各种复杂数据结构的运算。C语言还具有多种运算符，灵活使用各种运算符可以实现其他高级语言难以实现的运算。

4. 表达方式灵活

利用C语言提供的多种运算符，可以组成各种表达式，还可采用多种方法来获得表达式的值，从而使用户在程序设计中具有更大的灵活性。C语言的语法规则不太严格，程序设计的自由度比较大，程序的书写格式自由灵活。程序主要用小写字母来编写，而小写字母是比较容易阅读的，这些充分体现了C语言灵活、方便和实用的特点。

5. 可进行结构化程序设计

C语言是以函数作为程序设计的基本单位的，C语言程序中的函数相当于汇编语言中的子程序。C语言对于输入和输出的处理也是通过函数调用来实现的。各种C语言编译器都会提供一个函数库，其中包含有许多标准函数，如各种数学函数、标准输入/输出函数等。此外C语言还具有自定义函数的功能，用户可以根据自己的需要编制满足某种特殊需要的自定义函数。实际上C语言程序就是由许多个函数组成的，一个函数即相当于一个程序模块，因此C语言可以很容易地进行结构化程序设计。

6. 可以直接操作计算机硬件

C语言具有直接访问单片机物理地址的能力，可以直接访问片内或片外存储器，还可以进行各种位操作。

7. 生成的目标代码质量高

众所周知，汇编语言程序目标代码的效率是最高的，这就是为什么汇编语言仍是编写计算机系统软件的重要工具的原因。但是统计表明，对于同一个问题，用C语言编写的程序生成代码的效率仅比用汇编语言编写的程序低10%～20%。

尽管C语言具有很多的优点，但和其他任何一种程序设计语言一样也有其自身

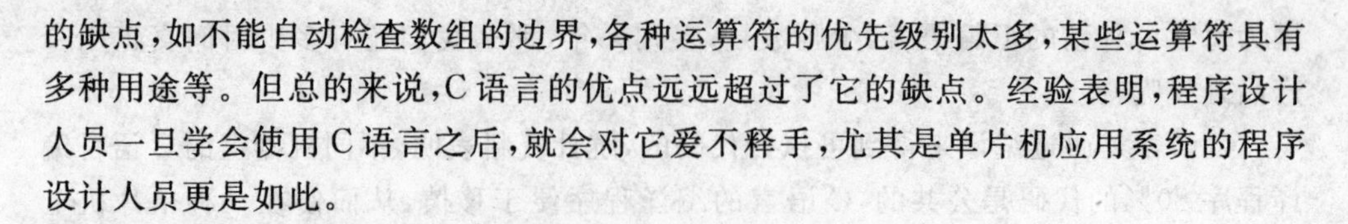

的缺点，如不能自动检查数组的边界，各种运算符的优先级别太多，某些运算符具有多种用途等。但总的来说，C 语言的优点远远超过了它的缺点。经验表明，程序设计人员一旦学会使用 C 语言之后，就会对它爱不释手，尤其是单片机应用系统的程序设计人员更是如此。

1.3 PIC 单片机简介

PIC 单片机是 Microchip 公司研发的一种采用哈佛总线及精简指令集(RISC)的 8 位单片机，其高速、低耗、低压、强驱动、高抗干扰体现了单片机发展的新趋势。PIC 的全称是 Peripheral Interface Controller(外围接口控制器)，它的市场定位非常明确，因此被工业控制产品及消费类产品广泛采用，取得了巨大的成功。PIC 单片机的片上资源比较丰富，依据其产品系列的不同(包括高、中、低系列产品)，包含有程序存储器、数据存储器、EEPROM 存储器、A/D 转换器、MSSP 主同步串行口、捕捉器、比较器、PWM、低压检测、CAN 模块、USB 模块、各种复位电路及 LCD 模块等，可以广泛应用于工业控制、智能仪器仪表、通信设备、家电控制、汽车电子、计算机外围设备等各个领域。

第 2 章

学习 PIC 单片机设计所用的软件及实验器材

学习 PIC 单片机设计，除了理论学习之外，主要就是依靠实践，离开了实践的学习只能是纸上谈兵。这里我们使用下面的低成本实验器材进行 PIC 单片机的学习及设计。

（1）MPLAB IDE 集成开发环境。

（2）PICC C 语言编译器。

（3）PIC DEMO 单片机综合试验板。

（4）ICD2 在线调试器/程序下载器。

（5）USB 程序下载器。

（6）5 V 高稳定专用稳压电源。

下面简介一下这些实验工具及器材。

2.1 MPLAB IDE 集成开发环境

MPLAB IDE 是 Microchip 公司开发的用于 PIC 单片机的集成开发环境，包括工程项目管理器、源程序编辑器、汇编器、软件调试器、在线调试器等，并且支持第三方的 C 语言开发工具。图 2-1 所示为 MPLAB IDE 的工作界面。

2.2 PICC C 语言编译器

Microchip 公司没有针对中低档系列 PIC 单片机的 C 语言编译器，但很多专业的第三方公司提供众多支持 PIC 单片机的 C 语言编译器，常见的有 HI-TECH、CCS、IAR 以及 Bytecraft 等公司。

PICC 是 HI-TECH 公司开发的一个用于 PIC 单片机的高性能 C 语言编译器，具有稳定可靠、生成的目标代码效率高等特点。PICC 软件的正式版需要购买，也可到 HI－TECH 公司的网站上下载免费的学习版软件 PICC－Lite 进行使用。

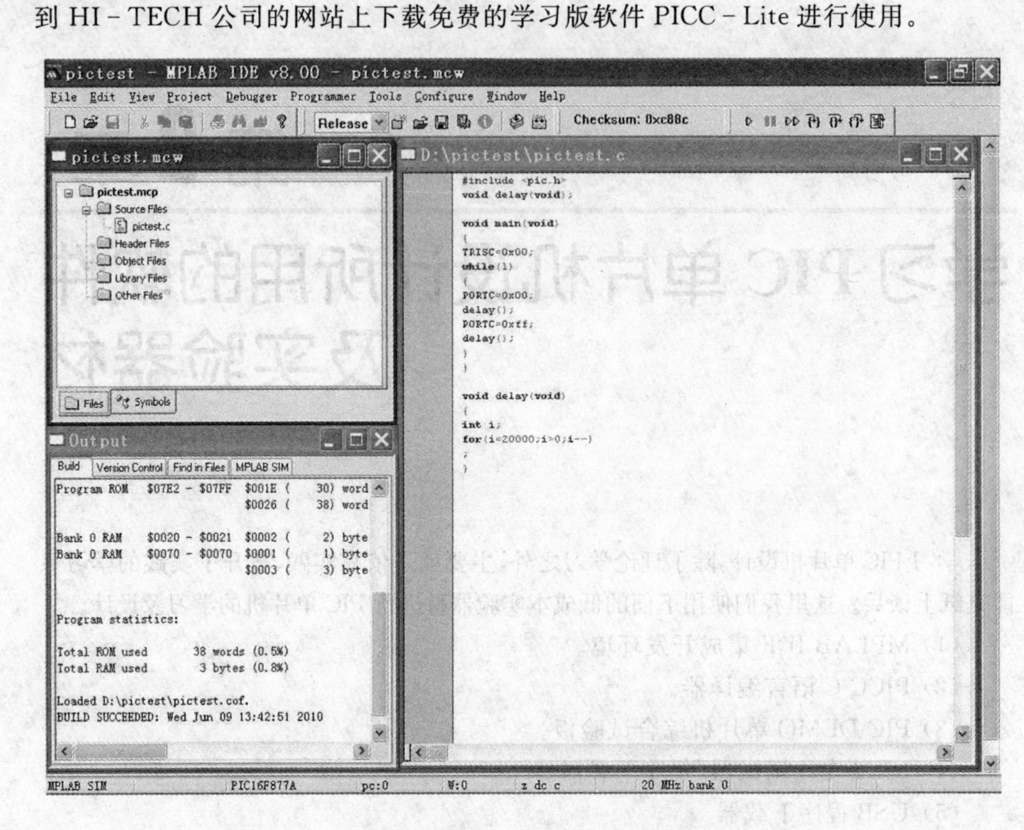

图 2－1　MPLAB IDE 的工作界面

2.3　PIC DEMO 单片机综合试验板

PIC DEMO 单片机试验板为综合了多种学习功能的实验板，对入门实习及学成后开发产品很有帮助，其主要的学习实验功能如下：

(1) PIC 单片机的输入/输出实验。

(2) 音响实验。

(3) A/D 实验。

(4) PWM(D/A)实验。

(5) 8 位数码管动态扫描输出及驱动。

(6) 8 位 LED 输出指示。

(7) I^{2}C 及 SPI 总线实验。

(8) DS18B20 温度控制实验。

(9) 16×2 液晶驱动实验。

(10) 128×64 液晶驱动实验。

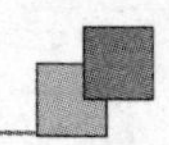

(11) 与PC连接做RS232通信实验。

图2-2所示为PIC DEMO单片机综合试验板外型。

图2-2　PIC DEMO单片机综合试验板外型

图2-3为PIC DEMO单片机综合试验板电路原理图。各单元部分的功能简介如下：

U1为单片机PIC16F877A。

JP1、JP2为双排针，它将单片机的40PIN引出，便于单片机外扩其他器件。

D0～D7为8个发光二极管，通过LED双排针与RC0～RC7连接，可作开关量输出的指示。

ICSP1及ICSP2为在线调试/程序下载的接口。

LCD128×64为驱动128×64图型液晶的接口，可做128×64液晶驱动实验。

LCD16×2为驱动16×2液晶的接口，可做16×2液晶驱动实验。

U2为232通信芯片，通过USART双排针与单片机PIC16F877A的RC6、RC7连接，方便与PC连接做RS232通信实验。

RV1为多圈电位器，所取得的模拟电压通过排针AD后送单片机的RA0，可做A/D实验。

Q1及蜂鸣器BZ组成音响电路，通过排针BEEP与单片机的PA2连接，可做音响实验。

S1-S3、INT为4个轻触式按键开关，与RB1-RB3、RB0连接，可做开关量输入实验及外中断输入实验。

RST为单片机外部复位按键。

LEDMOD1、LEDMOD2为8位数码管显示器，其中字段码经LEDMOD_DISP双排针后由单片机的RD0-RD7送出，位选码经LEDMOD_COM双排针后由单片机的RC0-RC7送出，可做8位数码管动态扫描输出及驱动。

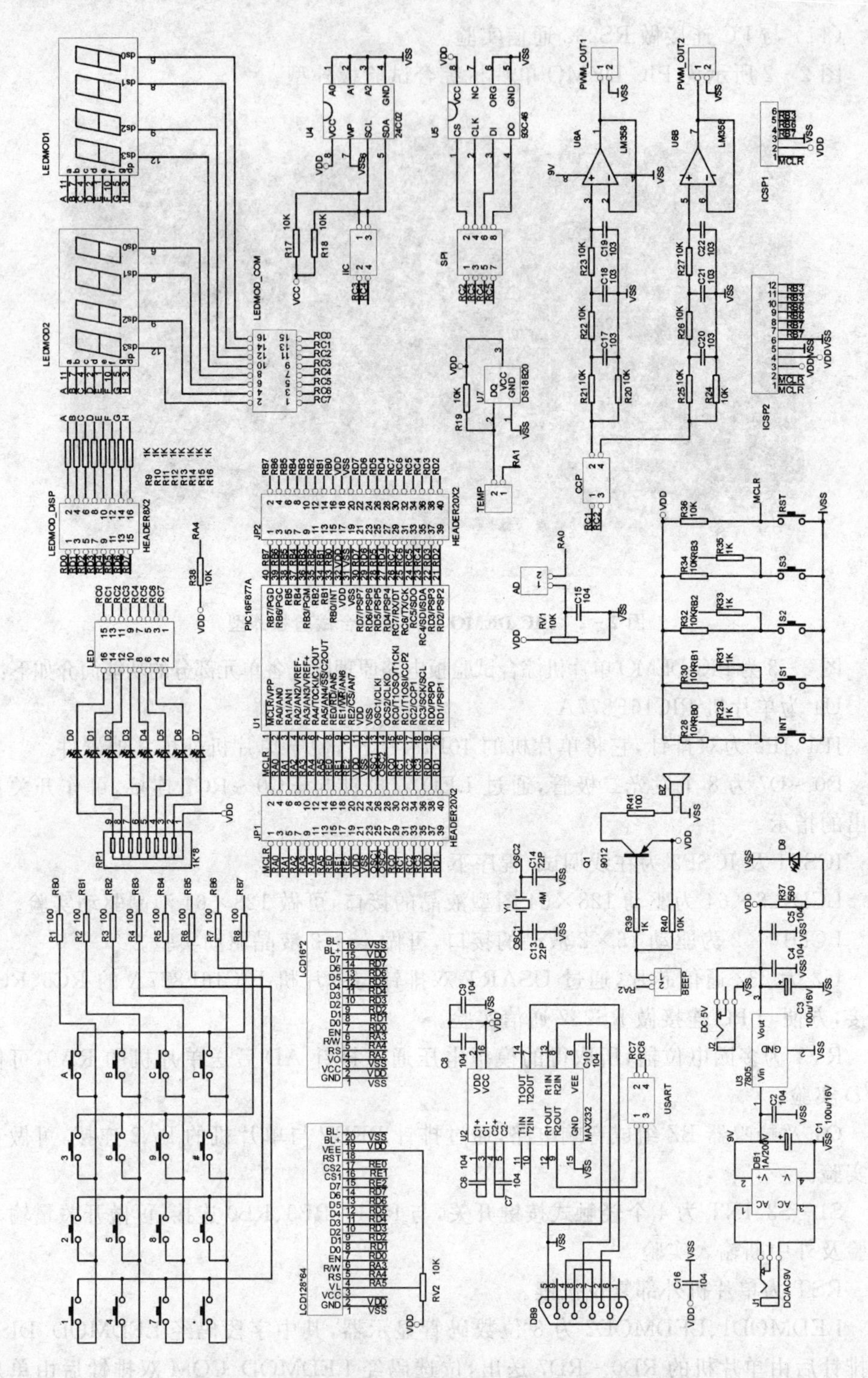

图 2－3　PIC DEMO 单片机综合试验板电路原理图

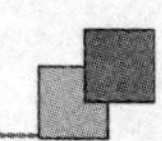

U4为I^2C总线实验器件24C01，通过I^2C双排针与RC3、RC4连接，可做I^2C总线实验。

U5为SPI总线实验器件93C46，通过SPI双排针与RC2－RC5连接，可做SPI总线实验。

U7为测温器件，通过排针TEMP将DS18B20与RA1连接，能进行测温及控温实验。

U6A、U6B及外围器件组成有源滤波电路，通过双排针CCP与单片机的RC1、RC2连接，可做PWM(D/A)实验。

J1、J2为外接电源插口，其中J1输入9～12 V直流电压，供U6运放使用，同时经U3稳压获得的5 V供其他部分使用。若实验中不需从PWM_OUT1、PWM_OUT2端口取得PWM的模拟量，那么直接从J2口输入5 V稳压电源即可，而不用J1口。

2.4　ICD2在线调试器/程序下载器

ICD是In－Circuit Debugger的英文缩写，中文是“在线调试”的意思，当然它也可以作为程序下载器使用。ICD2是ICD1的改进版，它支持调试更多的FLASH型的PIC单片机。图2－4为ICD2在线调试器/程序下载器外型。

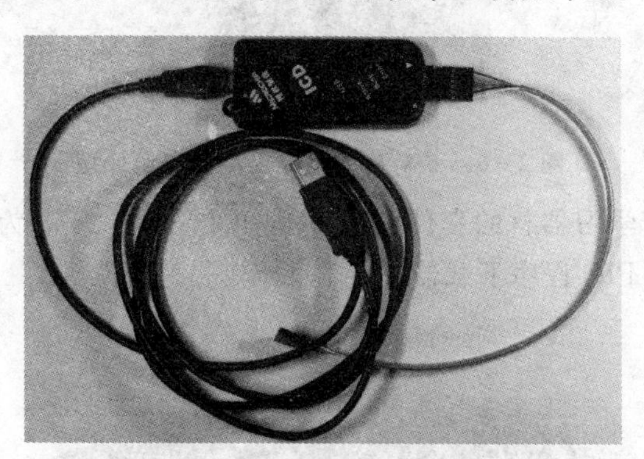

图2－4　ICD2在线调试器/程序下载器外型

2.5　USB程序下载器

廉价的PIC单片机程序下载工具，图2－5为USB程序下载器外型。

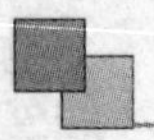

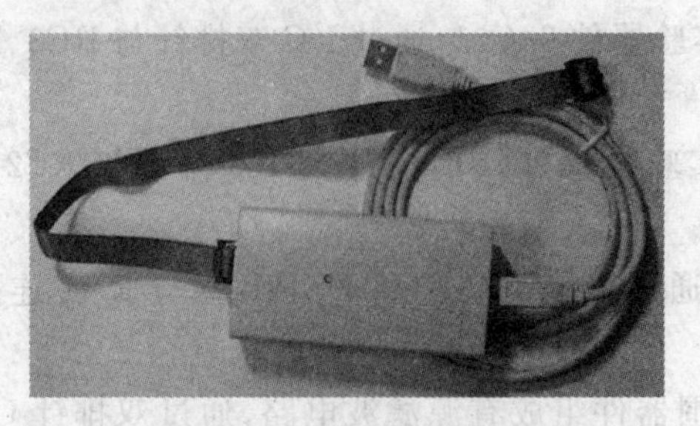

图 2-5 USB 程序下载器外型

2.6 5 V 高稳定专用稳压电源

5 V 高稳定专用稳压电源使用了集成稳压器，可输出纹波系数很小、非常纯净的直流电压，输出电流达 500 mA 以上。图 2-6 为 5 V 高稳定专用稳压电源外型。

图 2-6 5 V 高稳定专用稳压电源外型

图 2-7 为配套学习器材的套件照片 1(配 ICD2)，图 2-8 为配套学习器材的套件照片 2(配 USB PIC 程序下载器)。

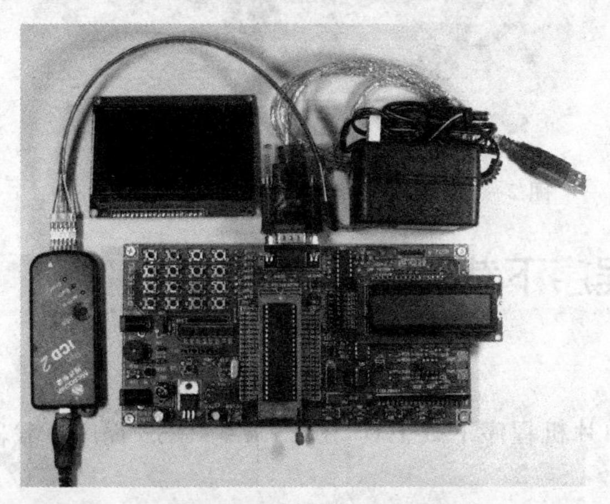

图 2-7 配套学习器材的套件照片 1(配 ICD2)

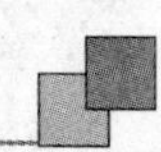

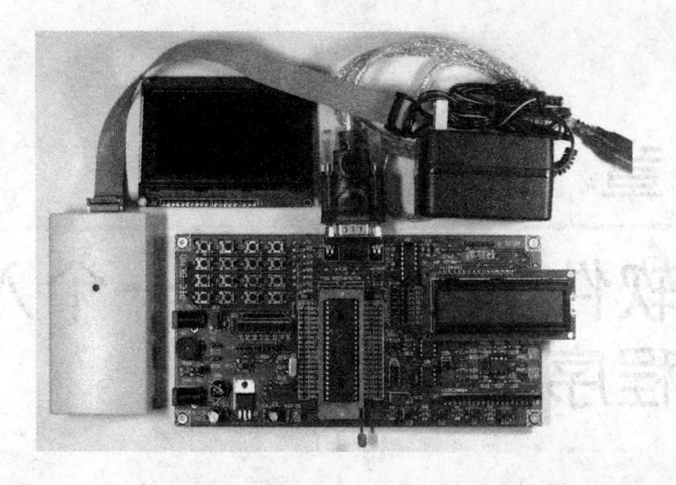

图2-8　配套学习器材的套件照片2(配USB　PIC程序下载器)

如读者朋友自制或购买讲座中介绍的学习、实验器材有困难时,可与作者联系,咨询购买事宜。

笔者的联系电话:13774280345　021-64654216

技术支持E-mail:zxh2151@sohu.com　或zxh2151@yahoo.com.cn

也可登录培训中心的网站,获取更多的资料或培训信息:http://www.hlelectron.com

第3章

开发软件的安装及第一个入门实验程序

3.1 MPLAB IDE 集成开发环境的安装

打开 PICMCU 开发软件，找到 MPLAB＋IDEv8[1].10 文件夹并打开，双击 Install_MPLAB_v8.exe 文件进行安装(图 3-1)。可以选择默认的方式一路按 Next 或 Yes 后安装。安装过程会弹出安装 PICC-Lite 软件的提示(图 3-2)，单击“确定”按钮后出现 PICC-Lite 软件的安装界面(图 3-3)，我们可以选择 Next 后进入安装。但是由于 PICC-Lite 是一个免费的学习版软件，它只支持 PIC16F84、PIC16F877、PIC16F628 等少数几款型号的单片机，对有些读者来说，会觉得不方便使用，这时也可以选择 Cancel 关闭安装。然后另外安装完全版的 PICC 软件。最后单击 Finish 按钮后完成 MPLAB IDE 集成开发环境的安装(图 3-4)。

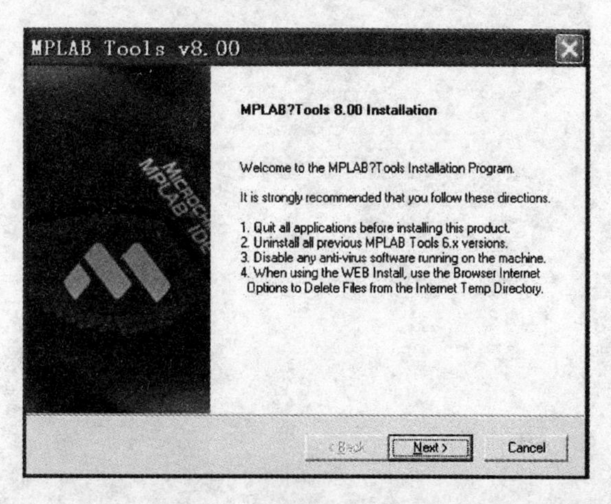

图 3-1 双击 Install_MPLAB_v8.exe 进行安装

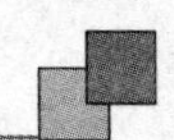

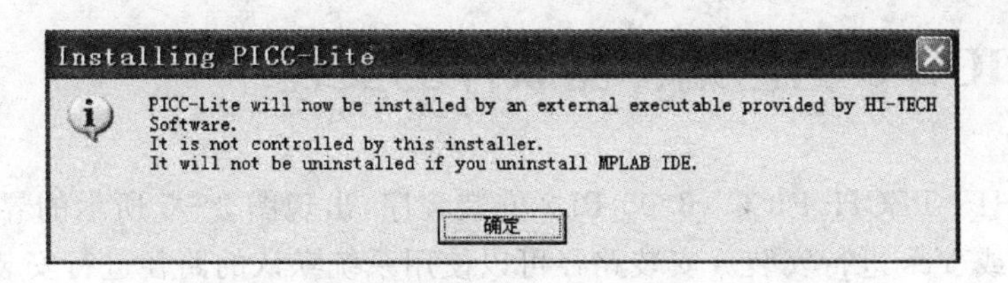

图 3－2　弹出安装 PICC－Lite 软件的提示

图 3－3　出现 PICC－Lite 软件的安装界面

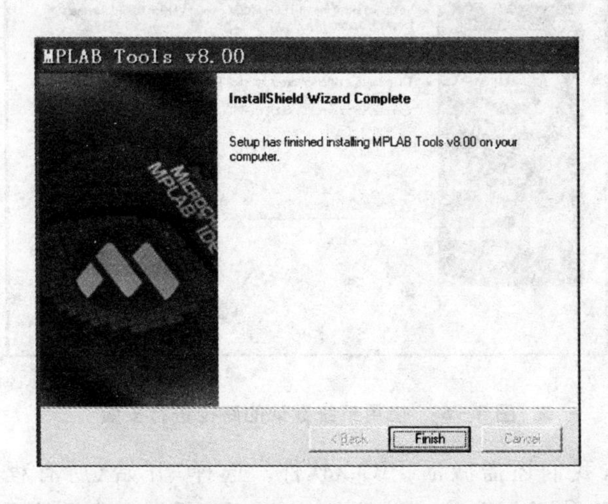

图 3－4　单击 Finish 按钮后完成 MPLAB IDE 集成开发环境的安装

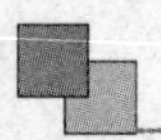

3.2 PICC C 语言编译器软件的安装

运行 HI-TECH.PICC v8.05 PL2 安装程序，出现图 3-5 所示的界面后，一直单击 Next 或 Yes 进行安装。安装路径可以使用系统默认的路径进行安装(图 3-6、图 3-7)，直至安装成功(图 3-8)，随后系统会提示重启计算机(图 3-9)。

图 3-5 进入安装界面

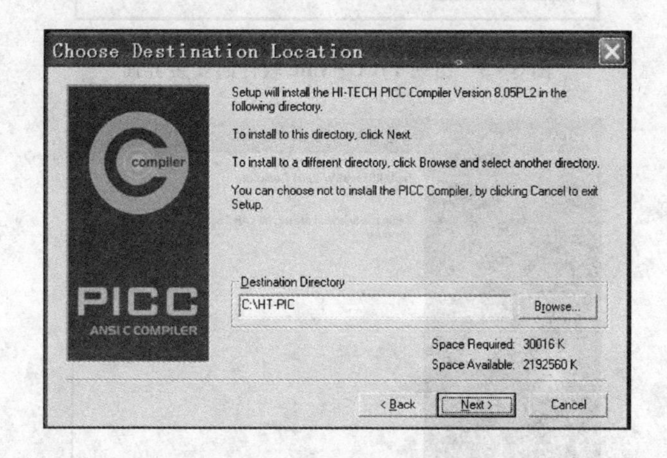

图 3-6 使用系统默认的路径进行安装

安装完成后，我们还需激活 PICC 软件。选择“开始\所有程序\HI-TECH Software\PICC\Compiler Activation”，如图 3-10 所示。这样就可进入 PICC 软件的激活界面(图 3-11)。按下一步后，出现输入相关注册信息的界面(图 3-12)。我们输入正确的注册信息后(图 3-13)再按下一步，等到出现图 3-14 界面后，按完成则激活过程 OK。

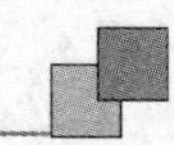

图 3－7　正在进行安装

图 3－8　安装成功

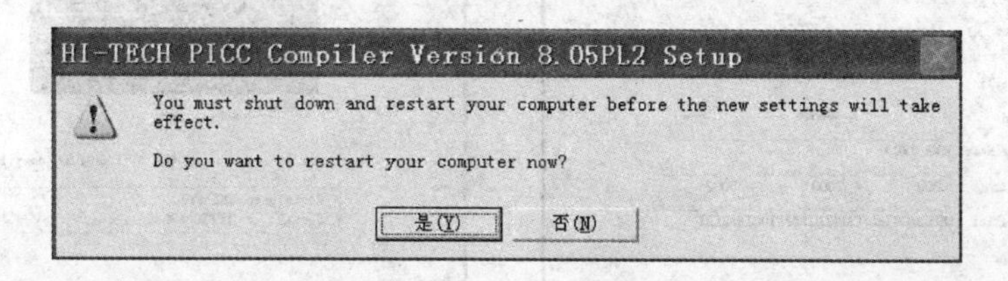

图 3－9　系统会提示重启计算机

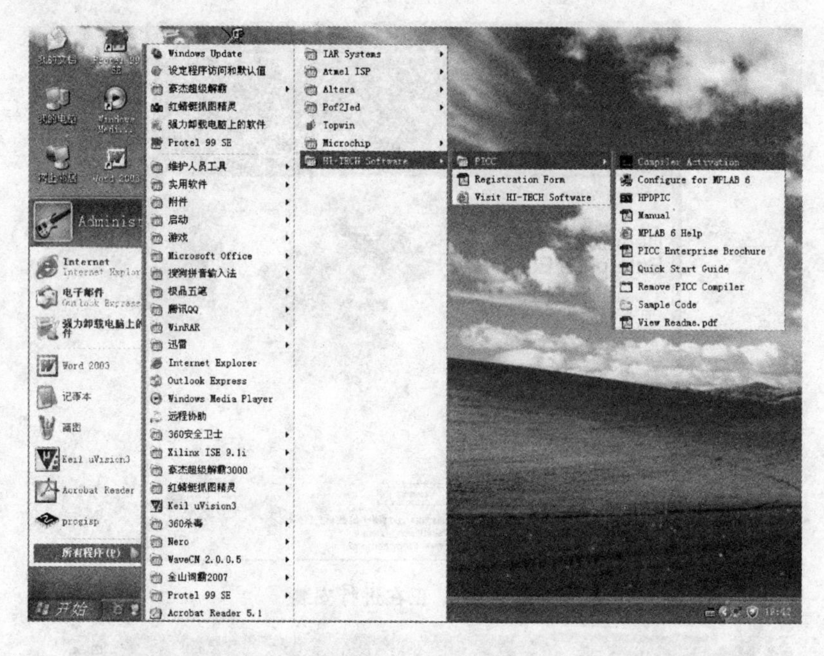

图－10　选择“开始\所有程序\HI－TECH Software\PICC\Compiler Activation”

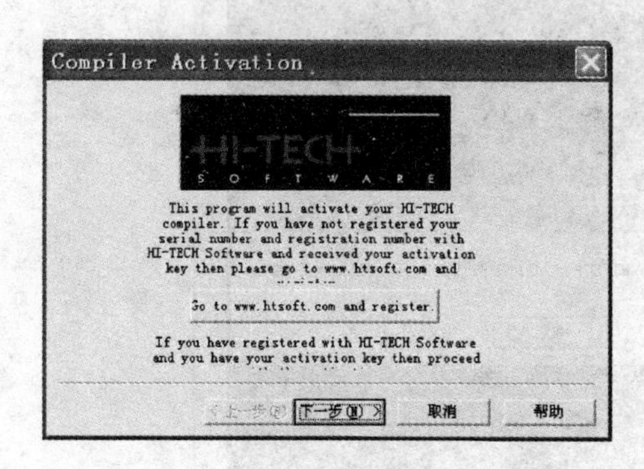

图 3－11　进入 PICC 软件的激活界面

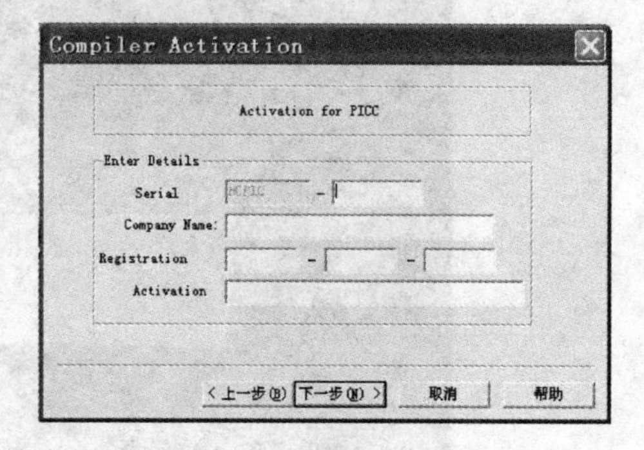

图 3－12　出现输入相关注册信息的界面

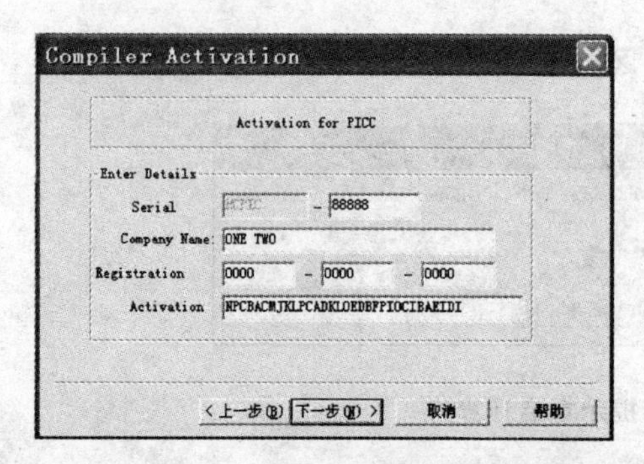

图 3－13　输入正确的注册信息

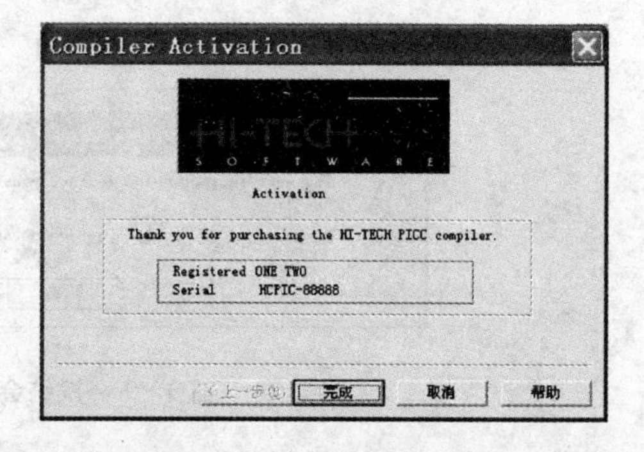

图 3－14　单击“完成”按钮则激活过程

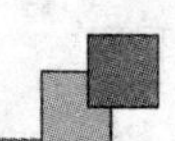

3.3 第一个入门实验程序

MPLAB IDE 的界面主要由标题栏、菜单栏、工具栏、工作区和状态栏等五部分组成(图 3-15)。标题栏用来显示项目文件或源文件的名称及所在的目录。菜单栏中汇集了所有的功能选择和开发设置,共有 10 个英文菜单选项,它们分别是 File(文件)、Edit(编辑)、View(视图)、Project(项目)、Debugger(调试器)、Programmer(编程器)、Tools(工具)、Configure(配置)、Window(窗口)、Help(帮助)。工具栏为一组快捷工具图标,它为用户提供了一种执行快速操作的便捷手段。工作区主要用于源程序的输入、编辑,以及显示各种对话框、调试窗口等。状态栏位于底部,主要显示 MPLAB IDE 当前的工作状态信息,如芯片型号、地址指针、工作寄存器的值、寄存器区、晶振频率等。

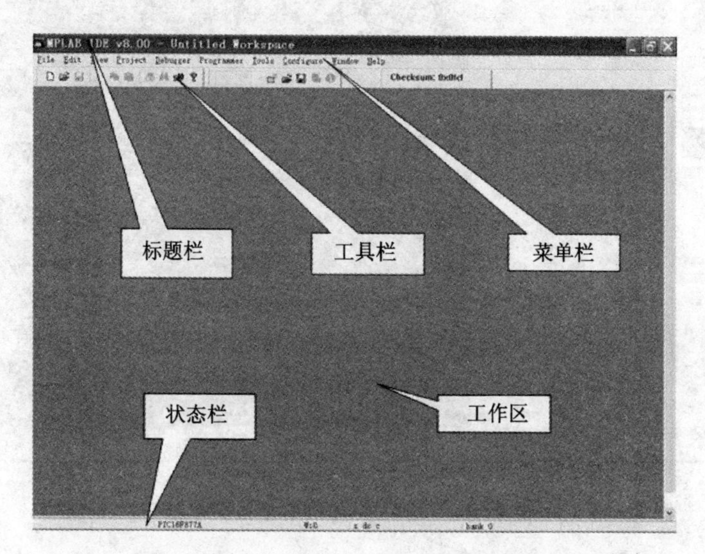

图 3-15　MPLAB IDE 的界面组成

PIC 单片机的开发过程如下:

(1) 建立一个工程项目,选择芯片,确定选项。

(2) 建立汇编源文件或 C 源文件。

(3) 将源文件添加到项目中(添加节点)并编译项目。

(4) 编译通过后进行软件模拟仿真。

(5) 编译通过后进行硬件在线仿真。

(6) 编程操作。

(7) 应用。

3.3.1 建立一个工程项目,选择器件并确定选项

1. 建立一个工程项目

双击桌面上 MPLAB IDE 快捷图标后进入 MPLAB IDE 开发环境,单击 Project/New(图 3 - 16),将该新项目保存在 D 盘中建立一个文件名为 pictest 的文件夹中(注意:路径必须不能含有中文!),项目名也起 pictest,如图 3 - 17 所示。

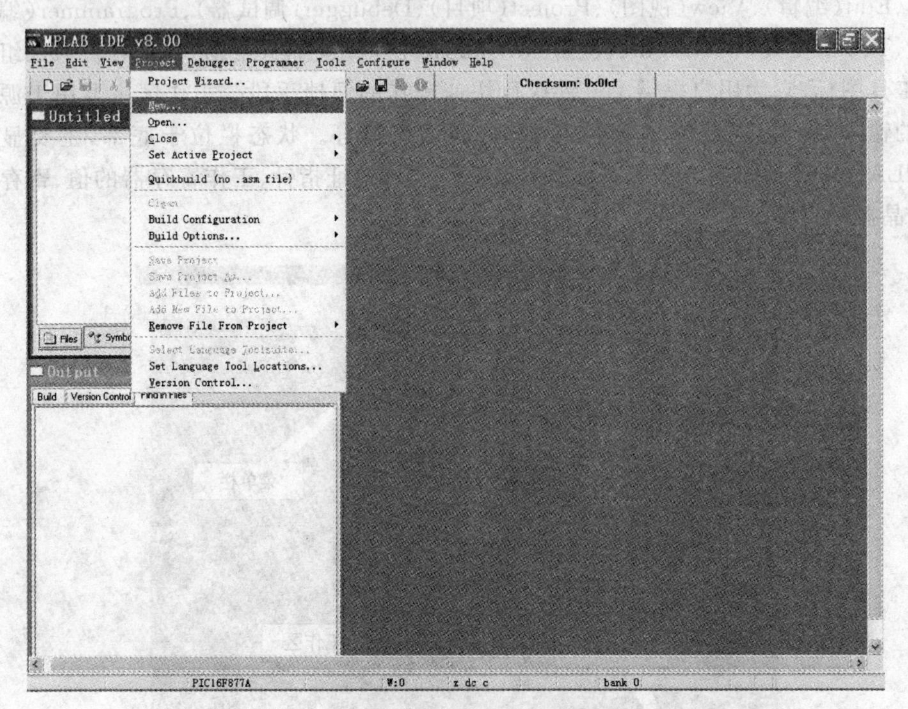

图 3 - 16 单击 Project 菜单,在弹出的下拉菜单选择 New 选项

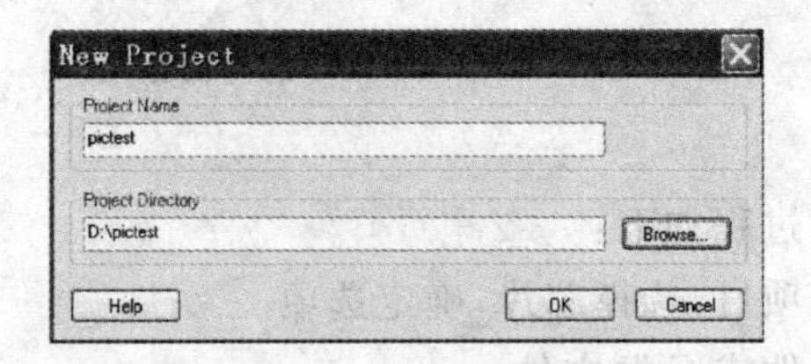

图 3 - 17 新建 pictest 项目

2. 选择器件并确定选项

选择主菜单栏中的 Configure 命令,选择下拉菜单中 Select Device 命令,在 Device 选择栏中,选择 PIC16F877A 选项,如图 3 - 18 所示。

如果需要使用 ICD2 进行调试,按下面的方式进行设置:

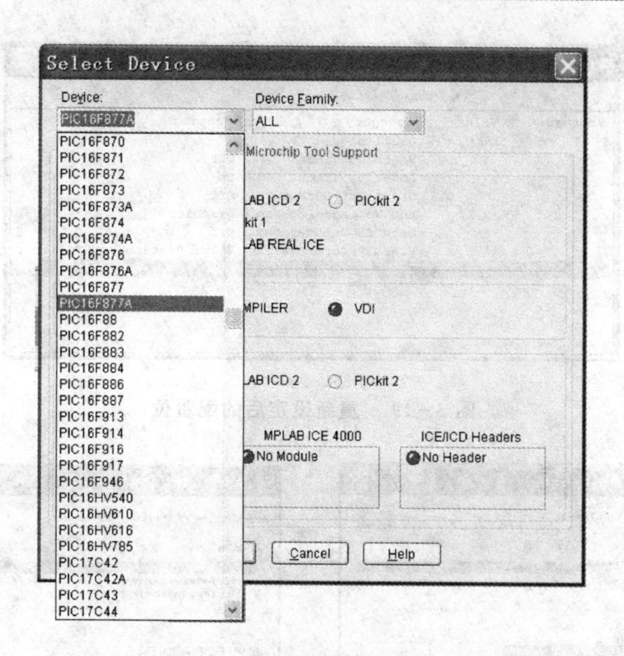

图 3-18　在 Device 选择栏中，选择 PIC16F877A

选择主菜单栏中的 Configure 命令，选择下拉菜单中 Configuration Bits 命令，出现配置位的选择(图 3-19)。

勾选 Configuration Bits set in code 复选框。

Oscillatot 振荡方式选择 XT 或 HS。

Watchdog Timer 看门狗使能位，选择 off。

Power Up Timer 上电延时使能位，一般选择 on 有利于芯片起振。

Brown Out Detect 掉电检测使能位，如果选择 ICD2 作调试工具时一定要选择为 off。

Low Voltage Program 低压编程使能，选择 Disabled。

Data EE Read Protect 读内部 EEPROM 保护位，用 ICD2 作调试工具时一定要选择为 off。

Flash Program Write 写 FLASH 保护，选择 Write Protection off。

Code Protect 加密位，用 ICD2 作调试工具时一定要选择为 off。

完成后再勾选 Configuration Bits set in code 复选框。

重新设定后的配置位如图 3-19 所示。

选择主菜单栏中的 Project 命令，选择下拉菜单中 Select Language Toolsuite 命令，出现选择语言组件的对话框(图 3-20)。在 Active Toolsuite 下拉列表中选择 HI-TECH PICC Toolsuite；在 Toolsuite Contents 列表中选择 PICC Compiler (picc.exe)；单击 Location 选项表右侧的 Browse 浏览按钮，找到 picc.exe(默认位置在 C:\HT-PIC\BIN\PICC.EXE)，如图 3-21 所示。

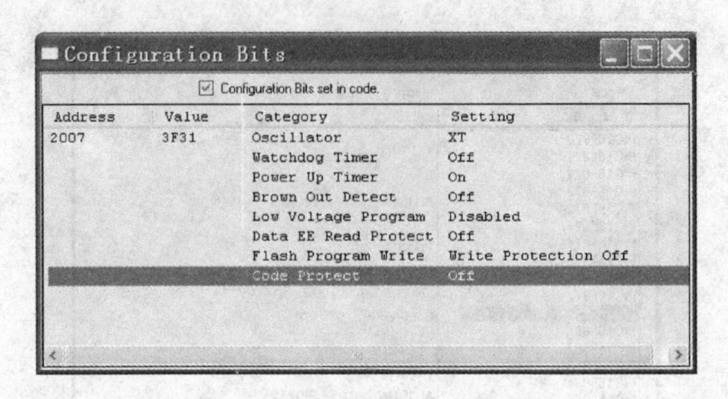

图 3-19 重新设定后的配置位

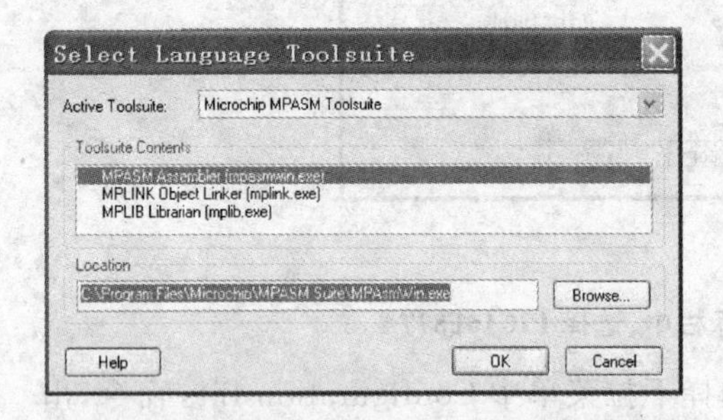

图 3-20 出现选择语言组件的对话框

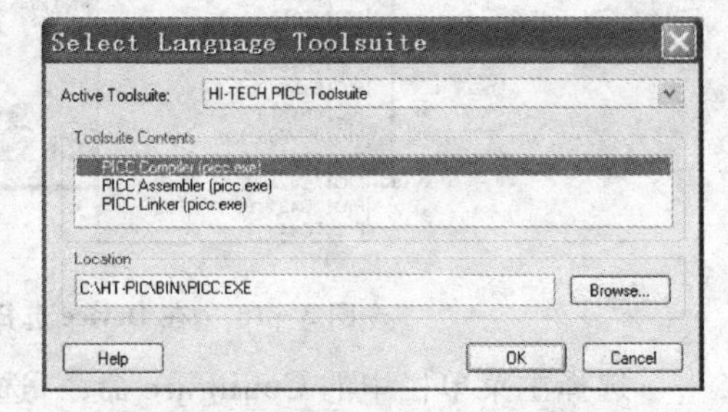

图 3-21 picc. exe 作为编译的程序

同理，Toolsuite Contents 列表中的 PICC Assembler(picc. exe)、PICC Linker(picc. exe)，我们都选择 picc. exe 作为汇编、链接的处理程序，如图 3-22、图 3-23 所示。

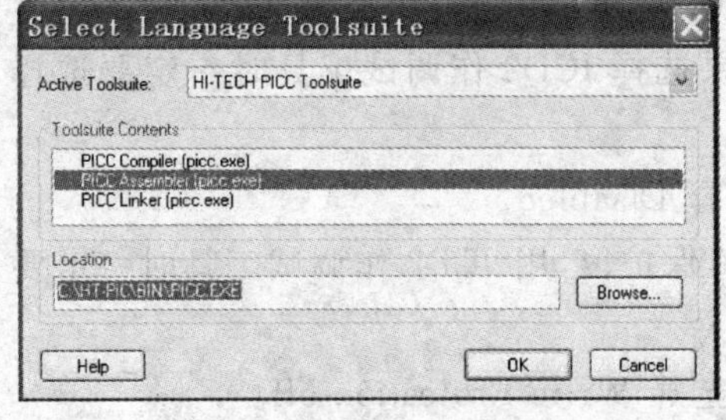

图 3-22 picc. exe 作为汇编的程序

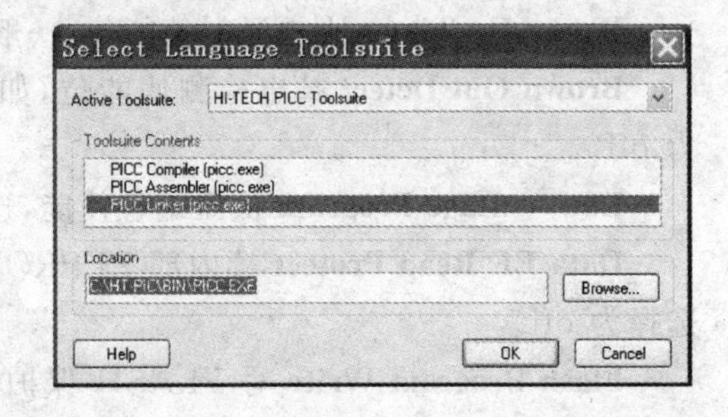

图 3-23 picc. exe 作为链接的程序

再次选择主菜单栏中的 Project 命令，选择下拉菜单中 Set Language Tool Location 命令，出现设定语言工具位置的对话框(图 3-24)。单击 HI-TECH PICC Toolsuite 前面的＋号进行展开，再展开 Executables，我们看到 PICC Assembler (picc. exe)、PICC Compiler(picc. exe)、PICC Linker(picc. exe)都已使用 picc. exe 作为汇编、编译、链接的处理程序。

下来我们选择包含搜索路径和库搜索路径。

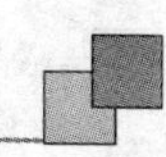

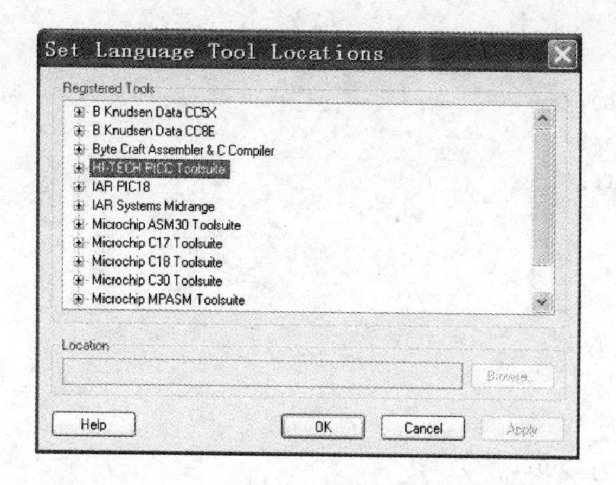

图 3 - 24　出现设定语言组件的对话框

再展开 Default Search Paths & Directories，选中 Include Search Path，$(INCDIR)，单击 Location 选项表右侧的 Browse 浏览按钮，选择 C:\HT - PIC\include；选中 Library Search Path，$(INCDIR)，单击 Location 选项表右侧的 Browse 浏览按钮，选择 C:\HT - PIC\lib，如图 3 - 25 所示。

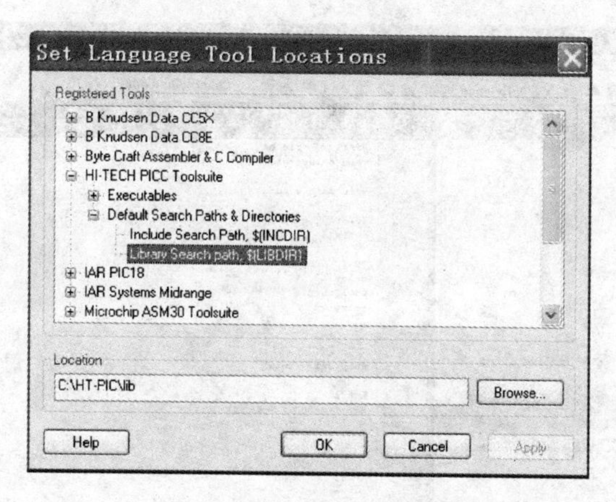

图 3 - 25　选择包含搜索路径和库搜索路径

3.3.2　建立汇编源文件或 C 源文件

选择 File　/New 新建源文件，下面为输入的源程序：

```
# include <pic.h>
void delay(void);

void main(void)
{
  TRISC = 0x00;
```

```
    while(1)
    {
      PORTC = 0x00;
      delay();
      PORTC = 0xff;
      delay();
    }
}
void delay(void)
{
   int i;
   for(i = 20000;i>0;i--)
   ;
}
```

输入完毕后，选择保存路径（保存在 pictest 的文件夹中），源文件名取 pictest.c（提示：如果您输入的是汇编源文件，那么需保存为 *.asm 格式文件），单击“保存”按钮，如图 3-26 所示。

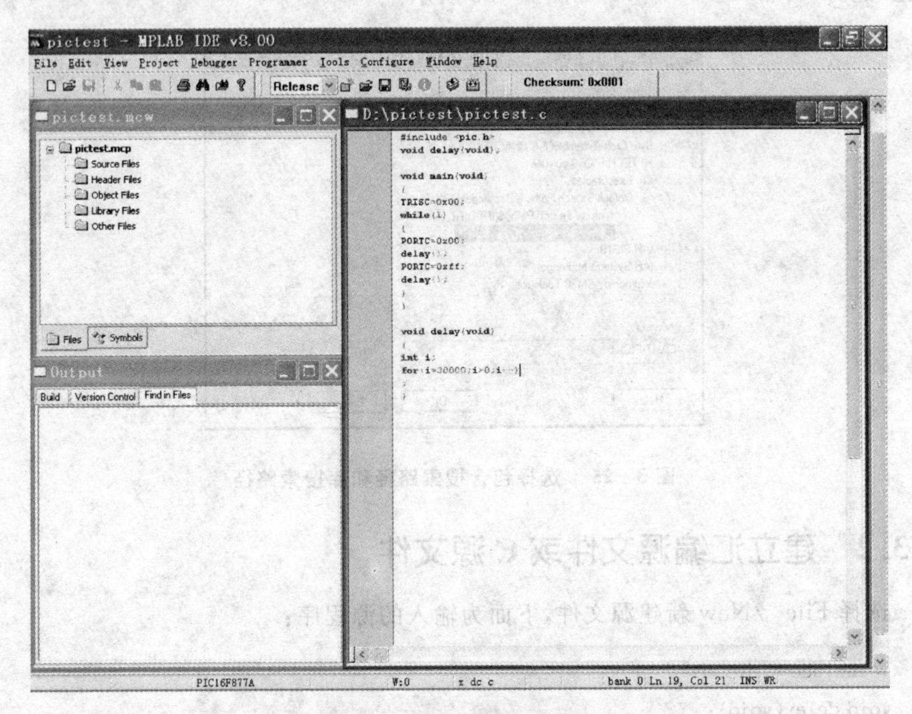

图 3-26　保存源文件

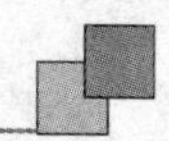

3.3.3　将源文件添加到项目中(添加节点)并编译项目

单击项目区窗口中Source File,发蓝后右击。在出现的下拉窗口中选择Add Files,如图3-27所示。在增加文件窗口中选择刚才的pictest.c文件,单击“打开”按钮,这时pictest.c源文件便加入到项目中了。

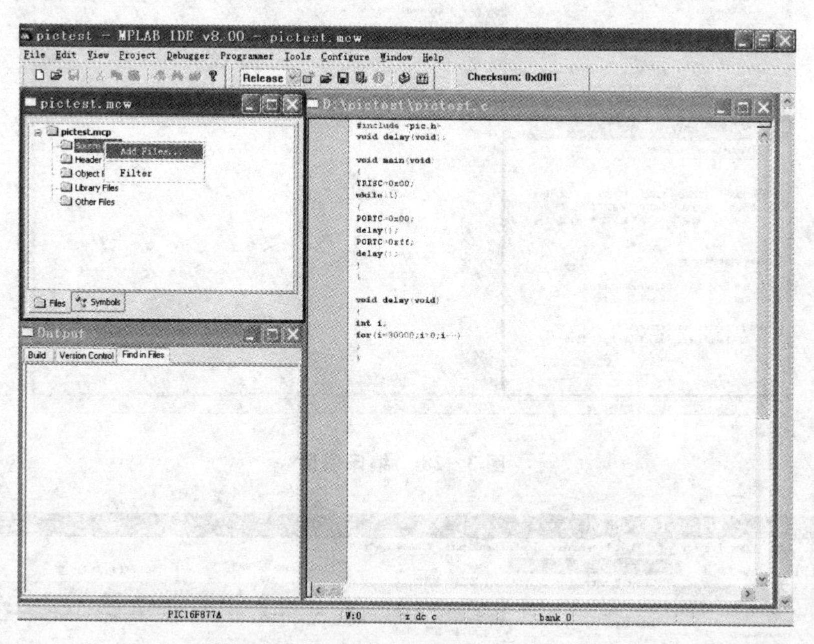

图3-27　将源文件添加到项目中

选择主菜单栏中的Project命令,在下拉菜单中选择Build All或Make选项,这时执行项目的编译,同时输出窗口出现源程序的编译结果,如图3-28所示。如果编译出错,需要对源程序进行修改并重新编译,直至编译通过为止。

3.3.4　编译通过后进行软件模拟仿真

在主菜单中打开Debugger窗口,下拉菜单中选择Select Tool→MPLAB SIM命令后进入软件模拟仿真调试界面,如图3-29所示。光标定位在程序行“while(1)”前,右击鼠标后弹出快捷操作菜单,选择Set Breakpoint命令(图3-30)在该行设置一个断点。然后单击Debugger栏,下拉菜单中单击Run命令(也可单击工具栏中的相应图标或按快捷键F9),程序快速运行到断点处(图3-31)。这样做的好处是能快速通过程序的初始化段而进入调试段。下来我们可选择Debugger栏中的Step Over(快捷键为F8)进行单步调试,按一下F8,程序的光标箭头往下移一行。打开View栏,在其下拉菜单中选择Special Function Registers命令,拖动滚动条可看到PORTC一行(图3-32)。继续按动F8,可发现PORTC右侧的数据依次变为低电平(0x00)→高电平(0xff)。

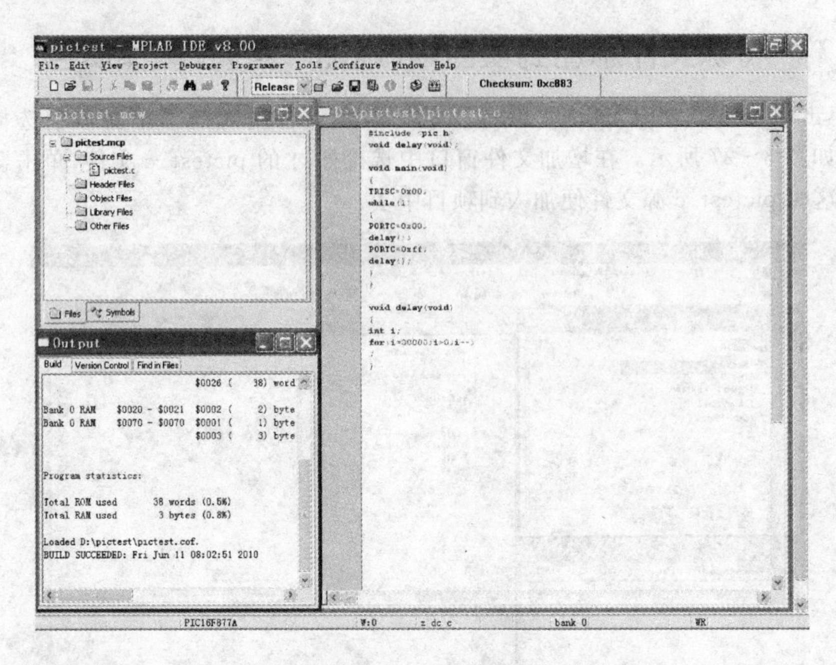

图 3-28 编译项目

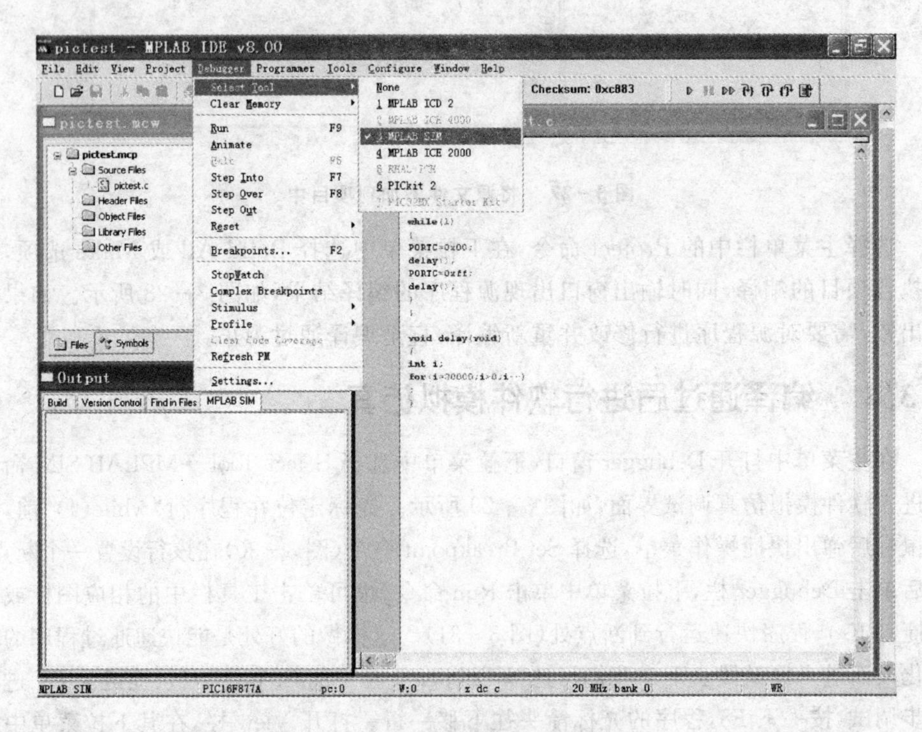

图 3-29 进入软件模拟仿真调试界面

在很多情况下，我们调试时只关心几个对我们有用的变量或特定的数据信息，这

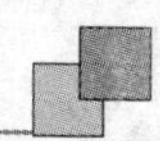

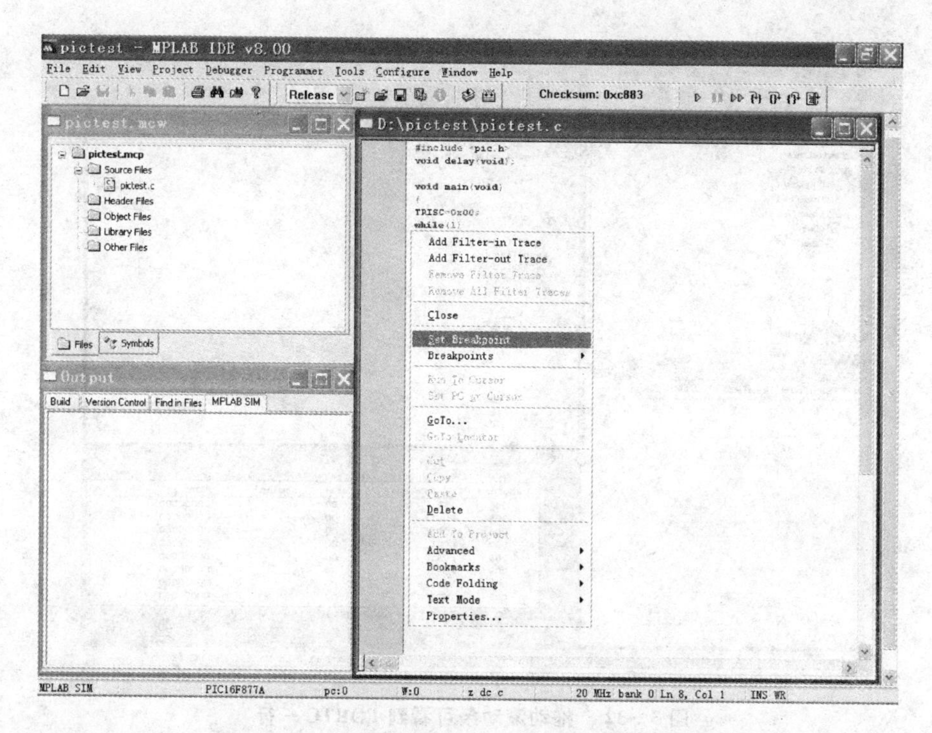

图 3－30　选择 Set Breakpoint 命令设置一个断点

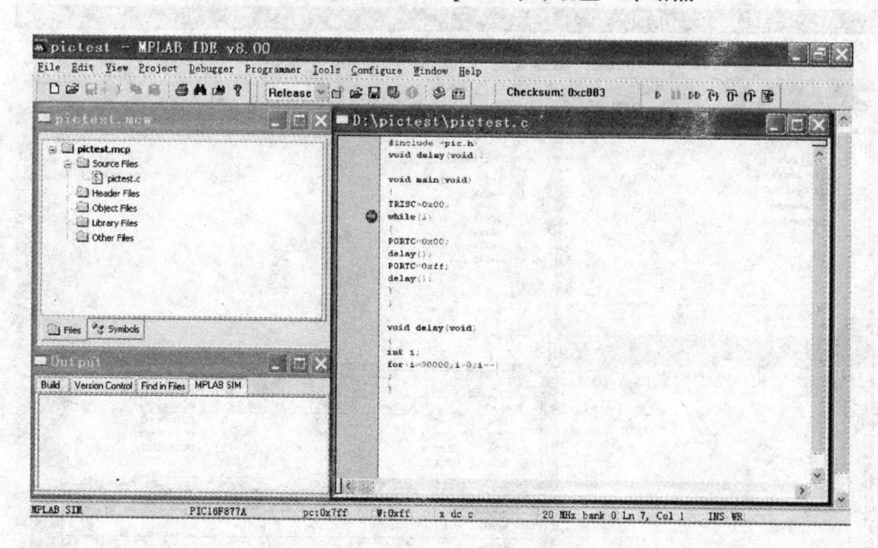

图 3－31　程序快速运行到断点处

时我们也可以打开观察窗口 Watch，添加这些的变量或信息进行调试。打开 View 栏，下拉菜单中选择 Watch 命令，如图 3－33 所示。左上角的特殊功能寄存器窗口中选择 PORTC，单击左侧的 Add SFR 就将 PORTC 添加进下方的观察窗口中了，如图 3－34 所示。

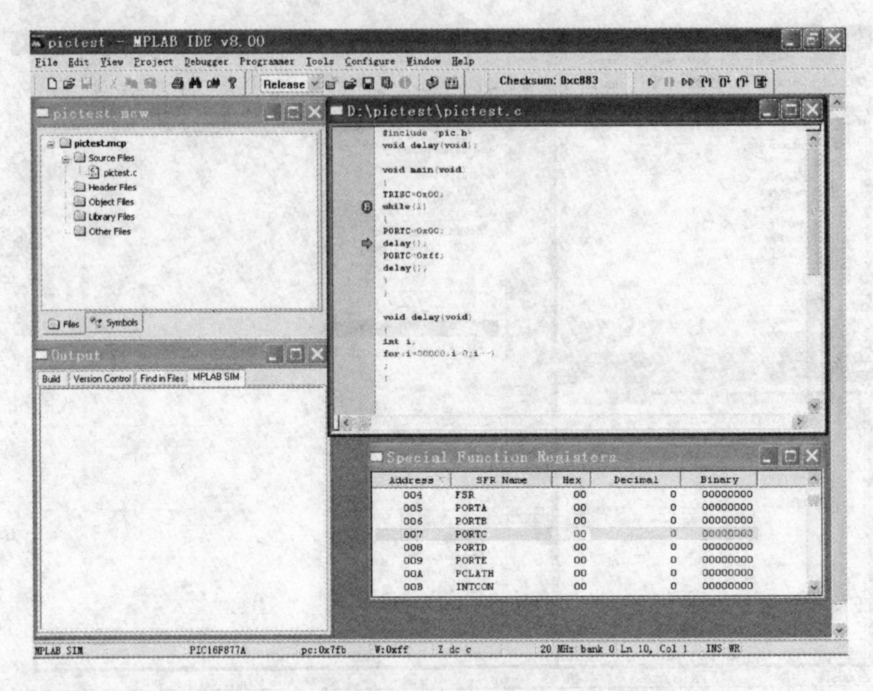

图 3-32 拖动滚动条可看到 PORTC 一行

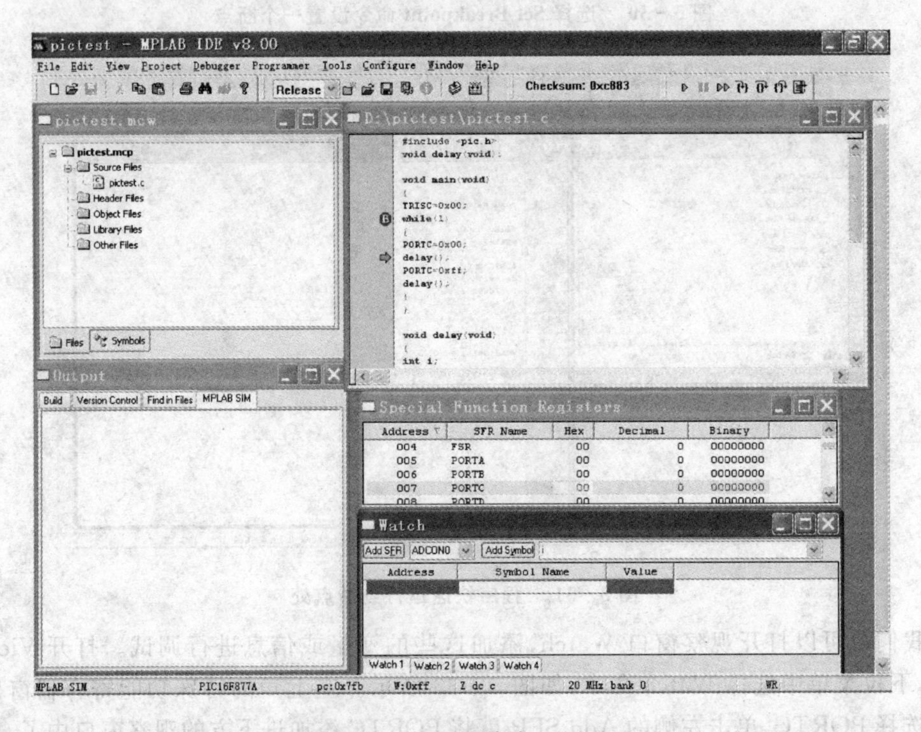

图 3-33 打开观察窗口 Watch

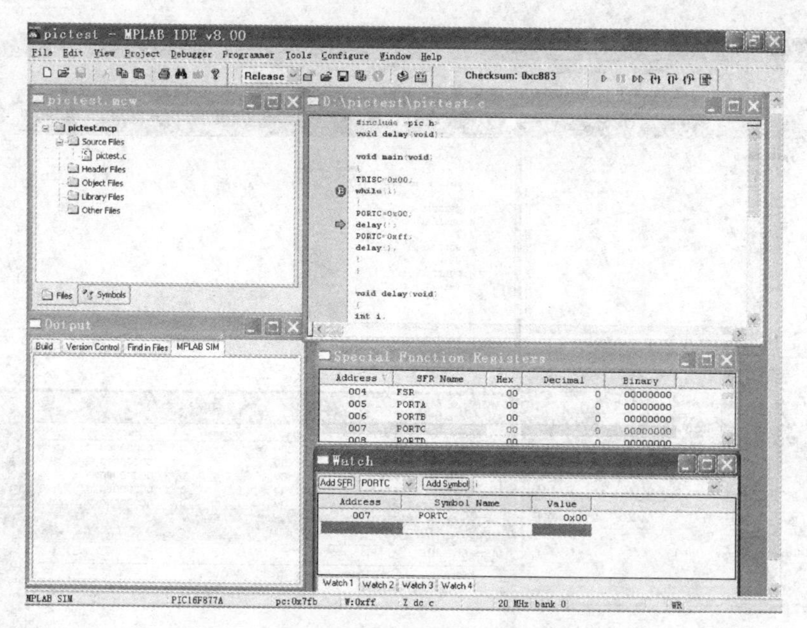

图 3-34　将 PORTC 添加进下方的观察窗口中

为了得到程序运行的时间，打开 Debugger 栏，下拉菜单中选择 Settings 命令，切换到 Osc/Trace 选项卡，在“Processer Frequency”栏中，将频率值改为 4 MHz，如图 3-35所示。另外，在 Debugger 的下拉菜单中选择 StopWatch 命令打开跑表窗口(图 3-36)，按动 F8，可以观察到跑表窗口中显示的程序运行时间值，可以发现，PORTC 输出低电平到高电平的时间间隔约为 0.48 s，反复循环。

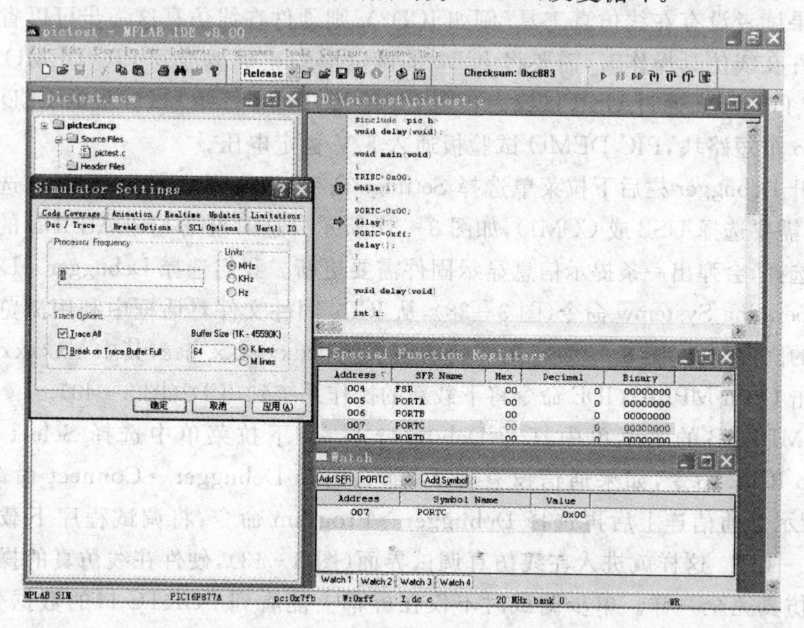

图 3-35　将频率值改为 4MHz

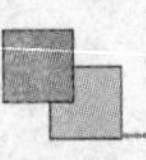

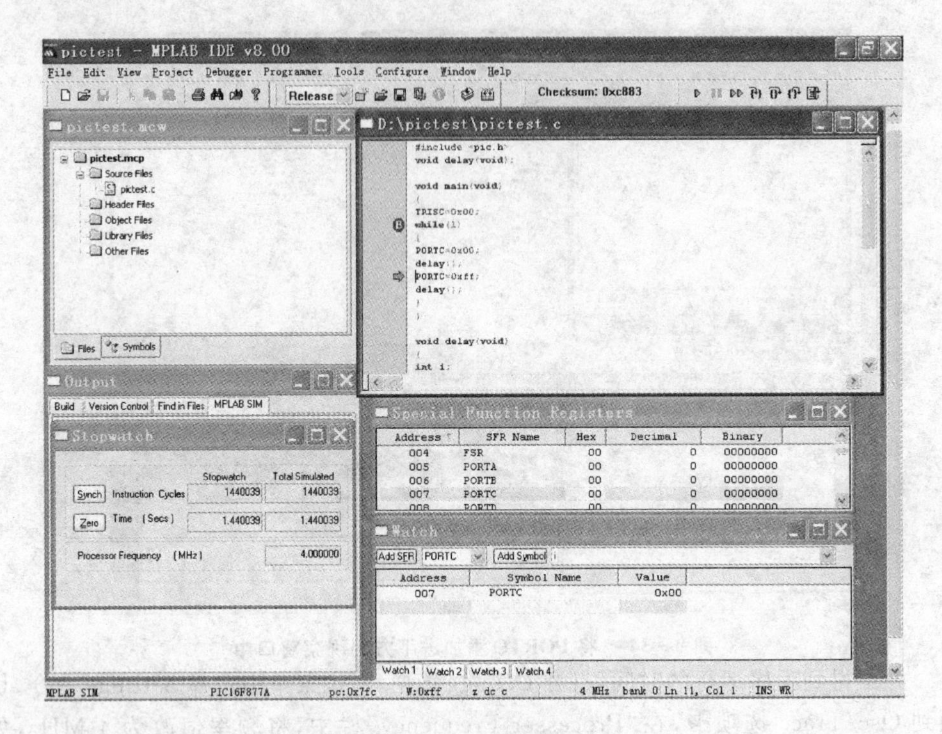

图 3-36 打开跑表窗口

3.3.5 编译通过后进行硬件在线仿真

如果读者没有在线仿真工具(例如 ICD2),则硬件在线仿真这一步可以省略。

硬件在线仿真操作时,需要将 ICD2 的调试电缆正确地连到 PIC DEMO 试验板的 ICSP 口,ICD2 通过 USB 口或串口与 PC 连接,PIC DEMO 试验板的 LED 双排针上插上 8 个短路块,PIC DEMO 试验板通入 5 V 稳定电压。

打开 Debugger 栏后下拉菜单选择 Settings 命令,切换到 Communication 选择通信口(根据需要选择 USB 或 COM1),如图 3-37 所示。这时根据 MPLAB IDE 的版本或器件的选择,会弹出一条提示信息显示固件需要更新。我们选择 Debugger→Download ICD2 Operating Systemw 命令(图 3-38),从 ICD2 固件文件对话框中利用浏览器选择要下载的固件文件(图 3-39)。文件名的组成为 icdxxxxxx.hex,其中 xxxxxx 为版本号。单击 Open MPLAB IDE 命令将下载新的操作系统到 ICD2(图 3-40)。

在 MPLAB 的主菜单中打开 Debugger 栏后,下拉菜单中选择 Select Tool→MPLAB ICD2 命令,如果通信没有连上,那么选择 Debugger→Connect 命令,如图 3-41所示。通信连上后再选择 Debugger→Program 命令,将调试程序下载到芯片中(图 3-42)。这样就进入在线仿真调试界面(图 3-43),硬件在线仿真的操作与软件模拟仿真完全一样。单步调试时不仅在屏幕上能看到 PORTC 口的数据变化,而且试验板的 8 个 LED 发光管会同步发生亮、灭变化。

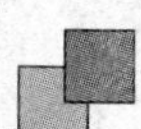

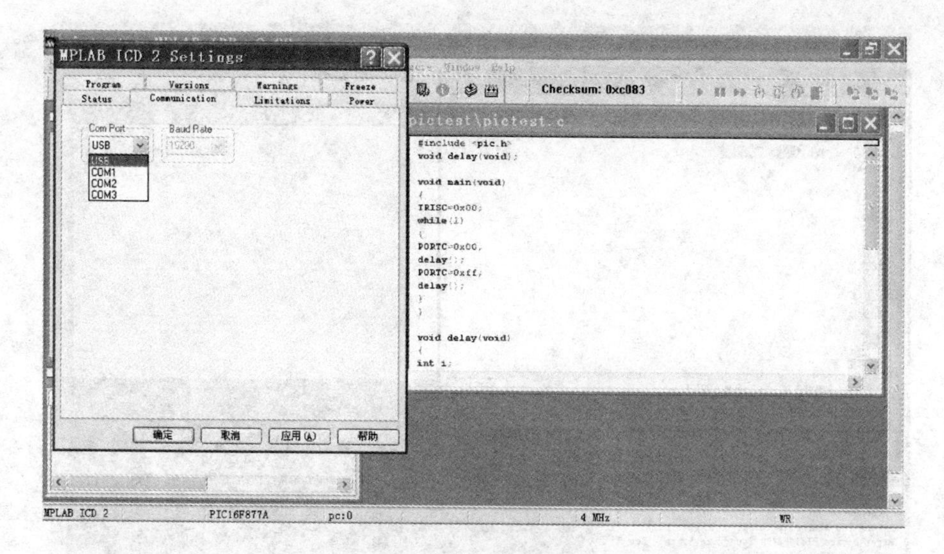

图 3 - 37 选择通信口

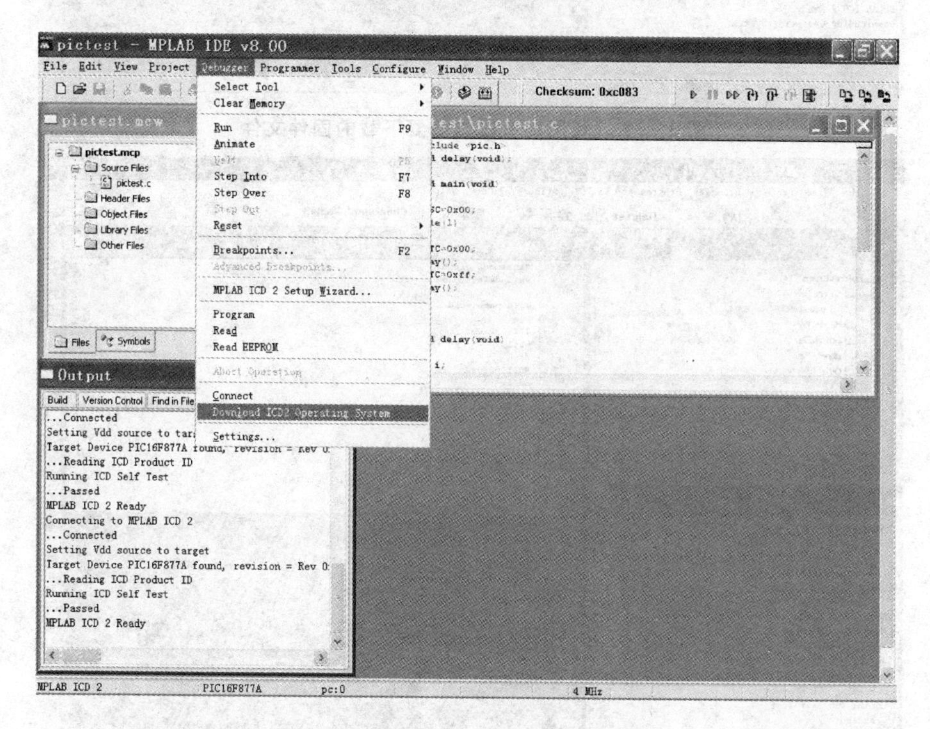

图 3 - 38 选择 Debugger→Download ICD2 Operating System 命令

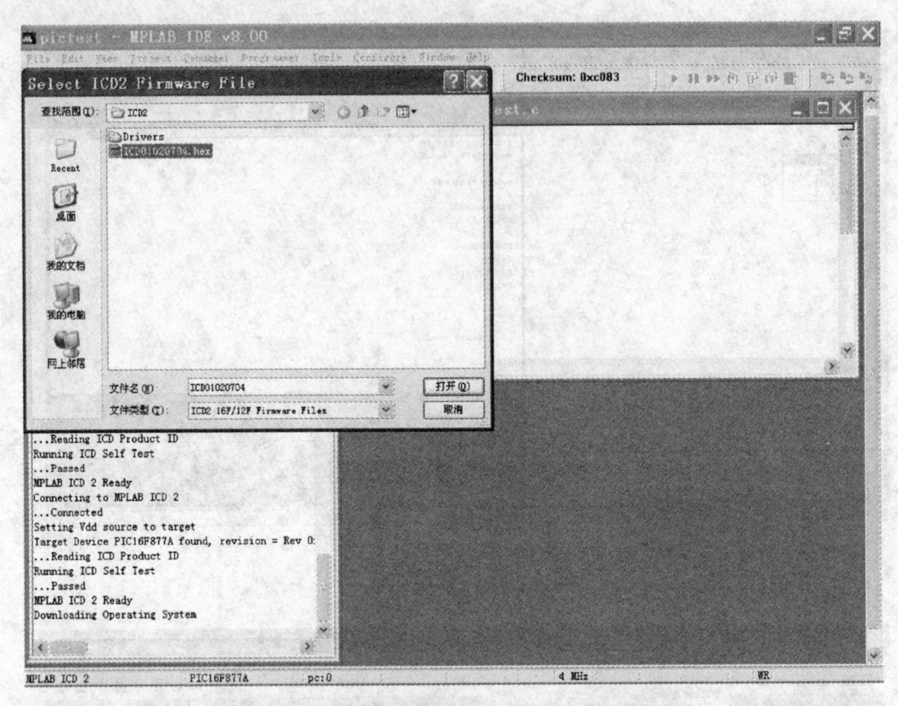

图 3-39　利用浏览器选择要下载的固件文件

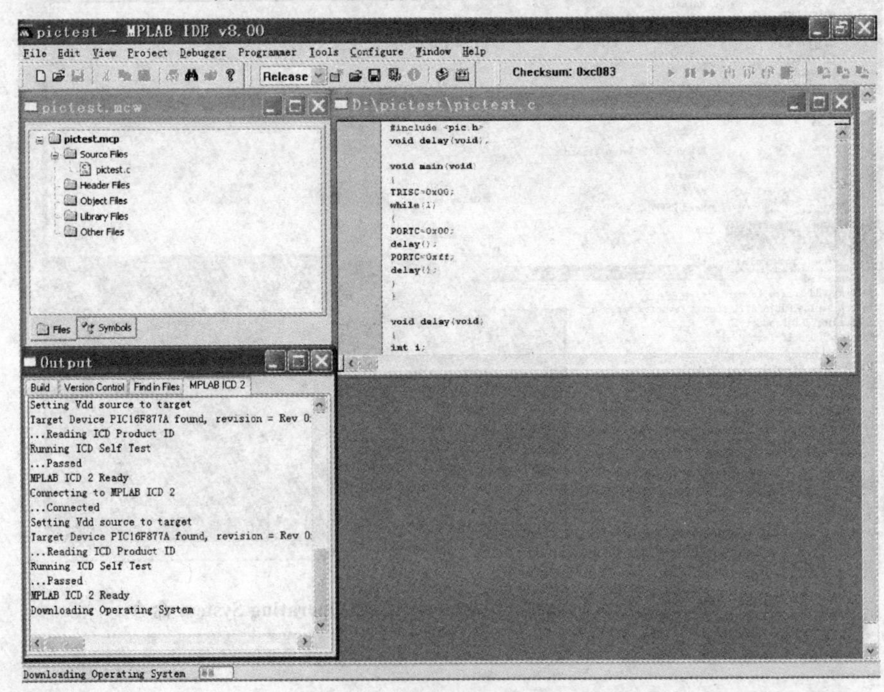

图 3-40　下载新的操作系统到 ICD2

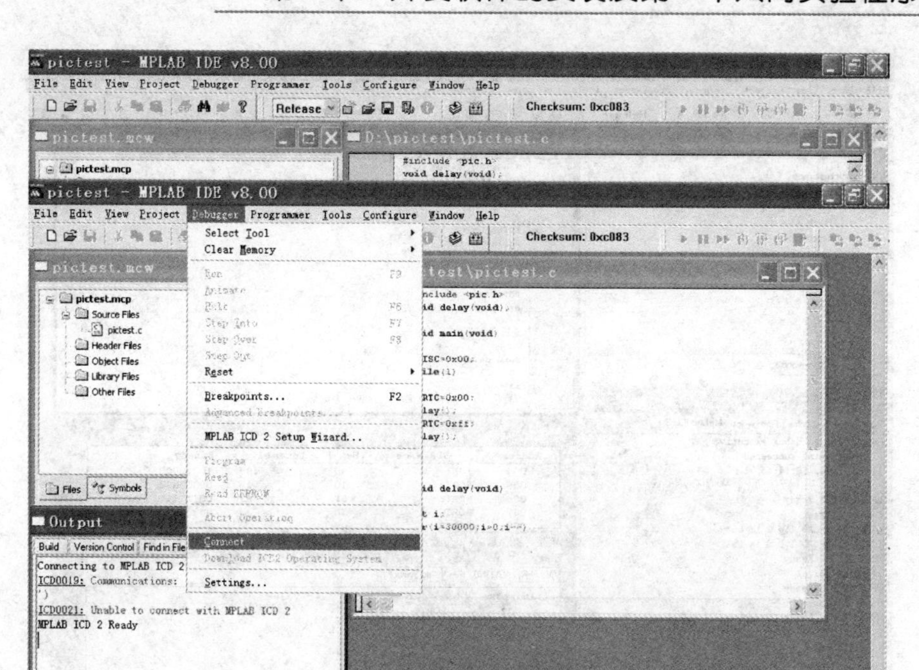

图 3－41　选择 Debugger→Connect 命令

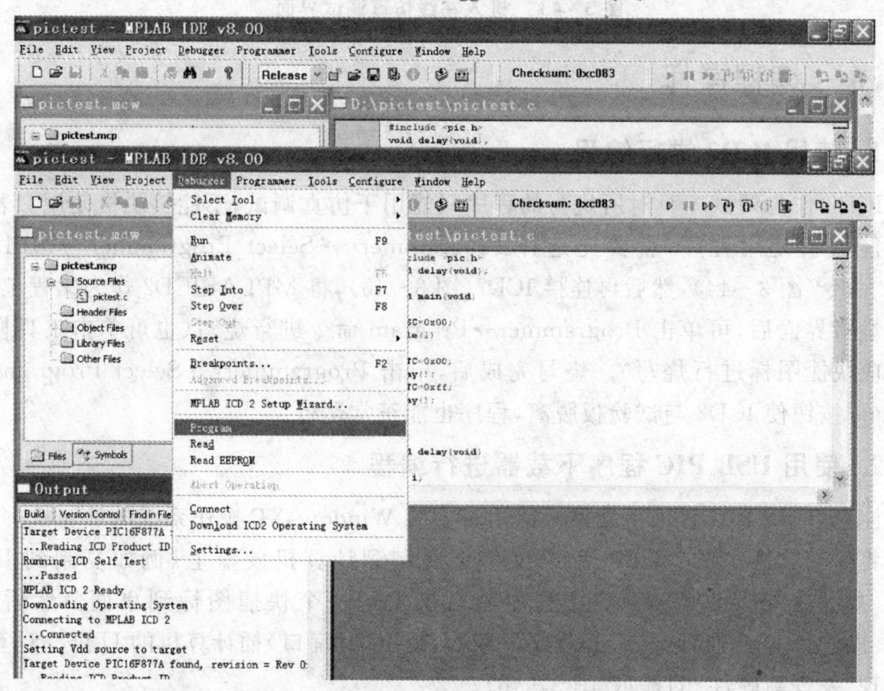

图 3－42　将调试程序下载到芯片中

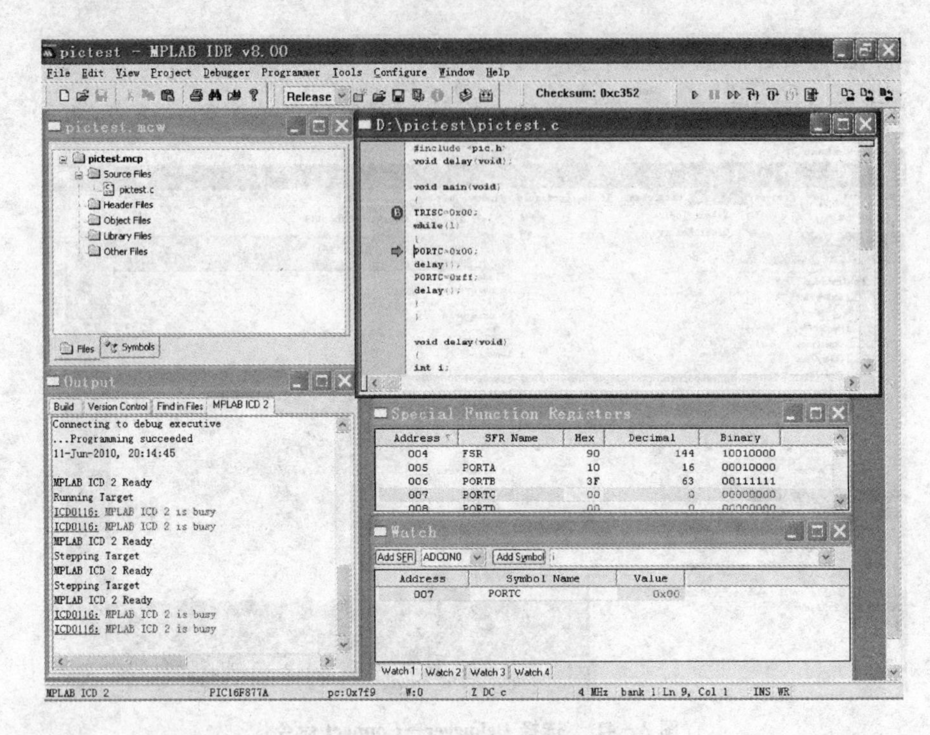

图 3-43　进入在线仿真调试界面

3.3.6　编程操作

1. 使用 ICD2 进行编程

ICD2 作为调试工具时所烧写的程序只能用于仿真调试，不能够脱机使用。若要烧写能脱机使用程序，就要先选择 Programmerr→Select Programmer→MPLAB ICD2 命令(图 3-44)，然后再连接 ICD2(图 3-45)，将 MPLABICD2 作为编程工具。出现烧写界面后，可单击 Programmer→Program 命令进行烧写(也可单击工具栏中的相应快捷图标进行烧写)。烧写完成后，单击 Programmerr→Select Programmer→None 按钮使 ICD2 与试验板脱离，程序也能正常运行。

2. 使用 USB PIC 程序下载器进行编程

注意：USB PIC 程序下载器只能用于安装 WindowsXP 操作系统的计算机。

将配套软件中的“WinPic800”文件夹复制到计算机硬盘上(例如复制到 D 盘上)。找到 WinPic800. exe 应用程序后右击发送一个快捷图标到桌面。然后，用 USB 电缆，一端(方口)插 USB 程序下载器，另一端(扁口)插计算机的 U 口。计算机会出现“发现新硬件”的提示(图 3-46)。

随后出现“找到新的硬件向导”的界面(图 3-47)。

选择“从列表或指定位置安装(高级)(S)”选项(图 3-48)。

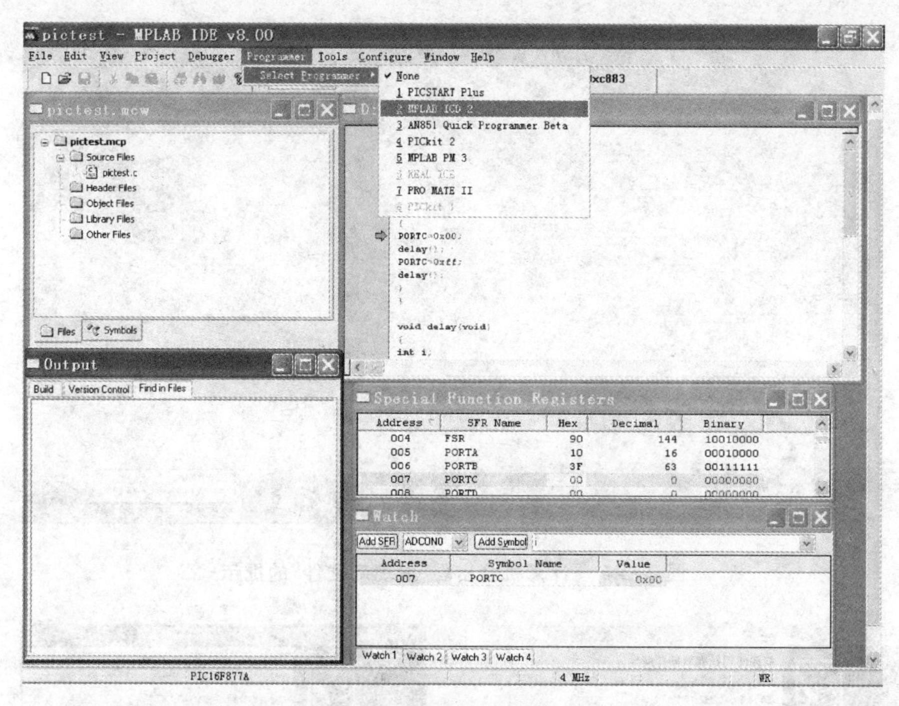

图 3 - 44　先选择 Programmerr→Select Programmer→MPLAB ICD2 命令

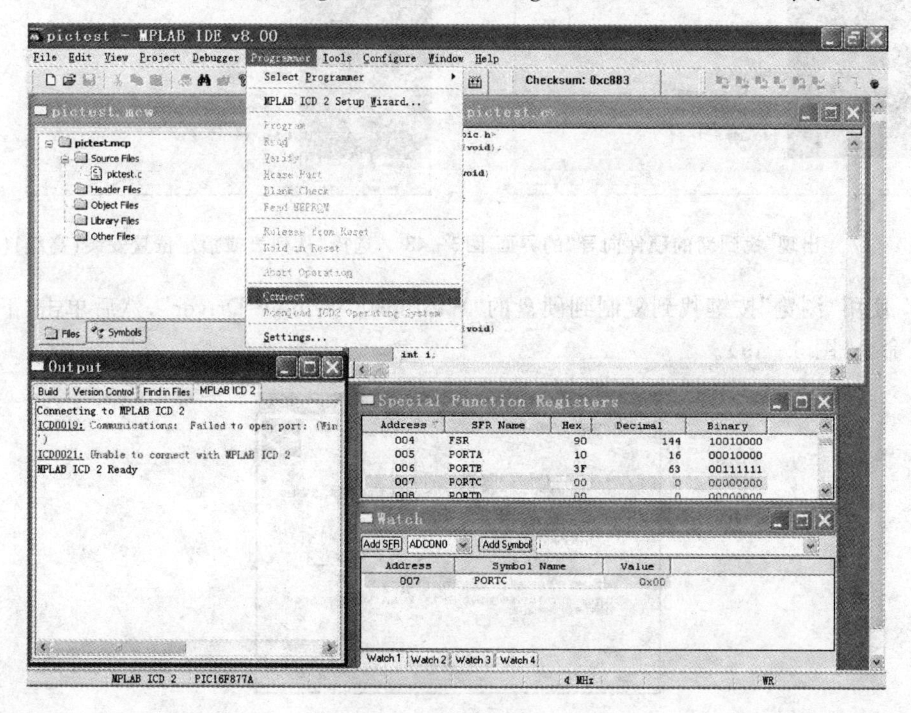

图 3 - 45　然后再连接 ICD2

图 3-46　计算机会出现“发现新硬件”的提示

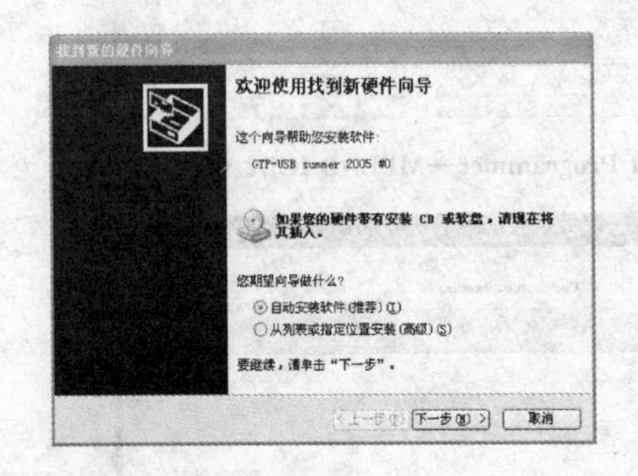

图 3-47　出现“找到新的硬件向导”的界面

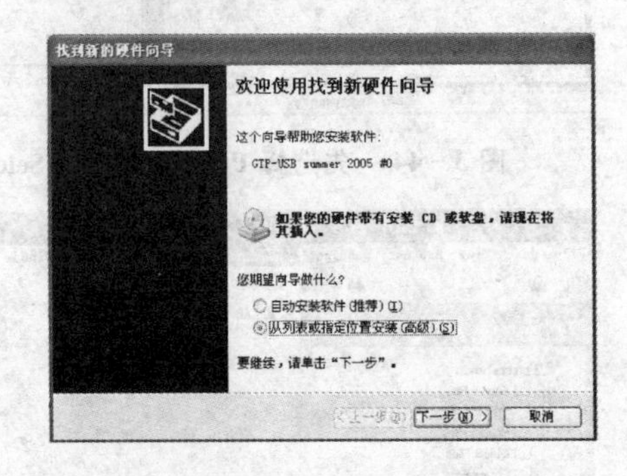

图 3-48　选择“从列表或指定位置安装(高级)(S)”

使用“浏览”按键找到复制到硬盘的“WinPic800\winXP Driver”，然后单击“下一步”命令(图 3-49)。

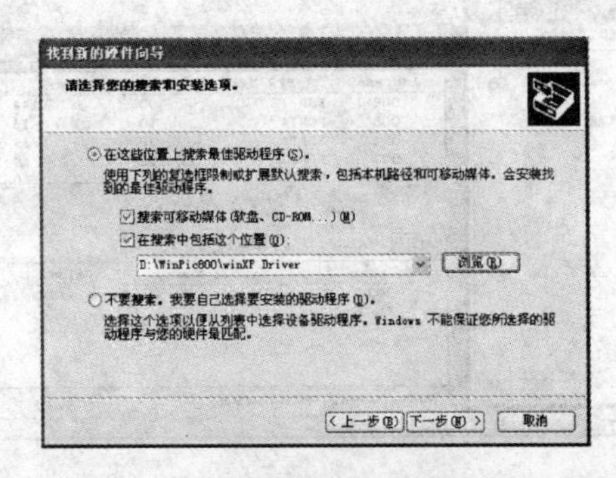

图 3-49　使用“浏览”按键找到复制到硬盘的“WinPic800\winXP Driver”

计算机进行 USB 驱动程序的安装(图 3-50)。

图 3-50　计算机进行 USB 驱动程序的安装

USB 驱动程序安装完毕后，单击“完成”按钮(图 3-51)。并且在桌面的右下方也会出现“新硬件已安装并可以使用了”的提示。

图 3-51　USB 驱动程序安装完毕后，单击“完成”按钮

双击桌面 WinPic800 图标，出现图 3-52 的下载软件界面。

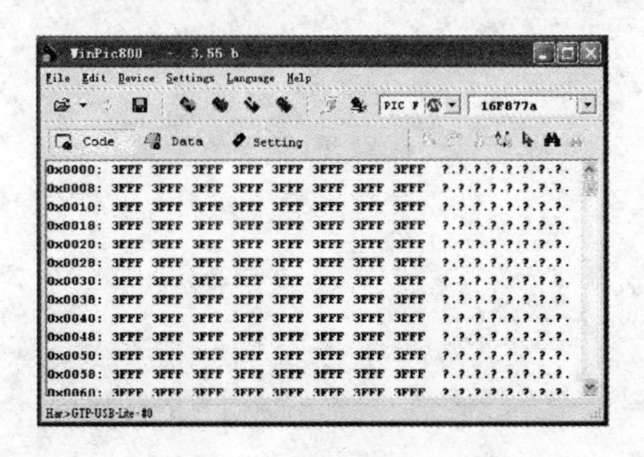

图 3-52　出现下载软件界面

我们可根据编程要求选择芯片。例如：如果使用PIC16F877A，就选择"PIC16F877A"。将双排12芯（每排6芯）的扁平编程电缆，一端插USB下载器的12芯座，另一端插PIC DEMO试验板的ICSP下载口（注意1号引脚位置对准，不要插反）。

这里提示一下：如果目标试验板没有电源，必须由USB下载器供电，则我们用一个短路块插到USB下载器的12芯座右侧的双芯针上（图3-53），使PIC DEMO试验板得电工作。当然，如果PIC DEMO试验板已有电源，不需USB下载器供电，我们应该撤下短路块，防止发生供电冲突而损坏实验器材。

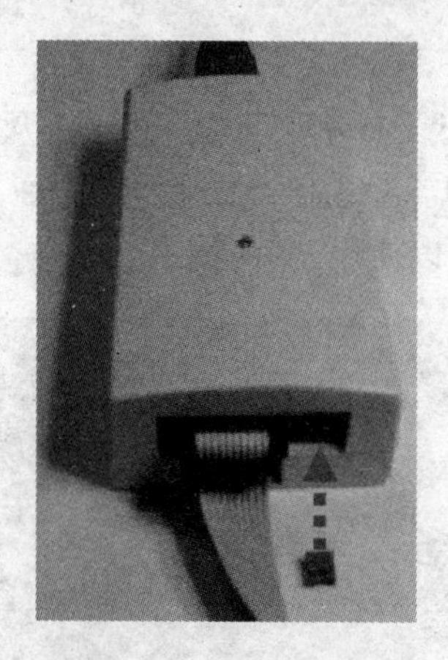

图3-53　用一个短路块插到USB下载器的12芯座右侧的双芯针上

选择好芯片后，单击File\Open命令调入需下载的文件，单击Device\Program All命令进行下载编程，下载成功后会有提示。也可单击对应的快捷图标进行操作。

3.3.7　应　用

程序下载完成后，就可正常应用于实际产品了。开发完成后关闭MPLAB软件时会弹出保存工作区的提示，单击"保存"按钮。

第4章

PIC单片机的主要特点及基本结构

PIC单片机是美国Microchip公司于20世纪90年代中期推出的高性能8位单片机系列产品。在当时，它以其新颖独特的设计和高可靠、低成本的应用前景，迅速赢得了市场。PIC单片机具有片上资源丰富、功能强大、学习及开发容易、应用方便等突出优点。

4.1 PIC单片机的主要特点

1. 哈佛总线结构

PIC单片机采用独特的哈佛总线结构，将芯片内部的数据总线与指令总线分离，并且采用不同的指令宽度，这样便于实现指令的"流水作业"。所谓的"流水作业"是指在执行一条指令的同时对下一条指令进行取指操作，这样大大提高了CPU执行指令的速度和效率。

2. 指令单字节化

数据总线与指令总线分离后，也为PIC单片机实现全部指令的单字节化和单周期化创造了条件。PIC单片机的程序存储器ROM和数据存储器RAM的寻址空间互为独立，而且两种存储器宽度也不同，这样的设计不仅可以确保数据的安全性，还能提高运行速度和实现全部指令的单字节化。

3. 精简指令集(RISC)技术

PIC采用精简指令集技术，不仅全部指令为单字节指令，而且绝大多数指令为单周期指令，有利于提高运行速度。PIC系列单片机各档次具有不同的指令字节宽度，如PIC初级产品的指令字节为12位，中级产品的指令字节为14位，高级产品的指令字节为 16 位。数据宽度均为 8 位。

4. 指令的代码压缩率高、运行速度快

由于 PIC 单片机采用独立分开的数据总线和指令总线的哈佛总线结构，使其指令具有单字长特性，且允许其指令码位数可多于 8 位数据位数，这与传统的采用 CISC(复杂指令集)和冯·诺伊曼结构的 8 位单片机相比，代码压缩率可以达到 2∶1，速度提高达 4∶1。例如：1 KB 程序存储器空间，对于像 MCS－51 这样的单片机只能存放 500 多条指令，而对于 PIC 系列单片机，由于非常有效地利用了存储器的空间，存放多达 1 024 条指令。

5. 功耗低

PIC 单片机采用 CMOS 结构，其功耗很低，是目前世界上最低功耗的单片机品种之一。其中有些特殊型号单片机，在 4 MHz 工作模式下的耗电仅为 2 mA，而在睡眠模式下的耗电甚至可低到 1 μA 以下。

6. I/O 口驱动能力强

PIC 单片机 I/O 端口驱动负载的能力较强，每个引脚最大输出时可以驱动 20/25 mA 的负载，高电平的拉电流输出达 20 mA，低电平的灌电流输出达 25 mA。可以直接驱动发光二极管 LED、光电耦合器、小型继电器等。由于具有比较对称的高、低驱动能力，这样可大大简化控制电路。不过，需要注意的是，每个引脚的驱动能力为 20/25 mA，但芯片所有端口的总驱动能力应小于 200 mA。

7. 片上资源丰富

PIC 系列单片机除具有一般单片机的常见功能外，还在片内集成了上电复位电路、I/O 引脚上拉电路、看门狗定时器、具有比较和捕捉功能的定时器/计数器、多路 10 位 ADC、SPI 同步串行接口、I^2C 串行接口等，可以最大程度地减少或免用外接器件，以实现“纯单片”应用。这样，大大降低产品的制造成本。

8. 学习、开发十分方便，成本低廉

使用 Microchip 公司的免费集成开发环境(MPLAB－IDE)，可实现程序编写、模拟仿真和在线调试，并且 MPLAB－IDE 还支持第三方的 C 语言编译器，这样用户可以使用 C 语言进行开发，大大提高了工作效率。业余条件下使用一块 PIC DEMO 综合试验板及 ICD2 在线调试器/程序下载器(没有 ICD2 的情况下可以使用简易的 USB PIC 程序下载器)即可完成 PIC 单片机的学习、开发，而成本十分低廉，仅为几百元钱。

9. 程序存储器版本齐全

Microchip 公司提供的 PIC 单片机系列，可供选择的存储器类别和产品封装工艺的形式较多，为产品的不同试验阶段和不同应用场合提供了一个全方位的选择内

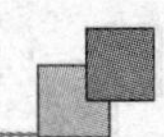

容和不同的性能档次。

(1) EPROM型芯片。它是一种可反复擦/写的程序存储器芯片，需要在紫外线下照射20分钟才能擦去其内部的信息内容。

(2) 一次编程(OTP)的EPROM芯片。适合小批量非定型产品，用户必须借助于专用设备自行完成程序的烧写过程，可以降低产品成本。

(3) 掩膜ROM型芯片。适合大批量定型产品，成本低廉。

(4) EEPROM或Flash程序存储器。它与其他产品相比，价格稍显昂贵。其最大优势在于可在线进行程序的反复擦/写，特别适合开发阶段程序调试的需要。

4.2　PIC单片机的基本组成结构

PIC单片机的型号种类繁多，这对于新品研发时的选型非常方便，但对于初学者来说可谓一头雾水，不知从何学起。这里我们推荐读者以Microchip公司的中级产品PIC16F87X中的PIC16F877A单片机为主进行学习。

PIC16F877A单片机是Microchip公司近年来推出的新产品，它属于PIC中级单片机中很有特色的一个型号。除了具有PIC系列单片机的几乎全部资源之外，它片内还带有256X8的EEPROM存储器。其程序存储器是用Flash工艺制成的，可烧写达10 000次。借助于经济型的在线调试器ICD2，可以实现在线调试和在线编程。因此，以PIC16F877A单片机为主进行学习、开发的成本是非常低的。PIC16F877A单片机的基本组成结构功能框图如图4-1所示。

4.3　PIC16F877A单片机的基本功能模块

PIC16F877A单片机是Microchip公司的中档产品，它采用14位的RISC指令系统，内部集成了A/D转换器、EEPROM、模拟比较器、带比较和捕捉功能的定时器/计数器、PWM输出，异步串行通信(USART)电路等。

4.3.1　程序存储器和堆栈

PIC16F877A单片机内部具有8K×14位的Flash程序存储器，程序存储器具有13位宽的程序计数器PC。程序存储器的地址范围为0000H～1FFFH。由程序计数器提供13条地址线进行单元选择，每个单元宽14位(即PIC16F877A的指令字节宽度为14位)，能够存放一条PIC单片机系统指令。

在系统上电或其他复位情况下，程序计数器均从0000H地址单元开始工作。如果遇到调用子程序或系统发生事件中断时，将把当前程序断点处的地址送入8级×14位的堆栈区域进行保护。堆栈是一个独立的存储区域，在调用的子程序或中断服务程序执行完后，再恢复断点地址。通过14位程序总线，取出对应程序指令的机器

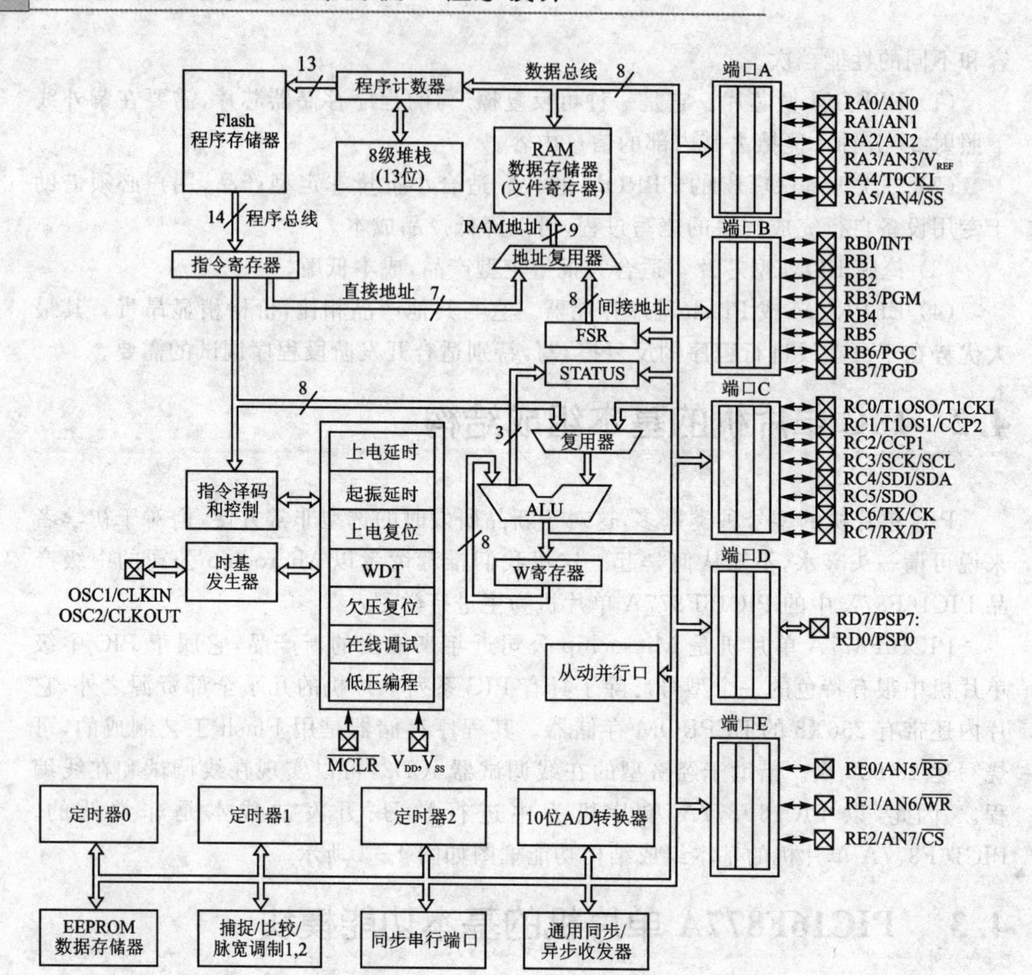

图 4-1　PIC16F877A 单片机的功能框图

码,送入指令寄存器,将组成的操作码和操作数进行有效分离。如果操作数为地址,则进入地址复用器;如果操作数为数据,则进入数据复用器。而操作码将在指令译码和控制单元中转化为相应的功能操作。

PIC 的多数指令均是顺序执行,即使条件跳转也是隔行间接跳转。具有大范围转移功能的指令只有两条:无条件转移 GOTO 语句和调用子程序 CALL 语句。但它们受到 2 KB 范围的约束。所以必须将整个程序存储器以 2 KB 为单位进行分页。如图 4-2 所示,8 KB 程序存储器共分作 4 页,分别称为页 0、页 1、页 2 和页 3。

PIC16F877A 单片机的上电复位地址是 0000H,中断入口地址是 0004H,中断产生时 PC 指针会自动指向该地址。在进行中断应用时,特别是涉及多个中断同时打开时,必须要逐个对中断标志位(XXIF)进行判断。编程时,在 0000H~0003H 单元内要放置一条 GOTO 跳转指令,跳转到主程序,以避开 0004H 存储器单元。

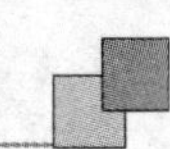

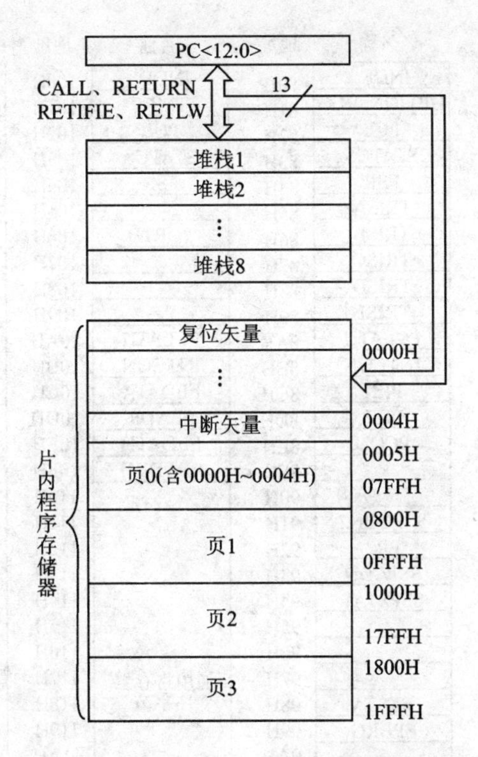

图 4-2　PIC16F877A 的程序存储器和堆栈

4.3.2　数据存储器

PIC 单片机的数据存储器与传统的 MCS-51 单片机一样，在配置结构上可分为通用寄存器和特殊功能寄存器两大类。数据存储器的每个存储单元除具备普通存储器功能之外，还能实现移位、置位、复位和位测试等通常只有寄存器才能完成的操作，功能非常强大。PIC16F877A 单片机 RAM 数据存储器与程序存储器一样，在其 512 个地址空间(000H～1FFH)进行类似区域划分，分为 4 个体(Bank)，从左到右分别记为体 0、体 1、体 2 和体 3，每个“体”均为 128×8 位宽的存储单元。特殊功能寄存器安排在低位地址存储单元，通用寄存器在高位地址存储单元。图 4-3 是 PIC16F877A 的寄存器组映射图，对通用寄存器可以直接进行访问，也可以通过寄存器 FSR 间接访问。

通过比较可知，程序存储器的 4 等分区域采用串接方式排列，而数据存储器的 4 等分区域采用并接方式排列。

1. 通用寄存器

PIC16F877A 单片机的通用寄存器扮演了其他单片机中的通用寄存器和片内 RAM 存储器的双重角色。

PICl6F877A 单片机的通用寄存器主要分布在数据存储器 RAM 各体的下半部

名称	地址	名称	地址	名称	地址	名称	地址
INDF(1)	00H	INDF(1)	80H	INDF(1)	100H	INDF(1)	180H
TMR0	01H	OPTION_REG	81H	TMR0	101H	OPTION_REG	181H
PCL	02H	PCL	82H	PCL	102H	PCL	182H
STATUS	03H	STATUS	83H	STATUS	103H	STATUS	183H
FSR	04H	FSR	84H	FSR	104H	FSR	184H
PORTA	05H	TRISA	85H		105H		185H
PORTB	06H	TRISB	86H	PORTB	106H	TRISB	186H
PORTC	07H	TRISC	87H		107H		187H
PORTD	08H	TRISD	88H		108H		188H
PORTE	09H	TRISE	89H		109H		189H
PCLATH	0AH	PCLATH	8AH	PCLATH	10AH	PCLATH	18AH
INTCON	0BH	INTCON	8BH	INTCON	10BH	INTCON	18BH
PIR1	0CH	PIE1	8CH	EEDATA	10CH	EECON1	18CH
PIR2	0DH	PIE3	8DH	EEADR	10DH	EECON2	18DH
TMR1L	0EH	PCON	8EH	EEDATH	10EH	Reserved(2)	18EH
TMR1H	0FH		8FH	EEADRH	10FH	Reserved(2)	18FH
T1CON	10H		90H	通用寄存器 16字节	110H	通用寄存器 16字节	190H
TMR2	11H	SSPCON2	91H		111H		191H
T2CON	12H	PR2	92H		112H		192H
SSPBUF	13H	SSPADD	93H		113H		193H
SSPCON	14H	SSPSTAT	94H		114H		194H
CCPR1L	15H		95H		115H		195H
CCPR1H	16H		96H		116H		196H
CCP1CON	17H		97H		117H		197H
RCSTA	18H	TXSTA	98H		118H		198H
TXREG	19H	SPBRG	99H		119H		199H
RCREG	1AH		9AH		11AH		19AH
CCPR2L	1BH		9BH		11BH		19BH
CCPR2H	1CH		9CH		11CH		19CH
CCP2CON	1DH		9DH		11DH		19DH
ADRESH	1EH	ADRESL	9EH		11EH		19EH
ADCON0	1FH	ADCON1	9FH		11FH		19FH
通用寄存器 96字节	20H	通用寄存器 80字节	A0H	通用寄存器 80字节	120H	通用寄存器 80字节	1A0H
	6FH		EFH		16FH		1EFH
	70H	映射到 70H~7FH	F0H	映射到 70H~7FH	170H	映射到 70H~7FH	1F0H
	7FH		FFH		17FH		1FFH
体0		体1		体2		体3	

注：

1. 标有(1)的单元为非物理存在的寄存器。
2. 标有(2)的单元为保留单元。
3. 带有阴影的单元物理上不存在。

图 4-3　PIC16F877A 的寄存器组映射图

分区域，包括体 0 和体 1 区域各有 96 个单元(20H～7FH 和 A0H～FFH)及体 2 和体 3 区域各有 112 个单元(110H～17FH 和 190H～1FFH)。在体 1、体 2 和体 3 的数据存储器 RAM 体内，分别存在一个映射的地址区域：F0H～FFH、170H～17FH 和 1F0H～1FFH。这些单元都是虚拟设计，本身的硬件结构并不存在，但它们的地址信息都可以索引(或映射)到体 0 中的高地址(70H～7FH)处的 16 个 RAM 单元。

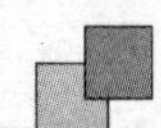

正是基于这样的数据存储器结构，实际的通用寄存器单元数为 368 个。

2. 特殊功能寄存器

特殊功能寄存器 SFR 主要分布在数据存储器 RAM 各体的上半部分区域。PIC16F87X 系列单片机的特殊功能寄存器的布局保持了高度一致，目的是便于 PIC 单片机之间的相互兼容和调换。

特殊功能寄存器中，有的专门用于控制 CPU 内核的性能配置，有的专门用于控制各种外围设备模块的操作，因此又可依用途分为两类：一类是与 CPU 内核相关的寄存器，另一类是与外围模块相关的寄存器。在此仅介绍与 CPU 内核相关的几个常用特殊功能寄存器，其余的则到介绍各种功能部件和外围模块时再介绍。

(1) 状态寄存器 STATUS

状态寄存器的内容用来记录算术逻辑单元 ALU 的运算状态和算术特征、CPU 的特殊运行状态、以及 RAM 数据存储器的体间选择等信息。状态寄存器与通用寄存器有着本质的区别，例如功能位/TO 和/PD 只能读；另一些位的状态将取决于运算结果。

状态寄存器 STATAS(地址 03H、83H、103H、183H)：

IRP	RP1	RP0	/TO	/PD	Z	DC	C

Bit7　　　　　　　　　　　　　　　　Bit0

其各位意义如下：

- Bit7(IRP)：数据存储区选择位，供间接寻址使用。
  0：Bank0，1(00H～FFH)。
  1：Bank2，3(100H～1FFH)。
- Bit5～Bit6(RP1～RP0)：数据存储区选择位。对应关系如下：
  00：Bank0(00H～7FH)。
  01：Bank1(80H～FFH)。
  10：Bank2(100H～17FH)。
  11：Bank3(180H～1FFH)。
- Bit4(/TO)：定时时间到标志位。
  0：监视定时器(WDT 看门狗)时间到被清 0。
  1：上电复位或执行 clrwdt、sleep 指令被置 1。
- Bit3(/PD)：低功耗标志位。
  0：执行 sleep 指令后被清 0。
  1：上电复位或执行 clrwdt 指令被置 1。
- Bit2(Z)：0 标志位。
  0：运算结果不为 0，Z 被清 0。

1:运算结果为 0,Z 被置 1。

- Bit1(DC):辅助进位/借位位(对于执行 ADDWF、ADDLW、SUBLW、SUBWF 这些指令该位变化,对于借位其极性相反)。

  0:执行结果的低 4 位向高 4 位无进位时,被清 0。

  1:执行结果的低 4 位向高 4 位有进位时,被置 1。

- Bit0(C):进位/借位位(对于执行 ADDWF、ADDLW、SUBLW、SUBWF 这些指令该位变化)。

  0:执行结果向高位无进位时,被清 0。

  1:执行结果向高位有进位时,被置 1。

注意:对于借位,极性相反,执行减法指令时,是通过加上第二操作数的补码实现的;对于移位指令(RRF、RLF),是把源寄存器的最高位或最低位放入进位位 C 实现的。

(2) 选择寄存器 OPTION

选择寄存器 OPTION 是一个可读/写寄存器,它含有用于设置定时器 TMRO 前分频器/监视定时器 WDT 后分频器、外部 INT 中断、TMRO 和 B 口的弱上拉等各种控制位。

注意:如果需要定时器 TMR0 得到 1:1的前分频值,可以把前分频器分配给监视定时器 WDT(即 PSA=1)。

选择寄存器 OPTION(地址 81H、l81H):

/RBPU	INTEDG	T0CS	T0SE	PSA	PS2	PS1	PS0
Bit7							Bit0

其各位含义如下:

- Bit7(/RBPU):B 口弱上拉使能位。

  1:B 口的弱上拉不使能。

  0:B 口的弱上拉使能。

- Bit6(INTEDG):INT 中断信号触发边沿选择位。

  1:BRO/INT 引脚上的上升沿触发。

  0:RBO/INT 引脚上的下降沿触发。

- Bit5(T0CS):TMR0 时钟源选择位。

  1:用加于 RA4/TOCKI 引脚上的外部时钟。

  0:用内部指令周期时钟(CLKOUT)。

- Bit4(T0SE):TMR0 计数脉冲信号边沿选择位。

  1:RA4/TOCKI 弓脚上的下降沿增量。

  0:RA4/TOCKI 弓脚上的上升沿增量。

- Bit3(PSA):前分频器分配位。

1:用于 WDT。

0:用于 TMR0。

- Bit2～Bit0(PS2～PS0)前分频器倍率选择位。

注意:当使用低电压编程 LVP 并且 PORTB 引脚弱上拉使能时,TRISB 的 Bit3 清 0 以关闭 RB3 的弱上拉才能确保芯片的正确运行。

(3) 间接寻址寄存器 INDF 和文件选择寄存器 FSR

间接寻址寄存器 INDF 位于数据存储器各体的最低位单元,即 00H、80H、100H 和 180H。它们是互相映射,只具有地址编码,但物理上并不真正存在的虚拟寄存器。INDF 必须与文件选择寄存器 FSR 配合,才能实现间接寻址。当访问 INDF 地址时,实际是访问以 FSR 内容为地址所指向的数据存储器 RAM 单元。PIC 系列单片机采用这种独特而巧妙的构想,实现对数据存储器的循环访问,也使 PIC 指令集系统得到很大的精简。

在 PIC 单片机指令系统中,直接寻址和间接寻址是很重要的数据访问方式,主要是借助于状态寄存器相关位的补充实现数据存储器的选择。直接寻址/间接寻址方式示意图如图 4-4 所示。在直接寻址中,体选码来自状态寄存器 STATUS 的 RP1 和 RP0 位,体内的单元地址直接来自指令机器码;而在间接寻址中,体选码由 STATUS 的 IRP 位和 FSR 寄存器的 Bit7 组成,体内单元地址来自 FSR 的低 7 位。

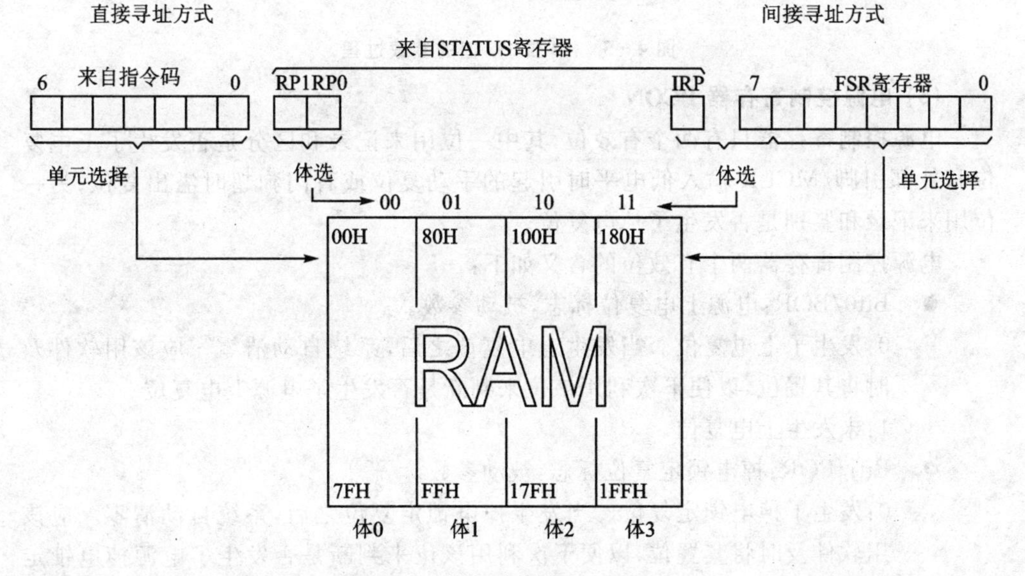

图 4-4　数据存储器 RAM 寻址

(4) 与 PC 相关的寄存器 PCL 和 PCLATH

PIC16F877A 单片机程序计数器 PC 指针宽 13 位,它总是指向 CPU 下一条指令所在程序存储器单元的地址。为了与其他 8 位宽的寄存器进行数据交换,将 PC 指针分成 PCL 和 PCH 两部分:低 8 位 PCL 有自己的专用地址,数据信息可读写;而高

5位PCH没有自己的地址，是根本不存在的，也就不能直接写入，只能借用寄存器PCLATH进行间接装载。PCLATH实现对高5位PCH的装载分两种情况：一种情况是当执行以PCL为目标的写操作指令时，PC的低8位来自算术逻辑单元ALU的运算结果，PC的高5位来自PCLATH的低5位；另一种情况是执行跳转指令GOTO或调用子程序指令CALL时，PC的低11位直接来自指令码所携带的11位地址信息，而PC的高2位由PCLATH的第4位、第3位装载。具体过程如图4-5所示。

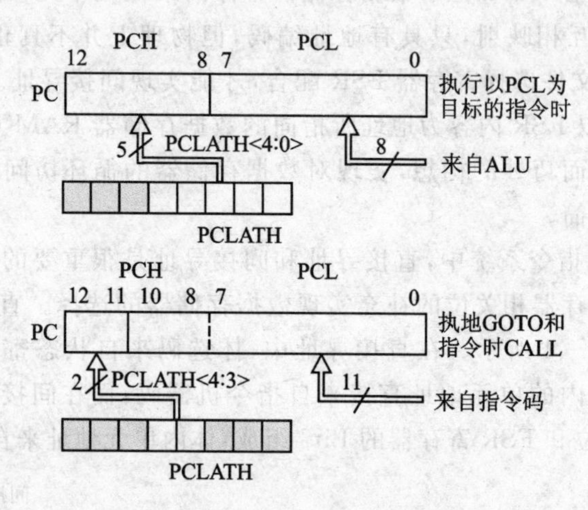

图 4-5　13 位 PC 值的装载过程

(5) 电源控制寄存器 PCON

电源控制寄存器只有两个有效位，其中一位用来记录和区分是否发生了上电复位和外部引脚/MCLR输入低电平时引起的手动复位或看门狗超时溢出复位；另一位用来记录和鉴别是否发生了掉电复位。

电源控制寄存器两个有效位的含义如下：

- Bit0/BOR：电源上电复位标志，被动参数。

  0：发生了上电复位。当发生上电复位之后，系统自动清零。应该用软件及时将其置位，以便下次利用该位来判断是否发生了电源上电复位。

  1：未发生上电复位。

- Bitl/POR：掉电锁定复位标志，被动参数。

  0：发生了掉电锁定复位。当发生掉电锁定复位之后，系统自动清零。应该用软件及时将其置位，以便下次利用该位来判断是否发生了电源掉电锁定复位。

  1：未发生掉电锁定复位。

4.3.3　EEPROM 数据存储器

PIC16F877A 单片机内含一个 256×8 位 EEPROM 数据存储器模块。它可在线

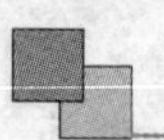

擦/写，用于掉电时数据的保留。

对 EEPROM 数据存储器进行写入操作时，不会影响 PIC 单片机其他指令的执行。PIC16F877A 单片机 EEPROM 数据存储器的单元空间为 256X8 位，对应地址的范围是 00H～FFH。其中的数据信息并不直接映射在文件寄存器中，只能通过特殊功能寄存器的间接寻址来访问。

涉及 EEPROM 数据存储器读/写操作的共有 4 个特殊功能寄存器。

1. EEDATA

是一个专用数据读/写寄存器，用于临时存放对 EEPROM 数据存储器进行读/写操作的数据。

2. EEADR

是一个专用地址读/写寄存器，用于临时存放对 EEPROM 数据存储器进行读/写访问的单元地址。

3. EECON1

EEPROM 数据存储器读/写控制第一寄存器，主要用于读/写方式的设定和初始化寻址控制。EECON1 寄存器中有 3 位是无效定义。

EEPGD	—	—	—	WRERR	WREN	WR	RD
Bit7							Bit0

其各位的含义如下：

- Bit0/RD：EEPROM 数据存储器数据读出方式控制位。
  0：不处于 EEPROM 读操作过程，或在一个读操作周期后由硬件自动清零。
  1：启动 EPROM 读操作，软件主动置位。
- Bit1/WR：写操作控制位，复合参数。
  0：不处于 EEPROM 写操作过程，或在一个写操作周期后由硬件自动清零。
  1：启动 EEPROM 写操作，软件主动置位。
- Bit2/WREN：EEPROM 写使能位。
  0：使能对 EEPROM 写操作。
  1：禁止对 EEPROM 写操作。
- Bit3/WRERR：EEPROM 错误标志位。
  0：已完成 EEPROM 写操作，硬件自动清零。
  1：未完成 EEPROM 写操作。
- Bit4～Bit6：未使用，读出为无效数据。
- Bit7/EEPGD：Flash 程序存储器/EEPROM 数据存储器选择位。
  0：选择 EEPROM 数据存储器。
  1：选择 Flash 程序存储器。

4. EECON2

EEPROM 数据存储器读/写控制第二寄存器，是一个虚拟寄存器，专门用于 EEPROM 数据存储器写操作的次序控制。

4.3.4 算术逻辑区域

算术逻辑单元 ALU 是 PIC16F877A 单片机中实现算术运算和逻辑运算的核心。与算术逻辑区域相关的特殊功能寄存器主要有以下 3 种。

1. 工作寄存器 W

相当于 MCS－51 单片机中的“累加器 A，是数据传送的桥梁，是最为繁忙的工作单元。在运算前，W 可以暂存准备参加运算的一个操作数（称为源操作数），在运算之后，W 可以暂存运算的结果（称为目标操作数）。

2. 状态寄存器 STATUS

反映最近一次算术逻辑运算结果的状态特征，如是否产生进位、借位、结果是否为零等，共涉及 3 个标志位（Z、DC 和 C）。状态寄存器还包括数据寄存器区域的选择信息（IRP、RP1 和 RP0）。该寄存器在 MCS－51 单片机中称为程序状态字（PSW）寄存器。

3. 文件选择寄存器 FSR

是与 INDF 完成间接寻址的专用寄存器，用于存放间接地址，即预先将要访问单元的地址存入该寄存器。

4.3.5 输入/输出端口模块

PIC16F877A 单片机共设置有 5 个输入/输出端口，分别为 RA（6 位）、RB（8 位）、RC（8 位）、RD（8 位）和 RE（3 位），合计共有 33 个引脚。大多数引脚除了基本 I/O 功能外，还配置有第二甚至第三功能，例如模拟量输入通道、串/并行通信线和 MPLAB－ICD2 专用控制线等。这些端口引脚在使用中存在着差异，特别是 RA（6 位）和 RE（3 位）中所涉及的输入/输出通道，只有当对 ADCON1 进行设置后才能用作为数字量输入/输出引脚。另外，RB 端口的高 4 位具有特殊的电平变化中断功能，为实时监控提供了很大方便。RC 端口拥有各类串行通信功能，包括主控同步串行通信 MSSP（SPI、I^2C）和通用同步/异步收发器 USART。

4.3.6 定时器模块

PIC16F877A 单片机配置有 3 个功能较强的多功能定时器模块：TMR0（8 位）、TMR1（16 位）和 TMR2（8 位）。它们都具有不同位宽的可编程定时器，除 TMR2 以外都可作为计数器使用。每个定时器/计数器模块都配有不同比例的预分频器或后分频器。另外，还有两个重要的专门用途：当设置在同步计数方式下，TMR1 可与捕

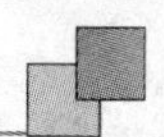

捉/比较/脉宽调制 CCP 模块配合实现捕捉和比较功能；TMR2 可以与捕捉/比较/脉宽调制 CCP 模块配合实现脉宽调制输出功能。

4.3.7 复位功能模块

1. 上电复位

当系统芯片加电后，电源电压 V_{DD} 会有一个逐渐上升的过程，当达到 1.5～1.8 V 后，上电复位电路将自动产生一个复位脉冲，使单片机复位。

2. 欠压复位

当 V_{DD} 掉电跌落到 V_{BOR}（大约 4 V）的时间大于 T_{BOR}（大约 100 μs）时，如果欠压复位功能处于使能方式，将自动产生一个复位信号并使芯片保持在复位状态；而此时如果 V_{DD} 掉电跌落到 V_{BOR} 以下的时间小于 T_{BOR}，则系统就不会产生复位。直到 V_{DD} 恢复到正常范围，上电延时电路再提供一个固定的 72 ms 延时，才使 CPU 从复位状态返回到原正常运行状态。

另外，PIC16F877A 还带有两种特殊的延时电路：上电延时和起振延时电路。在芯片加电时，上电延时定时器 PWRT 提供一个固定的 72 ms 正常上电延时。上电延时电路采用 RC 振荡器方式工作。当 PWRT 处于延时过程时，芯片就能一直保持在复位状态，以确保电源电压在这个固定延时内达到合适的芯片工作电压；在上电延时电路提供一个 72 ms 延时后，起振定时器 OST 将提供 1 024 个振荡周期的延迟时间，以保证晶体或陶瓷谐振器能够有合适的时间起振并产生稳定的时序波形。

3. 看门狗复位

PIC16F877A 单片机嵌入了一个具有较强功能的看门狗定时器 WDT，能够有效防止因环境干扰而引起系统程序“跑飞”。WDT 的定时/计数脉冲是由芯片内专用的 RC 振荡器产生的。它的工作既不需要任何外部器件，也与单片机的时钟电路无关。看门狗的基本定时为 18 ms，我们可以在 18 ms 基本定时的基础上加入 1∶1～1∶128 的预分频比例，从而达到 18～2 304 ms 的定时。

4. 人工复位

无论单片机在正常运行还是处在睡眠状态，只要在复位端/MCLR 人工加入低电平，单片机就会立即复位。

4.4 PIC16F877A 单片机的专用功能模块

PIC16F877A 单片机片上集成了多个专用功能模块，因此 PIC 单片机无论用于工业控制还是家电产品都显得得心应手、应付自如。

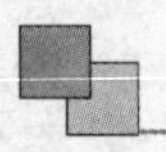

4.4.1 通用同步/异步串行收发器 USART 模块

在 RC 端口汇集有多种串行数据传送方式,其中包括同步/异步收发器 USART,用于实现二线方式的串行通信。可以定义为全双工异步和半双工同步两种工作方式。

4.4.2 并行从动端口 PSP 模块

用于与其他具有开放总线的单片机、DSP 进行数据总线连接,进行高速的数据传输与交换。

4.4.3 主同步串行端口 MSSP

具有 SPI 和 I^2C 两种数据传送的工作方式,可实现多机或外接专用器件进行特殊通信。

4.4.4 捕捉/比较/脉宽调制模块

PIC16F877A 单片机配置有两个功能很强的模块 CCP1 和 CCP2,分别能与 TMR1 和 TMR2 配合实现对信号的输入捕捉、输出比较和脉宽调制 PWM 输出功能。

输入捕捉功能:主要通过 TMR1 定时器,及时捕捉外加信号的边沿触发,用来间接测量信号周期、频率、脉宽等。

输出比较功能:主要通过 TMR1 定时器和比较电路,输出宽度可调的方波信号,以驱动那些工作于脉冲型的电气部件。

脉宽调制 PWM 输出功能:主要通过 TMR2 定时器、PR2 周期寄存器和比较电路,输出周期和脉宽可调的周期性方波信号,以控制可控硅的导通状态、步进电机转动角度或调整发光器件亮度等。

4.4.5 模/数转换器(ADC)模块

PIC16F877A 单片机上嵌入了一个 8 路 10 位分辨率的模/数(A/D)转换器,用来将外部的模拟量变换成单片机可以接受和处理的数字量。A/D 转换器采用常规的逐次比较法,参考电压既可使用标准的 V_{DD} 和 V_{SS} 信号,也可使用外加参考电压的方式。A/D 转换器内部配置有独立的时钟信号,即使 PIC 单片机处于睡眠的情况下,也可以进行 A/D 转换。

4.5 PIC16F877A 单片机的引脚配置

PIC16F877A 的封装为双列直插式 40 引脚及表面贴装式 44 引脚等几种形式。图 4-6 是双列直插式 40 引脚功能图。

PIC16F877A 单片机的所有接口引脚除具有基本输入/输出功能以外,一般都设

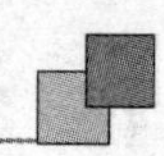

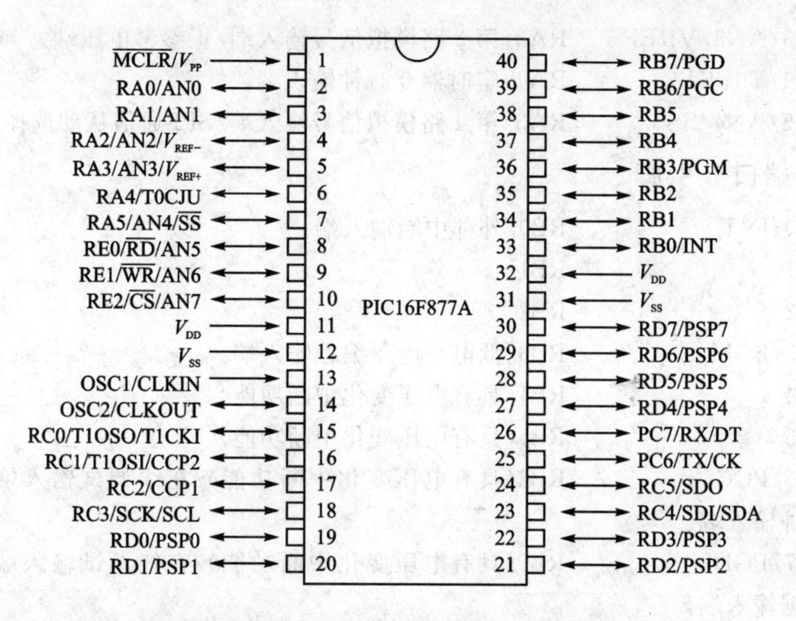

图 4－6　双列直插式 40 引脚的 PICl6F877A 单片机引脚功能图

计有第二功能，甚至第三功能。它采用引脚复用技术，以便即使增加功能但却不增大体积及引脚数量。

4.5.1　系统配置引脚

1. 电源和接地引脚(均配置 2 组)

V_{DD}：正电源端。

V_{SS}：接地端。

2. 时钟、复位引脚

OSC1/CLKIN：时钟振荡器晶体连接端 1/外部时钟源输入端。

OSC2/CLKOUT：时钟振荡器晶体连接端 2 外部时钟源输出端。

3. 主复位引脚

MCLR/VPP：人工复位输入端(低电平有效)/编程电压输入端。

4.5.2　输入/输出引脚的其他功能

1. 端口 A 引脚

RA0/AN0　　RA0/第 0 路模拟信号输入端。

RA1/AN1　　RA1/第 1 路模拟信号输入端。

RA2/AN2/VREF－　　RA2/第 2 路模拟信号输入端/负参考电压端。

RA3/AN3/VREF+　RA3/第 3 路模拟信号输入端/正参考电压端。

RA4/T0CKI　RA4/定时器 0 时钟输入端。

RA5/AN4/SS　RA5/第 4 路模拟信号输入端/SPI 通信从动选择。

2. 端口 B 引脚

RB0/INT　RB0/外部中断输入端。

RB1　RB1。

RB2　RB2。

RB3/PGM　RB3/低电平电压编程输入端。

RB4　RB4(具有电压变化中断功能)。

RB5　RB5(具有电压变化中断功能)。

RB6/PGC　RB6(具有电压变化中断功能)/在线调试输入端和串行编程时钟输入端。

RB7/PGD　RB7(具有电压变化中断功能)/在线调试输入端和串行编程数据输入端。

3. 端口 C 引脚

RC0/TlOSO/TlCKI　RC0/定时器 1 的振荡器输出端/定时器 1 时钟输入端。

RC1/T1OSI/CCP2　RC1/定时器 1 的振荡器输入端/捕捉器 2 输入端或比较器 2 输出端或脉宽调制器 PWM2 的输出端。

RC2/CCP1　RC2/捕捉器 1 输入端或比较器 1 输出端或脉宽调制器 PWM1 的输出端。

RC3/SCK/SCL　RC3/SPI 和 I^2C 串行口的同步时钟输入或输出端。

RC4/SDI/SDA　RC4/SPI 串行口的数据输入端和 I^2C 串行口的数据输入或输出端。

RC5/SDO　RC5/SPI 串行口的数据输出端。

RC6/TX/CK　RC6/USART 全双工异步发送端/USART 半双工同步传送时钟端。

RC7/RX/DT　RC7/USART 全双工异步接收端/USART 半双工同步传送数据端。

4. 端口 D 引脚

RD0～RD7/PSP0～PSP7：RD0～RD7/作从动并行口与其他微处理器总线连接。

5. 端口 E 引脚

RE0/RD/AN5　RE0/并行口读出控制端/第 5 路模拟信号输入端。

RE1/WR/AN6　RE1/并行口写入控制端/第 6 路模拟信号输入端。

RE2/CS/AN7　RE2 并行口片选控制端/第 7 路模拟信号输入端。

第5章

C语言基础知识

C语言是目前应用非常广泛的计算机高级程序设计语言，在学习PIC单片机的高级语言设计之前，我们需要先简单复习一下C语言的基本语法。如果读者没有学过C语言，建议先学《C程序设计》(清华大学出版社)及《手把手教你学单片机C程序设计(第2版)》(北京航空航天大学出版社出版)这两本书。

我们使用的PICC基本符合标准的ANSI C语言，唯一的不同是它不支持函数的递归调用，这是因为PIC单片机内部的堆栈大小是由硬件决定的，资源有限，无法实现需要大量堆栈操作的递归算法。另外在PIC单片机中实现软件堆栈的效率也不是很高，为此，PICC编译器采用一种“静态覆盖”技术以实现对C语言函数中的局部变量分配固定的地址空间。经这样处理后产生出的机器代码效率较高。

5.1 C语言的标识符与关键字

标识符是用来标识源程序中某个对象的名字的，这些对象可以是语句、数据类型、函数、变量、常量、数组等。一个标识符由字符串、数字和下画线等组成，第一个字符必须是字母或下画线，通常以下画线开头的标识符是编译系统专用的，因此在编写C语言源程序时一般不要使用以下画线开头的标识符，而将下画线用作分段符。C语言是大小写敏感的一种高级语言，如果我们要定义一个时间“秒”标识符，可以写做“sec”，如果程序中有“SEC”，那么这两个是完全不同定义的标识符。

关键字则是编程语言保留的特殊标识符，有时又称为保留字，它们具有固定名称和含义，在C语言的程序编写中不允许标识符与关键字相同。与其他计算机语言相比，C语言的关键字较少，ANSI C标准一共规定了32个关键字，如表5-1所列。

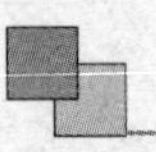

表 5-1　ANSI C 标准一共规定了 32 个关键字

关键字	用　途	说　明
auto	存储种类说明	用以说明局部变量，默认值为此
break	程序语句	退出最内层循环体
case	程序语句	switch 语句中的选择项
char	数据类型说明	单字节整型数或字符型数据
const	存储类型说明	在程序执行过程中不可更改的常量值
continue	程序语句	转向下一次循环
default	程序语句	switch 语句中的失败选择项
do	程序语句	构成 do…while 循环结构
double	数据类型说明	双精度浮点数
else	程序语句	构成 if…else 选择结构
enum	数据类型说明	枚举
extern	存储种类说明	在其他程序模块中说明了的全局变量
float	数据类型说明	单精度浮点数
for	程序语句	构成 for 循环结构
goto	程序语句	构成 goto 转移结构
if	程序语句	构成 if…else 选择结构
int	数据类型说明	基本整型数
long	数据类型说明	长整型数
register	存储种类说明	使用 CPU 内部寄存器的变量
return	程序语句	函数返回
short	数据类型说明	短整型数
signed	数据类型说明	有符号数，二进制数据的最高位为符号位
sizeof	运算符	计算表达式或数据类型的字节数
static	存储种类说明	静态变量
struct	数据类型说明	结构类型数据
switch	程序语句	构成 switch 选择结构
typedef	数据类型说明	重新进行数据类型定义
union	数据类型说明	联合类型数据
unsigned	数据类型说明	无符号数据
void	数据类型说明	无类型数据
volatile	数据类型说明	该变量在程序执行中可被隐含地改变
while	程序语句	构成 while 和 do…while 循环结构

5.2 数据类型

单片机的程序设计离不开对数据的处理，数据在单片机内存中的存放情况由数据结构决定。C 语言的数据结构是以数据类型出现的，数据类型可分为基本数据类型和复杂数据类型，复杂数据类型由基本数据类型构造而成。C 语言中的基本数据类型有 char、int、short、long、float 和 double。表 5-2 为 PICC 编译器所支持的基本数据类型。

表 5-2 PICC 编译器所支持的数据类型

数据类型	长 度	值 域
bit	1 位	0 或 1
char	单字节	0～255
unsigned char	单字节	0～255
signed char	单字节	−128～127
short	双字节	−32 768～32 767
unsigned short	双字节	0～65 535
signed short	双字节	−32 768～32 767
int	双字节	−32 768～32 767
unsigned int	双字节	0～65 535
signed int	双字节	−32 768～32 767
long	四字节	−2^31～2^31−1
unsigned long	四字节	0～2^32−1
signed long	四字节	−2^31～2^31−1
float	三字节	浮点数
double	三或四字节	浮点数，默认为三字节，但可以改变编译器选项改为四字节

需要说明的是，虽然 PICC 允许利用 bit 定义位变量，但位变量不能定义为自变量，也不能作为函数参数，但可以作为函数的返回值。并且位变量也不能被静态初始化。

PICC 允许利用 bit 定义位变量的例子：

```
static bit flag;     //正确，利用 bit 定义静态位变量
```

以下都是错误的：

```
void max(void)
{
  bit flag;                    //错误，位变量不能定义为自变量
```

```
    ……
}
void max(void)
{
    static bit flag = 1;                //错误,位变量不能被静态初始化
    ……
}
```

5.3 常量、变量及存储方式

所谓常量就是在程序运行过程中,其值不能改变的数据。同理,所谓变量就是在程序运行过程中,其值可以被改变的数据。

如果在每个变量定义前不加任何关键字进行限定,那么 PICC 编译器默认将该变量存放在 RAM 中。例如,我们设计一个计时装置时需用到时间变量,我们在定义时将其定位于 RAM 中,可以这样定义:

```
char sec,min,hour;
```

对于在程序运行中不需改变的字符串、数据表格等,存放在 FLASH 中比存放在 RAM 中更合适,在变量名前使用“const”进行限定的,表示此变量(实际上为一常量)存放在 FLASH 中。如定义 LED 数码管的字形码表为

```
const unsigned char
SEG7[10] = {0x3f,0x06,0x5b,0x4f,0x66,0x6d,0x7d,0x07,0x7f,0x6f};
或
unsigned char const
SEG7[10] = {0x3f,0x06,0x5b,0x4f,0x66,0x6d,0x7d,0x07,0x7f,0x6f};
```

因此在设计 PIC 单片机的程序时,应当将频繁使用的变量存放在内部数据存储器 RAM 中,而把不变的常量存放在 ROM(FLASH)中。对于有些需要在断电后进行保存的变量,可以在断电前将它们转存到 EEPROM 中。

PICC 可以在定义变量时由程序员自己决定这些变量具体放在哪一个体(Bank)中。如果没有特别指明,所定义的变量将被定位在 Bank0。定义在其他 Bank 内的变量前面必须加上相应的 Bank 序号,例如:

```
bank1 unsigned char temp;        //变量定位在 Bank1 中
```

中档系列 PIC 单片机(例如 PIC16F877A)的数据寄存器的每个 Bank 大小为 128 字节,除去若干字节的特殊功能寄存器区域,如果在某一 Bank 内定义的变量字节总数超过可用 RAM 字节数(即超过 Bank 容量),那么在编译、链接时会报错。

虽然变量所在的 Bank 定位可以由编程员自己决定,但通常我们编写源程序时无需再特意编写设定 Bank 的指令。C 编译器会根据所操作的对象自动生成对应

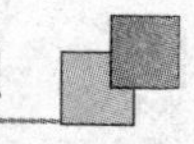

Bank的设定汇编指令，避免在多个Bank中频繁的切换以提高代码效率，尽量把实现同一任务的变量定位在同一个Bank内。

bit型位变量只能是全局的或静态的。PICC将把定位在同一Bank内的8个位变量合并成一个字节存放于一个固定地址。PICC对整个数据存储空间实行位编址，0x000单元第0位的位地址是0x0000，第1位的位地址是0x0001，以此类推，每个字节有8个位地址。

5.4 PICC中变量的绝对地址定位

PICC中变量的绝对地址定位方式如下：

```
unsigned char a  @ 0x30;          //a定位在地址0x30
```

要说明的一点是，变量一般由编译器和连接器最后进行优化定位，因此最后0x30处完全有可能又被分配给了其他变量使用，因此针对变量的绝对定位要特别小心。真正需要绝对定位的只是单片机中的那些特殊功能寄存器，而这些寄存器的地址定位在PICC开发环境的头文件中已经实现，根本不需要我们关心。我们需要了解清楚的是PICC中定义的这些特殊功能寄存器和其中的相关控制位的名称，实际上这些名称与microchip公司的PIC单片机的datasheet资料是完全吻合的。

如果一个变量已经被绝对定位，那么该变量中的每个位就可以用下面的计算方式实现位变量绝对定位：

```
unsigned char a  @ 0x30;     //a定位在地址0x30
bit a_bit0 @ a*8+0;          //a_bit0  对应于a第0位
bit a_bit1 @ a*8+1;          //a_bit1  对应于a第1位
bit a_bit2 @ a*8+2;          //a_bit2  对应于a第2位
……
```

5.5 数　组

基本数据类型（如字符型、整型、浮点型）的一个重要特征是只能具有单一的值。然而，许多情况下我们需要一种类型可以表示数据的集合，例如：如果使用基本类型表示整个班级学生的数学成绩，则30个学生需要30个基本类型变量。如果可以构造一种类型来表示30个学生的全部数学成绩，将会大大简化操作。

C语言中除了基本的的数据类型（例如整型、字符型、浮点型数据等属于基本数据类型）外，还提供了构造类型的数据，构造类型数据是由基本类型数据按一定规则组合而成的，因此也称为导出类型数据。C语言提供了三种构造类型：数组类型、结构体类型和共用体类型。构造类型可以更为方便地描述现实问题中各种复杂的数据结构。

数组是一组有序数据的集合，数组中的每一个数据都属于同一个数据类型。

数组类型的所有元素都属于同一种类型，并且是按顺序存放在一个连续的存储空间中，即最低的地址存放第一个元素，最高的地址存放最后的一个元素。

数组类型的优点主要有两个：

(1) 让一组同一类型的数据共用一个变量名，而不需要为每一个数据都定义一个名字。

(2) 由于数组的构造方法采用的是顺序存储，极大方便了对数组中元素按照同一方式进行的各种操作。此外需要说明的是数组中元素的次序是由下标来确定的，下标从 0 开始顺序编号。

数组中的各个元素可以用数组名和下标来唯一地确定。数组可以是一维数组、二维数组或者多维数组。常用的有一维、二维数组和字符数组等。一维数组只有一个下标，多维数组有两个以上的下标。在 C 语言中数组必须先定义，然后才能使用。

5.5.1 一维数组的定义

一维数组的定义形式如下：

数据类型 数组名［常量表达式］；

其中，“数据类型”说明了数组中各个元素的类型。“数组名”是整个数组的标识符，它的定名方法与变量的定名方法一样。“常量表达式”说明了该数组的长度，即该数组中的元素个数。常量表达式必须用方括号“［］”括起来，而且其中不能含有变量。

例如定义数组 char math[30]；则该数组可以用来描述 30 个学生的数学成绩。

5.5.2 二维及多维数组的定义

定义多维数组时，只要在数组名后面增加相应于维数的常量表达式即可。对于二维数组的定义形式为

数据类型 数组名［常量表达式 1］［常量表达式 2］；

例如要定义一个 3 行 5 列共 3×5＝15 个元素的整数矩阵 first，可以采用如下的定义方法：

```
int first [3][5];
```

再如我们要在点阵液晶上显示“爱我中华”4 个汉字，可这样定义点阵码：

```
char Hanzi[4][32] =
{
    0x00,0x40,0x40,0x20,0xB2,0xA0,0x96,0x90,0x9A,0x4C,0x92,0x47,0xF6,0x2A,0x9A,0x2A,0x93,
0x12,0x91,0x1A,0x99,0x26,0x97,0x22,0x91,0x40,0x90,0xC0,0x30,0x40,0x00,0x00,/*"爱"*/
    0x20,0x04,0x20,0x04,0x22,0x42,0x22,0x82,0xFE,0x7F,0x21,0x01,0x21,0x01,0x20,0x10,0x20,0x10,
0xFF,0x08,0x20,0x07,0x22,0x1A,0xAC,0x21,0x20,0x40,0x20,0xF0,0x00,0x00,/*"我"*/
```

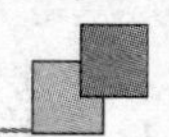

```
    0x00,0x00,0x00,0x00,0xFC,0x07,0x08,0x02,0x08,0x02,0x08,0x02,0x08,0x02,0xFF,0xFF,0x08,
0x02,0x08,0x02,0x08,0x02,0x08,0x02,0xFC,0x07,0x08,0x00,0x00,0x00,0x00,0x00,/*"中"*/
    0x20,0x00,0x10,0x04,0x08,0x04,0xFC,0x05,0x03,0x04,0x02,0x04,0x10,0x04,0x10,0xFF,0x7F,
0x04,0x88,0x04,0x88,0x04,0x84,0x04,0x86,0x04,0xE4,0x04,0x00,0x04,0x00,0x00/*"华"*/
    }
```

数组的定义要注意以下几个问题：

(1) 数组名的命名规则同变量名的命名，要符合 C 语言标识符的命名规则。

(2) 数组名后面的“[ ]”是数组的标志，不能用圆括号或其他符号代替。

(3) 数组元素的个数必须是一个固定的值，可以是整型常量、符号常量或者整型常量表达式。

5.5.3 字符数组

基本类型为字符类型的数组称为字符数组。字符数组是用来存放字符的。字符数组是 C 语言中常用的一种数组。字符数组中的每个元素都是一个字符，因此可用字符数组来存放不同长度的字符串。字符数组的定义方法与一般数组相同，下面是定义字符数组的例子：

```
char second[6] = {‘H’,‘E’,‘L’,‘L’,‘O’,‘\0’};
char third[6] = {“HELLO”};
```

在 C 语言中字符串是作为字符数组来处理的。一个一维的字符数组可以存放一个字符串，这个字符串的长度应小于或等于字符数组的长度。为了测定字符串的实际长度，C 语言规定以‘\0’，作为字符串结束标志，对字符串常量也自动加一个‘\0’作为结束符。因此字符数组 char second[6]或 char third[6]可存储一个长度≤5的不同长度的字符串。在访问字符数组时，遇到‘\0’就表示字符串结束，因此在定义字符数组时，应使数组长度大于它允许存放的最大字符串的长度。

对于字符数组的访问可以通过数组中的元素逐个进行访问，也可以对整个数组进行访问。

5.5.4 数组元素赋初值

数组的定义方法，可以在存储器空间中开辟一个相应于数组元素个数的存储空间，数组的赋值除了可以通过输入或者赋值语句为单个数组元素赋值来实现，还可以在定义的同时给出元素的值，即数组的初始化。如果希望在定义数组的同时给数组中各个元素赋以初值，可以采用如下方法：

数据类型 数组名 [常量表达式]={常量表达式表}；

其中，“数据类型”指出数组元素的数据类型。“常量表达式表”中给出各个数组元素的初值。

例如：

```
char SEG7[10] = {0x3f,0x06,0x5b,0x4f,0x66,0x6d,0x7d,0x07,0x7f,0x6f};
```

有关数组初始化的说明如下：

(1) 元素值表列，可以是数组所有元素的初值，也可以是前面部分元素的初值。如：

```
int a[5] = {1,2,3};
```

数组 a 的前 3 个元素 a[0]、a[1]、a[2]分别等于 1、2、3，后 2 个元素末说明。但是系统约定：当数组为整型时，数组在进行初始化时未明晚设定初值的元素，其值自动被设置为 0。所以 a[3]、a[4]的值为 0。

(2) 当对全部数组元素赋初值时，元素个数可以省略。但"[ ]"不能省。例如：

```
char c[] = {'a','b','c'};
```

此时系统将根据数组初始化时大括号内值的个数，决定该数组的元素个数。所以上例数组 c 的元素个数为 3。但是如果提供的初值小于数组希望的元素个数时，方括号内的元素个数不能省略。

5.5.5 数组作为函数的参数

除了可以用变量作为函数的参数之外，还可以用数组名作为函数的参数。一个数组的数组名表示该数组的首地址。数组名作为函数的参数时，此时形式参数和实际参数都是数组名，传递的是整个数组，即形式参数数组和实际参数数组完全相同，是存放在同一空间的同一个数组。这样调用的过程中参数传递方式实际上是地址传递，将实际参数数组的首地址传递给被调函数中的形式参数数组。当形式参数数组修改时，实际参数数组也同时被修改了。

用数组名作为函数的参数，应该在主调函数和被调函数中分别进行数组定义，而不能只在一方定义数组。而且在两个函数中定义的数组类型必须一致，如果类型不一致将导致编译出错。实参数组和形参数组的长度可以一致也可以不一致，编译器对形参数组的长度不作检查，只是将实参数组的首地址传递给形参数组。如果希望形参数组能得到实参数组的全部元素，则应使两个数组的长度一致。定义形参数组时可以不指定长度，

只在数组名后面跟一个空的方括号[ ]，但为了在被调函数中处理数组元素的需要，应另外设置一个参数来传递数组元素的个数。

5.6 C 语言的运算

C 语言对数据有很强的表达能力，具有十分丰富的运算符，利用这些运算符可以

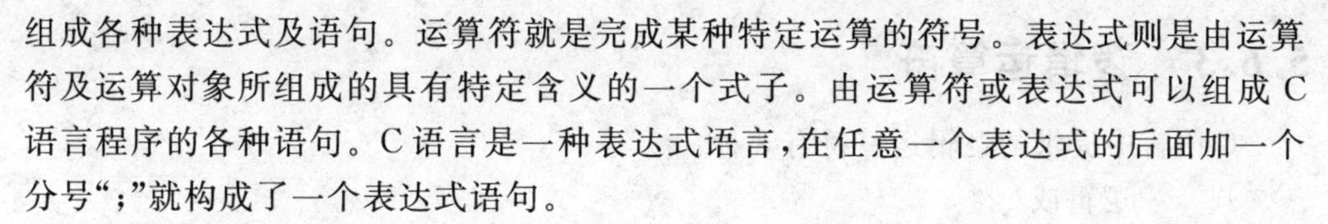

组成各种表达式及语句。运算符就是完成某种特定运算的符号。表达式则是由运算符及运算对象所组成的具有特定含义的一个式子。由运算符或表达式可以组成C语言程序的各种语句。C语言是一种表达式语言,在任意一个表达式的后面加一个分号";"就构成了一个表达式语句。

按照运算符在表达式中所起的作用,可分为算术运算符、关系运算符、逻辑运算符、赋值运算符、增量与减量运算符、逗号运算符、条件运算符、位运算符、指针和地址运算符、强制类型转换运算符和sizeof运算符等。运算符按其在表达式中与运算对象的关系,又可分为单目运算符、双目运算符和三目运算符等。单目运算符只需要有一个运算对象,双目运算符要求有两个运算对象,三目运算符要求有3个运算对象。

5.6.1　算术运算符

C语言提供的算术运算符如下:

＋　加或取正值运算符。如:1＋2的结果为3。

－　减或取负值运算符。如:4－3的结果为1。

*　乘运算符。如:2*3的结果为6。

/　除运算符。如:6/3的结果为2。

%　模运算符,或称取余运算符。如:7%3的结果为1。

上面这些运算符中加、减、乘、除为双目运算符,它们要求有两个运算对象。取余运算要求两个运算对象均为整型数据,如果不是整型数据可以采用强制类型转换。例如8%3的结果为2。取正值和取负值为单目运算符,它们的运算对象只有一个,分别是取运算对象的正值和负值。

5.6.2　关系运算符

C语言中有以下的关系运算符:

＞　　大于。如:x＞y。

＜　　小于。如:a＜4。

＞＝　大于等于。如:x＞＝2。

＜＝　小于等于。如:a＜＝5。

＝＝　测试等于。如:a＝＝b。

！＝　测试不等于。如:x！＝5。

前4种关系运算符(＞,＜,＞＝,＜＝)具有相同的优先级,后两种关系运算符(＝＝,！＝)也具有相同的优先级,但前4种的优先级高于后2种。

关系运算符通常用来判别某个条件是否满足,关系运算的结果只有"真"和"假"两种值。当所指定的条件满足时结果为1,条件不满足时结果为0。1表示"真",0表示"假"。

5.6.3 逻辑运算符

C 语言中提供的逻辑运算符有 3 种：

|| 逻辑或

&& 逻辑与

! 逻辑非

逻辑运算的结果也只有两个："真" 为 1,"假" 为 0。

逻辑表达式的一般形式如下：

逻辑与：条件式 1&& 条件式 2

逻辑或：条件式 1||条件式 2

逻辑非：! 条件式

5.6.4 赋值运算符

在 C 语言中，最常见的赋值运算符为"="，赋值运算符的作用是将一个数据的值赋给一个变量，利用赋值运算符将一个变量与一个表达式连接起来的式子称为赋值表达式，在赋值表达式的后面加一个分号";"便构成了赋值语句。例如：x=5;

在赋值运算符"="的前面加上其他运算符，就构成了所谓复合赋值运算符。具体如下所示：

+= 加法赋值运算符

-= 减法赋值运算符

*= 乘法赋值运算符

/= 除法赋值运算符

%= 取模(取余)赋值运算符

>>= 右移位赋值运算符

<<= 左移位赋值运算符

&= 逻辑与赋值运算符

|= 逻辑或赋值运算符

^= 逻辑异或赋值运算符

~= 逻辑非赋值运算符

复合赋值运算首先对变量进行某种运算，然后将运算的结果再赋给该变量。复合运算的一般形式为

变量 复合赋值运算符 表达式

例如：a+=5 等价于 a=a+5;

采用复合赋值运算符，可以使程序简化，同时还可以提高程序的编译效率。

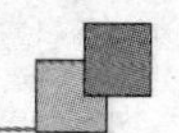

5.6.5 自增和自减运算符

自增和自减运算符是C语言中特有的一种运算符，它们的作用分别是对运算对象作加1和减1运算，其功能如下：

＋＋　自增运算符。如：a＋＋，＋＋a

－－　自减运算符。如：a－－，－－a

看起来a＋＋和＋＋a的作用都是使变量a的值加1，但是由于运算符＋＋所处的位置不同，使变量a+1的运算过程也不同。＋＋a(或－－a)是先执行a+1(或a－1)操作，再使用a的值，而a＋＋(或a－－)则是先使用a的值，再执行a+1(或a－1)操作。

增量运算符＋＋和减量运算符－－只能用于变量，不能用于常数或表达式。

5.6.6 逗号运算符

在C语言中，逗号“，”运算符可以将两个(或多个)表达式连接起来，称为逗号表达式。逗号表达式的一般形式如下：

表达式1，表达式2，…表达式n

逗号表达式的运算过程是：先算表达式1，再算表达式2，…依次算到表达式n。

5.6.7 条件运算符

条件运算符是C语言中唯一的一个三目运算符，它要求有三个运算对象，用它可以将三个表达式连接构成一个条件表达式。条件表达式的一般形式如下：

表达式1？表达式2：表达式3

其功能是首先计算表达式1，当其值为真(非0值)时，将表达式2的值作为整个条件表达式的值；当逻辑表达式的值为假(0值)时，将表达式3的值作为整个条件表达式的值。

例如：max＝(a＞b)？a：b

当a＞b成立时，max＝a

否则a＞b不成立，max＝b

5.6.8 位运算符

能对运算对象进行按位操作是C语言的一大特点，正是由于这一特点使C语言具有了汇编语言的一些功能，从而使之能对计算机的硬件直接进行操作。C语言中共有6种位运算符。

位运算符的作用是按位对变量进行运算，并不改变参与运算的变量的值。若希望按位改变运算变量的值，则应利用相应的赋值运算。另外位运算符不能用来对浮点型数据进行操作。

位运算符的优先级从高到低依次是：

按位取反(～)→左移(<<)和右移(>>)→按位与(&)→按位异或(^)→按位或(|)。

表 5－3 列出了按位取反、按位与、按位或和按位异或的逻辑真值。

表 5－3　按位取反、按位与、按位或和按位异或的逻辑真值

x	y	～x	～y	x&y	x|y	x^y
0	0	1	1	0	0	0
0	1	1	0	0	1	1
1	0	0	1	0	1	1
1	1	0	0	1	1	0

PIC C 对位操作可以有多种选择，如可以使用 ANSI C 的位运算功能。

1. 输出操作

(1) 清零寄存器某一位可使用按位与(&)运算符。

例如：要将 RC1 清零而其他位不变，PORTC&＝0xfd；

或 PORTC&＝～(1<<1)；

(2) 置位寄存器某一位可使用按位或(|)运算符。

例如：要将 RC3 置位而其他位不变，PORTC|＝0x08；

或 PORTC|＝(1<<3)；

(3) 翻转寄存器某一位可使用按位异或(^)运算符。

例如：要将 RC7 翻转而其他位不变，PORTC^＝0x80；

或 PORTC^＝1<<7；

2. 读取某一位的操作

假设 RB1 通过一个 10 kΩ 的上拉电阻接 5 V 电源，并且 RB7 还接有一个按键，按键的另一端接地。如果按键按下，执行程序语句 1，否则执行程序语句 2。

if((PORTB&0x02)＝＝0) 程序语句 1；

else 程序语句 2；

或 if(PORTB&(1<<1)＝＝0) 程序语句 1；

else 程序语句 2；

除此之外，还可以用结构体或宏定义来实现位定义，PICC 按位成员最低有效位在前的方式储存，位成员以 8bit 为单位进行分配，当前字节满后再分配下一个字节。但位成员不会跨字节存放。

例如：

```
struct data
{
```

```
unsigned bit0:1;
unsigned bit1:1;
unsigned bit2:1;
unsigned bit3:1;
unsigned bit4:1;
unsigned bit5:1;
unsigned bit6:1;
unsigned bit7:1;
}a,b;
```

位成员 bit0～bit7 存放在一个字节中，定义以后就能直接使用位变量了，如 a. bit2＝0；b. bit7＝1；if(a. bit5)，等等。

再如：

```
struct data
{
unsigned LOW:1;
unsigned MID:1;
unsigned HIGH:7;
}a @ 0x30;
```

结构 a 占用了 2 字节 0x30 和 0x31，LOW 分配到 0x30 的第 0 单元，MID 分配到 0x30 的第 1 单元。HIGH 有 7 位，0x30 字节已经不够使用，由于位成员不会跨字节存放，因此 HIGH 存放在 0x31 的第 0～6 单元。上面 a @ 0x30 称为变量的绝对地址定位，当然，也可不采用绝对地址定位，而由编译器自动分配。

使用宏定义的话也许更方便直观，例如：

```
#define BIT(x) (1<<(x))
#define RC0 0
#define RC1 1
#define RC2 2
#define RC3 3
#define RC4 4
#define RC5 5
#define RC6 6
#define RC7 7
```

要将 RC1 清零而其他位不变，PORTC&＝～BIT(RC1)；

要将 RC3 置位而其他位不变，PORTC|＝ BIT(RC3)；

要将 RC7 翻转而其他位不变，PORTC^＝ BIT(RC7)；

在工程中常用的方法还有：

```
#define RC0 0
```

```
#define RC1 1
#define RC2 2
#define RC3 3
#define RC4 4
#define RC5 5
#define RC6 6
#define RC7 7

#define CPL_BIT(x,y) (x^=(1<<y))
如:CPL_BIT(PORTC,RC2)                         //将 RC2 取反而其他位不变

#define SET_BIT(x,y) (x|=(1<<y))
如:SET_BIT(PORTC,RC4)                         //将 RC4 置位而其他位不变

#define CLR_BIT(x,y) (x&=~(1<<y))
如:CLR_BIT(PORTC,RC6)                         //将 RC6 清零而其他位不变

#define GET_BIT(x,y) (x&(1<<y))
如:if(! GET_BIT(if (PORTB,RB1))              //读取 RB1 的引脚状态
   {程序 1}                                   //如果 RB1 的引脚为 0,执行程序 1
   else                                       //否则如果 RB1 的引脚为 1,执行程序 2
   {程序 2}
```

上述方法还有一些不足之处,就是对每一位的含义不直观。我们最好能在代码中能直观看出每一位代表的意思,这样就能提高编程效率,避免出错。如果想用 a 的 0—2 位分别表示温度、电压、电流的位值可以采用如下的方法:

```
unsigned char a  @ 0x30;                   //a 变量的绝对地址定义
bit temperature_flag @ a*8+0;              //a 的第 0 位代表温度
bit voltage_flag @ a*8+1;                  //a 的第 1 位代表电压
bit current_flag @ a*8+2;                  //a 的第 2 位代表电流
```

这样定义后 a 的每个位就有一个形象化的名字,不再是枯燥的阿拉伯数字了。可以对 a 进行字节修改,也可以对某一位进行操作:

```
a=155;
temperature_flag=0;
if(voltage_flag)......
```

当然也可以用 C 的结构体来定义位成员:

如:

```
struct test{
        unsigned temperature_flag:1;     //温度
        unsigned voltage_flag:1;         //电压
        unsigned current_flag:1;         //电流
        unsigned :5;                     //不使用的位可以不命名
```

```
}a;
```

这样就可以用

a. temperature_flag＝0；

if(a. current_flag)....

进行操作了。

3. 采用C语言的内存管理

在多路工业控制上，前端需要分别收集多路信号，然后再设定控制多路输出。如：有2路控制，每一路的前端信号有温度、电压、电流。后端控制有电动机、喇叭、继电器、LED。那么用C来实现是比较方便的事情。

我们可以采用如下结构：

```
struct control{
        struct out{
                unsigned motor_flag:1;          //电动机
                unsigned relay_flag:1;          //继电器
                unsigned speaker_flag:1;        //喇叭
                unsigned led1_flag:1;           //指示灯
                unsigned led2_flag:1;           //指示灯
                }out;
        struct in{
                unsigned temperature_flag:1;    //温度
                unsigned voltage_flag:1;        //电压
                unsigned current_flag:1;        //电流
                }in;
        char x;
        };
struct control ch1;
struct control ch2;
```

上面的结构除了细分信号的路数ch1和ch2外，还细分了每一路的信号的类型（是前向通道信号 in　还是后向通道信号 out）：

```
ch1.in ;
ch1.out;
ch2.in;
ch2.out;
```

然后又细分了每一路信号的具体含义，如：

```
ch1.in.temperature_flag;
ch1.out.motor_flag;
ch2.in.voltage_flag;
```

```
ch2.out.led2_flag;
……
```

这样的结构很直观地在 2 个内存中就表示了二路信号。并且可以极其方便地进行扩充。在设计复杂的系统中是非常有用的。

5.6.9 sizeof 运算符

C 语言中提供了一种用于求取数据类型、变量以及表达式的字节数的运算符 sizeof,该运算符的一般使用形式如下:

sizeof(表达式)或 sizeof(数据类型)

例如:sizeof(char) 结果得到 1 ;sizeof(int) 结果得到 2。

注意,sizeof 是一种特殊的运算符,不要认为它是一个函数。实际上,字节数的计算在编译时就完成了,而不是在程序执行的过程中才计算出来的。

5.7 流程控制

计算机软件工程师通过长期的实践,总结出一套良好的程序设计规则和方法,即结构化程序设计。按照这种方法设计的程序具有结构清晰、层次分明、易于阅读修改和维护。

结构化程序设计的基本思想是:任何程序都可以用三种基本结构的组合来实现。这三种基本结构是:顺序结构、选择结构和循环结构。如图 5-1～图 5-3 所示。

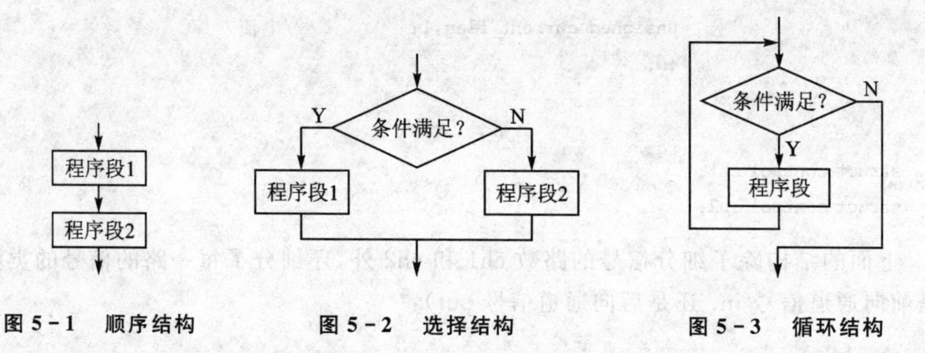

图 5-1 顺序结构　　图 5-2 选择结构　　图 5-3 循环结构

顺序结构的程序流程是按照书写顺序依次执行的程序。

选择结构则是对给定的条件进行判断,再根据判断的结果决定执行哪一个分支。

循环结构是在给定条件成立时反复执行某段程序。

这三种结构都具有一个入口和一个出口。三种结构中,顺序结构是最简单的,它可以独立存在,也可以出现在选择结构或循环结构中,总之程序都存在顺序结构。在顺序结构中,函数、一段程序或者语句是按照出现的先后顺序执行的。

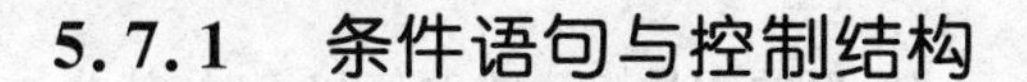

5.7.1 条件语句与控制结构

条件语句又称为分支语句，它是用关键字 if 构成的。C 语言提供了 3 种形式的条件语句：

(1) if(条件表达式) 语句

其含义为：若条件表达式的结果为真（非 0 值），就执行后面的语句；反之，若条件表达式的结果为假（0 值），就不执行后面的语句。这里的语句也可以是复合语句。

(2) if(条件表达式) 语句 1
　else　　　　　语句 2

其含义为：若条件表达式的结果为真（非 0 值），就执行语句 1；反之，若条件表达式的结果为假（0 值），就执行语句 2。这里的语句 1 和语句 2 均可以是复合语句。

(3) if(条件表达式 1) 语句 1
　else if（条件式表达 2) 语句 2
　　else if(条件式表达 3) 语句 3
　　⋮
　　　　else if(条件表达式 n) 语句 m
　　　　　　else　语句 n

这种条件语句常用来实现多方向条件分支，其实，它是由 if—else 语句嵌套而成的，在此种结构中，else 总是与最临近的 if 相配对的。

(4) switch/case 开关语句

if(条件表达式) 语句 1　else 语句 2　能从两条分支中选择一个。但有时候，我们需要从多个分支中选择一个分支，虽然从理论上讲采用 if…else 条件语句也可以实现多方向条件分支，但是当分支较多时会使条件语句的嵌套层次太多，程序冗长，可读性降低。

switch/case 开关语句是一种多分支选择语句，是用来实现多方向条件分支的语句。开关语句可直接处理多分支选择，使程序结构清晰，使用方便。

开关语句是用关键字 switch 构成的，它的一般形式如下：

```
switch(表达式)
{
case  常量表达式 1:     {语句 1;} break;
case  常量表达式 2:     {语句 2;} break;
          ⋮
case  常量表达式 n:     {语句 n;}break;
  default:               {语句 d;}break;
}
```

开关语句的执行过程如下：

① 当switch后面表达式的值与某一“case”后面的常量表达式的值相等时，就执行该“case”后面的语句，然后遇到break语句而退出switch语句。若所有“case”中常量表达式的值都没有与表达式的值相匹配，就执行default后面的d语句。

② switch后面括号内的表达式，可以是整型或字符型表达式，也可以是枚举类型数据。

③ 每一个case常量表达式的值必须不同，否则就会出现自相矛盾的现象（对同一个值，有两种或者多种解决方案提供）。

④ 每个case和default的出现次序不影响执行结果，可先出现“default”再出现其他的“case”。

⑤ 假如在case语句的最后没有加“break;”，则流程控制转移到下一个case继续执行。因此，在执行一个case分支后，使流程跳出switch结构，即终止switch语句的执行，可用一个break语句完成。

5.7.2 循环语句

在许多实际问题中，需要程序进行有规律的重复执行，这时可以用循环语句来实现。在C语言中，用来实现循环的语句有while语句、do…while语句、for语句及goto语句等。

1. while语句

while语句构成循环结构的一般形式如下：

while(条件表达式)　{语句;}

其执行过程是：当条件表达式的结果为真（非0值）时，程序就重复执行后面的语句，一直执行到条件表达式的结果变化为假（0值）时为止。这种循环结构是先检查条件表达式所给出的条件，再根据检查的结果决定是否执行后面的语句。如果条件表达式的结果一开始就为假，则后面的语句一次也不会被执行。这里的语句可以是复合语句。图5-4为while语句的流程图。

2. do…while语句

do…while语句构成循环结构的一般形式如下：

do

{语句;}

while(条件表达式);

其执行过程是：先执行给定的循环体语句，然后再检查条件表达式的结果。当条件表达式的值为真（非0值）时，则重复执行循环体语句，直到条件表达式的值变为假（0值）时为止。因此，用do…while语句构成的循环结构在任何条件下，循环体语句至少会被执行一次。

对于同一个循环问题，可以用 whiIe 语句处理，也可以用 do…while 结构处理。do…whiIe 结构等价为一个语句加上一个 while 结构。do…while 结构适用于需要循环体语句执行至少一次以上的循环的情况。while 语句构成循环结构可以用于循环体语句一次也不执行的情况。图 5-5 为 do…while 语句的流程图。

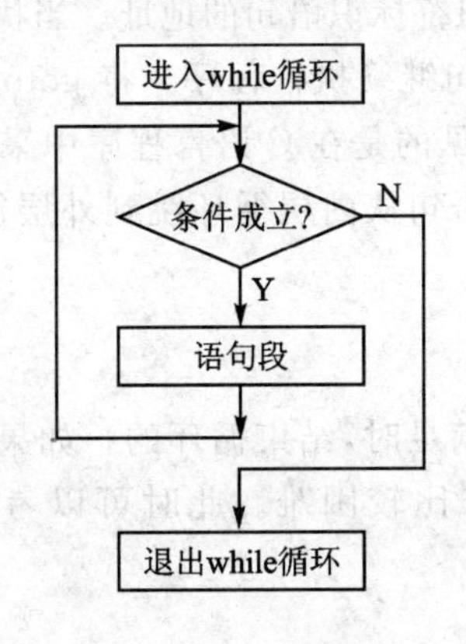

图 5-4 while 语句的流程图

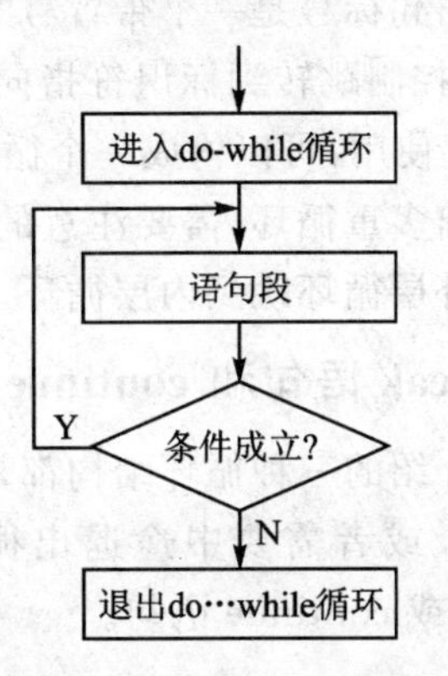

图 5-5 do…while 语句的流程图

3. for 语句

采用 for 语句构成循环结构的一般形式如下：

for([初值设定表达式 1];[循环条件表达式 2];[更新表达式 3]){语句;}

for 语句的执行过程是：先计算出初值表达式 1 的值作为循环控制变量的初值，再检查循环条件表达式 2 的结果，当满足循环条件时就执行循环体语句并计算更新表达式 3，然后再根据更新表达式 3 的计算结果来判断循环条件 2 是否满足……一直进行到循环条件表达式 2 的结果为假(0 值)时，退出循环体。图 5-6 为 for 语句的流程图。

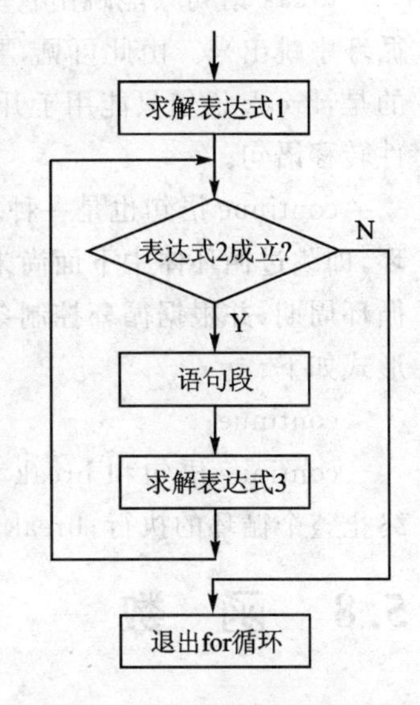

图 5-6 for 语句的流程图

在 C 语言程序的循环结构中，for 语句的使用最为灵活，它不仅可以用于循环次数已经确定的情形，而且可以用于循环次数不确定而只给出循环结束条件的情况。另外：for 语句中的 3 个表达式是相互独立的，并不一定要求 3 个表达式之间有依赖关系。并且 for 语句中的 3 个表达式都可能缺省，但无论缺省哪一个表达式，其中的两个分号都不能缺省。

例如，我们要把 50～100 的偶数取出相加，用 for 语句就显得十分方便。

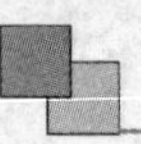

4. goto 语句

goto 语句是一个无条件转向语句，它的一般形式如下：

goto　语句标号；

其中语句标号是一个带冒号“:”的标识符，标识符标识语句的地址。当执行跳转语句时，使控制跳转到标识符指向的地址，从该语句继续执行程序。将 goto 语句和 if 语句一起使用，可以构成一个循环结构。但更常见的是在 C 语言程序中采用 goto 语句来跳出多重循环，需要注意的是只能用 goto 语句从内层循环跳到外层循环，而不允许从外层循环跳到内层循环。

5. break 语句和 continue 语句

上面介绍的三种循环结构都是当循环条件不满足时，结束循环的。如果循环条件不止一个或者需要中途退出循环时，实现起来比较困难。此时可以考虑使用 break 语句或 continue 语句。

break 语句除了可以用在 switch 语句中，还可以用在循环体中。在循环体中遇见 break 语句，立即结束循环，跳到循环体外，执行循环结构后面的语句。break 语句的一般形式如下：

break；

break 语句只能跳出它所处的那一层循环，而不像 goto 语句可以直接从最内层循环中跳出来。由此可见，要退出多重循环时，采用 goto 语句比较方便。需要指出的是，break 语句只能用于开关语句和循环语句之中，它是一种具有特殊功能的无条件转移语句。

continue 语句也是一种中断语句，它一般用在循环结构中，其功能是结束本次循环，即跳过循环体中下面尚未执行的语句，把程序流程转移到当前循环语句的下一个循环周期，并根据循环控制条件决定是否重复执行该循环体。continue 语句的一般形式如下：

continue；

continue 语句和 break 语句的区别在于：continue 语句只结束本次循环而不是终止整个循环的执行；break 语句则是结束整个循环，不再进行条件判断。

5.8　函　数

函数是 C 语言中的一种基本模块，即 C 语言程序是由函数构成的，一个 C 源程序至少包括一个名为 main( )的函数(主函数)，也可能包含其他函数。

C 语言程序总是由主函数 main( )开始执行的，main( )函数是一个控制程序流程的特殊函数，它是程序的起点。

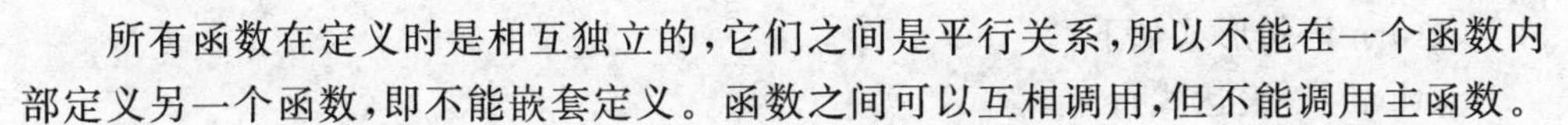

所有函数在定义时是相互独立的，它们之间是平行关系，所以不能在一个函数内部定义另一个函数，即不能嵌套定义。函数之间可以互相调用，但不能调用主函数。

从使用者的角度来看，有两种函数：标准库函数和用户自定义功能子函数。标准库函数是编译器提供的，用户不必自己定义这些函数。C语言系统能够提供功能强大、资源丰富的标准函数库，作为使用者，在进行程序设计时应善于利用这些资源，以提高效率，节省开发时间。

5.8.1 函数定义的一般形式

函数定义的一般形式如下：

函数类型标识符　函数名　(形式参数)

形式参数类型说明表列

{

局部变量定义

函数体语句

}

ANSIC标准允许在形式参数表中对形式参数的类型进行说明，因此也可这样定义：

函数类型标识符　函数名　(形式参数类型说明表列)

{

局部变量定义

函数体语句

}

其中：

“函数类型标识符”说明了函数返回值的类型，当“函数类型标识符”缺省时默认为整型。

“函数名”是程序设计人员自己定义的函数名字。

“形式参数类型说明表列”中列出的是在主调用函数与被调用函数之间传递数据的形式参数，如果定义的是无参函数，形式参数类型说明表列用void来注明。

“局部变量定义”是对在函数内部使用的局部变量进行定义。

“函数体语句”是为完成该函数的特定功能而设置的各种语句。

5.8.2 函数的参数和函数返回值

C语言采用函数之间的参数传递方式，便一个函数能对不同的变量进行处理，从而大大提高了函数的通用性与灵活性。在函数调用时，通过主调函数的实际参数与被调函数的形式参数之间进行数据传递来实现函数间参数的传递。在被调函数最后，通过return语句返回函数的返回值给主调函数。

return 语句形式如下：

return （表达式）；

对于不需要有返回值的函数，可以将该函数定义为“void”类型。void 类型又称“空类型”。这样，编译器会保证在函数调用结束时不使函数返回任何值。为了使程序减少出错，保证函数的正确调用，凡是不要求有返回值的函数，都应将其定义成 void 类型。

在定义函数中指定的变量，当未出现函数调用的时候，它们并不占用内存中的存储单元。只有在发生函数调用的时候，函数的形参才被分配内存单元。在调用结束后，形参所占的内存单元也被释放。实参可以是常量、变量或表达式，要求实参必须有确定的值。在调用时将实参的值赋给形参变量（如果形参是数组名，则传递的是数组首地址而不是变量的值）。

从函数定义的形式看，又可划分为无参数函数、有参数函数及空函数三种。

1. 无参数函数

此种函数在被调用时无参数，主调函数并不将数据传送给被调用函数。无参数函数可以返回或不返回函数值，一般以不带返回值的为多。

2. 有参数函数

调用此种函数时，在主调函数和被调函数之间有参数传递。也就是说，主调函数可以将数据传递给被调函数使用，被调函数中的数据也可以返回供主调函数使用。

3. 空函数

如果定义函数时只给出一对大括号{}，不给出其局部变量和函数体语句（即函数体内部是“空”的），则该函数为“空函数”。这种空函数开始时只设计最基本的模块（空架子），其他作为扩充功能在以后需要时再加上，这样可使程序的结构清晰，可读性好，而且易于扩充。

5.8.3 函数调用的三种方式

C 语言程序中函数是可以互相调用的。所谓函数调用就是在一个函数体中引用另外一个已经定义了的函数，前者称为主调用函数，后者称为被调用函数。主调用函数调用被调用函数的一般形式如下：

函数名（实际参数表列）

其中，“函数名”指出被调用的函数。

“实际参数表列”中可以包含多个实际参数，各个参数之间用逗号隔开。实际参数的作用是将它的值传递给被调用函数中的形式参数。需要注意的是，函数调用中的实际参数与函数定义中的形式参数必须在个数、类型及顺序上严格保持一致，以便将实际参数的值正确地传递给形式参数。否则在函数调用时会产生意想不到的错误

结果。如果调用的是无参函数，则可以没有实际参数表列，但圆括号不能省略。

C 语言中可以采用三种方式完成函数的调用：

1. 函数语句调用

在主调函数中将函数调用作为一条语句，例如：

fun1( );

这是无参调用，它不要求被调函数返回一个确定的值。

2. 函数表达式调用

只要求它完成一定的操作。

在主调函数中将函数调用作为一个运算对象直接出现在表达式中，这种表达式称为函数表达式。例如：

c=power(x,n)+power(y,m);

这其实是一个赋值语句，它包括两个函数调用，每个函数调用都有一个返回值，将两个返回值相加的结果，赋值给变量 c。因此这种函数调用方式要求被调函数返回一个确定的值。

3. 作为函数参数调用

在主调函数中将函数调用作为另一个函数调用的实际参数。例如：

m=max(a,max(b,c));

max(b,c)是一次函数调用，它的返回值作为函数 max 另一次调用的实参。最后 m 的值为变量 a、b、c 三者中值最大者。

这种在调用一个函数的过程中又调用了另外一个函数的方式，称为嵌套函数调用。

在一个函数中调用另一个函数(即被调函数)，需要具备如下的条件：

(1) 被调用的函数必须是已经存在的函数(库函数或者用户自定义过的函数)。

(2) 如果程序使用了库函数，或者使用不在同一文件中的另外的自定义函数，则要程序的开头用#include 预处理命令将调用有关函数时所需要的信息包含到本文中来。对于自定义函数，如果不是在本文件中定义的，那么在程序开始要用 extern 修饰符进行原型声明。使用库函数时，用#include＜＊＊＊.h＞的形式，使用自己编辑的函数头文件等时，用#include"＊＊＊.h/c"的格式。

PIC 单片机采用硬件堆栈，所以编程时函数的调用层次会受到一定限制。一般 PIC 系列的中档单片机硬件堆栈深度为 8 级。所以程序员必须自己控制子程序调用时的嵌套深度以符合这一限制要求。

5.9　指　针

指针是 C 语言中的一个重要概念，指针类型数据在 C 语言程序中的使用十分普遍。C 语言区别于其他程序设计语言的主要特点就是处理指针时所表现出的能力和灵活性。正确地使用指针类型数据,可以有效地表示复杂的数据结构,直接处理内存地址,而且可以更为有效合理地使用数组。

5.9.1 指针与地址

计算机程序的指令、常量和变量等都要存放在以字节为单位的内存单元中,内存的每个字节都具有一个唯一的编号,这个编号就是存储单元的地址。

各个存储单元中所存放的数据,称为该单元的内容。计算机在执行任何一个程序时都要涉及许多的单元访问,就是按照内存单元的地址来访问该单元中的内容,即按地址来读或写该单元中的数据。由于通过地址可以找到所需要的单元,因此这种访问是"直接访问"方式。

另外一种访问是"间接访问",它首先将欲访问单元的地址存放在另一个单元中,访问时,先找到存放地址的单元,从中取出地址,然后才能找到需访问的单元,再读或写该单元的数据。在这种访问方式中使用了指针。

C 语言中引入了指针类型的数据,指针类型数据是专门用来确定其他类型数据地址的,因此一个变量的地址就称为该变量的指针。例如,有一个整型变量 i 存放在内存单元 60H 中,则该内存单元地址 60H 就是变量 i 的指针。

如果有一个变量专门用来存放另一个变量的地址,则该变量称为指向变量的指针变量(简称指针变量)。例如,如果用另一个变量 pi 存放整型变量 i 的地址 60H,则 pi 即为一个指针变量。

5.9.2 指针变量的定义

指针变量与其他变量一样,必须先定义,后使用。

指针变量定义的一般形式:

数据类型　指针变量名;

其中,"指针变量名"是我们定义的指针变量名字。"数据类型"说明了该指针变量所指向的变量的类型。

例如:

```
int * pt;
```

定义一个指向对象类型为 int 的指针。

特别要注意,变量的指针和指针变量是两个不同的概念。变量的指针就是该变量的地址,而一个指针变量里面存放的内容是另一个变量在内存中的地址,拥有这个地址的变量则称为该指针变量所指向的变量。每一个变量都有它自己的指针(即地址),而每一个指针变量都是指向另一个变量的。为了表示指针变量和它所指向的变量之间的关系,C 语言中用符号"*"来表示"指向"。例如,整型变量 i 的地址 60H 存放在指针变量 pi 中,则可用 * pi 来表示指针变量 pi 所指向的变量,即 * pi 也表示变量 i。

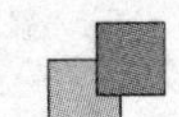

5.9.3 指针变量的引用

指针变量是含有一个数据对象地址的特殊变量，指针变量中只能存放地址。在实际的编程和运算过程中，变量的地址和指针变量的地址是不可见的。因此，C语言提供了一个取地址运算符“&”，使用取地址运算符“&”和赋值运算符“=”就可以使一个指针变量指向一个变量。

例如：

```
int t;
int *pt;
pt=&t;
```

通过取地址运算和赋值运算后，指针变量 pt 就指向了变量 t。

当完成了变量、指针变量的定义以及指针变量的引用后，我们就可以对内存单元进行间接访问了。此时，需用到指针运算符(又称间接运算符)“*”。

例如：

我们需将变量 t 的值赋给变量 x。

```
int x;
int t;
```

直接访问方式为：x=t;

间接访问方式为：int x;

```
int t;
int *pt;
pt=&t;
x=*pt;
```

有关的运算符有两个，它们是“&”和“*”。在不同的场合所代表的含义是不同的，我们一定要搞清楚。

例如：

int *pt; 进行指针变量的定义，此时 *pt 的 * 为指针变量说明符。

pt=&t; 此时 &t 的 & 为取 t 的地址并赋给 pt(取地址)。

x=*pt; 此时 *pt 的 * 为指针运算符，即将指针变量 pt 所指向的变量值赋给 x(取内容)。

5.9.4 数组指针与指向数组的指针变量

任何变量都占有存储单元，都有地址。数组及其元素同样占有存储单元，都有相应的地址。因此，指针既然可以指向变量，当然也可以指向数组。其中，指向数组的指针是数组的首地址，指向数组元素的指针则是数组元素的地址。

例如：

我们定义一个数组 x[10]和一个指向数组的指针变量 px：

int x[10];

int * px;

当我们未对指针变量 px 进行引用时，px 与 x[10]毫不相干，即此时指针变量 px 并未指向数组 x[10]。

当我们将数组的第一个元素的地址 &x[0]赋予 px 时，px=&x[0]；指针变量 px 即指向数组 x[ ]。这时，可以通过指针变量 px 来操作数组 x 了，即 * px 代表 x[0]，*(px+1)代表 x[1]，…… *(px+i)代表 x[i]。i=1、2、……。

C 语言规定，数组名代表数组的首地址，也是第一个数组元素的地址，因此上面的语句也可改写为

int x[10];

int * px;

px=x;

形式上更简单一些。

5.9.5 指针变量的运算

若先使指针变量 px 指向数组 x[](即 px=x;)，则：

(1) px++(或 px+=1)；将使指针变量 px 指向下一个数组元素，即 x[1]。

(2) * px++；因为++与 * 运算符优先级相同，而结合方向为自右向左，因此，* px++等价于 *(px++)。

(3) * ++px；先使 px 自加 1，再取 * px 值。若 px 的初值为 &x[0]，则执行 y=* ++px 时，y 值为 a[1]的值。而执行 y= * px++后，等价于先取 * px 的值，后使 px 自加 1。

(4) (* px)++；表示 px 所指向的元素值加 1。要注意的是元素值加 1 而不是指针变量值加 1。

要特别注意对 px+i 的含义的理解。C 语言规定：px+1 指向数组首地址的下一个元素，而不是将指针变量 px 的值简单地加 1，例如：若数组的类型是整型(int)，每个数组元素占 2 字节，则对于整型指针变量 px 来说，px+1 意味着使 px 的原值(地址)加 2 字节，使它指向下一个元素；px+2 则使 px 的原值(地址)加 4 字节，使它指向下下个元素。

5.9.6 指向多维数组的指针和指针变量

指针除了可以指向一维数组外，也可以指向多维数组。下面以二维数组为例进行说明。

假定已定义了一个三行四列的二维数组：

int x[3][4]={ {1,3,5,7},

{9,11,13,15},

{17,19,21,23}};

对这个数组的理解为:x是数组名,数组包含3个元素:x[0]、x[1]、x[2]。

每个元素又是一个一维数组,包含4个元素。如x[0]代表的一维数组包含x[0][0]={1},x[0][1]={3},x[0][2]={5},x[0][3]={7}。

从二维数组的地址角度看,x代表整个数组的首地址,也就是第0行的首地址。x+1代表第1行的首地址,即数组名为x[1]的一维数组首地址。

根据C语言的规定,由于x[0]、x[1]、x[2]都是一维数组,因此它们分别代表了各个数组的首地址。即x[0]=&x[0][0],x[1]=&x[1][0],x[2]=&x[2][0]。

我们同时定义一个指针变量int(*p)[4];其含义是P指向一个包含4个元素的一维数组。

当p=x时,指向数组x[3][4]的第0行首址。

P+1和x+1等价,指向数组x[3][4]的第1行首址。

P+2和x+2等价,指向数组x[3][4]的第2行首址。

*(P+1)+3和&x[1][3]等价,指向数组x[1][3]的地址。

((P+1)+3)和x[1][3]等价,表示x[1][3]的值。

……

一般地,对于数组元素x[i][j]来讲:

*(p+i)+j就相当于&x[i][j],表示数组第i行第j列的元素的地址。

((p+i)+j)就相当于x[i][j],表示数组第i行第j列的元素的值。

5.9.7 指向RAM的指针

PICC在编译C源程序时将指向RAM的指针操作最终用FSR来实现间接寻址。FSR能够直接连续寻址的范围是256字节,所以一个指针可以同时覆盖两个bank的存储区域(bank0/1或bank2/3,一个bank区域是128字节)。要覆盖最大512字节的内部数据存储空间,在定义指针时必须要明确指定该指针所适用的寻址区域。例如:

```
unsigned char *pointer0;        //定义覆盖bank0/1的指针
bank2 char *pointer1;           //定义覆盖bank2/3的指针
```

既然定义的指针有明确的bank适用区域,在对指针变量赋值时就必须实现类型匹配,否则将产生编译错误。

5.9.8 指向ROM常数的指针

在PICC中,如果已经有一个被定义在ROM区的字符串常数,那么指向其的指针可以这样定义:

```
unsigned char const company[]="software";  //ROM区的常数
```

```
unsigned char const  * str;          //定义指向 ROM 区的指针
str=company;       //指向 company 数组首地址
```

5.9.9 指向函数的指针

因为在 PIC 单片机这一特定的架构上实现函数指针调用的效率不高，因此，除非特殊算法的需要，一般建议尽量不要使用函数指针。

5.10 结构体

前面已经介绍了 C 语言的基本数据类型，但是在实际设计一个较复杂程序时，仅有这些基本类型的数据是不够的，有时需要将一批各种类型的数据放在一起使用，从而引入了所谓构造类型的数据，例如前面介绍的数组就是一种构造类型的数据，一个数组实际上是将一批相同类型的数据顺序存放。这里介绍 C 语言中另一类更为常用的构造类型数据：结构体、共用体及枚举。

5.10.1 结构体的概念

结构体是一种构造类型的数据，它是将若干个不同类型的数据变量有序地组合在一起而形成的一种数据的集合体。组成该集合体的各个数据变量称为结构成员，整个集合体使用一个单独的结构变量名。一般来说结构中的各个变量之间是存在某些关系的，例如时间数据中的时、分、秒，日期数据中的年、月、日等。由于结构是将一组相关联的数据变量作为一个整体来进行处理，因此在程序中使用结构将有利于对一些复杂而又具有内在联系的数据进行有效的管理。

5.10.2 结构体类型变量的定义

1. 先定义结构体类型再定义变量名

定义结构体类型的一般格式如下：

```
struct  结构体名
{
    成员表列
};
```

其中，“结构体名”用作结构体类型的标志。“成员表外”为该结构体中的各个成员，由于结构体可以由不同类型的数据组成，因此对结构体中的各个成员都要进行类型说明。

例如定义一个日期结构体类型 date，它可由 6 个结构体成员 year、month、day、hour、min、sec 组成：

```
struct date
{
  int year;
  char month;
  char day;
  char hour;
  char min;
  char sec;
};
```

定义好一个结构体类型之后，就可以用它来定义结构体变量。一般格式如下：

struct 结构体名 结构体变量名1，结构体变量名2，……结构体变量名n；

例如可以用结构体 date 来定义两个结构体变量 time1 和 time2：

struct date time1，time2；

这样结构体变量 time1 和 time2 都具有 struct date 类型的结构，即它们都是1个整型数据和5个字符型数据所组成。

2. 在定义结构体类型的同时定义结构体变量名

一般格式如下：

```
struct 结构体名
    {
    成员表列
    }结构体变量名1,结构体变量名2,……结构体变量名n;
```

例如对于上述日期结构体变量也可按以下格式定义：

```
struct date
{
  int year;
  char month;
  char day;
  char hour;
  char min;
  char sec;
}time1,time2;
```

3. 直接定义结构体变量

一般格式如下：

```
struct
    {
    成员表列
```

}结构体变量名 1,结构体变量名 2,……结构体变量名 n;

第 3 种方法与第 2 种方法十分相似,所不同的只是第 3 种方法中省略了结构体名。这种方法一般只用于定义几个确定的结构变量的场合。例如,如果只需要定义 time1 和 time2 而不打算再定义任何别的结构变量,则可省略掉结构体名"date"。

不过为了便于记忆和以备将来进一步定义其他结构体变量的需要,一般还是不要省略结构名为好。

5.10.3 关于结构体类型需要注意的地方

(1) 结构体类型与结构体变量是两个不同的概念。定义一个结构体类型时只是给出了该结构体的组织形式,并没有给出具体的组织成员。因此结构体名不占用任何存储空间,也不能对一个结构体名进行赋值、存取和运算。

而结构体变量则是一个结构体中的具体对象,编译器会给具体的结构体变量名分配确定的存储空间,因此可以对结构体变量名进行赋值、存取和运算。

(2) 将一个变量定义为标准类型与定义为结构体类型有所不同。前者只需要用类型说明符指出变量的类型即可,如 int x;。后者不仅要求用 struct 指出该变量为结构体类型,而且还要求指出该变量是哪种特定的结构类型,即要指出它所属的特定结构类型的名字。如上面的 date 就是这种特定的结构体类型(日期结构体类型)的名字。

(3) 一个结构体中的成员还可以是另外一个结构体类型的变量,即可以形成结构体的嵌套。

5.10.4 结构体变量的引用

定义了一个结构体变量之后,就可以对它进行引用,即可以进行赋值、存取和运算。一般情况下,结构体变量的引用是通过对其成员的引用来实现的。

(1) 引用结构体变量中的成员的一般格式如下:

结构体变量名. 成员名

其中"."是存取成员的运算符。

例如:time1. year=2006;表示将整数 2006 赋给 time1 变量中的成员 year。

(2) 如果一个结构体变量中的成员又是另外一个结构体变量,即出现结构体的嵌套时,则需要采用若干个成员运算符,一级一级地找到最低一级的成员,而且只能对这个最低级的结构元素进行存取访问。

(3) 对结构体变量中的各个成员可以像普通变量一样进行赋值、存取和运算。

例如:time2. sec++;

(4) 可以在程序中直接引用结构体变量和结构体成员的地址。结构体变量的地址通常用作函数参数,用来传递结构体的地址。

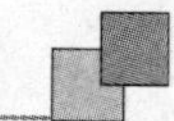

5.10.5 结构体变量的初始化

和其他类型的变量一样，对结构体类型的变量也可以在定义时赋初值进行初始化。

例如：

```
struct date
{
   int year;
   char month;
   char day;
   char hour;
   char min;
   char sec;
}time1 = {2006,7,23,11,4,20};
```

5.10.6 结构体数组

一个结构体变量可以存放一组数据(如一个时间点 time1 的数据)，在实际使用中，结构体变量往往不止一个(例如我们要对 20 个时间点的数据进行处理)，这时可将多个相同的结构体组成一个数组，这就是结构体数组。

结构体数组的定义方法与结构体变量完全一致，例如：

```
struct date
{
   int year;
   char month;
   char day;
   char hour;
   char min;
   char sec;
};
struct date time[20];
```

这就定义了一个包含有 20 个元素的结构体数组变量 time，其中每个元素都是具有 date 结构体类型的变量。

5.10.7 指向结构体类型数据的指针

一个结构体变量的指针，就是该变量在内存中的首地址。我们可以设一个指针变量，将它指向一个结构体变量，则该指针变量的值是它所指向的结构体变量的起始地址。

定义指向结构体变量的指针的一般格式如下：

struct 结构体类型名 *指针变量名；

或

struct

{

成员表列

} *指针变量名；

与一般指针相同，对于指向结构体变量的指针也必须先赋值后才能引用。

5.10.8 用指向结构体变量的指针引用结构体成员

通过指针来引用结构体成员的一般格式如下：

指针变量名－>结构体成员

例如：

```
struct date
{
  int year;
  char month;
  char day;
  char hour;
  char min;
  char sec;
};
struct date time1;
struct date *p;
p = &time1;
p->year = 2006;
```

5.10.9 指向结构体数组的指针

我们已经了解了，一个指针变量可以指向数组。同样，指针变量也可以指向结构体数组。

指向结构体数组的指针变量的一般格式如下：

struct 结构体数组名 *指针变量名。

5.10.10 将结构体变量和指向结构体的指针作函数参数

结构体既可作为函数的参数，也可作为函数的返回值。当结构体被用作函数的参数时，其用法与普通变量作为实际参数传递一样，属于“传值”方式。

但当一个结构体较大时，若将该结构体作为函数的参数，由于参数传递采用值传

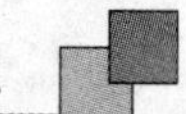

递方式，需要较大的存储空间（堆栈）来将所有的成员压栈和出栈，此外还影响程序的执行速度。

这时我们可以用指向结构体的指针来作为函数的参数，此时参数的传递是按地址传递方式进行的。由于采用的是“传址”方式，只需要传递一个地址值。与前者相比，大大节省了存储空间，同时还加快了程序的执行速度。其缺点是在调用函数时对指针所作的任何变动都会影响到原来的结构体变量。

5.11 共用体

结构体变量占用的内存空间大小是其各成员所占长度的总和，如果同一时刻只存放其中的一个成员数据，对内存空间是很大的浪费。共用体也是C语言中一种构造类型的数据结构，它所占内存空间的长度是其中最长的成员长度。各个成员的数据类型及长度虽然可能都不同，但都从同一个地址开始存放，即采用了所谓的“覆盖技术”。这种技术可使不同的变量分时使用同一个内存空间，有效提高了内存的利用效率。

5.11.1 共用体类型变量的定义

共用体类型变量的定义方式与结构体类型变量的定义相似，也有3种方法。

1. 先定义共用体类型再定义变量名

定义共用体类型的一般格式如下：

```
union 共用体名
{
  成员表列
};
```

定义好一个共用体类型之后，就可以用它来定义共用体变量。一般格式如下：
union 共用体名 共用体变量名1，共用体变量名2，……共用体变量名n；

2. 在定义共用体类型的同时定义共用体变量名

一般格式如下：

```
union 共用体名
{
  成员表列
}共用体变量名1，共用体变量名2，……共用体变量名n;
```

3. 直接定义共用体变量

一般格式如下：

```
union
    {
      成员表列
    }共用体变量名 1,共用体变量名 2,……共用体变量名 n;
```

可见,共用体类型与结构体类型的定义方法是很相似的,只是将关键字 struct 改成了 union,但是在内存的分配上两者却有着本质的区别。结构体变量所占用的内存长度是其中各个元素所占用内存长度的总和,而共用体变量所占用的内存长度是其中最长的成员长度。

例如:

```
struct exmp1
    {
      int a;
      char b;
    };
```

struct exmp1 x; 结构体变量 x 所占用的内存长度是成员 a、b 长度的总和,a 占用 2 字节,b 占用 1 字节,总共占用 3 字节。

再如:

```
union exmp2
    {
      int a;
      char b;
    };
```

union exmp2 y; 共用体变量 y 所占用的内存长度是最长的成员 a 的长度,a 占用 2 字节,故总共占用 2 字节。

5.11.2 共用体变量的引用

与结构体变量类似,对共用体变量的引用也是通过对其成员的引用来实现的。引用共用体变量的成员的一般格式如下:

共用体变量名.共用体成员

结构体变量、共用体变量都属于构造类型数据,都用于计算机工作时的各种数据存取。但很多刚学单片机的读者搞不明白,什么情况下要定义为结构体变量?什么情况下要定义为共用体变量?这里我们打一通俗比方帮助大家加深理解。

假定甲方和乙方都购买了 2 辆汽车(一辆大汽车、一辆小汽车),大汽车停放时占地 10 m^2,小汽车停放时占地 5 m^2。现在他们都要为新买的汽车建造停放的车库(相当于定义构造类型数据),但甲方和乙方的状况不一样。甲方的运输工作白天就结束了,每天晚上 2 辆车(大、小汽车)同时停放车库内;而乙方由于产品关系,同一时刻只

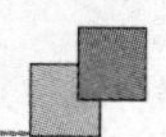

有一辆车停放车库内(大汽车运货时小汽车停车库内,或小汽车运货时大汽车停车库内)。显然,甲方的车库要建 15 m^2(相当于定义结构体变量);而乙方的车库只要建 10 m^2 就足够了(相当于定义共用体变量),建得再大也是浪费。

5.12 中断函数

5.12.1 什么是中断

什么是“中断”?顾名思义中断就是中断某一工作过程去处理一些与本工作过程无关或间接相关或临时发生的事件,处理完后,则继续原工作过程。比如:在看书时电话响了,在书上做个记号后去接电话,接完后在原记号处继续往下看书。如有多个中断发生,依优先法则,中断还具有嵌套特性。又比如:看书时,电话响了,在书上做个记号后去接电话,拿起电话和对方通话,这时门铃响了,让打电话的对方稍等一下,去开门,并在门旁与来访者交谈,谈话结束,关好门,回到电话机旁,拿起电话,继续通话,通话完毕,挂上电话,从作记号的地方继续往下看书。由于一个人不可能同时完成多项任务,因此只好采用中断方法,一件一件地做。

类似的情况在单片机中也同样存在,通常单片机中只有一个 CPU,但却要应付诸如运行程序、数据输入/输出以及特殊情况处理等多项任务,为此也只能采用停下一个工作去处理另一个工作的中断方法。

在单片机中,“中断”是一个很重要的概念。中断技术的进步使单片机的发展和应用大大地推进了一步。所以,中断功能的强弱已成为衡量单片机功能完善与否的重要指标。

单片机采用中断技术后,大大提高了它的工作效率和处理问题的灵活性,主要表现在三方面:

(1) 解决了快速 CPU 和慢速外设之间的矛盾,可使 CPU、外设并行工作(宏观上看)。

(2) 可及时处理控制系统中许多随机的参数和信息。

(3) 具备了处理故障的能力,提高了单片机系统自身的可靠性。

中断处理程序类似于程序设计中的调用子程序,但它们又有区别,主要区别如下:

中断产生是随机的,它既保护断点,又保护现场,主要为外设服务和为处理各种事件服务。保护断点是由硬件自动完成的,保护现场须在中断处理程序中用相应的指令完成。

调用子程序是程序中事先安排好的,它只保护断点,主要为主程序服务(与外设无关)。

5.12.2 编写 PIC 单片机中断函数时应严格遵循的规则

(1) 在 PICC 中定义中断处理函数的形式如下：

```
void interrupt  函数名(void)
{
/****中断服务程序中的程序代码***/
}
```

例如：

```
void interrupt  timer0(void)
{
……
……
}
```

(2) 中断函数可以被放置在源程序的任意位置。PICC 在最后进行代码连接时会自动将其定位到 0x0004 中断入口处，实现中断服务响应。PICC 会自动加入代码实现中断现场的保护，并在中断结束时自动恢复现场。中档系列 PIC 单片机的中断入口只有一个，因此整个程序中只能有一个中断服务函数，至于是哪种类型的中断，则需要程序判别后才可进行响应。

例如：

```
void  interrupt  ISR(void)              //中断服务程序，入口地址 0x0004
 {
   if (T0IE && T0IF)                    //判 TMR0 中断
   {
     T0IF = 0;                          //清除 TMR0 中断标志
     ……                                 //TMR0 中断服务子函数
   }
   if (T0MR1 IE && TMR1 IF)             //判 TMR1 中断
   {
     TMR1 IF = 0;                       //清除 TMR1 中断标志
     ……                                 //TMR1 中断服务子函数
   }
 }
```

(3) 中断函数不能进行参数传递，如果中断函数中包含任何参数声明都将导致编译出错。

(4) 中断函数没有返回值，如果企图定义一个返回值将得到不正确的结果。因此最好在定义中断函数时将其定义为 void 类型，以明确说明没有返回值。

(5) 在任何情况下都不能直接调用中断函数，否则会产生编译错误。因为中断函数的返回是由指令“retfie”完成的，“retfie”指令影响单片机的硬件中断系统。

第6章

I/O端口及使用

6.1 PIC单片机的I/O端口

PIC16F877A采用44引脚的表面贴装封装(PLCC44、QFP44)或40引脚的双列直插封装(PDIP40)。PDIP40封装的单片机共有40个引脚,其中的33个是I/O(输入输出)引脚,共涉及RA~RE这5个端口。

绝大多数I/O引脚除了具备常规的双向输入/输出功能以外,还有各自第二、第三功能的特殊作用,本章主要学习I/O端口基本的双向输入/输出功能功能。

图6-1所示为基本端口内部结构图。

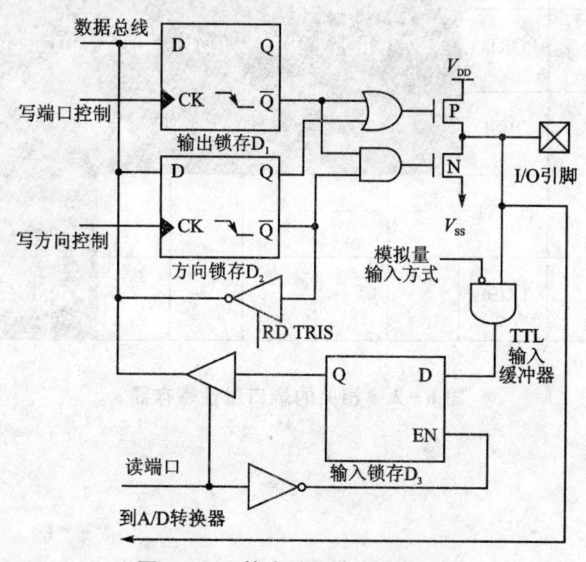

图6-1 基本端口内部结构图

所有 33 个 I/O 端口都具有相同的双向输入/输出特性。主要包括:由 3 个 D 触发器组成的输入/输出数据锁存电路和方向选择锁存电路,两个三态门控电路,二输入“与”门和“或”门组成数据输出的前向通道,由 P 沟道场效应管和 N 沟道场效应管构成互补推挽的电流输出级。

I/O 端口电路的工作和数据的双向传输主要是通过两个特殊功能寄存器来控制管理。图 6-2 为相关的端口属性寄存器(注:有阴影的部位表示使用,以后同)。端口第二、第三功能的使用及其控制它们的特殊功能寄存器我们放在后面的相关章节介绍。

端口名称	寄存器名称	寄存器符号	寄存器位定义							
			Bit7	Bit6	Bit5	Bit4	Bit3	Bit2	Bit1	Bit0
RA	A口数据寄存器	PORTA	—	—	RA5	RA4	RA3	RA2	RA1	RA0
	A口方向寄存器	TRISA	—	—	6位方向控制数据					
RB	B口数据寄存器	PORTB	RB7	RB6	RB5	RB4	RB3	RB2	RB1	RB0
	A口方向寄存器	TRISB	8位方向控制数据							
RC	C口数据寄存器	PORTC	RC7	RC6	RC5	RC4	RC3	RC2	RC1	RC0
	C口方向寄存器	TRISC	8位方向控制数据							
RD	D口数据寄存器	PORTD	RD7	RD6	RD5	RD4	RD3	RD2	RD1	RD0
	D口方向寄存器	TRISD	8位方向控制数据							
RE	E口数据寄存器	PORTE	—	—	—	—	—	RE2	RE1	RE0
	E口方向寄存器	TRISE	—	—	—	—	—	3位方向控制数据		

图 6-2　相关的端口属性寄存器

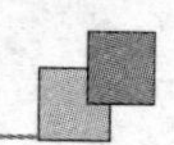

6.2 端口的输入/输出

端口A(RA)是一个6位双向端口(RA0～RA5),相应的数据寄存器是PORTA,方向寄存器是TRISA;端口B(RB)是一个8位双向端口(RB0～RB7),相应的数据寄存器是PORTB,方向寄存器是TRISB;端口C(RC)和D(RD)也是一个8位双向端口(RC0～RC7、RD0～RD7),相应的数据寄存器是PORTC、PORTD,方向寄存器是TRISC、TRISD;端口E(RE)是一个3位双向端口(RE0～RE2),相应的数据寄存器是PORTE,方向寄存器是TRISE。将方向寄存器TRISA～E的某一位置为1,即把相应的引脚变为输入,也就是把相应的输出驱动器置成高阻抗方式;对TRISA～E寄存器里的某一位清零,即把相应的引脚变为输出,会把输出锁存器的内容放到所选择的引脚上。

读端口A寄存器读的是引脚的状态;写入端口是写入端口锁存器。所有写操作都是先读后写操作。因此,写入一个端口意味着这个端口引脚是先读入的,这个值经更改后再写入端口数据锁存器。

端口B的每一个引脚都有一个内部弱上拉,一个单独控制位能够打开所有的弱上拉。可以通过$\overline{\text{KBPU}}$(OPTION－REG<7>)位来清零实现。当端口设置为输出时,弱上拉自动关闭。

PIC单片机的端口输出电路为CMOS互补推挽电路,有很强的驱动负载能力。高电平输出时允许20 mA的拉电流;而低电平输出时允许25 mA的灌电流。这种特性决定着PIC单片机端口引脚可以直接驱动LED显示器和小型继电器等。但是,每个端口各引脚驱动电流之和要小于70 mA,芯片总的输出电流(即所有5个端口驱动电流之和)不大于200 mA。详细参数可参考PIC相关芯片数据手册。

在端口A(RA)和端口E(RE)作为普通的输入/输出时,我们需要进行一些特殊的设置。因为RA、RE口的第二功能是用作内部模数转换器(ADC)和模拟比较器的输入,而芯片上电复位后的默认设置即是模拟信号输入而不是数字输入/输出。对PIC16F877A而言,我们可以通过对寄存器ADCON1的设置实现,对于其他引脚数少于18脚的PIC单片机,需要通过对寄存器ANSEL或CMCON进行设置实现。使用前应该查阅该芯片的数据手册。

端口RB的RB3、RB6和RB7是3个比较特殊的引脚。当启用在线调试进行开发时,例如使用ICD2开发系统调试时,它们将不再具备一般的I/O引脚功能,而用于串行编程的专线。因此用户在使用RB端口时应尽量避开这3个引脚。如果我们取消了在线调试模式,则可以使用这3个引脚,具体操作是:首先把RB3、RB6和RB7所连接的外围控制线断开(如阻抗较大也可不断开),然后下载程序,接着重新将RB3、RB6和RB7连接好,这样就可以进入正常工作状态。

6.3 I/O 端口的输出实验

6.3.1 实验要求

在 PIC DEMO 试验板上，实现 D0～D7 这 8 个 LED 的流水灯移动，移动时间控制在 500 ms 左右。图 6－3 为 I/O 端口的输出实验原理图。

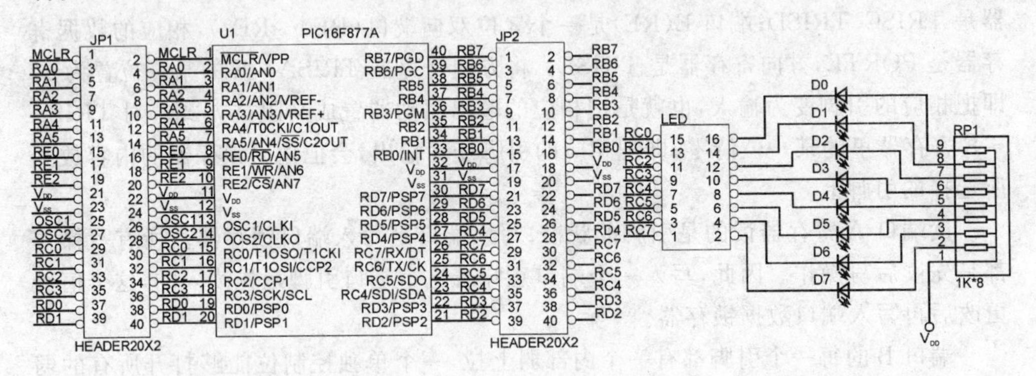

图 6－3　I/O 端口的输出实验原理图

6.3.2 源程序文件及分析

为了加强大家的记忆，这里我们再重温一下 PIC 单片机的开发过程：

(1) 建立一个工程项目，选择芯片，确定选项。

(2) 建立汇编源文件或 C 源文件。

(3) 将源文件添加到项目中(添加节点)并编译项目。

(4) 编译通过后进行软件模拟仿真。

(5) 编译通过后进行硬件在线仿真。

(6) 编程操作。

(7) 应用。

在 D 盘中建立一个文件目录(ptc6－1)，在 MPLAB 开发环境中创建一个新工程项目，项目名称也为 ptc6－1。

最后输入 C 源程序文件 ptc6－1.c。为了方便理解，我们将程序的注释加在每行程序的后面或者上面。

```
#include <pic.h>                              //包含头文件
#define uchar unsigned char                   //数据类型的宏定义
#define uint unsigned int
__CONFIG(HS&WDTDIS&PWRTEN&BORDIS&LVPDIS);     //器件配置
```

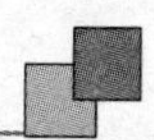

```
//定义延时子函数,延时时间为 len 毫秒,最长延时不超过 655ms
void delay_ms(uint len)
{
 uint i,d = 100;
 i = d * len;
 while( -- i){;}
}

void main(void)                //定义主函数
{   TRISC = 0x00;              //设置 RC 口全为输出
    INTCON = 0x00;             //关闭所有的中断
    PORTC = 0xff;              //RC 口先送高电平

LOOP:                          //循环语句开始
    PORTC = 0xfe;              //点亮 D0 灯
    delay_ms(500);             //延时 500ms
    PORTC = 0xfc;              //点亮 D0、D1 灯
    delay_ms(500);             //延时 500ms
    PORTC = 0xf8;              //点亮 D0～D2 灯
    delay_ms(500);             //延时 500ms
    PORTC = 0xf0;              //点亮 D0～D3 灯
    delay_ms(500);             //延时 500ms

    PORTC = 0xe0;              //点亮 D0～D4 灯
    delay_ms(500);             //延时 500ms
    PORTC = 0xc0;              //点亮 D0～D5 灯
    delay_ms(500);             //延时 500ms
    PORTC = 0x80;              //点亮 D0～D6 灯
    delay_ms(500);             //延时 500ms
    PORTC = 0x00;              //点亮 D0～D7 灯
    delay_ms(500);             //延时 500ms
    PORTC = 0xff;              //熄灭 D0～D7 灯
    delay_ms(500);             //延时 500ms
    goto LOOP;                 //跳转到 LOOP 处进行循环
}                              //主函数结束
```

编译通过后,我们可进行软件模拟仿真或硬件在线仿真。下来就可以将 ptc6-1.hex 文件烧入芯片中。PIC DEMO 试验板接通电源时要注意:使用 5 V 稳压电源则接 5 V INPUT 插座;若使用 9～12 V 电源时,插 9～12 V INPUT 的插座。插错电源会损坏芯片!标示“LED”的双排针插上短路帽,没有用到的双排针不应插短路帽。通电以后我们看到,D0～D7 发光管会流水般地从 D0 向 D7 点亮,速度约 0.5 s。图 6-4 为 I/O 端口的输出实验照片。

上面由双下画线开始的的器件配置程序行,是实现芯片工作条件的设定。设置

图 6-4　I/O 端口的输出实验照片

为 HS 方式振荡，看门狗定时器禁止，上电延时工作启动，掉电检测关闭，低压编程关闭。

我们知道，在做第一个入门实验程序时，配置位是在 MPLAB 开发环境中设定的。但更好的方法是将其写在程序中，一旦编译生成 HEX 文件后，其配置信息也包含在内了。这样用于批量生产时就不会产生因配置设置错误而导致问题发生。对于大部分的市售编程器，它们都能识别程序中配置位信息而完成自动配置，不过读者在购买编程器前最好还是向厂家了解清楚。

上面的流水灯实验是采用字节操作的方法实现的，下面的实验我们采用位操作，大家看看有什么不同。实验原理图与图 6-3 相同。

文件目录：ptc6-2，项目名称：ptc6-2，C 源程序文件：ptc6-2.c。

```
#include <pic.h>
#define uchar unsigned char
#define uint unsigned int
#define PORTBIT(add,bit) ((unsigned)(&add) * 8 + (bit))          //宏定义
static  bit  PORTC_0 @  PORTBIT(PORTC,0);                         //端口的位定义
static  bit  PORTC_1 @  PORTBIT(PORTC,1);
static  bit  PORTC_2 @  PORTBIT(PORTC,2);
static  bit  PORTC_3 @  PORTBIT(PORTC,3);
static  bit  PORTC_4 @  PORTBIT(PORTC,4);
static  bit  PORTC_5 @  PORTBIT(PORTC,5);
static  bit  PORTC_6 @  PORTBIT(PORTC,6);
static  bit  PORTC_7 @  PORTBIT(PORTC,7);
void delay_ms(uint len)
{
 uint i,d = 100;
```

```
  i = d * len;
  while( -- i){;}
 }

void main(void)
{   TRISC = 0x00;
    INTCON = 0x00;
    PORTC = 0xff;
LOOP:
    PORTC_0 = 0;                    //点亮 D0 灯
    delay_ms(500);
    PORTC_1 = 0;                    //点亮 D1 灯
    delay_ms(500);
    PORTC_2 = 0;                    //点亮 D2 灯
    delay_ms(500);
    PORTC_3 = 0;                    //点亮 D3 灯
    delay_ms(500);
    PORTC_4 = 0;                    //点亮 D4 灯
    delay_ms(500);
    PORTC_5 = 0;                    //点亮 D5 灯
    delay_ms(500);
    PORTC_6 = 0;                    //点亮 D6 灯
    delay_ms(500);
    PORTC_7 = 0;                    //点亮 D7 灯
    delay_ms(500);
    PORTC = 0xff;                   //关闭 D0～D7 灯
    delay_ms(500);
    goto LOOP;
}
```

这里我们用到了前面学过的知识："PICC 中变量的绝对地址定位"。由于端口 PORTC 是一个已经被绝对地址定位的特殊功能寄存器，因此该特殊功能寄存器中的每个位就可以用计算方式实现位变量绝对定位。我们将端口 PORTC 的 8 个位命名为 PORTC_0～PORTC_7，并分别对位进行操作，就实现了流水灯的移动。

C 语言本身就有强大的位操作能力，这里我们使用 C 的位操作实现对流水灯的移动。实验原理图与图 6－3 相同。

文件目录：ptc6－3，项目名称：ptc6－3，C 源程序文件：ptc6－3.c。

```
#include <pic.h>
#define uchar unsigned char
#define uint unsigned int
```

```
#define PORTC_0 0        //对端口 PORTC 的 8 个位进行宏定义
#define PORTC_1 1
#define PORTC_2 2
#define PORTC_3 3
#define PORTC_4 4
#define PORTC_5 5
#define PORTC_6 6
#define PORTC_7 7
//宏定义,将 x 变量(一个字节)中的 y 清零而其他位不变
#define CLR_BIT(x,y) (x&= ~(1 << y))

void delay_ms(uint len)
{
 uint i,d = 100;
 i = d * len;
 while(-- i){;}
}

void main(void)
{   TRISC = 0x00;
    PORTC = 0xff;

LOOP:
    CLR_BIT(PORTC,PORTC_0);          //点亮 D0 灯
    delay_ms(500);
    CLR_BIT(PORTC,PORTC_1);          //点亮 D1 灯
    delay_ms(500);
    CLR_BIT(PORTC,PORTC_2);          //点亮 D2 灯
    delay_ms(500);
    CLR_BIT(PORTC,PORTC_3);          //点亮 D3 灯
    delay_ms(500);
    CLR_BIT(PORTC,PORTC_4);          //点亮 D4 灯
    delay_ms(500);
    CLR_BIT(PORTC,PORTC_5);          //点亮 D5 灯
    delay_ms(500);
    CLR_BIT(PORTC,PORTC_6);          //点亮 D6 灯
    delay_ms(500);
    CLR_BIT(PORTC,PORTC_7);          //点亮 D7 灯
    delay_ms(500);
    PORTC = 0xff;                    //关闭 D0~D7 灯
    delay_ms(500);
    goto LOOP;
 }
```

前面我们做的位操作，都是我们自己利用 PICC 中变量的绝对地址定位或标准 C 语言的位操作能力进行的设计，事实上，PICC 编译器已经为我们做了 PIC 单片机全部的特殊功能寄存器的位定义，我们只需直接拿来使用即可。下面便是具体的实例。实验原理图与图 6-3 相同。

文件目录：ptc6-4，项目名称：ptc6-4，C 源程序文件：ptc6-4.c。

```
#include <pic.h>
#define uchar unsigned char
#define uint unsigned int

void delay_ms(uint len)
{
 uint i,d = 100;
 i = d * len;
 while(--i){;}
}

void main(void)
{  TRISC = 0x00;
   PORTC = 0xff;

LOOP:
   RC0 = 0;             //点亮 D0 灯
   delay_ms(500);
   RC1 = 0;             //点亮 D1 灯
   delay_ms(500);
   RC2 = 0;             //点亮 D2 灯
   delay_ms(500);
   RC3 = 0;             //点亮 D3 灯
   delay_ms(500);

   RC4 = 0;             //点亮 D4 灯
   delay_ms(500);
   RC5 = 0;             //点亮 D5 灯
   delay_ms(500);
   RC6 = 0;             //点亮 D6 灯
   delay_ms(500);
   RC7 = 0;             //点亮 D7 灯
   delay_ms(500);
   PORTC = 0xff;        //熄灭 D0～D7 灯
   delay_ms(500);
   goto LOOP;
}
```

6.4 I/O 端口驱动数码管的实验

6.4.1 实验要求

在 PIC DEMO 试验板上，驱动 8 个数码管显示，每个数码管均完成从 0 显示到 F 的测试显示。图 6-5 为 I/O 端口驱动数码管的实验原理图。

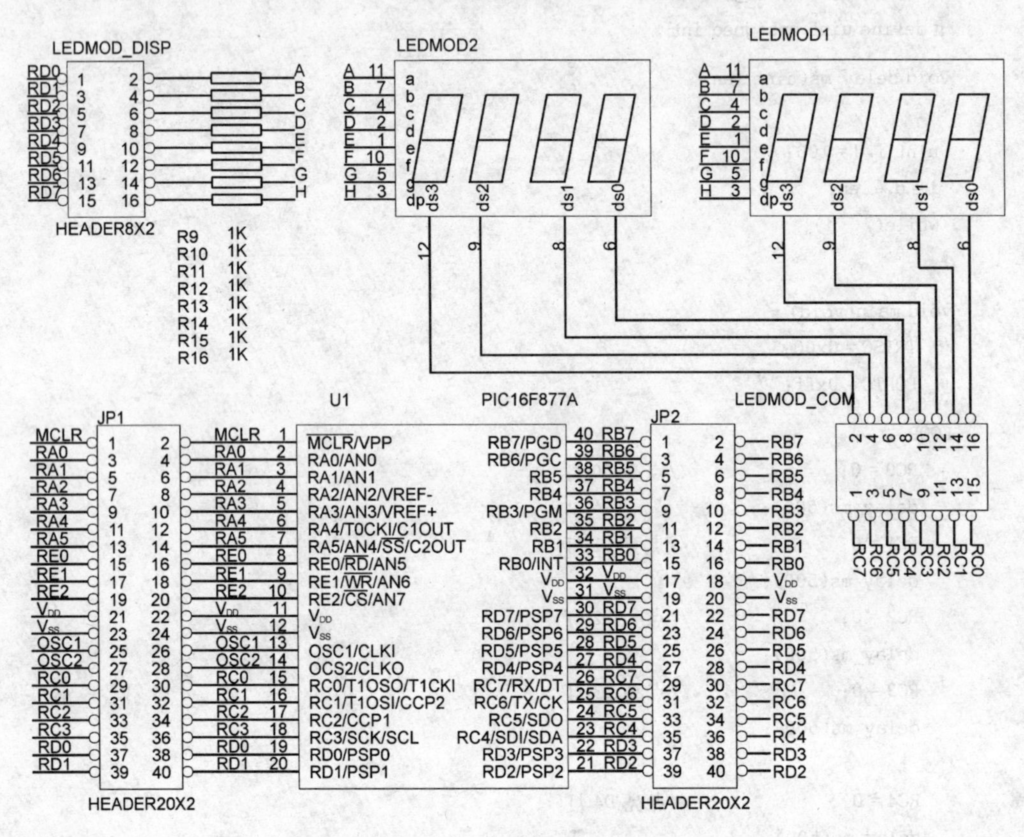

图 6-5 I/O 端口驱动数码管的实验原理图

6.4.2 源程序文件及分析

在 D 盘中建立一个文件目录(ptc6-5)，在 MPLAB 开发环境中创建一个新工程项目，项目名称也为 ptc6-5。最后输入 C 源程序文件 ptc6-5.c。

```
#include <pic.h>                              //包含头文件
#define uchar unsigned char                   //数据类型的宏定义
#define uint unsigned int
__CONFIG(HS&WDTDIS&PWRTEN&BORDIS&LVPDIS);     //器件配置
```

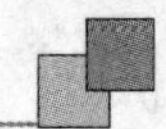

```
//数码管 0~F 的字形码
const uchar SEG7[16] = {0x3f,0x06,0x5b,0x4f,0x66,0x6d,0x7d,0x07,
                        0x7f,0x6f,0x77,0x7c,0x39,0x5e,0x79,0x71};
//8 个数码管的位选码
const uchar ACT[8] = {0xfe,0xfd,0xfb,0xf7,0xef,0xdf,0xbf,0x7f};
/****************************/
void initial(void)                          //初始化子函数
{
TRISD = 0x00;                               //设置 RD 口全为输出
TRISC = 0x00;                               //设置 RC 口全为输出
}
/****************************/
void delay_ms(uint len)                     //定义延时子函数,延时时间为 len 毫秒
{
 uint i,d = 100;
 i = d * len;
 while( -- i){;}
}
/****************************/
void main(void)                             //定义主函数
{
uchar i = 0;                                //定义局部变量
initial( );                                 //调用初始化子函数
    while(1)                                //无限循环
    {
        for(i = 0;i<16;i ++ )               //for 循环语句,个位数码管显示 0~F
        {
         PORTD = SEG7[i];
         PORTC = ACT[0];
         delay_ms(300);
        }
        //---------------
        for(i = 0;i<16;i ++ )               //for 循环语句,十位数码管显示 0~F
        {
         PORTD = SEG7[i];
         PORTC = ACT[1];
         delay_ms(300);
        }
        //---------------
        for(i = 0;i<16;i ++ )               //for 循环语句,百位数码管显示 0~F
        {
         PORTD = SEG7[i];
         PORTC = ACT[2];
         delay_ms(300);
        }
```

```
    //--------------
    for(i=0;i<16;i++)                    //for 循环语句,千位数码管显示 0~F
    {
     PORTD=SEG7[i];
     PORTC=ACT[3];
     delay_ms(300);
    }
    //--------------
    for(i=0;i<16;i++)                    //for 循环语句,第 5 位数码管显示 0~F
    {
     PORTD=SEG7[i];
     PORTC=ACT[4];
     delay_ms(300);
    }
    //--------------
    for(i=0;i<16;i++)                    //for 循环语句,第 6 位数码管显示 0~F
    {
     PORTD=SEG7[i];
     PORTC=ACT[5];
     delay_ms(300);
    }
    //--------------
    for(i=0;i<16;i++)                    //for 循环语句,第 7 位数码管显示 0~F
    {
     PORTD=SEG7[i];
     PORTC=ACT[6];
     delay_ms(300);
    }
    //--------------
    for(i=0;i<16;i++)                    //for 循环语句,第 8 位数码管显示 0~F
    {
     PORTD=SEG7[i];
     PORTC=ACT[7];
     delay_ms(300);
    }
  }
}
```

编译通过后,我们可进行软件模拟仿真或硬件在线仿真。下来就可以将 ptc6-5.hex 文件烧入芯片中。PIC DEMO 试验板上标示“LEDMOD_DISP”及“LEDMOD_COM”的双排针插上短路帽,没有用到的双排针不应插短路帽。通电以后我们看到,8 位数码管的每位均可从 0 显示到 F。图 6-6 为 I/O 端口驱动数码管的实验照片。

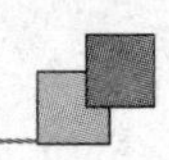

图 6-6　I/O 端口驱动数码管的实验照片

6.5　I/O 端口的输入实验

6.5.1　实验要求

按下按键 INT、S1～S3 后，读取 RB 端口的状态在数码管上进行相应的显示。按键 INT、S1～S3 按下时单片机输入的是低电平，因此我们还要对读取的状态进行反相才能正确显示出来。图 6-7 为 I/O 端口的输入实验原理图。

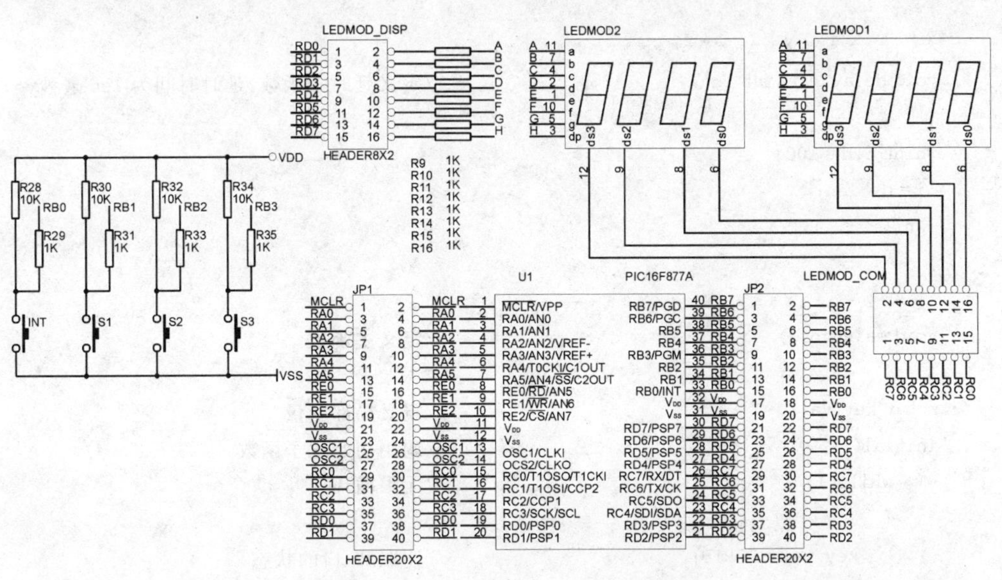

图 6-7　I/O 端口的输入实验原理图

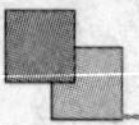

6.5.2 源程序文件及分析

在 D 盘中建立一个文件目录(ptc6-6),在 MPLAB 开发环境中创建一个新工程项目,项目名称也为 ptc6-6。最后输入 C 源程序文件 ptc6-6.c。

```
#include <pic.h>                                    //包含头文件
#define uchar unsigned char                         //数据类型的宏定义
#define uint unsigned int
__CONFIG(HS&WDTDIS&PWRTEN&BORDIS&LVPDIS);          //器件配置
//数码管 0~F 的字形码
const uchar SEG7[16] = {0x3f,0x06,0x5b,0x4f,0x66,0x6d,0x7d,0x07,
                        0x7f,0x6f,0x77,0x7c,0x39,0x5e,0x79,0x71};
//8 个数码管的位选码
const uchar ACT[8] = {0xfe,0xfd,0xfb,0xf7,0xef,0xdf,0xbf,0x7f};
/*****************************/
void initial(void)                                  //初始化子函数
{
TRISD = 0x00;                                       //设置 RD 口全为输出
TRISC = 0x00;                                       //设置 RC 口全为输出
TRISB = 0xff;                                       //设置 RB 口全为输入
PORTB = 0xff;                                       //置 RB 口为高电平
OPTION& = 0x7f;                                     //打开 RB 口的弱上拉电阻
}
/*****************************/
void delay_ms(uint len)                             //定义延时子函数,延时时间为 len 毫秒
{
 uint i,d = 100;
 i = d * len;
 while(--i){;}
}
/****************************/
void main(void)                                     //定义主函数
{
uchar key_val;                                      //定义局部变量
initial( );                                         //调用初始化子函数
    while(1)                                        //无限循环
    {
        key_val = PORTB;                            //读取 RB 口的状态
        if(key_val! = 0xff)                         //如果读取的值不为 0xff,说明有键按下
        {PORTD = SEG7[~key_val];                    //显示按键的状态
         PORTC = ACT[0];                            //在数码管个位显示
```

```
        delay_ms(10);                          //延时 10ms
      }
      else                                     //否则无键按下
      {PORTD = 0x00;                           //关闭显示
        PORTC = 0xff;
        delay_ms(10);
      }
   }
}
```

编译通过后，我们可进行软件模拟仿真或硬件在线仿真。下来就可以将 ptc6-6.hex 文件烧入芯片中。PIC DEMO 试验板上标示“LEDMOD_DISP”及“LEDMOD_COM”的双排针插上短路帽，通电以后分别按下 INT、S1～S3，我们看到，个位数码管对应显示 1、2、4、8。图 6-8 为 I/O 端口的输入实验照片。

图 6-8　I/O 端口的输入实验照片

像前面的“I/O 端口的输出实验”一样，我们也可以使用位操作来读取端口的输入。实验原理图与图 6-7 相同。

文件目录：ptc6-7，项目名称：ptc6-7，C 源程序文件：ptc6-7.c。

```
#include <pic.h>                               //包含头文件
#define uchar unsigned char                    //数据类型的宏定义
#define uint unsigned int
__CONFIG(HS&WDTDIS&PWRTEN&BORDIS&LVPDIS);     //器件配置
//数码管 0~F 的字形码
const uchar SEG7[16] = {0x3f,0x06,0x5b,0x4f,0x66,0x6d,0x7d,0x07,
                        0x7f,0x6f,0x77,0x7c,0x39,0x5e,0x79,0x71};
//8 个数码管的位选码
const uchar ACT[8] = {0xfe,0xfd,0xfb,0xf7,0xef,0xdf,0xbf,0x7f};
```

```
/*****************************/
void initial(void)                          //初始化子函数
{
TRISD = 0x00;                               //设置 RD 口全为输出
TRISC = 0x00;                               //设置 RC 口全为输出
TRISB = 0xff;                               //设置 RB 口全为输入
PORTB = 0xff;                               //置 RB 口为高电平
OPTION& = 0x7f;                             //打开 RB 口的弱上拉电阻
}
/****************************/
void delay_ms(uint len)                     //定义延时子函数,延时时间为 len 毫秒
{
 uint i,d = 100;
 i = d * len;
 while( -- i){;}
}
/***************************/
uchar key_scan(void)                        //按键扫描子函数
{
 uchar key_val;                             //定义局部变量
 if(! RB0)key_val = 1;                      //如果 INT 键按下,键值置 1
 else if(! RB1)key_val = 2;                 //否则如果 S1 键按下,键值置 2
 else if(! RB2)key_val = 4;                 //否则如果 S2 键按下,键值置 4
 else if(! RB3)key_val = 8;                 //否则如果 S3 键按下,键值置 8
 else key_val = 16;                         //否则没有键按下,键值置 16
 return key_val;                            //返回键值
}
/***************************/
void main(void)                             //定义主函数
{
uchar dis_val;                              //定义局部变量
initial( );                                 //调用初始化子函数
    while(1)                                //无限循环
    {
      dis_val = key_scan( );                //读取按键的键值
        if(dis_val == 16)                   //如果键值为 16
        {
         PORTC = 0x00;                      //关闭显示
         PORTC = 0xff;
         delay_ms(10);
        }
        else                                //否则
```

```
    {
    PORTD = SEG7[dis_val];                    //显示键值
    PORTC = ACT[0];
    delay_ms(10);
    }
  }
}
```

编译通过后，我们可进行软件模拟仿真或硬件在线仿真。下来就可以将 ptc6 - 7.hex 文件烧入芯片中。PIC DEMO 试验板上标示"LEDMOD_DISP"及"LEDMOD_COM"的双排针插上短路帽，没有用到的双排针不应插短路帽。通电以后分别按下 INT、S1～S3，我们看到，个位数码管对应显示 1～8。与 ptc6 - 6 实验不同的是，本实验对按键按下的先后是有要求的（即按键有优先级之分），从程序可以看出，首先是判断 RB0，其次是 RB1，在后是 RB2，最后才判断 RB3。因此如果 INT1 与 S1 同时按下，则程序会认为是 INT 键按下而显示 1。这点我们通过实验即能理解。

6.6　行列式按键的输入实验

6.6.1　实验要求

按下行列式按键 0～9 及 A～D、#、* 以后，分别得到键值 0～15。在数码管上显示出 0～9、A～F。图 6 - 9 为行列式按键的输入实验原理图。

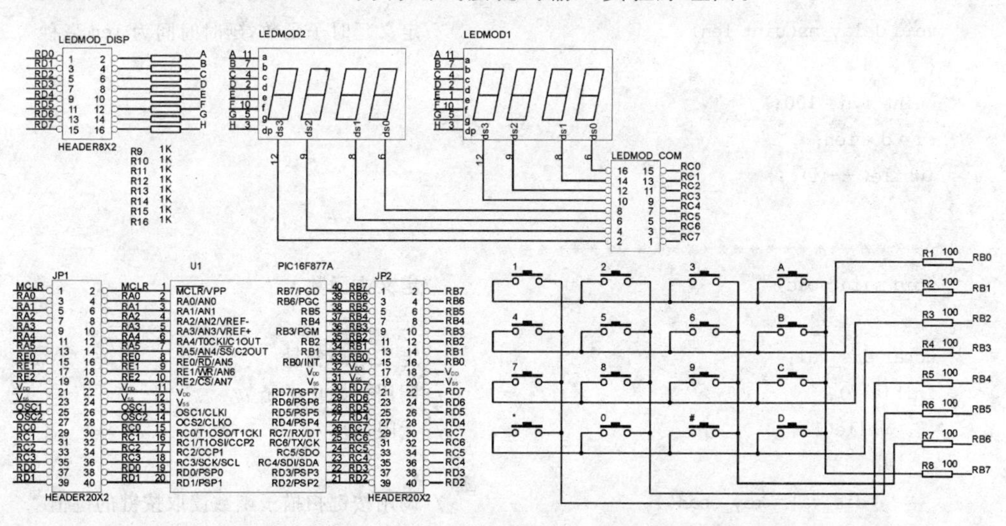

图 6 - 9　行列式按键的输入实验原理图

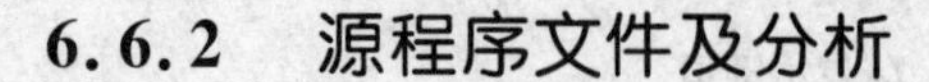

6.6.2 源程序文件及分析

在 D 盘中建立一个文件目录(ptc6－8),在 MPLAB 开发环境中创建一个新工程项目,项目名称也为 ptc6－8。最后输入 C 源程序文件 ptc6－8.c。

```
#include <pic.h>                                  //包含头文件
#define uchar unsigned char                       //数据类型的宏定义
#define uint unsigned int
__CONFIG(HS&WDTDIS&PWRTEN&BORDIS&LVPDIS);         //器件配置
//数码管 0～F 的字形码
const uchar SEG7[16] = {0x3f,0x06,0x5b,0x4f,0x66,0x6d,0x7d,0x07,
                        0x7f,0x6f,0x77,0x7c,0x39,0x5e,0x79,0x71};
//8 个数码管的位选码
const uchar ACT[8] = {0xfe,0xfd,0xfb,0xf7,0xef,0xdf,0xbf,0x7f};
/****************************/
uchar key_scan(void);                             //按键扫描子函数声明
/****************************/
void initial(void)                                //初始化子函数
{
TRISD = 0x00;                                     //设置 RD 口全为输出
TRISC = 0x00;                                     //设置 RC 口全为输出
}
/****************************/
void delay_ms(uint len)                           //定义延时子函数,延时时间为 len 毫秒
{
 uint i,d = 100;
 i = d * len;
 while(--i){;}
}
/****************************/
void main(void)                                   //定义主函数
{
uchar dis_val;                                    //定义局部变量
initial();                                        //调用初始化子函数
    while(1)                                      //无限循环
    {
      dis_val = key_scan();                       //调用按键扫描子函数读取按键的键值
        if(dis_val == 16)                         //如果键值为 16,说明无键按下
        {
         PORTD = 0x00;                            //关闭显示
         PORTC = 0xff;
```

```
        }
        else                                      //否则有键按下
        {
          PORTD = SEG7[dis_val];                  //显示键值
          PORTC = ACT[0];
        }
    }
}
/ ************************* /
//键值设定数组
const uchar key_set[] =
{
1, 2, 3, 10,
4, 5, 6, 11,
7, 8, 9, 12,
15,0, 14,13
};
//----------------------------------------------
uchar key_scan(void)                        //按键扫描子函数
{uchar key,find = 0;                        //定义一个局部变量作为发现按键按下的标志
 OPTION& = 0x7f;                            //打开 RB 口的弱上拉电阻
 TRISB = 0x0f;                              //行输入,列输出
 PORTB = 0x0f;                              //输入带有上拉电阻
  if((PORTB&0x0f)! = 0x0f)                  //如果有键按下
   { find = 1;                              //发现标志置 1
     if(!RB0){key = 0;}                     //如果第 1 行有键按下,寻找键值的坐标置 0
     else if(!RB1){key = 4;}                //如果第 2 行有键按下,寻找键值的坐标置 4
     else if(!RB2){key = 8;}                //如果第 3 行有键按下,寻找键值的坐标置 8
     else if(!RB3){key = 12;}               //如果第 4 行有键按下,寻找键值的坐标置 12
     TRISB = 0xf0;                          //反转方向,列输入,行输出
     PORTB = 0xf0;                          //输入带有上拉电阻
     delay_ms(10);                          //延时 10ms
     if(!RB4)key += 0;                      //如果第 1 列有键按下,寻找键值的坐标加 0
     else if(!RB5)key += 1;                 //如果第 2 列有键按下,寻找键值的坐标加 1
     else if(!RB6)key += 2;                 //如果第 3 列有键按下,寻找键值的坐标加 2
     else if(!RB7)key += 3;                 //如果第 4 列有键按下,寻找键值的坐标加 3
   }
 if(find == 1)return key_set[key];          //有键按下,返回键值 0~15
 else return 16;                            //无键按下,返回 16
}
```

编译通过后,我们可进行软件模拟仿真或硬件在线仿真。下来就可以将 ptc6 -

8. hex 文件烧入芯片中。PIC DEMO 试验板上标示“LEDMOD_DISP”及“LEDMOD_COM”的双排针插上短路帽，没有用到的双排针不应插短路帽。通电以后分别按下行列式按键 0～9 及 A～D、#、* 以后，分别得到键值 0～15。在数码管上显示出 0～9、A～F，如图 6－10 所示。

图 6－10　行列式按键的输入实验照片

第7章

驱动16×2点阵字符液晶模块的实验

在小型的智能化电子产品中，普通的7段LED数码管只能用来显示数字，若遇到要显示英文字母或图像、汉字时，则必须选择使用液晶显示器（简称LCD）。

LCD显示器的应用很广，简单的如手表、计算器上的液晶显示器，复杂如笔记本电脑上的显示器等，都使用LCD。在一般的商务办公机器上，如复印机和传真机，以及一些娱乐器材、医疗仪器上，也常常看见LCD的足迹。

LCD可分为两种类型，一种是字符模式LCD，另一种为图形模式LCD。本章介绍的16×2 LCD为字符型点矩阵式LCD模组（Liquid Crystal Display Module简称LCM），或称字符型LCD。市场上有各种不同厂牌的字符显示类型的LCD，但大部分的控制器都是使用同一块芯片来控制的，编号为HD44780，或是兼容的控制芯片。

7.1 16×2点阵字符液晶显示器概述

字符型液晶显示模块是一类专门用于显示字母、数字、符号等的点阵型液晶显示模块。在显示器件的电极图形设计上，它是由若干个5×7或5×11等点阵字符位组成。每一个点阵字符位都可以显示一个字符。点阵字符位之间空有一个点距的间隔起到了字符间距和行距的作用。

目前常用的有16字×1行、16字×2行、20字×2行和40字×2行等的字符模组。这些LCM虽然显示的字数各不相同，但是都具有相同的输入输出界面。

16×2点阵字符液晶模块是由点阵字符液晶显示器件和专用的行、列驱动器、控制器及必要的连接件、结构件装配而成，可以显示数字和英文字符。这种点阵字符模块本身具有字符发生器，显示容量大，功能丰富。

液晶点阵字符模块的点阵排列是由5×7或5×8，5×11的一组组像素点阵排列组成的。每组为1位，每位间有一点的间隔，每行间也有一行的间隔，所以不能显示图形。

一般在模块控制、驱动器内具有已固化好192个字符字模的字符库CGROM，还具有让用户自定义建立专用字符的随机存储器CGRAM，允许用户建立8个5×8点阵的字符。点阵字符模块具有丰富的显示功能，其控制器主要为日立公司的 HD44780 及其替代集成电路，驱动器为 HD44100 及其替代的兼容集成电路。

7.2 液晶显示器的突出优点

液晶显示器和其他显示器相比，具有以下突出的优点：

(1) 低电压、场致驱动。

(2) 微功耗，仅 1 $\mu W/cm^2$。

(3) 平板显示，体积小而薄。

(4) 与集成电路匹配方便、简单。

(5) 被动显示，不怕光冲刷。

(6) 可彩色、黑白显示，效果逼真。

(7) 显示面积可大可小，目前世界上最大的液晶电视尺寸已超过 50 英寸。

(8) 易于大批量生产。

(9) 随着工艺的提高，成品率还会进一步提高，成本也会进一步下降。

液晶显示器的缺点如下：

(1) 视角较小。

(2) 显示质量不算最高。

(3) 响应速度较慢，对快速移动图像可能有一些拖尾，目前正在克服中。

7.3 16×2 字符型液晶显示模块(LCM)特性

(1) +5 V 电压，反视度(明暗对比度)可调整。

(2) 内含振荡电路，系统内含重置电路。

(3) 提供各种控制命令，如清除显示器、字符闪烁、光标闪烁、显示移位等多种功能。

(4) 显示用数据 DDRAM 共有 80 字节。

(5) 字符发生器 CGROM 有 160 个 5×7 点阵字型。

(6) 字符发生器 CGRAM 可由使用者自行定义 8 个 5×7 的点阵字型。

7.4 16×2 字符型液晶显示模块(LCM)引脚及功能

1 脚(V_{dd}/V_{ss})：电源(1±10%)×5 V 或接地。

2 脚(V_{ss}/V_{dd})：接地或电源(1±10%)×5 V。

3 脚(VO)：反视度调整。使用可变电阻调整，通常接地。

4 脚(RS)：寄存器选择。1：选择数据寄存器；0：选择指令寄存器。

5 脚(R/W)：读/写选择。1：读；0：写。

6 脚(E)：使能操作。1：LCM 可做读写操作；0：LCM 不能做读写操作。

7 脚(DB0)：双向数据总线的第 0 位。

8脚(DB1):双向数据总线的第1位。

9脚(DB2):双向数据总线的第2位。

10脚(DB3):双向数据总线的第3位。

11脚(DB4):双向数据总线的第4位。

12脚(DB5):双向数据总线的第5位。

13脚(DB6):双向数据总线的第6位。

14脚(DB7):双向数据总线的第7位。

15脚(Vdd):背光显示器电源+5V。

16脚(Vss):背光显示器接地。

说明:由于生产LCM厂商众多,使用时应注意电源引脚1、2的不同。LCM数据读写方式可以分为8位及4位2种,以8位数据进行读写则DB7~DB0都有效,若以4位方式进行读写,则只用到DB7~DB4。

7.5　16×2字符型液晶显示模块(LCM)的内部结构

LCM的内部结构可分为三部分:LCD控制器,LCD驱动器,LCD显示装置,如图7-1所示。

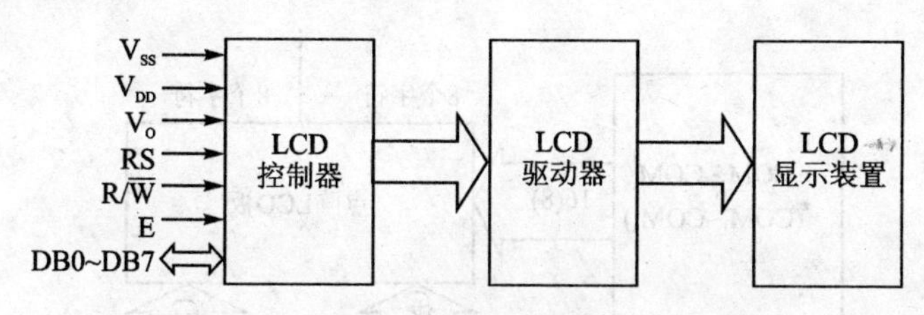

图7-1　LCM的内部结构

LCM与单片机(MCU)之间是利用LCM的控制器进行通信。HD44780是集驱动器与控制器于一体,专用于字符显示的液晶显示控制驱动集成电路。HD44780是字符型液晶显示控制器的代表电路,了解熟知HD44780,将可通晓字符型液晶显示控制器的工作原理。

7.6　液晶显示控制驱动集成电路HD44780特点

(1) HD44780不仅作为控制器而且还具有驱动40×16点阵液晶像素的能力,并且HD44780的驱动能力可通过外接驱动器扩展360列驱动。

(2) HD44780的显示缓冲区及用户自定义的字符发生器CGRAM全部内藏在芯片内。

(3) HD44780具有适用于M6800系列MCU的接口,并且接口数据传输可为8位数据传输和4位数据传输两种方式。

(4) HD44780 具有简单而功能较强的指令集,可实现字符移动、闪烁等显示功能。

图 7-2 所示为 HD44780 的内部组成结构。

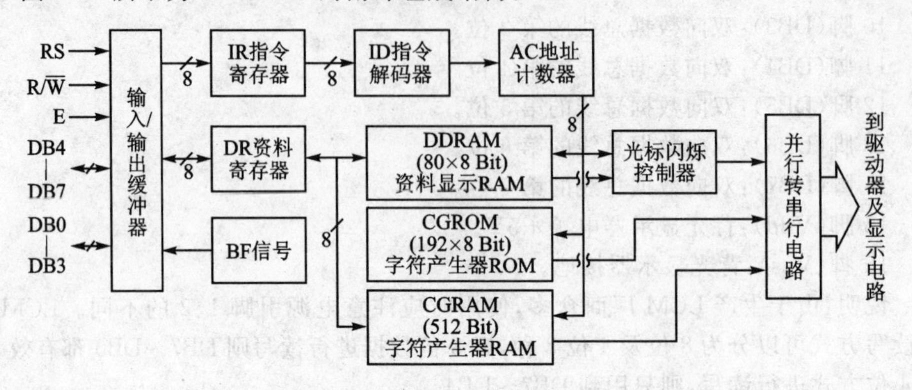

图 7-2　HD44780 的内部组成结构

HD44780 可控制的字符为每行 80 个字。也就是 5×80=400 点。HD44780 内藏有 16 路行驱动器和 40 路列驱动器,所以 HD44780 本身就具有驱动 16×40 点阵 LCD 的能力,(即单行 16 个字符或两行 8 个字符)。加一个 HD44100 外扩展多 40 路/列驱动,则可驱动 16×2LCD(图 7-3)。

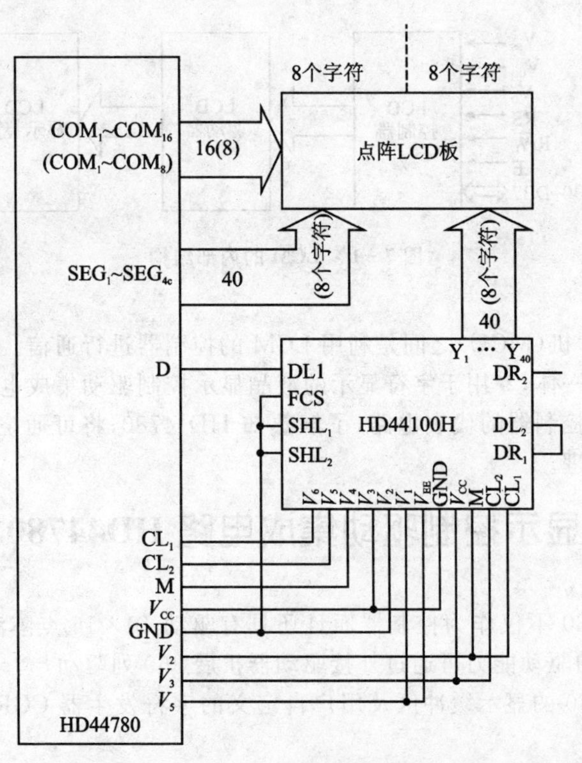

图 7-3　HD44780 加 HD44100 外扩展

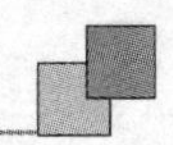

当MCU写入指令设置了显示字符体的形式和字符行数后，驱动器的液晶显示驱动的占空比系数就确定了下来，驱动器在时序发生器的作用下，产生帧扫描信号和扫描时序，同时把由字符代码确定的字符数据通过并/串转换电路串行输出给外部列驱动器和内部列驱动，数据的传输顺序总是起始于显示缓冲区所对应一行显示字符的最高地址的数据。当全部一行数据到位后，锁存时钟CL1将数据锁存在列驱动器的锁存器内，最后传输的40位数据，也就是说各显示行的前8个字符位总是被锁存在HD44780的内部列驱动器的锁存器中。CL1同时也是行驱动器的移位脉冲，使得扫描行更新。如此循环，使得屏上呈现字符的组合。

7.7 HD44780工作原理

HD44780的引脚图如图7-4所示。

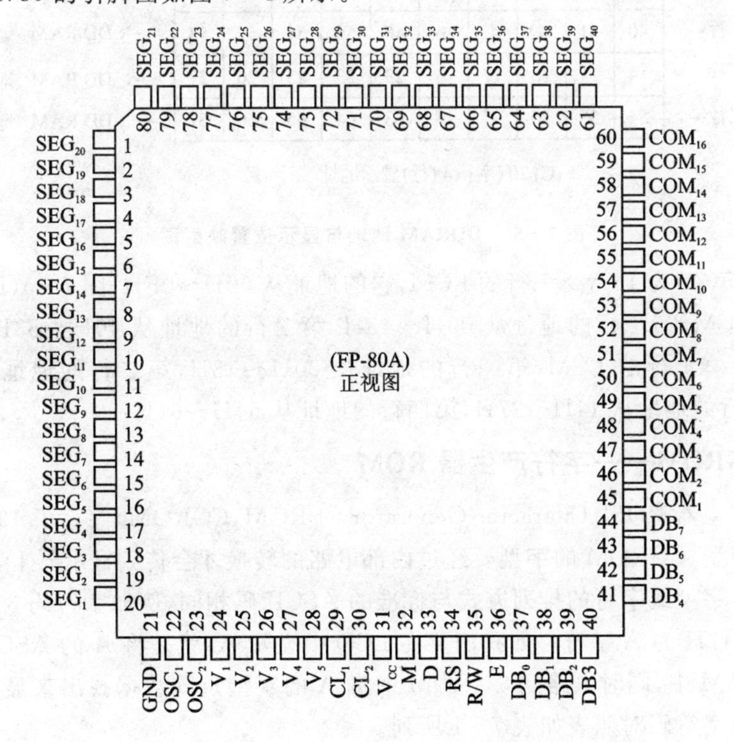

图7-4　HD44780引脚图

1. DDRAM——数据显示用RAM

数据显示用RAM(Data display RAM,DDRAM)用来存放我们要LCD显示的数据，只要将标准的ASCII码送入DDRAM，内部控制电路会自动将数据传送到显示器上，例如要LCD显示字符A，则我们只需将ASCII码41H存入DDRAM即可。DDRAM有80字节空间，共可显示80个字(每个字为1字节)，其存储器地址与实际显示位置的排列顺序与 LCM 的型号有关，请参阅图 7－5。

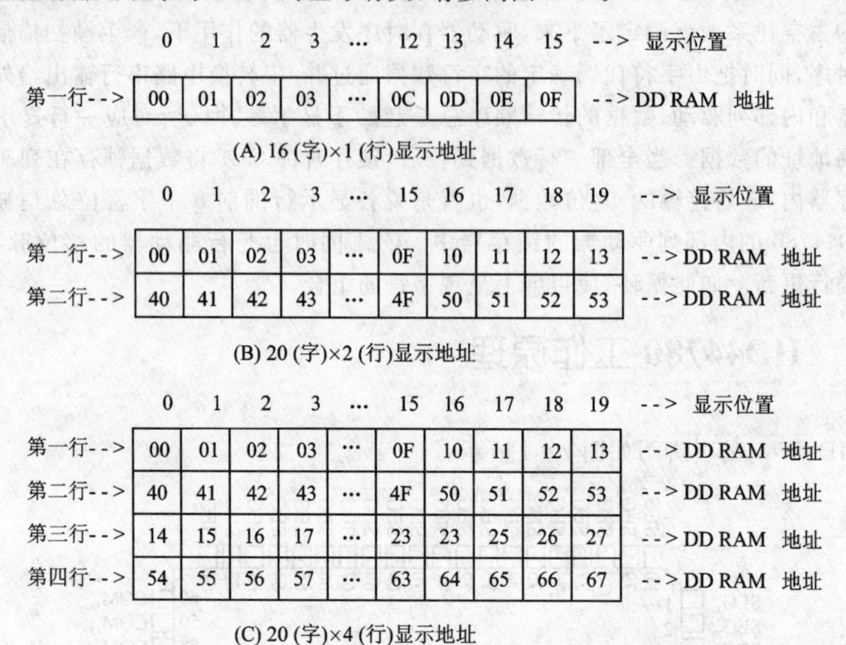

	0	1	2	3	…	12	13	14	15	--> 显示位置
第一行-->	00	01	02	03	…	0C	0D	0E	0F	--> DD RAM 地址

(A) 16 (字)×1 (行)显示地址

	0	1	2	3	…	15	16	17	18	19	--> 显示位置
第一行-->	00	01	02	03	…	0F	10	11	12	13	--> DD RAM 地址
第二行-->	40	41	42	43	…	4F	50	51	52	53	--> DD RAM 地址

(B) 20 (字)×2 (行)显示地址

	0	1	2	3	…	15	16	17	18	19	--> 显示位置
第一行-->	00	01	02	03	…	0F	10	11	12	13	--> DD RAM 地址
第二行-->	40	41	42	43	…	4F	50	51	52	53	--> DD RAM 地址
第三行-->	14	15	16	17	…	23	23	25	26	27	--> DD RAM 地址
第四行-->	54	55	56	57	…	63	64	65	66	67	--> DD RAM 地址

(C) 20 (字)×4 (行)显示地址

图 7－5　DDRAM 地址与显示位置映射图

图 7－5(A)为 16 字×1 行的 LCM，它的地址从 00H～0FH；图 7－5(B)为 20 字×2 行的 LCM，第一行的地址从 00H～13H，第二行的地址从 40H～53H；图 7－5(C)为 20 字×4 行的 LCM，第一行的地址从 00H～13H，第二行的地址从 40H～53H，第三行的地址从 14H～27H，第四行的地址从 54H～67H。

2. CGROM——字符产生器 ROM

字符产生器 ROM(Character Generator 的 ROM，CGROM)储存了 192 个 5×7 的点矩阵字型，CGROM 的字型要经过内部电路的转换才会传到显示器上，仅能读出不可写入。字型或字符的排列方式与标准的 ASCII 码相同，例如字符码 31H 为 1 字符，字符码 41H 为 A 字符。如我们要在 LCD 中显示 A，就是将 A 的 ASCII 码 41H 写入 DDRAM 中，同时电路到 CGROM 中将 A 的字型点阵数据找出来显示在 LCD 上。字符与字符码对照表如表 7－1 所列。

3. CGRAM——字型、字符产生器 RAM

字型、字符产生器 RAM(Character Generator RAM，CGRAM)是供使用者储存自行设计的特殊造型的造型码 RAM，CGRAM 共有 512 位(64 字节)。一个 5×7 点矩阵字型占用 8×8 位，所以 CGRAM 最多可存 8 个造型。

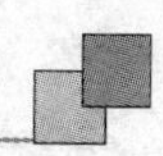

表 7-1　字符与字符码对照表

Lower 4bit \ Higher 4bit	0000	0010	0011	0100	0000	0010	0011	0100	1011	1100	1101	1110	1111
xxxx0000	CG RAM (1)		0	@	P	`	p		ー	タ	ミ	α	p
xxxx0001	(2)	!	1	A	Q	a	q	。	ア	チ	ム	ä	q
xxxx0010	(3)	"	2	B	R	b	r	「	イ	ツ	メ	β	θ
xxxx0011	(4)	#	3	C	S	c	s	」	ウ	テ	モ	ε	∞
xxxx0100	(5)	$	4	D	T	d	t	、	エ	ト	ヤ	μ	Ω
xxxx0101	(6)	%	5	E	U	e	u	・	オ	ナ	ユ	σ	ü
xxxx0110	(7)	&	6	F	V	f	v	ヲ	カ	ニ	ヨ	ρ	Σ
xxxx0111	(8)	'	7	G	W	g	w	ァ	キ	ヌ	ラ	g	π
xxxx1000	(1)	(	8	H	X	h	x	ィ	ク	ネ	リ	√	x̄
xxxx1001	(2)	)	9	I	Y	i	y	ゥ	ケ	ノ	ル	⁻¹	y
xxxx1010	(3)	*	:	J	Z	j	z	ェ	コ	ハ	レ	j	千
xxxx1011	(4)	+	;	K	[	k	{	ォ	サ	ヒ	ロ	ˣ	万
xxxx1100	(5)	,	<	L	¥	l	|	ャ	シ	フ	ワ	¢	円
xxxx1101	(6)	-	=	M	]	m	}	ュ	ス	ヘ	ン	£	÷
xxxx1110	(7)	.	>	N	^	n	→	ョ	セ	ホ	゛	ñ	
xxxx1111	(8)	/	?	O	_	o	←	ッ	ソ	マ	゜	ö	█

4. IR——指令寄存器

指令寄存器(Instruction Register,IR)负责储存 MCU 要写给 LCM 的指令码。当 MCU 要发送一个命令到 IR 寄存器时,必须要控制 LCM 的 RS、R/W 及 E 这 3 个引脚,当 RS 及 R/W 引脚信号为 0,E 引脚信号由 1 变为 0 时,就会把在 DB0～DB7 引脚上的数据送入 IR 寄存器。

5. DR——数据寄存器

数据寄存器(Data Register,DR)负责储存 MCU 要写到 CGRAM 或 DDRAM 的数据,或储存 MCU 要从 CGRAM 或 DDRAM 读出的数据,因此 DR 寄存器可视为一个数据缓冲区,它也是由 LCM 的 RS、R/W 及 E 等 3 个引脚来控制。当 RS 及 R/W 引脚信号为 1,E 接脚信号由 1 变为 0 时,LCM 会将 DR 寄存器内的数据由 DB0～DB7 输出以供 MCU 读取;当 RS 接脚信号为 1,R/W 接脚信号为 0,E 接脚信号由 1 变为 0 时,就会把在 DB0～DB7 引脚上的数据存入 DR 寄存器。

6. BF——忙碌标志信号

忙碌标志信号(Busy Flag,BF)的功能是告诉 MCU,LCM 内部是否正忙着处理数据。当 BF=1 时,表示 LCM 内部正在处理数据,不能接受 MCU 送来的指令或数据。LCM 设置 BF 的原因为 MCU 处理一个指令的时间很短,只需几微秒左右,而 LCM 得花上 40 μs～1.64 ms 的时间,所以 MCU 要写数据或指令到 LCM 之前,必须先查看 BF 是否为 0。

7. AC——地址计数器

地址计数器(Address Counter,AC)的工作是负责计数写到 CGRAM、DDRAM 数据的地址,或从 DDRAM、CGRAM 读出数据的地址。使用地址设定指令写到 IR 寄存器后,则地址数据会经过指令解码器(Instruction Decoder),再存入 AC。当 MCU 从 DDRAM 或 CGRAM 存取资料时,AC 依照 MCU 对 LCM 的操作而自动地修改它的地址计数值。

7.8 LCD 控制器的指令

用 MCU 来控制 LCD 模块,方式十分简单,LCD 模块其内部可以看成两组寄存器,一个为指令寄存器,一个为数据寄存器,由 RS 引脚来控制。所有对指令寄存器或数据寄存器的存取均需检查 LCD 内部的忙碌标志 BF,此标志用来告知 LCD 内部正在工作,并不允许接收任何的控制命令。而此位的检查可以令 RS=0,用读取 DB7 来加以判断,当此 DB7 为 0 时,才可以写入指令或数据寄存器。LCD 控制器的指令共有 11 组,以下分别介绍。

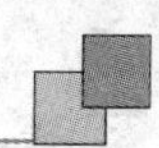

1. 清除显示器

RS	R/W	E	DB7	DB6	DB5	DB4	DB3	DB2	DB1	DB0
0	0	1	0	0	0	0	0	0	0	1

指令代码为01H，将DDRAM数据全部填入“空白”的ASCII代码20H，执行此指令将清除显示器的内容，同时光标移到左上角。

2. 光标归位设定

RS	R/W	E	DB7	DB6	DB5	DB4	DB3	DB2	DB1	DB0
0	0	1	0	0	0	0	0	0	1	*

指令代码为02H，地址计数器被清0，DDRAM数据不变，光标移到左上角。*表示可以为0或1。

3. 设定字符进入模式

RS	R/W	E	DB7	DB6	DB5	DB4	DB3	DB2	DB1	DB0
0	0	1	0	0	0	0	0	1	I/D	S

I/D	S	工作情形
0	0	光标左移一格，AC值减一，字符全部不动
0	1	光标不动，AC值减一，字符全部右移一格
1	0	光标右移一格，AC值加一，字符全部不动
1	1	光标不动，AC值加一，字符全部左移一格

4. 显示器开关

RS	R/W	E	DB7	DB6	DB5	DB4	DB3	DB2	DB1	DB0
0	0	1	0	0	0	0	1	D	C	B

D：显示屏开启或关闭控制位，D=1时，显示屏开启；D=0时，则显示屏关闭，但显示数据仍保存于DDRAM中。

C：光标出现控制位，C=1时，则光标会出现在地址计数器所指的位置；C=0则光标不出现。

B：光标闪烁控制位，B=1光标出现后会闪烁；B=0，光标不闪烁。

5. 显示光标移位

RS	R/W	E	DB7	DB6	DB5	DB4	DB3	DB2	DB1	DB0
0	0	1	0	0	0	1	S/C	R/L	*	*

* 表示可以为 0 或 1。

S/C	R/L	工作情形
0	0	光标左移一格,AC 值减一
0	1	光标右移一格,AC 值加一
1	0	字符和光标同时左移一格
1	1	字符和光标同时右移一格

6. 功能设定

RS	R/W	E	DB7	DB6	DB5	DB4	DB3	DB2	DB1	DB0
0	0	1	0	0	1	DL	N	F	*	*

* 表示可以为 0 或 1。

DL:数据长度选择位。DL=1 时为 8 位(DB7~DB0)数据传送;DL=0 时则为 4 位数据传送,使用 DB7~DB4 位,分 2 次送入一个完整的字符数据。

N:显示屏为单行或双行选择。N=1 为双行显示;N=0 则为单行显示。

F:大小字符显示选择。当 F=1 时,为 5×10 字形(有的产品无此功能);当 F=0 时,则为 5×7 字型。

7. CGRAM 地址设定

RS	R/W	E	DB7	DB6	DB5	DB4	DB3	DB2	DB1	DB0
0	0	1	0	1	A5	A4	A3	A2	A1	A0

设定下一个要读写数据的 CGRAM 地址(A5~A0)。

8. DDRAM 地址设定

RS	R/W	E	DB7	DB6	DB5	DB4	DB3	DB2	DB1	DB0
0	0	1	1	A6	A5	A4	A3	A2	A1	A0

设定下一个要读写数据的 DDRAM 地址(A6~A0)。

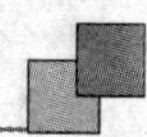

9. 忙碌标志BF或AC地址读取

RS	R/W	E	DB7	DB6	DB5	DB4	DB3	DB2	DB1	DB0
0	1	1	BF	A6	A5	A4	A3	A2	A1	A0

LCD的忙碌标志BF用以指示LCD目前的工作情况，当BF=1时，表示正在做内部数据的处理，不接受MCU送来的指令或数据。当BF=0时，则表示已准备接收命令或数据。当程序读取此数据的内容时，DB7表示忙碌标志，而另外DB6～DB0的值表示CGRAM或DDRAM中的地址，至于是指向那一地址则根据最后写入的地址设定指令而定。

10. 写数据到CGRAM或DDRAM中

RS	R/W	E	DB7	DB6	DB5	DB4	DB3	DB2	DB1	DB0
1	0	1								

先设定CGRAM或DDRAM地址，再将数据写入DB7～DB0中，以使LCD显示出字形。也可将使用者自创的图形存入CGRAM。

11. 从CGRAM或DDRAM中读取数据

RS	R/W	E	DB7	DB6	DB5	DB4	DB3	DB2	DB1	DB0
1	1	1								

先设定CGRAM或DDRAM地址，再读取其中的数据。

7.9 LCM工作时序

控制LCD所使用的芯片HD44780其读写周期约为1 μs。

(1) 读取时序(图7-6)

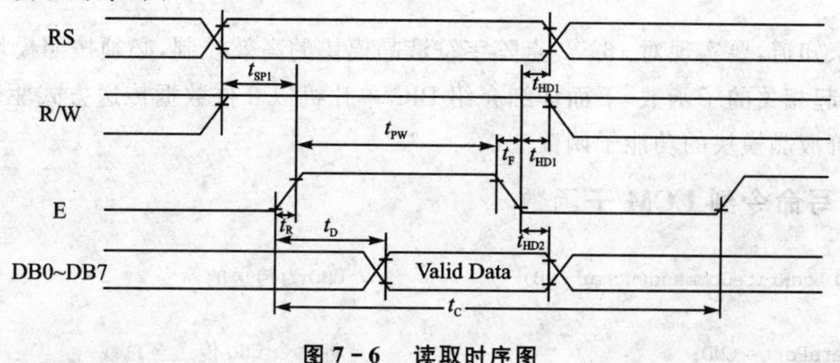

图7-6 读取时序图

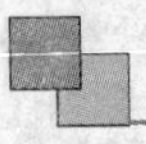

(2) 写入时序(图 7-7)

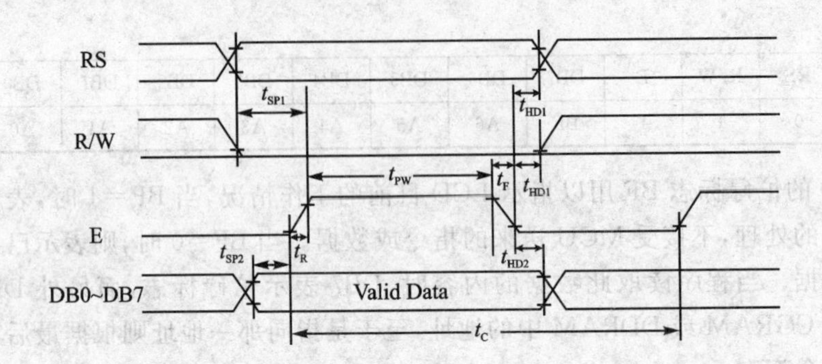

图 7-7 写入时序图

时序参数如表 7-2 所列。

表 7-2 时序参数表

时序参数	符号	极限值			单位	测试条件
		最小值	典型值	最大值		
E 信号周期	t_C	400	—	—	ns	引脚 E
E 脉冲宽度	t_{PW}	150	—	—	ns	
E 上升沿/下降沿时间	t_R、t_F	—	—	25	ns	
地址建立时间	t_{SP1}	30	—	—	ns	引脚 E、RS、R/W
地址保持时间	t_{HD1}	10	—	—	ns	
数据建立时间(读操作)	t_D	—	—	100	ns	引脚 DB0~DB7
数据保持时间(读操作)	t_{HD2}	20	—	—	ns	
数据建立时间(写操作)	t_{SP2}	40	—	—	ns	
数据保持时间(写操作)	t_{HD2}	10	—	—	ns	

7.10 PIC 单片机驱动 16×2 点阵字符液晶模块的子函数

大家知道，要实现对 16×2 点阵字符液晶模块的高效控制，必须按照模块设计方式，建立起相关的子函数，下面详细介绍 PIC 单片机以 8 位数据传送方式驱动 16×2 点阵字符液晶模块的功能子函数。

1. 写命令到 LCM 子函数

```
void LcdWriteCommand(uchar CMD)          //CMD 为传送的命令
{
  DataPort = CMD;                        //将命令 CMD 传送至总线
```

```
  RS = 0;RW = 0;EN = 0;                    //选中指令寄存器,写模式
  delay_ms(2);                             //等待 2ms 后液晶空闲
  EN = 1;                                  //使能
}
```

2. 写数据到 LCM 子函数

```
void LcdWriteData(uchar dataW)             //dataW 为传送的数据
{
  DataPort = dataW;                        //将数据 dataW 传送至总线
  RS =1;RW =0;EN = 0;                      //选中数据寄存器,写模式
  delay_ms(2);                             //等待 2ms 后液晶空闲
  EN = 1;                                  //使能
}
```

3. 显示光标定位子函数

```
void LocateXY(char posx,char posy)  // posx、posxy 为光标定位的坐标
{
uchar temp;                         //定义 temp 为无符号字符型变量
    temp& = 0x7f;                   // temp 的变化范围 0～15
    temp = posx&0x0f;               //屏蔽高 4 位
    posy& = 0x01;                   // posy 的变化范围 0～1
    if(posy)temp| = 0x40;           //若 posy 为 1(显示第二行),地址码 + 0x40
    temp| = 0x80;                   //指令码为地址码 + 0x80
    WriteCommandLCM(temp);          // 将指令 temp 写入 LCM
}
```

4. 显示指定坐标的一个字符(x=0～15,y=0～1)子函数

```
void DisplayOneChar(uchar x,uchar y,uchar Wdata)
        //x、y 为指定的坐标,Wdata 为传送的数据
{
  LocateXY(x,y);                    //调用 LocateXY 函数定位显示坐标
  WriteDataLCM(Wdata);              //将数据 Wdata 写入 LCM。
}
```

5. 演示第二行移动字符串子函数

```
void DisplayLine2(uchar dd)         //定义 dd 为无符号字符型变量
{
uchar i;                            //定义 i 为无符号字符型变量
    for(i = 0;i<16;i ++ ){          //进入 for 语句循环。
    DisplayOneChar(i,1,dd ++ );     //显示单个字符
    dd& = 0x7f;                     // dd 的变化范围 0～127
```

```
        if(dd<32)dd = 32;          // dd 的最小值为 32,这样 dd 的变化范围为 32～127。
    }
}
```

6. 显示指定座标的一串字符子函数

```
void ePutstr(uchar x,uchar y,uchar const  * ptr)
          //x、y 为起始坐标,ptr  为指向程序区的无符号字符型指针变量
{
uchar i,l = 0;                      //定义 i、l 为无符号字符型变量
    while(ptr[l]>31){l ++ ;}        // ptr[l]大于 31 时,为 ASCII 码,进入 while 语句循环
                                    //l 累加,计算出字符串长度
    for(i = 0;i<l;i ++ )            //进入 for 语句循环
{
       DisplayOneChar(x ++ ,y,ptr[i]); //显示单个字符,同时 x 轴座标递增。
       if(x == 16){                 //若 x 等于 16
               x = 0;y = 1;         //坐标转到下一行的起始处
               }                    // if 语句结束
    }
}
```

7.11 驱动 16×2LCM 的实验程序 1

7.11.1 实验要求

第一行左边显示“A”,第二行的左边也显示“A”。过 2 s 后变为第一行显示“LCD Test ZXH MCU”,第二行显示“- Training Center”。图 7-8 为驱动 16×2LCM 的实验 1 原理图。

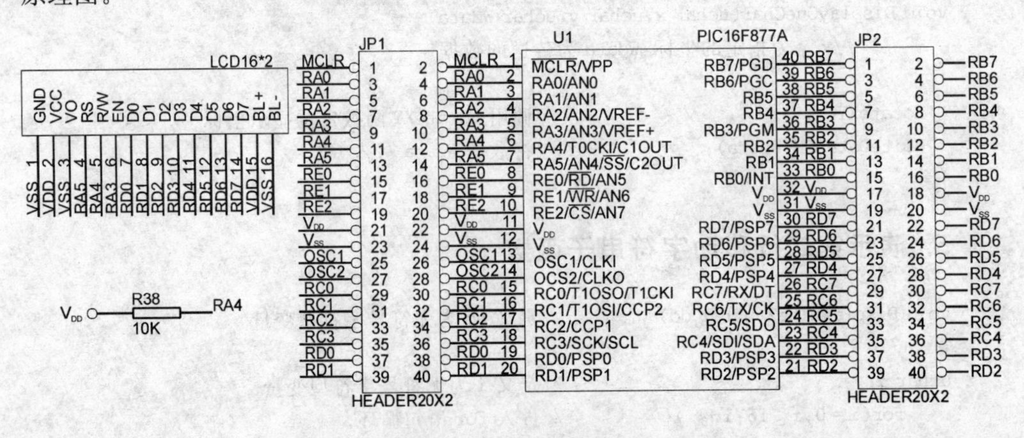

图 7-8　驱动 16×2LCM 的实验 1 原理图

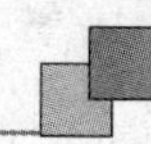

7.11.2　源程序文件及分析

在D盘中建立一个文件目录(ptc7-1),在MPLAB开发环境中创建一个新工程项目,项目名称也为ptc7-1。最后输入C源程序文件ptc7-1.c。

```
#include <pic.h>                                   //包含头文件
//-------------------------------------
#define uchar unsigned char                        //数据类型的宏定义
#define uint unsigned int
//-------------------------------------
__CONFIG(HS&WDTDIS&PWRTEN&BORDIS&LVPDIS);          //器件配置
#define RS RA5                                     //引脚定义
#define RW RA4
#define EN RA3
//=================================
#define DataPort PORTD                             //8位数据口定义
//=================================
uchar const str0[] = {"LCD Test ZXH MCU"};         //待显的预定字符串
uchar const str1[] = {" - Training Center"};
//=========== 函数声明 =============
void delay_ms(uint len);
void LcdWriteData(uchar W);
void LcdWriteCommand(uchar CMD);
void InitLcd(void);
void Display(uchar dd);
void DisplayOneChar(uchar x,uchar y,uchar Wdata);
void ePutstr(uchar x,uchar y, uchar const * ptr);
//**********************************
void main(void)                                    //定义主函数
{
    delay_ms(400);                                 //延时400ms等电源稳定
    InitLcd();                                     //液晶初始化
    DisplayOneChar(0,0,0x41);                      //用置数的方法在第1行显示"A"
    DisplayOneChar(0,1,'A');                       //用置字符的方法在第2行显示"A"
    delay_ms(500);delay_ms(500);                   //保留显示2s
    delay_ms(500);delay_ms(500);
    LcdWriteCommand(0x01);                         //清屏
    //******************************
        while(1)                                   //无限循环
        {
          ePutstr(0,0,str0);                       // 第1行显示"LCD Test ZXH MCU"
          ePutstr(0,1,str1);                       //第2行显示" - Training Center"
          delay_ms(500);delay_ms(500);             //延时2s
          delay_ms(500);delay_ms(500);
        }
}
//**** 显示指定坐标的一串字符子函数 ******
void ePutstr(uchar x,uchar y, uchar const * ptr)
{
```

```
uchar i,l = 0;
    while(ptr[l]>31){l++;}
    for(i = 0;i<l;i++){
    DisplayOneChar(x++,y,ptr[i]);
    if(x == 16){
        x = 0;y = 1;
    }
  }
}
//*********** 显示光标定位子函数 **************
void LocateXY(char posx,char posy)
{
uchar temp = 0x00;
    temp& = 0x7f;
    temp = posx&0x0f;
        posy& = 0x01;
    if(posy == 1)temp| = 0x40;
    temp| = 0x80;
    LcdWriteCommand(temp);
}
//**** 显示指定坐标的一个字符子函数 ******
void DisplayOneChar(uchar x,uchar y,uchar Wdata)
{
  LocateXY(x,y);
  LcdWriteData(Wdata);
}
//************* LCD 初始化子函数 *************
void InitLcd(void)
{
  ADCON1 = 0x07;                              //设置模拟口全部为普通数字 I/O 口
  TRISA = 0x00;                               //定义 RA 口为输出
  TRISD = 0x00;                               //定义 RC 口为输出
  PORTA = 0x00;                               //端口初始化为低电平
  PORTD = 0x00;
  LcdWriteCommand(0x01);                      //清屏
  LcdWriteCommand(0x38);                      //设置 8 位 2 行 5x7 点阵
  LcdWriteCommand(0x06);                      //设置文字不动,光标自动右移
  LcdWriteCommand(0x0c);                      //开显示
}
//*********** 写命令到 LCM 子函数 ************
void LcdWriteCommand(uchar CMD)
{
  DataPort = CMD;
  RS = 0;RW = 0;EN = 0;
  delay_ms(2);
  EN = 1;
}
//*********** 写数据到 LCM 子函数 *************
void LcdWriteData(uchar dataW)
{
```

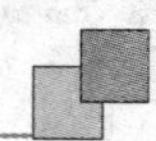

```
  DataPort = dataW;
  RS = 1;RW = 0;EN = 0;
  delay_ms(2);
  EN = 1;
}
//*************************************
void delay_ms(uint len)                              //定义延时子函数,延时时间为 len
{
    uint i,d = 100;
    i = d * len;
    while( -- i){;}
}
```

编译通过后,可以将 ptc7－1.hex 文件烧入芯片中。没有用到的双排针不应插短路帽。在标示"LCD16 * 2"的单排座上正确插上16×2液晶模块(脚号对应,不能插反),通电以后我们看到,液晶屏上的显示与我们设计的目标完全是一致的。图7－9为驱动16×2LCM的实验1照片。

图7－9　驱动16×2LCM的实验1照片

7.12　驱动16×2LCM的实验程序2

7.12.1　实验要求

一开始第一行及第二行显示预定的字符串(第一行显示"ShangHaiHongLing",第二行显示" Electronic co. "),随后第二行显示移动的ASCII码字符。实验原理图与图7－8相同。

通过上一个实验我们得知,LCD的驱动程序都是相同的,并且重复使用,为了使主程序简单、清晰、明了,便于阅读和理解,我们把程序设计分主控程序文件ptc7－2.c和液晶驱动程序文件 lcd1602_8bit.c 两部分。

7.12.2 源程序文件及分析

在 D 盘中建立一个文件目录(ptc7-2),在 MPLAB 开发环境中创建一个新工程项目,项目名称也为 ptc7-2。

输入 C 源程序文件 1:

```
#include <pic.h>                                    //包含头文件
//--------------------------------
#include "lcd1602_8bit.c"                           //包含液晶驱动程序文件
#define uchar unsigned char                         //数据类型的宏定义
#define uint unsigned int
__CONFIG(HS&WDTDIS&PWRTEN&BORDIS&LVPDIS);           //器件配置
//-----------------//待显的预定字符串--------------------
uchar const exampl[] = "ShangHaiHongLing Electronic co. \n";
//*****************演示第二行移动字符串子函数****************
void DisplayLine2(uchar dd)
{
uchar i;
    for(i=0;i<16;i++){
    DisplayOneChar(i,1,dd++);
    dd&=0x7f;
    if(dd<32)dd=32;
    }
}
//*******************************
void main(void)                                     //定义主函数
{
    uchar temp;                                     //定义局部变量
    delay_ms(500);                                  //延时 500ms 等电源稳定
    InitLcd();                                      //LCD 初始化
    temp=32;                                        //32 为 ASCII 码表中的最小值
    ePutstr(0,0,exampl);                            //第 1 行显示预定字符串
    delay_ms(500);delay_ms(500);                    //延时 3s
    delay_ms(500);delay_ms(500);
    delay_ms(500);delay_ms(500);
    while(1)                                        //无限循环
    {
        temp&=0x7f;                                 //0x7f(127)为 ASCII 码表中的最大值
        if(temp<32)temp=32;                         //ASCII 码表中的值不能小于 32
        DisplayLine2(temp++);                       //第 2 行显示移动的 ASCII 码
        delay_ms(500);                              //移动间隔为 0.5s
    }
```

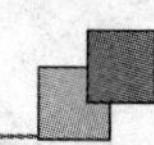

```
}
```

以上的源程序文件命名为ptc7-2.c。

输入C源程序文件2：

```
#include <pic.h>                                   //包含头文件
//-----------------------------------------------
#define uchar unsigned char                        //数据类型的宏定义
#define uint unsigned int
//-----------------------------------------------
#define RS RA5                                     //引脚定义
#define RW RA4
#define EN RA3
//=================================
#define DataPort PORTD                             //8位数据口定义
//=================================
uchar const str0[] = {"LCD Test ZXH MCU"};         //待显的预定字符串
uchar const str1[] = {" - Training Center"};
//=========== 函数声明 =============
void delay_ms(uint len);
void LcdWriteData(uchar W);
void LcdWriteCommand(uchar CMD);
void InitLcd(void);
void Display(uchar dd);
void DisplayOneChar(uchar x,uchar y,uchar Wdata);
void ePutstr(uchar x,uchar y, uchar const * ptr);
//*********************************
//**** 显示指定坐标的一串字符子函数 ******
void ePutstr(uchar x,uchar y, uchar const * ptr)
{
uchar i,l = 0;
    while(ptr[l]>31){l++;}
    for(i = 0;i<l;i++){
    DisplayOneChar(x++,y,ptr[i]);
    if(x == 16){
        x = 0;y = 1;
    }
  }
}
//*********** 显示光标定位子函数 **************
void LocateXY(char posx,char posy)
{
uchar temp = 0x00;
```

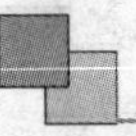


```
    temp& = 0x7f;
    temp = posx&0x0f;
        posy& = 0x01;
    if(posy == 1)temp| = 0x40;
    temp| = 0x80;
    LcdWriteCommand(temp);
}
//**** 显示指定坐标的一个字符子函数 ******
void DisplayOneChar(uchar x,uchar y,uchar Wdata)
{
  LocateXY(x,y);
  LcdWriteData(Wdata);
}

//************* LCD 初始化子函数 *************
void InitLcd(void)
{
  ADCON1 = 0x07;                              //设置模拟口全部为普通数字 I/O 口
  TRISA = 0x00;                               //定义 RA 口为输出
  TRISD = 0x00;                               //定义 RC 口为输出
  PORTA = 0x00;
  PORTD = 0x00;
  LcdWriteCommand(0x01);                      //清屏
  LcdWriteCommand(0x38);                      //设置 8 位 2 行 5x7 点阵
  LcdWriteCommand(0x06);                      //设置文字不动,光标自动右移
  LcdWriteCommand(0x0c);                      //开显示
}
//*********** 写命令到 LCM 子函数 *************
void LcdWriteCommand(uchar CMD)
{
  DataPort = CMD;
  RS = 0;RW = 0;EN = 0;
  delay_ms(2);
  EN = 1;
}
//*********** 写数据到 LCM 子函数 *************
void LcdWriteData(uchar dataW)
{
  DataPort = dataW;
  RS = 1;RW = 0;EN = 0;
  delay_ms(2);
  EN = 1;
```

```
}
//************************************
void delay_ms(uint len)
{
  uint i,d=100;
  i=d*len;
  while(--i){;}
}
```

以上的源程序文件命名为lcd1602_8bit.c。

编译通过后,可以将ptc7-2.hex文件烧入芯片中。没有用到的双排针不应插短路帽。在标示"LCD16*2"的单排座上正确插上16×2液晶模块(脚号对应,不能插反),通电以后我们看到,液晶屏上正确显示了我们需要的内容。图7-10为驱动16×2LCM的实验2照片。

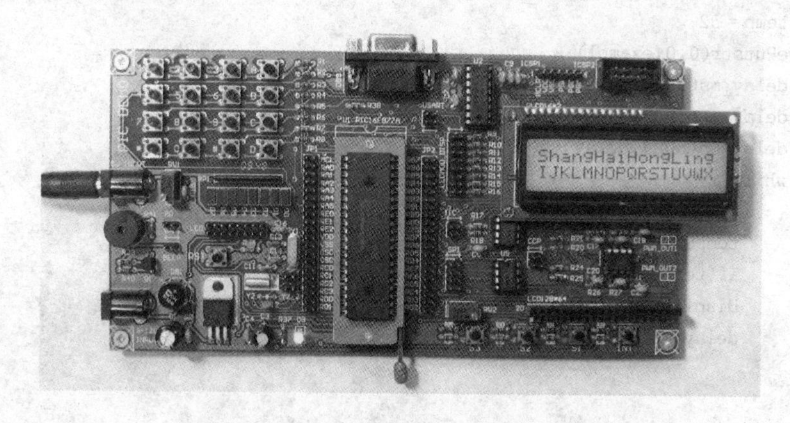

图7-10　驱动16×2LCM的实验2照片

上面这两个液晶的驱动实验,我们采用的是延时等待(等液晶空闲)的方法对液晶进行操作。下面我们使用读取液晶忙信号状态的方法,来实现对液晶的操作。实验原理图与图7-8相同。

文件目录:ptc7-3,项目名称:ptc7-3。

源程序1　:ptc7-3.c

```
#include <pic.h>
//--------------------------------
#include "lcd1602_8bit.c"
#define uchar unsigned char
#define uint unsigned int

__CONFIG(HS&WDTDIS&PWRTEN&BORDIS&LVPDIS);  //器件配置
//------------------------------
uchar const exampl[]="ShangHaiHongLing Electronic co.\n";
//****************演示第二行移动字符串子函数***************
```

```
void DisplayLine2(uchar dd)
{
 uchar i;
  for(i = 0;i<16;i ++ )
  {
    DisplayOneChar(i,1,dd ++ );
    dd& = 0x7f;
    if(dd<32)dd = 32;
  }
}
//*******************************
void main(void)
{
  uchar temp;
    delay_ms(500);
    InitLcd();
    temp = 32;
    ePutstr(0,0,exampl);
    delay_ms(500);delay_ms(500);
    delay_ms(500);delay_ms(500);
    delay_ms(500);delay_ms(500);
    while(1)
    {
        temp& = 0x7f;
        if(temp<32)temp = 32;
        DisplayLine2(temp ++ );
        delay_ms(500);
    }
}
```

源程序 2:lcd1602_8bit. c

```
#include <pic.h>
//-----------------------------------
#define uchar unsigned char
#define uint unsigned int
//-----------------------------------
#define RS RA5
#define RW RA4
#define EN RA3
//=================================
#define DataPort PORTD
//=================================
uchar const str0[] = {"LCD Test ZXH MCU"};
uchar const str1[] = {" - Training Center"};
//=========== 函数声明 =============
void delay_ms(uint len);
void LcdWriteData(uchar W);
void LcdWriteCommand(uchar CMD);
```

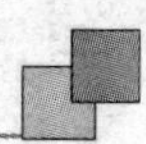

```
void Busy(void);
void InitLcd(void);
void Display(uchar dd);
void DisplayOneChar(uchar x,uchar y,uchar Wdata);
void ePutstr(uchar x,uchar y, uchar const * ptr);
//************************************

//**** 显示指定坐标的一串字符子函数 ******
void ePutstr(uchar x,uchar y, uchar const * ptr)
{
    uchar i,l = 0;
    while(ptr[l]>31){l++;}
    for(i = 0;i<l;i++){
    DisplayOneChar(x++,y,ptr[i]);
    if(x == 16)
    {
      x = 0;y^= 1;
    }
  }
}
//*********** 显示光标定位子函数 *************
void LocateXY(char posx,char posy)
{
  uchar temp = 0x00;
    temp& = 0x7f;
    temp = posx&0x0f;
    posy& = 0x01;
    if(posy == 1) temp| = 0x40;
    temp| = 0x80;
    LcdWriteCommand(temp);
}
//**** 显示指定坐标的一个字符子函数 ******
void DisplayOneChar(uchar x,uchar y,uchar Wdata)
{
    LocateXY(x,y);
    LcdWriteData(Wdata);
}

//************ LCD 初始化子函数 ************
void InitLcd(void)
{
    ADCON1 = 0x07;                  //设置模拟口全部为普通数字 I/O 口
    TRISA = 0x00;                   //定义 RA 口为输出
    TRISD = 0x00;                   //定义 RC 口为输出
    PORTA = 0x00;
    PORTD = 0x00;
    LcdWriteCommand(0x01);          //清屏
    LcdWriteCommand(0x38);          //设置 8 位 2 行 5x7 点阵
    LcdWriteCommand(0x06);          //设置文字不动,光标自动右移
    LcdWriteCommand(0x0c);          //开显示
}
```

```
//***********检测 LCD 忙信号子函数**********
void Busy(void)
{
    TRISD7 = 1;                    //忙检测位改为输入状态
    do
    {
        RS = 0;
        RW = 1;
        EN = 0;
        EN = 1;

    }while(RD7);                   //如果液晶忙,那么一直在循环语句内查询
    TRISD7 = 0;                    //恢复忙检测位端口的输出状态
}

//**********写命令到 LCM 子函数************
void LcdWriteCommand(uchar CMD)
{
    Busy( );
    DataPort = CMD;
    RS = 0;
    RW = 0;
    EN = 0;
    EN = 1;
}
//**********写数据到 LCM 子函数************
void LcdWriteData(uchar dataW)
{
    Busy( );
    DataPort = dataW;
    RS = 1;
    RW = 0;
    EN = 0;
    EN = 1;
}
//*******************************************
void delay_ms(uint len)
{
    uint i,d = 100;
    i = d * len;
    while( -- i){;}
}
```

编译通过后,将 ptc7 - 3.hex 文件烧入芯片中。没有用到的双排针不应插短路帽。在标示"LCD16 * 2"的单排座上正确插上 16×2 液晶模块(引脚号对应,不能插反),通电以后我们看到,液晶屏上正确显示了我们需要的内容。

有时候我们在设计液晶显示的产品时,可能会碰到单片机口线不够用的情况,这时采用 4 位数据总线对液晶进行操作不失为一个可行的好方法。这里介绍一种在同

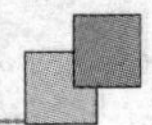

一个端口只使用 7 根线(4 根数据线,3 根控制线)驱动液晶的程序。4 位总线的液晶实验原理图如图 7－11 所示。

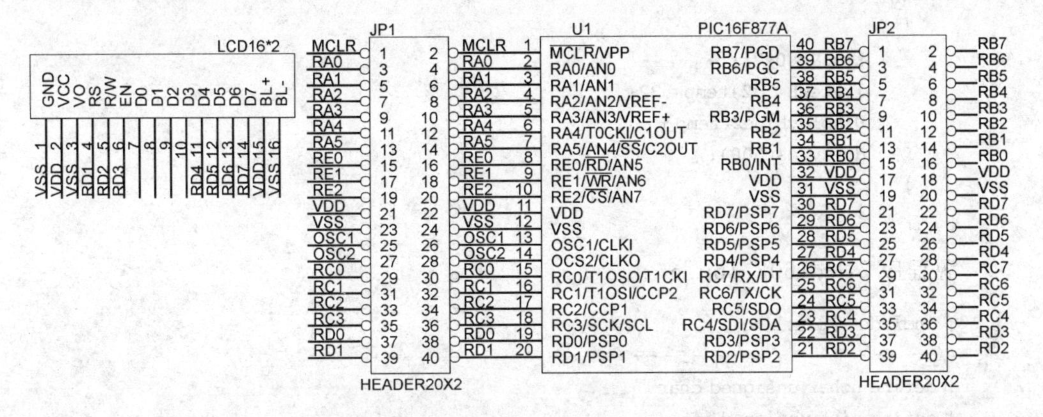

图 7－11　4 位总线的液晶实验原理图

文件目录:ptc7－4,项目名称:ptc7－4。

源程序 1 :ptc7－4.c

```
#include <pic.h>
//--------------------------------
#include "lcd1602_4bit.c"
#define uchar unsigned char
#define uint unsigned int
__CONFIG(HS&WDTDIS&PWRTEN&BORDIS&LVPDIS);   //器件配置
//--------------------------------
uchar const exampl[] = "ShangHaiHongLing Electronic co. \n";
//****************演示第二行移动字符串子函数**************
void DisplayLine2(uchar dd)
{
uchar i;
    for(i = 0;i<16;i++){
    DisplayOneChar(i,1,dd++);
    dd& = 0x7f;
    if(dd<32)dd = 32;
    }
}
//******************************
void main(void)
{
   uchar temp;
    delay_ms(500);
    InitLcd( );
    temp = 32;
    ePutstr(0,0,exampl);
    delay_ms(500);delay_ms(500);
```

```
    delay_ms(500);delay_ms(500);
    delay_ms(500);delay_ms(500);
    while(1)
    {
        temp&=0x7f;
        if(temp<32)temp=32;
        DisplayLine2(temp++);
        delay_ms(500);
    }
}
```

源程序 2:lcd1602_4bit.c

```
#include <pic.h>
//-----------------------------------------
#define uchar unsigned char
#define uint unsigned int
//-----------------------------------------
#define RS RD1
#define RW RD2
#define EN RD3
//=================================
#define DataPort PORTD
//RD4-RD7 are databus_4 of LCM
//=================================
uchar const str0[]={"LCD Test ZXH MCU"};
uchar const str1[]={"-Training Center"};
//===========函数声明============
void delay_ms(uint len);
void LcdWriteData(uchar W);
void LcdWriteCommand(uchar CMD);
void InitLcd(void);
void Display(uchar dd);
void DisplayOneChar(uchar x,uchar y,uchar Wdata);
void ePutstr(uchar x,uchar y, uchar const *ptr);
//*********************************

//****显示指定坐标的一串字符子函数******
void ePutstr(uchar x,uchar y, uchar const *ptr)
{
uchar i,l=0;
    while(ptr[l]>31){l++;}
    for(i=0;i<l;i++){
    DisplayOneChar(x++,y,ptr[i]);
    if(x==16){
        x=0;y=1;
    }
  }
}
```

```
//*********** 显示光标定位子函数 *************
void LocateXY(char posx,char posy)
{
uchar temp = 0x00;
    temp& = 0x7f;
    temp = posx&0x0f;
        posy& = 0x01;
    if(posy == 1)temp| = 0x40;
    temp| = 0x80;
    LcdWriteCommand(temp);
}
//**** 显示指定坐标的一个字符子函数 ******
void DisplayOneChar(uchar x,uchar y,uchar Wdata)
{
  LocateXY(x,y);
  LcdWriteData(Wdata);
}
//************* LCD 初始化子函数 ************
void InitLcd(void)
{
  ADCON1 = 0x07;                    //设置模拟口全部为普通数字 I/O 口
  TRISA = 0x00;                     //定义 RA 口为输出
  TRISD = 0x00;                     //定义 RC 口为输出
  PORTA = 0x00;
  PORTD = 0x00;
  LcdWriteCommand(0x28);
  delay_ms(5);
  LcdWriteCommand(0x28);
  delay_ms(5);
  LcdWriteCommand(0x28);
  delay_ms(5);
  LcdWriteCommand(0x28);            //设置 4 位 2 行 5x7 点阵
  LcdWriteCommand(0x08);            //光标不闪烁
  LcdWriteCommand(0x01);            //清屏
  LcdWriteCommand(0x06);            //设置文字不动,光标自动右移
  LcdWriteCommand(0x0c);            //开显示
}
//********** 写命令到 LCM 子函数 ************
void LcdWriteCommand(uchar CMD)
{
  uchar temp_c,temp_p;
  delay_ms(2);
  temp_c = CMD&0xf0;                //先写高 4 位
  temp_p = DataPort&0x0f;
  DataPort = temp_c|temp_p;
  RS = 0;RW = 0;
```

```
  EN = 1;
  asm("nop");     asm("nop");
  EN = 0;

  temp_c = (CMD<<4)&0xf0;           //后写低 4 位
  temp_p = DataPort&0x0f;
  DataPort = temp_c|temp_p;
  RS = 0;RW = 0;
  EN = 1;
  asm("nop");     asm("nop");
  EN = 0;
}
//***********写数据到 LCM 子函数*************
void LcdWriteData(uchar dataW)
{
  uchar temp_d,temp_p;
  delay_ms(2);

  temp_d = dataW&0xf0;              //先写高 4 位
  temp_p = DataPort&0x0f;
  DataPort = temp_d|temp_p;
  RS = 1;RW = 0;
  EN = 1;
  asm("nop");     asm("nop");
  EN = 0;

  temp_d = (dataW<<4)&0xf0;         //后写低 4 位
  temp_p = DataPort&0x0f;
  DataPort = temp_d|temp_p;
  RS = 1;RW = 0;
  EN = 1;
  asm("nop");     asm("nop");
  EN = 0;
}
//********************************************
void delay_ms(uint len)
{
    uint i,d = 100;
    i = d * len;
    while(--i){;}
}
```

编译通过后，将 ptc7-4.hex 文件烧入芯片中。没有用到的双排针不应插短路帽。这个实验我们需要从标示“LCD16 * 2”的单排座上重新引线并转接到 16×2 液晶模块，通电以后我们看到，液晶屏上正确出现了我们需要的内容。

第 8 章

驱动 128×64 点阵图形液晶模块的实验

点阵图形液晶模块是一种用于显示各类图像、符号、汉字的显示模块，其显示屏的点阵像素连续排列，行和列在排布中没有间隔，因此可以显示连续、完整的图形。当然它也能显示字母、数字等字符。点阵图形液晶模块依控制芯片的不同，其功能及控制方法与点阵字符液晶模块相比略有不同。点阵图形液晶模块的控制芯片生产厂商较多，以下为典型的几种。

- HD61202：日立公司产品
- T6963C：东芝公司产品
- HD61830(B)：日立公司产品
- SED1330(E-1330)：精工公司产品
- MSM6255：冲电气公司产品

介绍点阵图形液晶模块，实际上就是介绍它的控制芯片。这里以市场上常见的128×64 点阵图形液晶模块为例来做介绍，该液晶模块采用日立的 HD61202 和 HD61203 芯片组成。128×64 点阵图形液晶模块，表示横向有 128 点，纵向有 64 点，如果以汉字 16×16 点而言，每行可显示 8 个中文字，4 行共计 32 个中文字。用 HD61202 和 HD61203 芯片组成的 128×64 点阵图形液晶模块方框示意图如图 8-1 所示。点阵图形液晶 128×64 是 STN 点矩阵 LCD 模组，由列驱动器 HD61202、行驱动器 HD61203 组成，可以直接与 8 位单片机相接。128×64 点阵图形液晶模块里有两个 HD61202，每个有 512 字节(4096 位)供 RAM 显示。RAM 显示存储器单元的每位数据与 LCD 每点的像素状态 1/0 完全一致(1=亮，0=灭)。

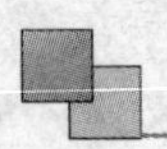

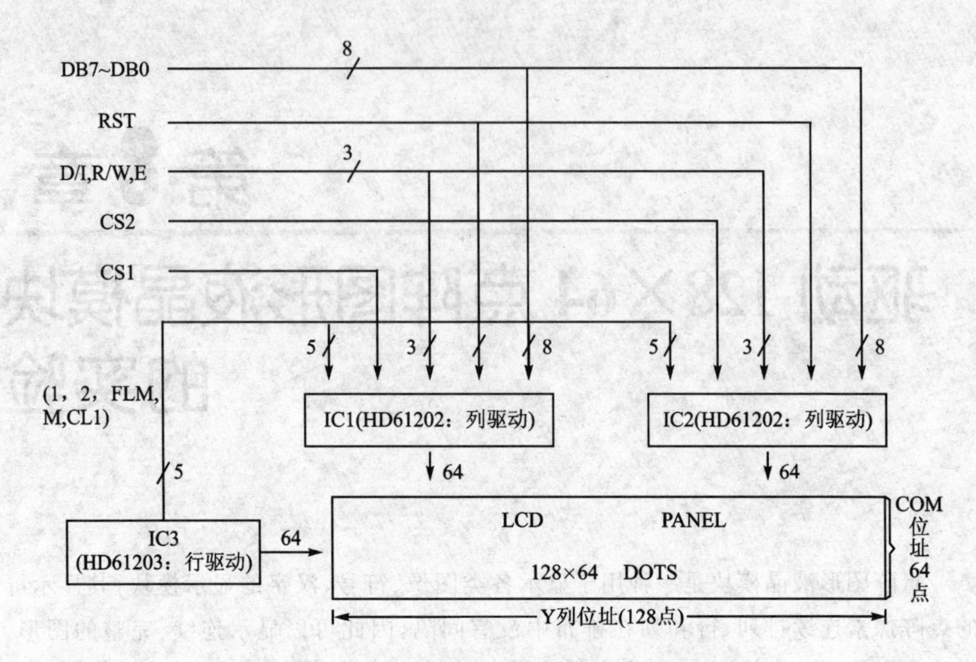

图 8-1 128×64 点阵图形液晶模块方框示意图

8.1 128×64 点阵图形液晶模块特性

(1) +5 V 电压,反视度(明暗对比度)可调整。

(2) 背光分为两种:(EL 冷光)背光和 LED 背光。

(3) 行驱动:COM1~COM64(或 X1~X64)为行位址,由芯片 HD61203 做行驱动。

(4) 列驱动:Y1~Y128(或 SEG1~SEGl28)为列位址,由两颗芯片 HD61202 驱动,第一颗芯片 U2 驱动 Y1~Y64,第二颗芯片 HD61202 驱动 Y65~Y128。

(5) 左半屏/右半屏控制由 CS1/CS2 片选决定。CS1=1、CS2=0 时,U2 选中,U3 不选中,即选择左半屏;CS1=0、CS2=1 时,U3 选中,U2 不选中,即选择右半屏。

(6) 列驱动器 HD61202 有 512 字节的寄存器,所以 U2 和 U3 加起来共有 1 024 字节寄存器。

8.2 128×64 点阵图形液晶模块引脚及功能

1 脚(V_{ss}):接地。

2 脚(V_{dd}):电源(1±5%)5 V。

3 脚(VO):反视度调整。

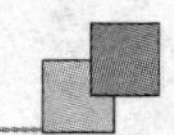

4 脚(D/I):寄存器选择。1:选择数据寄存器;0:选择指令寄存器。

5 脚(R/W):读/写选择。1:读;0:写。

6 脚(E):使能操作。1:LCM 可做读写操作;0:LCM 不能做读写操作。

7 脚(DB0):双向数据总线的第 0 位。

8 脚(DB1):双向数据总线的第 1 位。

9 脚(DB2):双向数据总线的第 2 位。

10 脚(DB3):双向数据总线的第 3 位。

11 脚(DB4):双向数据总线的第 4 位。

12 脚(DB5):双向数据总线的第 5 位。

13 脚(DB6):双向数据总线的第 6 位。

14 脚(DB7):双向数据总线的第 7 位。

15 脚(CS1):左半屏片选信号。1:选中;0:不选中。

16 脚(CS2):右半屏片选信号。1:选中;0:不选中。

17 脚(RST):复位信号,低电平有效。

18 脚(VEE):LCD 负压驱动脚(−10～18V)。

19 脚(NC):空脚(或接背光电源)。

20 脚(NC):空脚(或接背光电源)。

8.3　128×64 点阵图形液晶模块的内部结构

128×64 点阵图形液晶模块的内部结构可分为三部分:LCD 控制器,LCD 驱动器,LCD 显示装置,如图 8-2 所示。应注意的是,无背光液晶模块同 EL、LED 背光的液晶模块内部结构有较大的区别,特别注意第 19、20 引脚的供电来源及相关参数,图 8-3 为具有 EL 背光的点阵图形液晶模块方框示意图。表 8-1 为 EL/LED 背光供电参数表。图 8-4 为 128×64 点阵图形液晶模块的供电原理及对比度调整电路。LCD 与 MCU 之间是利用 LCD 的控制器进行通信。

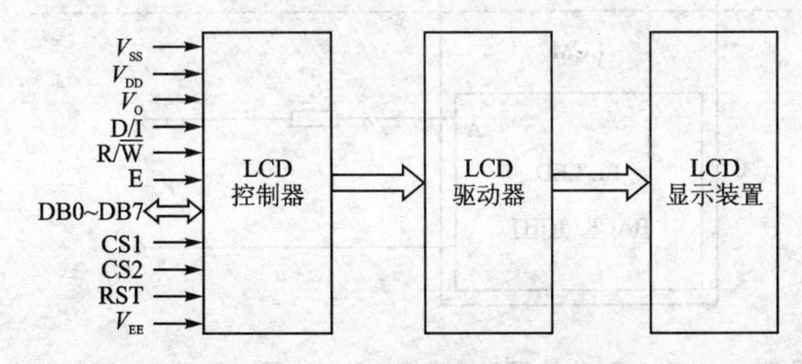

图 8-2　128×64 点阵图形液晶模块的内部结构

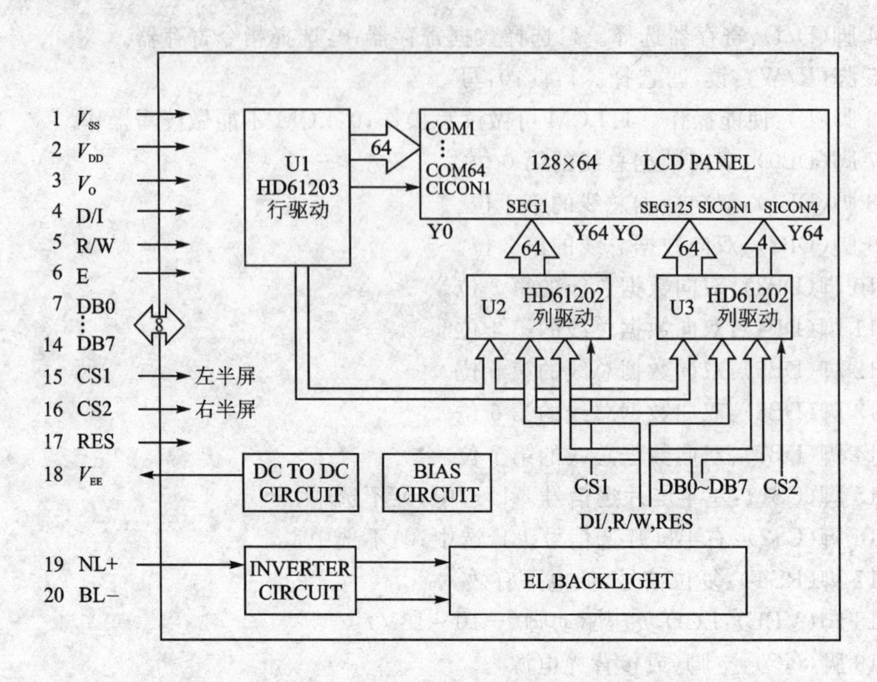

图 8－3 具有 EL 背光的点阵图形液晶模块框图

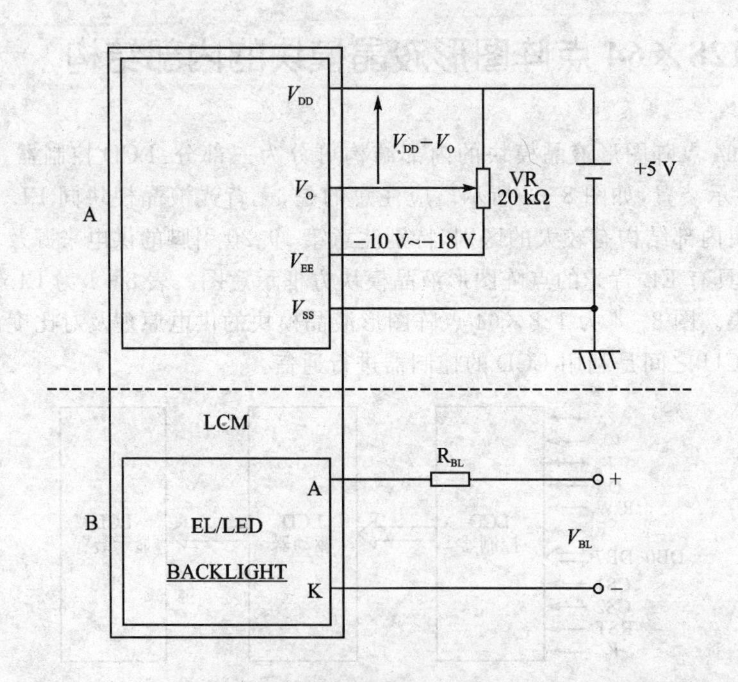

图 8－4 128×64 点阵图形液晶模块的供电原理及对比度调整电路

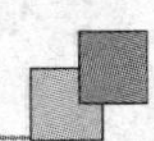

表 8-1　EL/LED 背光供电参数表

ITEM / Back Light / Interface	R_{BL}		V_{BL}	
	LED	EL	LED	EL
19,20PIN	5Ω	0Ω	$5V_{DC}$	110VAC 400HZ

点阵图形液晶 128x64 分行列驱动器，HD61203 是行驱动器，HD61202 是列驱动控制器。HD61202、HD61203 是点阵图形液晶显示控制器的代表电路。熟知 HD61202、HD61203 将可通晓点阵图形液晶显示控制器的工作原理。图 8-5 为 128X64 点阵图形液晶的显示位置和 RAM 显示存储器映射图。

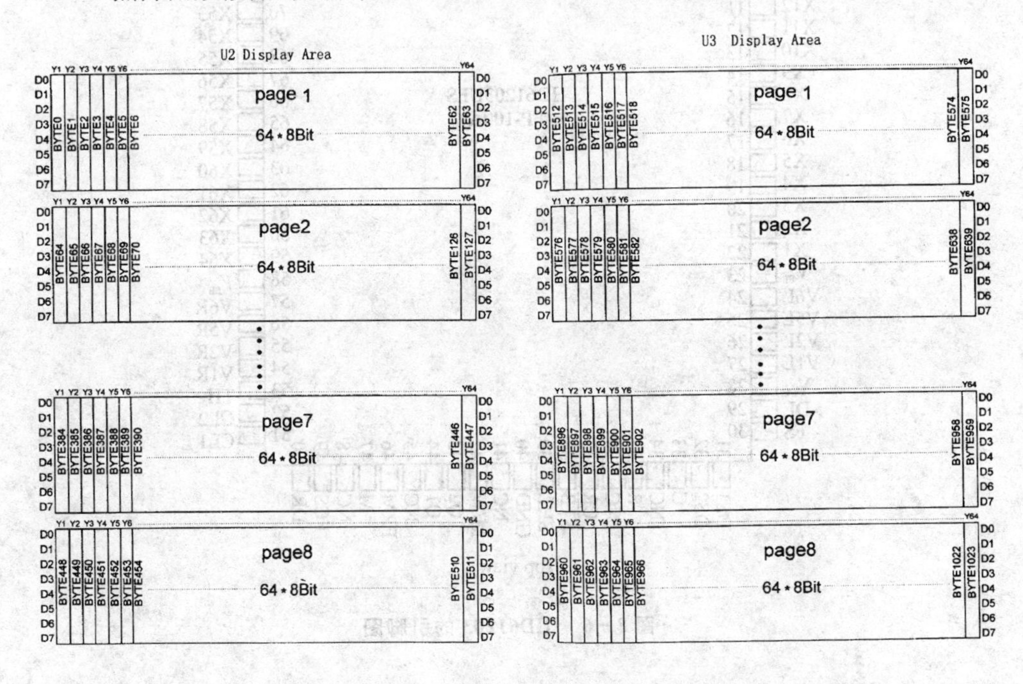

图 8-5　128×64 点阵图形液晶的显示位置和 RAM 显示存储器映射图

8.4　HD61203 特点

(1) 低阻抗输入(最大 1.5 kΩ)的图形 LCD 普通行驱动器。

(2) 内部 64 路 LCD 驱动电路。

(3) 低功耗(显示时耗电仅 5 mW)。

(4) 工作电压：V_{cc}＝(1±5%)5 V。

(5) LCD 显示驱动电压＝8～17V。

(6) 100 引脚扁平塑料封装(FP－100)。

(7) HD61203 的引脚图如图 8－6 所示。

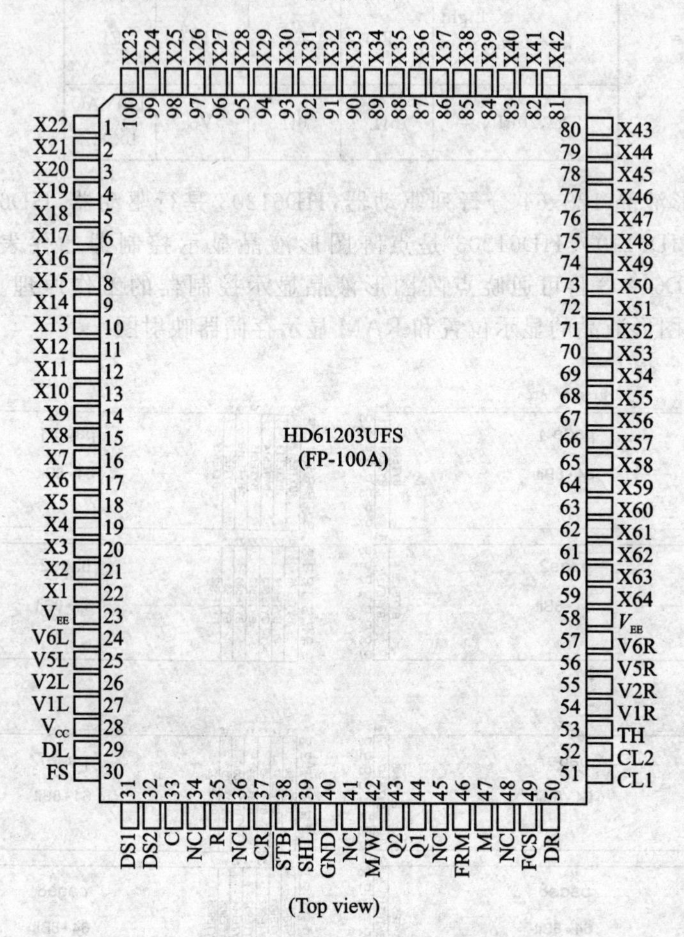

图 8－6　HD61203 的引脚图

8.5　HD61202 特点

(1) 图形 LCD 列驱动器组成显示 RAM 数据。

(2) 像素点亮/熄灭直接由内部 RAM 显示存储器单元。RAM 数据单元为“1”时，对应的像素点亮；RAM 数据单元为“0”时，对应的像素点灭。

(3) 内部 RAM 地址自动递增。

(4) 显示 RAM 容量达 512 字节(4 096 位)。

(5) 8 位并行接口,适配 M6800 时序。

(6) 内部 LCD 列驱动电路为 64 路。

(7) 简单而较强的指令功能,可实现显示数据读/写、显示开/关、设置地址、设置开始行、读状态等。

(8) LCD 驱动电压范围为 8～17 V。

(9) 100 脚扁平塑料封装(FP－100)。

8.6　HD61202 工作原理

HD61202 的内部组成结构如图 8－7 所示。图 8－8 所示为 HD61202 的引脚图。

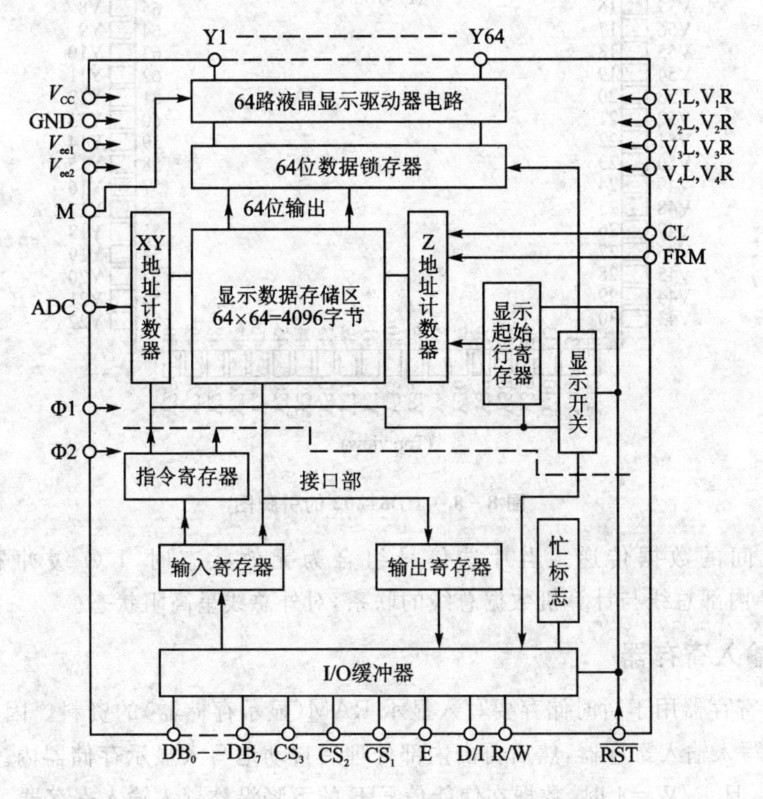

图 8－7　HD61202 的内部组成结构

1. I/O 缓冲器

I/O 缓冲器为双向三态数据缓冲器。是 HD61202 内部总线与计算机总线连接部。其作用是将两个不同时钟下工作的系统连接起来,实现通信。I/O 缓冲器在三个片选信号/CS1、/CS2 和 CS3 组合有效状态下,I/O 缓冲器开放,实现 HD61202 与

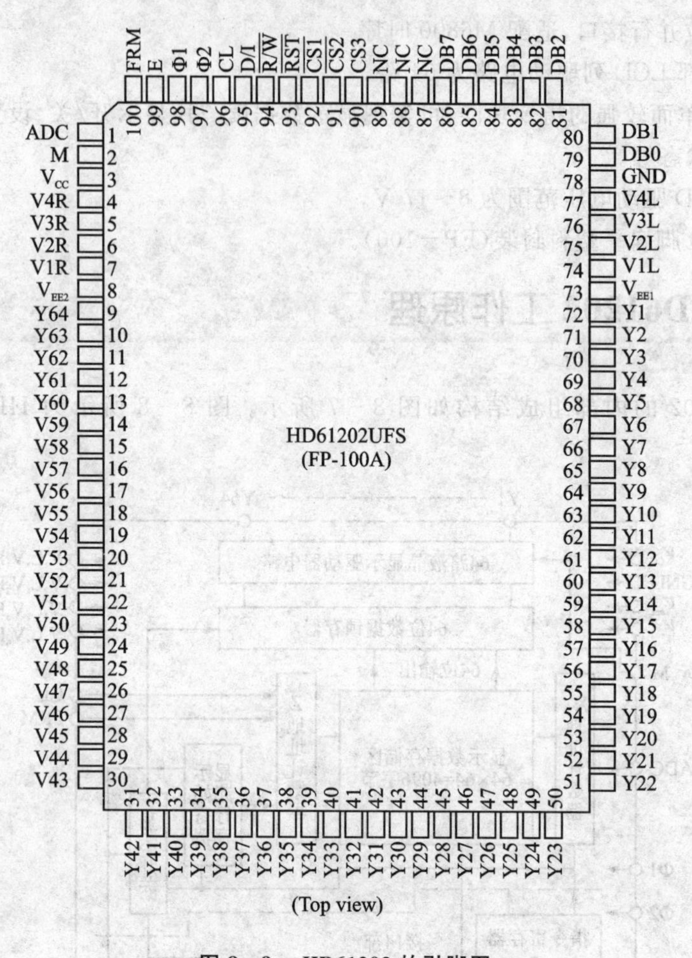

图 8-8　HD61202 的引脚图

计算机之间的数据传递。当片选信号组合为无效状态时，I/O 缓冲器将中断 HD61202 内部总线与计算机数据总线的联系，对外总线呈高阻状态。

2. 输入寄存器

输入寄存器用于暂时储存要写入显示 RAM（显示存储器）的资料。因为数据是由 MCU 写入输入寄存器，然后再由内部处理后自动地写入显示存储器内。当 CS＝1，D/I＝1，且 R/W＝1 时，数据在使能信号 E 的下降沿被锁入输入寄存器。

3. 输出寄存器

从显示 RAM 中读出的数据首先暂时储存在输出寄存器。MCU 要从输出寄存器读出数据则要令 CS＝D/I＝R/W＝1。不过读数据命令时，存于输出寄存器中的数据是在 E 脚为高电平时输出；然后在 E 脚信号落为低电平时，地址指针指向的显示数据接着被锁入输出寄存器而且地址指针递增。输出寄存器中，会因读数据的指

令而被再写入新的数据，若为地址指针设定指令则数据维持不变。因此，发送完地址设定指令之后随即发送读取数据指令，将无法得到所指定位址的数据，必须再接着读取一次数据，该指定地址的数据才会输出。

4. 显示存储器电路

HD61202具有4096位显示存储器。其结构是以一个64X64位的方阵形式排布的。显示存储器的作用一是存储计算机传来的显示数据，二是作为控制信号源直接控制液晶驱动电路的输出。显示存储器为双端口存储器结构，结构原理示意图如图8-9所示。

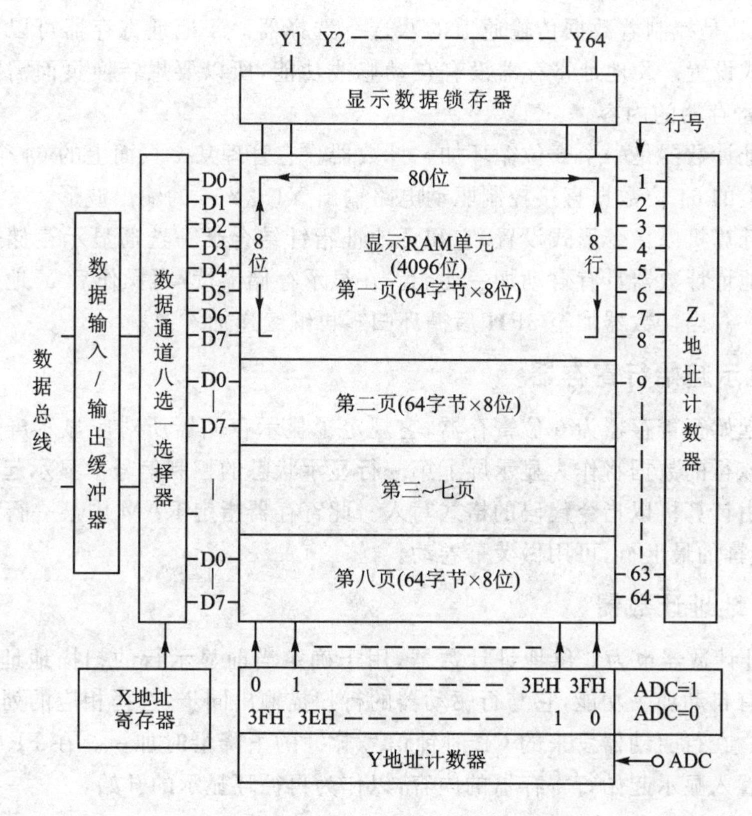

图8-9. HD61202双端口存储器结构

从数据总线侧看有64位，按8位数据总线长度分成8路，称为页面，由X地址寄存器控制；每个页面都有64字节，用Y地址计数器控制，这一侧是提供给计算机操作的，是双向传输形式。XY地址计数器选择了计算机所要操作的显示存储器的页面和列地址，从而唯一地确定计算机所要访问的显示存储器单元。从驱动数据传输侧看有64位，共64行，这一侧是提供给驱动器使用的，仅有输出形式。

HD61202列驱动器为64列驱动输出，正好与显示存储器列向(纵向)单元对应。

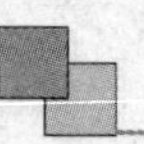

Z 地址计数器为显示行指针，用来选择当前要传输的数据行。

5. XY 地址计数器

XY 地址计数器为 9 位的寄存器，它确定了计算机所需访问的显示存储器单元的地址。X 地址计数器为高 3 位，Y 地址计数器为低 6 位，分别有各自的指令来设定 X、Y 地址。计算机在访问显示存储器之前必须要设置 XY 地址计数器。计算机写入或读出显示存储器的数据代表显示屏上某一列上的垂直 8 点的数据。D0 代表最上一点数据。

X 地址计数器是一个 3 位页地址寄存器，其输出控制着显示存储器中 8 个页面的选择，也就是控制着数据传输通道的八选一选择器。X 地址寄存器可以由计算机以指令形式设置。X 地址寄存器没有自动修改功能，所以要想转换页面需要重新设置 X 地址寄存器的内容。

Y 地址计数器是一个 6 位循环加一计数器。它管理某一页面上的 64 个单元，该数据总线上的 64 位数据直接控制驱动电路输出 Y1～Y64 的输出波形。Y 地址计数器可以由计算机以指令形式设置，它和页地址指针结合唯一选通显示存储器的一个单元。Y 地址计数器具有自动加一功能。在显示存储器读/写操作后 Y 地址计数器将自动加一。当计数器加至 3FH 后循环归零再继续递加。

6. 显示起始行寄存器

显示起始行寄存器为 6 位寄存器，它规定了显示存储器所对应显示屏上第一行的行号。该行的数据将作为显示屏上第一行显示状态的控制信号。显示起始行寄存器的内容由计算机以指令代码的格式写入。此寄存器指定 RAM 中某一行数据对应到 LCD 屏幕的最上行，可用做荧幕卷动。

7. Z 地址计数器

Z 地址计数器也为 6 位地址计数器，用于确定当前显示行的扫描地址。Z 地址计数器具有自动加一功能，它与行驱动器的行扫描输出同步，选择相应的列驱动器的数据输出。在行驱动器发来的 CL 时钟信号脉冲的下降沿时加一。在 FRM 信号的高电平时置入显示起始行寄存器的内容，以作为再循环显示的开始。

8. 显示开/关触发器

该触发器的输出一路控制显示数据锁存器的清除端，一路返回到接口控制电路作为状态字中的一位表示当前的显示状态。该触发器的作用就是控制显示驱动输出的电平以控制显示屏的开关。在触发器输出为“关”电平时，显示数据锁存器的输入被封锁并将输出置“0”，从而使显示驱动输出全部为非选择波形，显示屏呈不显示状态。在触发器输出为“开”电平时，显示数据锁存器受 CL 控制，显示驱动输出受显示驱动数据总线上数据控制，显示屏将呈显示状态。显示开/关触发器受逻辑电路控制，计算机可以通过硬件/RST 复位和软件指令“显示开关设置”的写入来设置显示

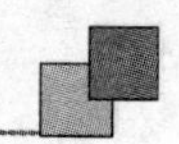

开/关触发器的输出状态。

9. 指令寄存器

指令寄存器用于接收计算机发来的指令代码，通过译码将指令代码置入相关的寄存器或触发器内。

10. 状态字寄存器

状态字寄存器是HD61202与计算机通讯时唯一的“握手”信号。状态字寄存器向计算机表示了HD61202当前的工作状态。其中最主要的是忙碌信号(Busy)，当忙碌信号为“1”，表示HD61202正在忙于内部运作，除了状态读取指令外，其他任何指令部不被接受。忙碌信号(Busy)是由状态字读取指令所读出DB7表示。每次要发指令前，应先确定忙碌信号已为“0”。

11. 显示数据锁存器

数据要从显示数据RAM中输出到液晶驱动电路前，先暂时储存于此锁存器中，在时钟信号上升沿时数据被锁存。显示器开/关指令控制此锁存器动作，不会影响显示数据RAM中的数据。

8.7 HD61202的工作过程

计算机要想访问HD61202，必须首先读取状态字寄存器的内容，主要是要判别状态字中的“Busy”标志；在“Busy”标志表示为0时，计算机方可访问HD61202。在写操作时，HD61202在计算机写操作信号的作用下将计算机发来的数据锁存进输入寄存器内，使其转到HD61202内部时钟的控制之下，同时HD61202将I/O缓冲器封锁，置“Busy”标志位为1，向计算机提供HD61202正在处理计算机发来的数据的信息。HD61202根据计算机在写数据时提供的D/I状态将输入寄存器的内容送入指令寄存器处理或显示存储器相应的单元，处理完成后，HD61202将撤消对I/O缓冲器的封锁，同时将“Busy”标志位清零，向计算机表示HD61202已准备好接收下一个操作。

在读显示数据时，计算机要有一个操作周期的延时，即“空读”的过程。这是因为在计算机读操作下，HD61202向数据总线提供输出寄存器当前的数据，并在读操作结束时将当前地址指针所指的显示存储器单元的数据写入输出寄存器内，同时将列地址计数器加一。也就是说计算机不是直接读取到显示存储器单元，而是读取一个中间寄存器——输出寄存器的数据。而这个数据是上一次读操作后存入到输出寄存器的内容，这个数据可能是上一地址单元的内容，也可能是地址修改前某一单元的内容。因此在计算机设置所要读取的显示存储器地址后，第一次的读操作实际上是要求HD61202将所需的显示存储器单元的数据写入输出寄存器中，供计算机读取。只有从下一次计算机的读操作起，计算机才能读取所需的显示数据。

8.8 点阵图形液晶模块的控制器指令

128×64 图形液晶模块的控制指令共有 7 个，为显示开/关、设置页(PAGE1～PAGE8)、读状态、设置开始显示行、设置列地址 Y、写显示数据、读显示数据。

1. 显示器开关

R/W	D/I	DB7	DB6	DB5	DB4	DB3	DB2	DB1	DB0
0	1	0	0	1	1	1	1	1	D

D:显示屏开启或关闭控制位。D=1 时，显示屏开启；D=0 时，则显示屏关闭，但显示数据仍保存于 DDRAM 中。

2. 设置页(x 地址)

R/W	D/I	DB7	DB6	DB5	DB4	DB3	DB2	DB1	DB0
0	0	1	0	1	1	1	A	A	A

显示 RAM 数据的 X 地址 AAA(二进制)被设置在 X 地址寄存器。设置后，读/写都在这一指定的页里执行，直到下页设置后再往下页执行，该指令设置了页面地址 X 地址寄存器的内容。HD61202 将显示存储器分成 8 页，指令代码中 AAA 就是要确定当前所要选择的页面地址，取值范围为 0～7H，代表第 1～8 页。

3. 读状态

R/W	D/I	DB7	DB6	DB5	DB4	DB3	DB2	DB1	DB0
1	0	Busy	0	ON/OFF	Reset	0	0	0	0

Busy:表示当前 HD61202 接口控制电路运行状态。Busy=1 表示 HD61202 正忙于处理 MCU 发来的指令或数据。此时接口电路被封锁，不能接受除读状态以外的任何操作；Busy=0 表示 HD61202 接口控制电路已处于空闲状态，等待 MCU 的访问。

ON/OFF:表示当前的显示状态。ON/OFF=1 表示关显示状态；ON/OFF 表示开显示状态。

Reset:当 Reset=1 状态时，HD61202 处于复位工作状态；当 Reset=0 状态时，HD61202 为正常工作状态。

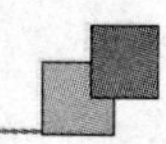

4. 显示开始行

R/W	D/I	DB7	DB6	DB5	DB4	DB3	DB2	DB1	DB0
0	0	1	1	A	A	A	A	A	A

该指令设置了显示起始行寄存器的内容。HD61202 有 64 行显示的管理能力，该指令中 AAAAAA(二进制)为显示起始行的地址，取值在 0～3FH(1～64 行)范围内，它规定了显示屏上最顶一行所对应的显示存储器的行地址。如果定时间隔地、等间距地修改(如加一或减一)显示起始行寄存器的内容，则显示屏将呈现显示内容向上或向下平滑滚动的显示效果。

5. 设置 Y 地址

R/W	D/I	DB7	DB6	DB5	DB4	DB3	DB2	DB1	DB0
0	0	0	1	A	A	A	A	A	A

该指令设置了 Y 地址计数器的内容，AAAAAA＝0～3FH(1～64)代表某一页面上的某一单元地址，随后的一次读或写数据将在这个单元上进行。Y 地址计数器具有自动加一功能，在每一次读/写数据后它将自动加一，所以在连续进行读/写数据时，Y 地址计数器不必每次都设置一次。页面地址的设置和列地址的设置将显示存储器单元唯一地确定下来，为后来的显示数据的读/写作了地址的选通。

6. 写显示数据

R/W	D/I	DB7	DB6	DB5	DB4	DB3	DB2	DB1	DB0
0	1	D	D	D	D	D	D	D	D

该操作将 8 位数据写入先前已确定的显示存储器单元内，操作完成后列地址计数器自动加一。

7. 读显示数据

R/W	D/I	DB7	DB6	DB5	DB4	DB3	DB2	DB1	DB0
1	1	D	D	D	D	D	D	D	D

该操作将 HD61202 接口部的输出寄存器内容读出，然后列地址计数器自动加一。必须注意的是，进行读操作之前，必须有一次空读操作，紧接着再读才会读出所要读的单元中的数据。

8.9　HD61202 的操作时序图

对 HD61202 的操作必须严格按照时序进行。

1. 写入时序(图 8-10)

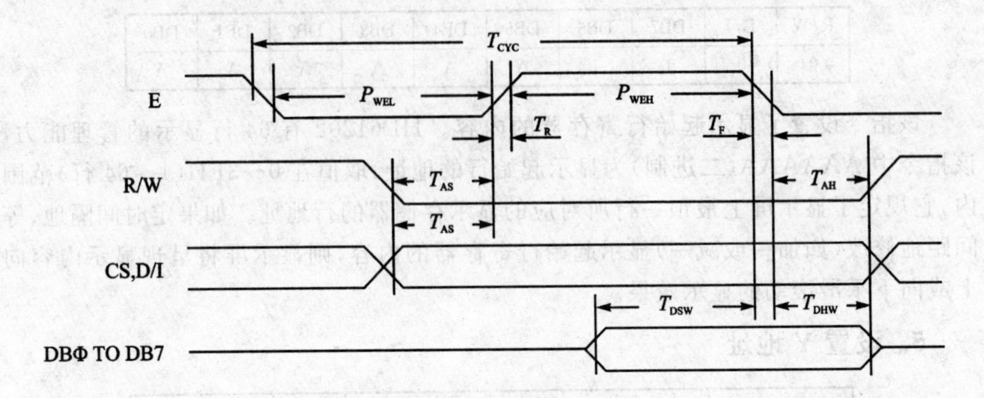

图 8-10 HD61202 的写入时序

2. 读取时序(图 8-11)

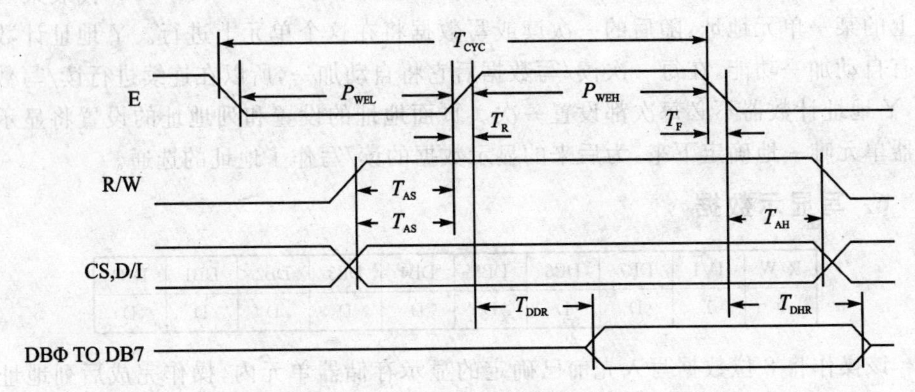

图 8-11 HD61202 的读取时序

3. 时序参数(表 8-2)

表 8-2 HD61202 的时序参数

Ta＝－20～＋75℃ GND＝0 V V_{cc}＝2.7～5.5 V

项目	符号	最小值	典型值	最大值	单位
E 周期时间	T_{CYC}	1000	—	—	ns
E 高电平宽度	P_{WEH}	450	—	—	ns
E 低电平宽度	P_{WEL}	450	—	−25	ns
E 上升时间	T_R	—	—	25	ns
E 下降时间	T_F	—	—	—	ns
地址建立时间	T_{AS}	140	—	—	ns

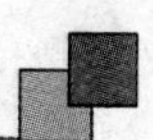

续表 8-2

项目	符号	最小值	典型值	最大值	单位
地址保持时间	T_{AH}	10	—	—	ns
数据建立时间	T_{DSW}	200	—	—	ns
数据延时时间	T_{DDR}	—	—	320	ns
数据保持时间(写)	T_{DHW}	10	—	—	ns
数据保持时间(读)	T_{DHR}	20	—	—	ns

8.10　PIC 单片机驱动 128×64 点阵图形液晶模块的子函数

为了实现对 128×64 点阵图形液晶模块的高效控制，我们也必须按照模块设计方式，建立起相关的子程序模块，下面详细介绍各功能子函数。

1. 判 LCM 忙子函数

```
/*------------------判 LCM 忙子函数-------------*/
void lcd_busy(void)
{
uchar val;                          //定义局部变量
TRISD = 0xff;                       //定义 RD 口为输入
RS = 0;                             //选择指令寄存器
RW = 1;                             //选择读方式
DataPort = 0x00;                    //先清零数据口
    while(1)                        // while 循环体
      {
        EN = 1;                     //置使能端为高电平
        val = DataPort;             //将 LCM 的状态读入 MCU
        if(val<0x80) break;         //若数据口读入的数据小于 0x80,LCM 空闲
        EN = 0;                     //置使能端为低电平
      }
TRISD = 0x00;                       //定义 RD 口为输出
EN = 0;                             //置使能端为低电平
}
```

2. 写指令到 LCM 子函数

```
/*-------------------写指令到 LCM 子函数--------------------*/
void wcode(uchar c,uchar sel_l,uchar sel_r)
{
if(sel_l == 1)CS1 = 1;                //选择 LCM 的左半屏
```

```
else CS1 = 0;
if(sel_r == 1)CS2 = 1;                    //选择 LCM 的右半屏
else CS2 = 0;

lcd_busy( );                              //调用判 LCM 忙子函数
RS = 0;                                   //选择指令寄存器
RW = 0;                                   //选择写
DataPort = c;                             //将指令 c 传送到 LCM 接口
EN = 1;                                   //置使能端为高电平
EN = 0;                                   //置使能端为低电平,产生一个脉冲
}
```

3. 写数据到 LCM 子函数

```
/* ------------------ 写数据到 LCM 子函数 ----------------- */
void wdata(uchar c,uchar sel_l,uchar sel_r)
{
  if(sel_l == 1)CS1 = 1;                  选择 LCM 的左半屏
  else CS1 = 0;
  if(sel_r == 1)CS2 = 1;                  选择 LCM 的右半屏
  else CS2 = 0;

  lcd_busy();                             //调用判 LCM 忙子函数
  RS = 1;                                 //选择数据寄存器
  RW = 0;                                 //选择写
  DataPort = c;                           //将数据 c 传送到 LCM 接口
  EN = 1;                                 //置使能端为高电平
  EN = 0;                                 //置使能端为低电平,产生一个脉冲
}
```

4. 设定起始行子函数

```
void set_startline(uchar i)               //定义 i 为无符号字符型变量
{
  i = 0xc0 + i;                           //设定起始行指令代码
  wcode(i,1,1);                           //将指令代码写入 LCM 的左半屏及右半屏
}
```

5. 定位 x 方向、y 方向的子函数

```
void set_xy(uchar x,uchar y)              //定义 x、y 为无符号字符型变量
{
  x = x + 0x40;                           //设定 x 列的指令代码
  y = y + 0xb8;                           //设定 y 页的指令代码
  wcode(x,1,1);                           //将 x 列的指令代码写入 LCM 的左半屏及右半屏
  wcode(y,1,1);                           //将 y 页的指令代码写入 LCM 的左半屏及右半屏
}
```

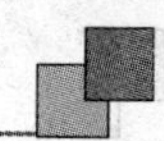

6. 屏幕开启、关闭子函数

```
void dison_off(uchar o)           //定义 o 为无符号字符型变量
{
  o = o + 0x3e;                   //设定开、关屏幕的指令代码。o 为 1 开,o 为 0 关
  wcode(o,1,1);                   //将开、关屏幕的指令代码写入 LCM 的左半屏及右半屏
}
```

7. 复位子函数

```
void reset(void)
{
  RST_0;                          //复位端置低电平
  Delay_nms(10);                  //延时一会
  RST_1;                          //复位端置高电平
  Delay_nms(10);                  //延时一会
}
```

8. 根据 x、y 地址定位,将数据写入 LCM 左半屏或右半屏的子函数

```
void lw(uchar x, uchar y, uchar dd)
{
  if(x> = 64)                     //若 x 大于等于 64,说明为右半屏操作
  {set_xy(x - 64,y);              //x(列)值减去 64,获得右半屏定位
  wdata(dd,0,1);}                 //将数据写入 LCM 右半屏
  else                            //否则 x 小于 64,说明为左半屏操作
  {set_xy(x,y);                   //获得左半屏定位
  wdata(dd,1,0);}                 //将数据写入 LCM 左半屏
}
```

9. 显示汉字子函数

```
void display_hz(uchar xx, uchar yy, uchar n, uchar fb)
//其中 xx、yy 为列、页定位值,n 为汉字点阵码表中的第 n 个汉字,fb 为反白显示选择
{
  uchar i,dx;                     //定义 i、dx 为无符号字符型局部变量
  for(i = 0;i<16;i++)             //for 循环体,用于扫描汉字
  {
    dx = hz[2 * i + n * 32];      //取得第 n 个汉字的上半部分数据代码
    if(fb)dx = 255 - dx;          //若 fb 不为 0,获得反白数据代码
    lw(xx * 8 + i,yy,dx);         //将数据代码写入 LCM
    dx = hz[(2 * i + 1) + n * 32];   //取得第 n 个汉字的下半部分数据代码
    if(fb)dx = 255 - dx;          //若 fb 不为 0,获得反白数据代码
    lw(xx * 8 + i,yy + 1,dx);     //将数据代码写入 LCM
  }
}
```

10. 显示一幅图片子函数

```
void display_tu(uchar fb)                //fb 为反白显示选择
{
  uchar i,dx,n;                          //定义 i、dx、n 为无符号字符型局部变量
  for(n=0;n<8;n++)                       //for 循环,水平方向扫描 8 次
  {                                      //for 循环开始
    for(i=0;i<128;i++)                   //for 循环,每次的水平扫描需写入液晶 128 字节的数据
    {
      dx=tu[i+n*128];                    // for 循环开始,取得图片的数据代码
      if(fb)dx=255-dx;                   //若 fb 不为 0,获得反白数据代码
      lw(i,n,dx);                        //将数据代码写入 LCM
    }
  }
}
```

8.11 驱动 128×64 点阵图形液晶的实验程序 1

8.11.1 实验要求

在 PIC DEMO 试验板的 128×64 点阵图形液晶上显示汉字:屏幕上第一行显示“朝辞白帝彩云间,”第二行显示“千里江陵一日还,”第三行显示“两岸猿声啼不住,”第四行显示“轻舟已过万重山。”其中第三、四行反白显示。图 8-12 为驱动 128×64LCM 的实验 1 原理图。

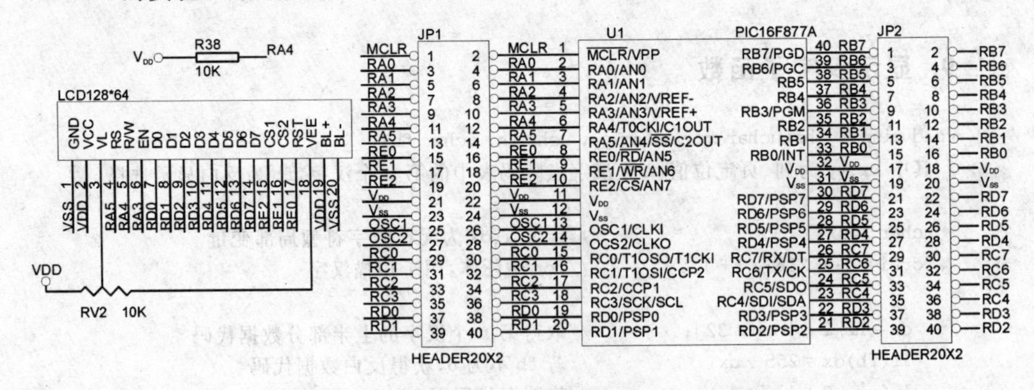

图 8-12 驱动 128×64LCM 的实验 1 原理图

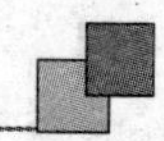

8.11.2　源程序文件及分析

在 D 盘中建立一个文件目录(ptc8－1),在 MPLAB 开发环境中创建一个新工程项目,项目名称也为 ptc8－1。最后输入 C 源程序文件 ptc8－1.c。

```
#include <pic.h>                              //包含头文件
#define uchar unsigned char                   //数据类型的宏定义
#define uint unsigned int
__CONFIG(HS&WDTDIS&PWRTEN&BORDIS&LVPDIS);     //器件配置
//----------------------------------------
#define RS RA5                                //引脚定义
#define RW RA4
#define EN RA3
#define CS1 RE2
#define CS2 RE1
#define RST RE0
//========================================
#define DataPort PORTD                        //8 位数据口定义
/******************** 函数声明列表 ******************/
void delay_ms(uint len);
void wcode(uchar c,uchar sel_l,uchar sel_r);
void wdata(uchar c,uchar sel_l,uchar sel_r);
void set_startline(uchar i);
void set_xy(uchar x,uchar y);
void dison_off(uchar o);
void reset(void);
void chip_init(void);
void lcd_init(void);
void lw(uchar x, uchar y, uchar dd);
void display_hz(uchar x, uchar y, uchar n, uchar fb);
const uchar hz[ ];
/************** 定义延时子函数,延时时间为 len 毫秒 **************/
void delay_ms(uint len)
{
 uint i,d = 100;
 i = d * len;
 while(--i){;}
}
/********************** 主函数 ***********************/
void main(void)                               //定义主函数
{
 uchar loop;                                  //定义局部变量
  chip_init( );                               //单片机初始化
  lcd_init( );                                //液晶初始化
  delay_ms(500);                              //延时 1s
  delay_ms(500);
```

```
  while(1)                                   //无限循环
  {
/**************************************************/
    for(loop = 0;loop<8;loop++)              //扫描第 1 行汉字
    {display_hz(2 * loop,0,loop,0);}
/**************************************************/
    for(loop = 0;loop<8;loop++)              //扫描第 2 行汉字
    {display_hz(2 * loop,2,loop + 8,0);       }
/**************************************************/
    for(loop = 0;loop<8;loop++)              //扫描第 3 行汉字
    {display_hz(2 * loop,4,loop + 16,1);}
/**************************************************/
    for(loop = 0;loop<8;loop++)              //扫描第 4 行汉字
    {display_hz(2 * loop,6,loop + 24,1);}
/**************************************************/
    delay_ms(500);delay_ms(500);             //延时 2s
    delay_ms(500);delay_ms(500);
  }
}
/*-------------------芯片初始化子函数----------------------*/
void chip_init(void)
{
  ADCON1 = 0x07;                             //设置模拟口全部为普通数字 I/O 口
  TRISA = 0x00;                              //定义 RA 口为输出
  TRISD = 0x00;                              //定义 RD 口为输出
  TRISE = 0x00;                              //定义 RE 口为输出
  PORTA = 0x00;                              //端口初始化为低电平
  PORTE = 0x00;
  PORTD = 0x00;
}
/*-------------------判 LCM 忙子函数-------------------*/
void lcd_busy(void)
{
uchar val;
  TRISD = 0xff;
  RS = 0;
  RW = 1;
  DataPort = 0x00;
  while(1)
  {
    EN = 1;
    val = DataPort;
    if(val<0x80) break;
    EN = 0;
  }
  TRISD = 0x00;
  EN = 0;
```

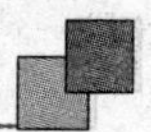

```
}
/*----------------写指令到 LCM 子函数----------------*/
void wcode(uchar c,uchar sel_l,uchar sel_r)
{
  if(sel_l == 1)CS1 = 1;
  else CS1 = 0;
  if(sel_r == 1)CS2 = 1;
  else CS2 = 0;
  lcd_busy();
  RS = 0;
  RW = 0;
  DataPort = c;
  EN = 1;
  EN = 0;
}
/*------------------写数据到 LCM 子函数------------------*/
void wdata(uchar c,uchar sel_l,uchar sel_r)
{
  if(sel_l == 1)CS1 = 1;
  else CS1 = 0;
  if(sel_r == 1)CS2 = 1;
  else CS2 = 0;
  lcd_busy();
  RS = 1;
  RW = 0;
  DataPort = c;
  EN = 1;
  EN = 0;
}
/***根据 x、y 地址定位,将数据写入 LCM 左半屏或右半屏的子函数***/
void lw(uchar x, uchar y, uchar dd)
{
  if(x>= 64)
  {
    set_xy(x - 64,y);
    wdata(dd,0,1);
  }
  else
  {
    set_xy(x,y);
    wdata(dd,1,0);
  }
}
/*------------------设定起始行子函数------------------*/
void set_startline(uchar i)
{
  i = 0xc0 + i;
```

```
  wcode(i,1,1);
}
/*------------------定位 x 方向、y 方向的子函数---------------*/
void set_xy(uchar x,uchar y)
{
  x = x + 0x40;
  y = y + 0xb8;
  wcode(x,1,1);
  wcode(y,1,1);
}
/*-----------------屏幕开启、关闭子函数-------------*/
void dison_off(uchar o)
{
  o = o + 0x3e;
  wcode(o,1,1);
}
/*--------------------复位子函数-----------------*/
void reset(void)
{
  RST = 0;
  delay_ms(10);
  RST = 1;
  delay_ms(10);
}
/*----------------LCM 初始化子函数----------------*/
void lcd_init(void)
{
  uchar x,y;
  reset( );
  set_startline(0);
  dison_off(0);
  for(y = 0;y<8;y ++ )
  {
    for(x = 0;x<128;x ++ )lw(x,y,0);
  }
  dison_off(1);
}
/*-----------------显示汉字子函数-----------------*/
void display_hz(uchar xx, uchar yy, uchar n, uchar fb)
{
uchar i,dx;
  for(i = 0;i<16;i ++ )
  {
    dx = hz[2 * i + n * 32];
    if(fb)dx = 255 - dx;
    lw(xx * 8 + i,yy,dx);
    dx = hz[(2 * i + 1) + n * 32];
```

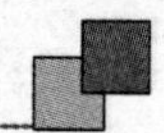

```
        if(fb)dx = 255 - dx;
        lw(xx * 8 + i,yy + 1,dx);
    }
}
/********************** 汉字点阵码表 **********************/
const uchar hz[ ] =
{0x00,0x04,0x04,0x04,0xF4,0x05,0x54,0x05,0x5F,0x7F,0x54,0x05,0xF4,0x05,0x04,0x44,
0x00,0x30,0xFE,0x0F,0x22,0x01,0x22,0x21,0x22,0x41,0xFE,0x3F,0x00,0x00,0x00,
0x00,/*"朝",0*/

0x24,0x00,0x24,0x7E,0x24,0x22,0xFC,0x23,0x22,0x22,0x22,0x7E,0xA0,0x00,0x84,0x04,
0x94,0x04,0xA5,0x04,0x86,0xFF,0x84,0x04,0xA4,0x04,0x94,0x04,0x84,0x04,0x00,
0x00,/*"辞",1*/

0x00,0x00,0x00,0x00,0xF8,0x7F,0x08,0x21,0x08,0x21,0x0C,0x21,0x0B,0x21,0x08,0x21,
0x08,0x21,0x08,0x21,0x08,0x21,0x08,0x21,0xF8,0x7F,0x00,0x00,0x00,0x00,0x00,
0x00,/*"白",2*/

0x80,0x00,0x64,0x00,0x24,0x00,0x24,0x3F,0x2C,0x01,0x34,0x01,0x25,0x01,0xE6,0xFF,
0x24,0x01,0x24,0x11,0x34,0x21,0x2C,0x1F,0xA4,0x00,0x64,0x00,0x24,0x00,0x00,
0x00,/*"帝",3*/

0x82,0x20,0x8A,0x10,0xB2,0x08,0x86,0x06,0xDB,0xFF,0xA1,0x02,0x91,0x04,0x8D,0x58,
0x88,0x48,0x20,0x20,0x10,0x22,0x08,0x11,0x86,0x08,0x64,0x07,0x40,0x02,0x00,
0x00,/*"彩",4*/

0x40,0x00,0x40,0x20,0x44,0x70,0x44,0x38,0x44,0x2C,0x44,0x27,0xC4,0x23,0xC4,0x31,
0x44,0x10,0x44,0x12,0x46,0x14,0x46,0x18,0x64,0x70,0x60,0x20,0x40,0x00,0x00,
0x00,/*"云",5*/

0x00,0x00,0xF8,0xFF,0x01,0x00,0x06,0x00,0x00,0x00,0xF0,0x07,0x92,0x04,0x92,0x04,
0x92,0x04,0x92,0x04,0xF2,0x07,0x02,0x40,0x02,0x80,0xFE,0x7F,0x00,0x00,0x00,
0x00,/*"间",6*/

0x00,0x00,0x00,0x00,0x00,0x58,0x00,0x38,0x00,0x00,0x00,0x00,0x00,0x00,0x00,0x00,
0x00,0x00,0x00,0x00,0x00,0x00,0x00,0x00,0x00,0x00,0x00,0x00,0x00,0x00,0x00,
0x00,/*",",7*/

0x40,0x00,0x40,0x00,0x44,0x00,0x44,0x00,0x44,0x00,0x44,0x00,0x44,0x00,0xFC,0x7F,
0x42,0x00,0x42,0x00,0x42,0x00,0x43,0x00,0x42,0x00,0x60,0x00,0x40,0x00,0x00,
0x00,/*"千",8*/

0x00,0x40,0x00,0x40,0xFF,0x44,0x91,0x44,0x91,0x44,0x91,0x44,0x91,0x44,0xFF,0x7F,
0x91,0x44,0x91,0x44,0x91,0x44,0x91,0x44,0xFF,0x44,0x00,0x40,0x00,0x40,0x00,
0x00,/*"里",9*/

0x10,0x04,0x60,0x04,0x01,0x7E,0xC6,0x01,0x30,0x20,0x00,0x20,0x04,0x20,0x04,0x20,
0x04,0x20,0xFC,0x3F,0x04,0x20,0x04,0x20,0x04,0x20,0x04,0x20,0x00,0x20,0x00,
0x00,/*"江",10*/

0x00,0x00,0xFE,0xFF,0x22,0x02,0x5A,0x04,0x86,0x43,0x10,0x48,0x94,0x24,0x74,0x22,
0x94,0x15,0x1F,0x09,0x34,0x15,0x54,0x23,0x94,0x60,0x94,0xC0,0x10,0x40,0x00,
0x00,/*"陵",11*/

0x00,0x00,0x80,0x00,0x80,0x00,0x80,0x00,0x80,0x00,0x80,0x00,0x80,0x00,0x80,0x00,
```

```
0x80,0x00,0x80,0x00,0x80,0x00,0x80,0x00,0x80,0x00,0xC0,0x00,0x80,0x00,0x00,
0x00,/*"一",12*/

0x00,0x00,0x00,0x00,0x00,0x00,0xFE,0x3F,0x42,0x10,0x42,0x10,0x42,0x10,0x42,0x10,
0x42,0x10,0x42,0x10,0x42,0x10,0xFE,0x3F,0x00,0x00,0x00,0x00,0x00,0x00,0x00,
0x00,/*"日",13*/

0x40,0x40,0x41,0x20,0xCE,0x1F,0x04,0x20,0x00,0x42,0x02,0x41,0x82,0x40,0x42,0x40,
0xF2,0x5F,0x0E,0x40,0x42,0x40,0x82,0x40,0x02,0x47,0x02,0x42,0x00,0x40,0x00,
0x00,/*"还",14*/

0x00,0x00,0x00,0x00,0x00,0x58,0x00,0x38,0x00,0x00,0x00,0x00,0x00,0x00,0x00,0x00,
0x00,0x00,0x00,0x00,0x00,0x00,0x00,0x00,0x00,0x00,0x00,0x00,0x00,0x00,0x00,
0x00,/*",",15*/

0x02,0x00,0xF2,0x7F,0x12,0x08,0x12,0x04,0x12,0x03,0xFE,0x00,0x92,0x10,0x12,0x09,
0x12,0x06,0xFE,0x01,0x12,0x01,0x12,0x26,0x12,0x40,0xFB,0x3F,0x12,0x00,0x00,
0x00,/*"两",16*/

0x00,0x40,0x00,0x20,0xE0,0x1F,0x2E,0x04,0xA8,0x04,0xA8,0x04,0xA8,0x04,0xA8,0x04,
0xAF,0xFF,0xA8,0x04,0xA8,0x04,0xA8,0x04,0xA8,0x04,0xAE,0x04,0x20,0x04,0x00,0x00,/
*"岸",17*/

0x20,0x04,0x12,0x42,0x0C,0x81,0x9C,0x40,0xE3,0x3F,0x10,0x10,0x14,0x08,0xD4,0xFD,
0x54,0x43,0x5F,0x27,0x54,0x09,0x54,0x11,0xD4,0x69,0x14,0xC4,0x10,0x44,0x00,
0x00,/*"猿",18*/

0x02,0x40,0x12,0x30,0xD2,0x0F,0x52,0x02,0x52,0x02,0x52,0x02,0x52,0x02,0xDF,0x03,
0x52,0x02,0x52,0x02,0x52,0x02,0x52,0x02,0xD2,0x07,0x12,0x00,0x02,0x00,0x00,
0x00,/*"声",19*/

0xFC,0x0F,0x04,0x02,0x04,0x02,0xFC,0x07,0x80,0x00,0x64,0x00,0x24,0x3F,0x2C,0x01,
0x35,0x01,0xE6,0xFF,0x24,0x11,0x34,0x21,0xAC,0x1F,0x66,0x00,0x24,0x00,0x00,
0x00,/*"啼",20*/

0x00,0x00,0x02,0x08,0x02,0x04,0x02,0x02,0x02,0x01,0x82,0x00,0x42,0x00,0xFE,0x7F,
0x06,0x00,0x42,0x00,0xC2,0x00,0x82,0x01,0x02,0x07,0x03,0x02,0x02,0x00,0x00,
0x00,/*"不",21*/

0x40,0x00,0x20,0x00,0xF0,0x7F,0x0C,0x00,0x03,0x20,0x08,0x21,0x08,0x21,0x09,0x21,
0x0A,0x21,0xFC,0x3F,0x08,0x21,0x08,0x21,0x8C,0x21,0x08,0x31,0x00,0x20,0x00,
0x00,/*"住",22*/

0x00,0x00,0x00,0x00,0x00,0x58,0x00,0x38,0x00,0x00,0x00,0x00,0x00,0x00,0x00,0x00,
0x00,0x00,0x00,0x00,0x00,0x00,0x00,0x00,0x00,0x00,0x00,0x00,0x00,0x00,0x00,
0x00,/*",",23*/

0xC4,0x08,0xB4,0x08,0x8F,0x08,0xF4,0xFF,0x84,0x04,0x84,0x44,0x04,0x41,0x82,0x41,
0x42,0x41,0x22,0x41,0x12,0x7F,0x2A,0x41,0x46,0x41,0xC2,0x41,0x00,0x41,0x00,
0x00,/*"轻",24*/

0x80,0x00,0x80,0x80,0x80,0x40,0x80,0x30,0xFC,0x0F,0x84,0x00,0x86,0x02,0x95,0x04,
0xA4,0x0C,0x84,0x40,0x84,0x80,0xFC,0x7F,0x80,0x00,0x80,0x00,0x80,0x00,0x00,
0x00,/*"舟",25*/

0x00,0x00,0x00,0x00,0xE2,0x3F,0x42,0x20,0x42,0x20,0x42,0x20,0x42,0x20,0x42,0x20,
```

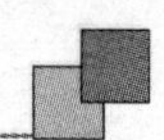

```
0x42,0x20,0x42,0x20,0x42,0x20,0x7E,0x20,0x00,0x20,0x00,0x3C,0x00,0x10,0x00,
0x00,/*"已",26*/

0x80,0x40,0x81,0x20,0x8E,0x1F,0x04,0x20,0x00,0x20,0x10,0x40,0x50,0x40,0x90,0x43,
0x10,0x41,0x10,0x48,0x10,0x50,0xFF,0x4F,0x10,0x40,0x10,0x40,0x10,0x40,0x00,
0x00,/*"过",27*/

0x00,0x00,0x02,0x40,0x02,0x20,0x02,0x10,0x02,0x0C,0x82,0x03,0x7E,0x00,0x22,0x00,
0x22,0x20,0x22,0x60,0x22,0x20,0xF2,0x1F,0x22,0x00,0x02,0x00,0x02,0x00,0x00,
0x00,/*"万",28*/

0x08,0x40,0x08,0x40,0x0A,0x48,0xEA,0x4B,0xAA,0x4A,0xAA,0x4A,0xAA,0x4A,0xFF,0x7F,
0xA9,0x4A,0xA9,0x4A,0xA9,0x4A,0xE9,0x4B,0x08,0x48,0x08,0x40,0x08,0x40,0x00,
0x00,/*"重",29*/

0x00,0x00,0x00,0x20,0xE0,0x7F,0x00,0x20,0x00,0x20,0x00,0x20,0x00,0x20,0xFF,0x3F,
0x00,0x20,0x00,0x20,0x00,0x20,0x00,0x20,0x00,0x20,0xE0,0x7F,0x00,0x00,0x00,
0x00,/*"山",30*/

0x00,0x00,0x00,0x18,0x00,0x24,0x00,0x24,0x00,0x18,0x00,0x00,0x00,0x00,0x00,0x00,
0x00,0x00,0x00,0x00,0x00,0x00,0x00,0x00,0x00,0x00,0x00,0x00,0x00,0x00,0x00,
0x00};/*"。",31*/
```

编译通过后，可以将 ptc8-1.hex 文件烧入芯片中。没有用到的双排针不应插短路帽。在标示“LCD128*64”的单排座上(20芯)正确插上128×64点阵图形液晶模块(引脚号对应，不能插反)。接通电源。

液晶屏立刻显示出李白的唐诗。如果液晶屏的显示效果不理想，我们可以调整对比度电位器RV2进行改善。图8-13为驱动128×64LCM的实验1照片。

图8-13　驱动128×64LCM的实验1照片

8.11.3　怎样制作汉字点阵码表

在以上的实验中，可能读者会问，你的汉字点阵码表是怎样得到的？很多读者也希望学会自己制作，那么如何做？这里我们就介绍具体的做法。

汉字点阵码表需要由专用的软件生成，读者朋友可自己到网上下载一个，也可上单片机培训中心的主页 http://www.zxhmcu.com 下载PCtoLCD2002软件来制作自己所需的汉字点阵码表。

(1) 双击PCtoLCD2002.exe打开软件，如图8-14所示。

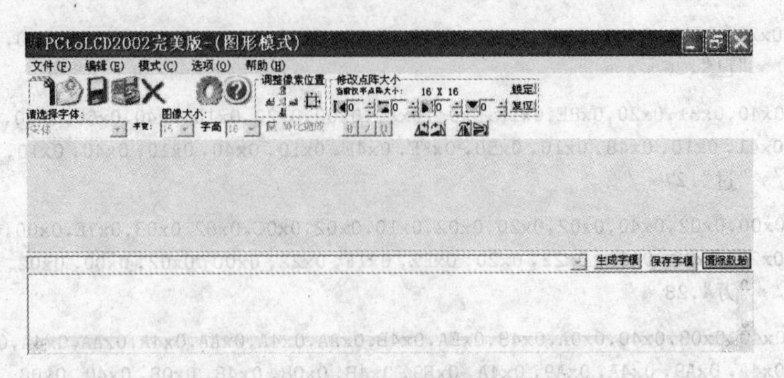

图 8－14　打开 PCtoLCD2002.exe 软件

(2) 在菜单栏中选择“模式”→“字符模式”命令，如图 8－15 所示。

图 8－15　选择“模式”→“字符模式”命令

(3) 在菜单栏中选择“选项”→“字模选项”命令，如图 8－16 所示。按图 8－17 进行选项的选择。

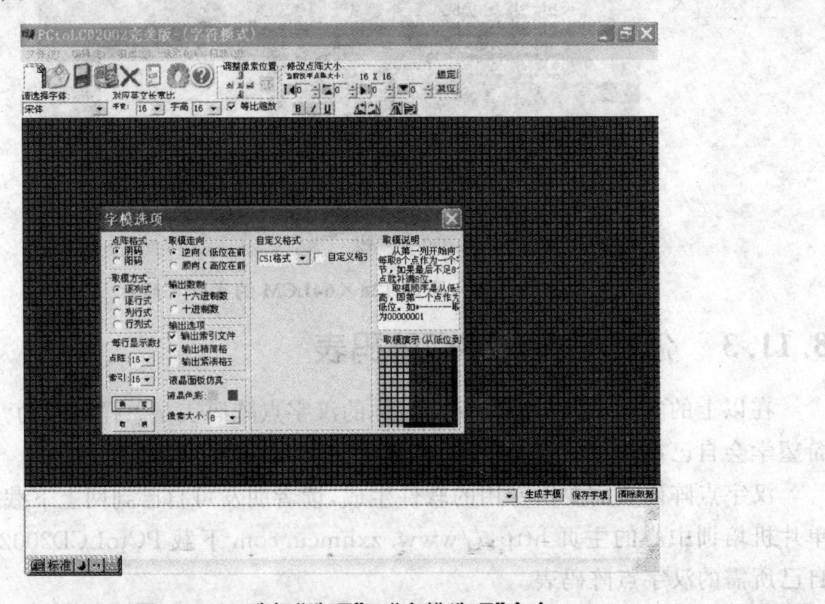

图 8－16　选择“选项”→“字模选项”命令

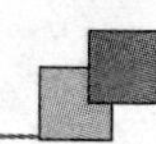

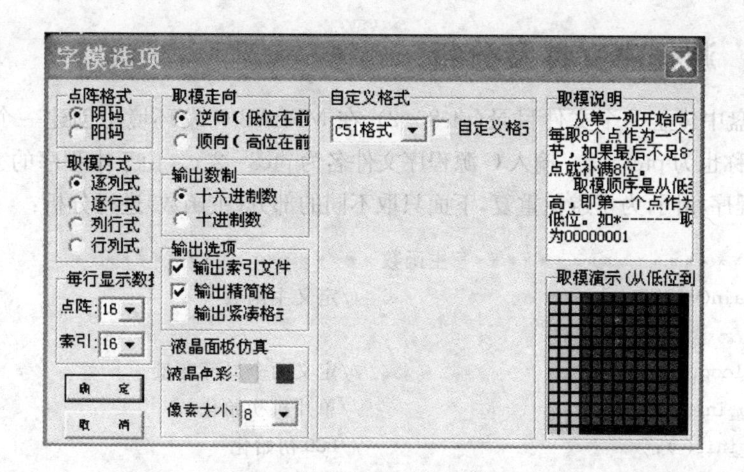

图 8-17　进行选项的选择

(4) 在下面的字符输入区，输入“朝辞白帝彩云间，千里江陵一日还，两岸猿声啼不住，轻舟已过万重山。”单击“生成字模”按钮，在最下方的字模区就会生成我们所需的汉字点阵码数据，如图 8-18 所示。

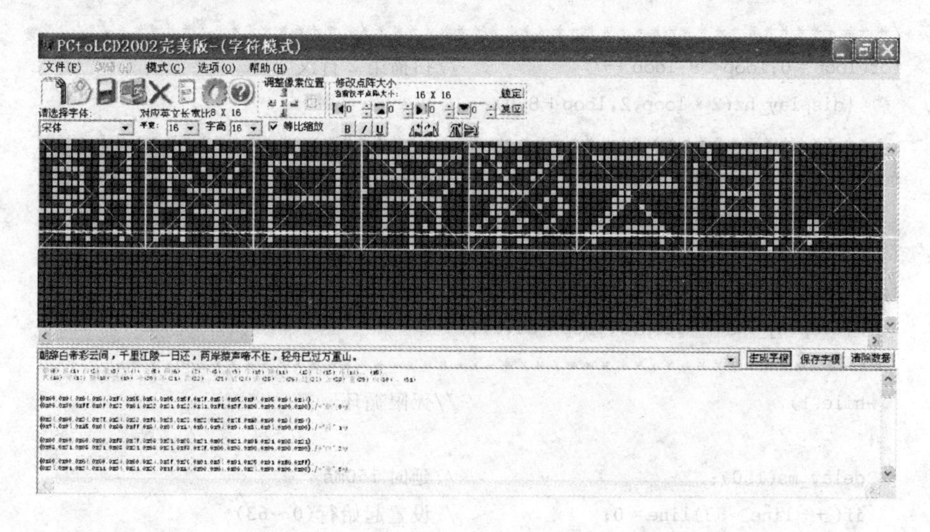

图 8-18　生成我们所需的汉字点阵码数据

(5) 将汉字点阵码数据复制到源程序中的一个自己命名(如 hz)的数组中即可。

8.12　驱动 128×64 点阵图形液晶的实验程序 2

8.12.1　实验要求

要求在上面的实验基础上实现液晶的汉字滚屏显示。实验原理图与图 8-12 相同。

8.12.2 源程序文件及分析

在 D 盘中建立一个文件目录(ptc8-2),在 MPLAB 开发环境中创建一个新工程项目,项目名称也为 ptc8-2。输入 C 源程序文件名为 ptc8-2.c。由于本程序的大部分与上面的实验程序相同,为了避免重复,下面只取不同的部分(主函数)进行分析:

```
/**********************主函数**********************/
void main(void)                        //定义主函数
{
uchar loop,line;                       //定义两个局部变量
  chip_init( );                        //单片机初始化
  lcd_init( );                         //LCD 初始化
  delay_ms(500);                       //延时 1s
  delay_ms(500);
/**********************************************/
for(loop=0;loop<8;loop++)              //扫描第 1 行汉字
    {display_hz(2*loop,0,loop,0);}
/**********************************************/
for(loop=0;loop<8;loop++)              //扫描第 2 行汉字
    {display_hz(2*loop,2,loop+8,0);    }
/**********************************************/
for(loop=0;loop<8;loop++)              //扫描第 3 行汉字
    {display_hz(2*loop,4,loop+16,1);}
/**********************************************/
for(loop=0;loop<8;loop++)              //扫描第 4 行汉字
    {display_hz(2*loop,6,loop+24,1);}
/**********************************************/
  while(1)                             //无限循环
  {
   delay_ms(150);                      //延时 150ms
   if(++line>63)line=0;                //设置起始行(0~63)
   set_startline(line);                //开始滚屏
  }
}
```

编译通过后,可以将 ptc8-2.hex 文件烧入芯片中。没有用到的双排针不应插短路帽。在标示“LCD128x64”单排座上(20 芯)正确插上 128×64 点阵图形液晶模块(引脚号对应,不能插反)。接通电源。

液晶屏显示出的诗篇会缓缓向上移动,反复循环,实现滚屏显示的效果。图 8-19 为驱动 128×64LCM 的实验 2 照片。

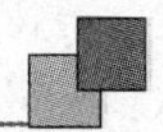

图 8－19　驱动 128×64LCM 的实验 2 照片

8.13　驱动 128×64 点阵图形液晶的实验程序 3

8.13.1　实验要求

在 PIC DEMO 试验板的 128×64 点阵图形液晶上显示一幅图片或照片。实验原理图与图 8－12 相同。

8.13.2　源程序文件及分析

在 D 盘中建立一个文件目录(ptc8－3)，在 MPLAB 开发环境中创建一个新工程项目，项目名称也为 ptc8－3。最后输入 C 源程序文件 ptc8－3.c。

```
#include <pic.h>                              //包含头文件
#define uchar unsigned char                   //数据类型的宏定义
#define uint unsigned int
__CONFIG(HS&WDTDIS&PWRTEN&BORDIS&LVPDIS);     //器件配置
//-------------------------------------------
#define RS RA5                                //引脚定义
#define RW RA4
#define EN RA3
#define CS1 RE2
#define CS2 RE1
#define RST RE0
//===============================
#define DataPort PORTD                        //8 位数据口定义
/****************** 函数声明列表 ******************/
void delay_ms(uint len);
```

```
void wcode(uchar c,uchar sel_l,uchar sel_r);
void wdata(uchar c,uchar sel_l,uchar sel_r);
void set_startline(uchar i);
void set_xy(uchar x,uchar y);
void dison_off(uchar o);
void reset(void);
void chip_init(void);
void lcd_init(void);
void lw(uchar x, uchar y, uchar dd);
void display_tu(uchar fb);
const uchar tu[ ];
/***************//定义延时子函数,延时时间为 len 毫秒***************/
void delay_ms(uint len)
{
 uint i,d = 100;
 i = d * len;
 while( -- i){;}
}
/****************** 主函数 ****************/
void main(void)
{
  chip_init();                              //单片机初始化
  lcd_init();                               //液晶初始化
  delay_ms(500);                            //延时 500ms
/**************************************/
  while(1)                                  //无限循环
  {
    display_tu(0);                          //显示一幅图片
    delay_ms(500);delay_ms(500);            //延时 2s
    delay_ms(500);delay_ms(500);
    display_tu(1);                          //反白显示一幅图片
    delay_ms(500);delay_ms(500);            //延时 2s
    delay_ms(500);delay_ms(500);
  }
}
/* ------------------ 芯片初始化子函数 ---------------------- */
void chip_init(void)
{
  ADCON1 = 0x07;                            //设置模拟口全部为普通数字 I/O 口
  TRISA = 0x00;                             //定义 RA 口为输出
  TRISD = 0x00;                             //定义 RD 口为输出
  TRISE = 0x00;                             //定义 RE 口为输出
  PORTA = 0x00;                             //端口初始化为低电平
  PORTE = 0x00;
  PORTD = 0x00;
```

```
}
/*-------------------------判 LCM 忙子函数-------------------*/
void lcd_busy(void)
{
 uchar val;
  TRISD = 0xff;
  RS = 0;
  RW = 1;
  DataPort = 0x00;
    while(1)
    {
      EN = 1;
      val = DataPort;
        if(val<0x80) break;
      EN = 0;
    }
    TRISD = 0x00;
    EN = 0;
}
/*------------------写指令到 LCM 子函数--------------------*/
void wcode(uchar c,uchar sel_l,uchar sel_r)
{
  if(sel_l == 1)CS1 = 1;
  else CS1 = 0;
  if(sel_r == 1)CS2 = 1;
  else CS2 = 0;
  lcd_busy( );
  RS = 0;
  RW = 0;
  DataPort = c;
  EN = 1;
  EN = 0;
}
/*-----------------写数据到 LCM 子函数----------------*/
void wdata(uchar c,uchar sel_l,uchar sel_r)
{
  if(sel_l == 1)CS1 = 1;
  else CS1 = 0;
  if(sel_r == 1)CS2 = 1;
  else CS2 = 0;
  lcd_busy();
  RS = 1;
  RW = 0;
  DataPort = c;
  EN = 1;
```

```
  EN = 0;
}
/*** 根据 x、y 地址定位,将数据写入 LCM 左半屏或右半屏的子函数 ***/
void lw(uchar x, uchar y, uchar dd)
{
  if(x> = 64)
  {
    set_xy(x - 64,y);
    wdata(dd,0,1);
  }
    else
  {
    set_xy(x,y);
    wdata(dd,1,0);
  }
}
/* -------------------- 设定起始行子函数 ---------- */
void set_startline(uchar i)
{
  i = 0xc0 + i;
  wcode(i,1,1);
}
/* ---------------- 定位 x 方向、y 方向的子函数 ---------- */
void set_xy(uchar x,uchar y)
{
  x = x + 0x40;
  y = y + 0xb8;
  wcode(x,1,1);
  wcode(y,1,1);
}
/* ---------------- 屏幕开启、关闭子函数 ----------- */
void dison_off(uchar o)
{
  o = o + 0x3e;
  wcode(o,1,1);
}
/* ------------------------- 复位子函数 --------- */
void reset(void)
{
  RST = 0;
  delay_ms(10);
  RST = 1;
  delay_ms(10);
}
/* -------------- LCM 初始化子函数 -------------- */
```

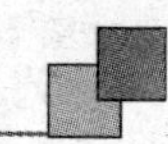

```
void lcd_init(void)
{
 uchar x,y;
  reset();
  set_startline(0);
  dison_off(0);
  for(y = 0;y<8;y++)
  {
      for(x = 0;x<128;x++)lw(x,y,0);
  }
  dison_off(1);
}
/* ------------显示一幅图片的子函数------------ */
void display_tu(uchar fb)
{
 uchar i,dx,n;
  for(n = 0;n<8;n++)
  {
    for(i = 0;i<128;i++)
    {
      dx = tu[i + n * 128];
      if(fb)dx = 255 - dx;
      lw(i,n,dx);
    }
  }
}
/*************** 一幅图片的点阵码表 ****************/
const uchar tu[] =
{
0xF3,0xFF,0xFF,0xFF,0xFF,0xFF,0xFF,0xFF,0xFF,0xFF,0xFF,0xFF,0xFF,0xFF,0xFF,0xFF,
0xFF,0xFF,0x9F,0x9F,0xDF,0xCF,0xCF,0xCF,0xCF,0xCF,0xCF,0x0F,0x0F,0x1F,0x3F,0x3F,
0x1F,0x1F,0xCF,0xCF,0xEF,0xEF,0xEF,0xEF,0xEF,0xFF,0xFF,0xFF,0xFF,0xFF,0xFF,0xFF,
0xFF,0xFF,0xFF,0xFF,0xFF,0xFF,0xFF,0xFF,0xFF,0xFF,0xFF,0xFF,0xFF,0xFF,0xFF,0xFF,
0xFF,0xFF,0xFF,0xFF,0xFF,0xFF,0xFF,0xFF,0xFF,0xFF,0xFF,0xFF,0xFF,0xFF,0xFF,0xFF,
0xFF,0xFF,0xFF,0xFF,0xFF,0xFF,0xFF,0xFF,0xFF,0xFF,0xFF,0xFF,0xFF,0xFF,0xFF,0x7F,
0x7F,0x3F,0x3F,0x3F,0x3F,0x3F,0x3F,0x3F,0x3F,0x1F,0x1F,0x1F,0x1F,0x1F,0x1F,0x1F,
0x0F,0x0F,0x4F,0x4F,0x4F,0x0F,0x0F,0x0F,0x8F,0x8F,0xCF,0xCF,0xCF,0xEF,0xFF,0xFF,
0xCB,0xCF,0xCF,0xCF,0xCF,0xCF,0xDF,0x9F,0x9F,0xCF,0xCF,0xEF,0xE7,0xE7,0xE7,0xE7,
0xCF,0xEF,0xFF,0xFF,0xF7,0xFF,0xFF,0xFF,0xFF,0xFF,0xFE,0xFE,0xFE,0xFE,0xFE,0xFE,
0xFE,0xFE,0xFF,0xFF,0xFF,0xFF,0xFF,0xFF,0xFF,0xFF,0xFF,0xFF,0xFF,0xFF,0xFF,0xFF,
0xFF,0xFF,0xFF,0xFF,0xFF,0xFF,0xFF,0xFF,0xFF,0xFF,0xFF,0xFF,0xFF,0xFF,0xFF,0xFF,
0xFF,0xFF,0x7F,0x7F,0x7F,0x3F,0x3F,0x3F,0x1F,0x1F,0x1F,0x1F,0x0F,0x1F,0x1F,0x1F,
0x1F,0x3F,0xBF,0xBF,0xBF,0x3F,0x7F,0x7F,0x7F,0xFF,0xFF,0x3F,0x8F,0xE3,0x38,0x1C,
0x0F,0x07,0x40,0x70,0x70,0x78,0x7C,0x7E,0xFC,0xFE,0xFE,0xFE,0xFE,0xFE,0xFE,0xFE,
0xFE,0xFE,0xFE,0xFF,0xFF,0xFF,0xFF,0xFF,0xFF,0xFF,0xFF,0xFF,0xFF,0xFF,0xFF,0xFF,
```

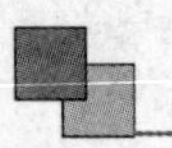


```
0xFF,0xFF,0xFF,0xFF,0xFF,0xFF,0xFF,0xFF,0xFF,0xFF,0xFF,0xFF,0xFF,0xFF,0xFF,0xFF,
0xFF,0xFF,0xFF,0xFF,0xFF,0xFF,0xFF,0xFF,0xFF,0xFF,0xFF,0xFF,0xFF,0xFF,0xFF,0xFF,
0xFF,0xFF,0xFF,0xFF,0xFF,0xFF,0xFF,0xFF,0xFF,0xFF,0xFF,0xFF,0xFF,0xFF,0xFF,0xFF,
0xFF,0xFF,0xFF,0xFF,0xFF,0xFF,0xFF,0xFF,0xFF,0xFF,0xFD,0xFC,0xFC,0xFC,0xFC,0xFC,
0xFC,0xFC,0xFC,0xFC,0xFC,0xF8,0xFC,0xFC,0xFC,0xFE,0xFE,0xFE,0xFF,0xFF,0xDF,0xCF,
0xCE,0xC6,0xC0,0xE0,0xE1,0xE1,0xF1,0xF0,0xF4,0xF4,0xF4,0xF6,0xF7,0xF7,0xF6,0xF2,
0xFA,0xFA,0xF9,0xF8,0xF8,0xF0,0xF8,0xF8,0xFC,0xFC,0xFF,0xFF,0xFF,0xFF,0xFF,0xFF,
0xFF,0xFF,0xFF,0xFF,0xFF,0xFF,0xFF,0xFF,0xFF,0xFF,0xFF,0xFF,0xFF,0xFF,0xFF,0xFF,
0xFF,0xFF,0xFF,0xFF,0xFF,0xFF,0xFF,0xFF,0xFF,0xFF,0xFF,0xFF,0xFF,0xFF,0xFF,0xFF,
0xFF,0xFF,0xFF,0xFF,0xFF,0xFF,0xFF,0xFF,0xFF,0xFF,0xFF,0xFF,0xFF,0xFF,0xFF,0xFF,
0xFF,0xFF,0xFF,0xFF,0xFF,0xFF,0xFF,0xFF,0xFF,0xFF,0xFF,0xFF,0xFF,0xFF,0xFF,0xFF,
0xFF,0xFF,0xFF,0xFF,0xFF,0xFF,0xFF,0xFF,0xFF,0xFF,0xFF,0xFF,0xFF,0xFF,0xFF,0xFF,
0xFF,0xFF,0xFF,0xFF,0xFF,0xFF,0xFF,0xFF,0xFF,0xFF,0xFF,0xFF,0xFF,0xFF,0xFF,0xFF,
0xFF,0xFF,0xFF,0xFF,0xFF,0xFF,0xFF,0xFF,0xFF,0xFF,0xFF,0xFF,0xFF,0xFF,0xFF,0xFF,
0xFF,0xFF,0xFF,0xFF,0xFF,0xFF,0xFF,0xFF,0xFF,0xFF,0xFF,0xFF,0xFF,0xFF,0xFF,0xFF,
0xFF,0xFF,0xFF,0xFF,0xFF,0xFF,0xFF,0xFF,0xFF,0xFF,0xFF,0xFF,0xFF,0xFF,0xFF,0xFF,
0x17,0x07,0x0F,0x3F,0x1F,0x7F,0x7F,0x3F,0xFF,0xFF,0xFF,0xFF,0xFF,0xFF,0xFF,0xFF,
0xFF,0xFF,0xFF,0xFF,0xFF,0xFF,0xFF,0xFF,0xFF,0xFF,0xFF,0xFF,0xFF,0xFF,0xFF,0xFF,
0xFF,0xFF,0xFF,0xFF,0xFF,0xFF,0xFF,0xFF,0xFF,0xFF,0xFF,0xFF,0xFF,0xFF,0xFF,0xFF,
0xFF,0xFF,0xFF,0xFF,0xFF,0xFF,0xFF,0xFF,0xFF,0xFF,0xFF,0xFF,0xFF,0xFF,0xFF,0xFF,
0xFF,0xFF,0xFF,0xFF,0xFF,0xFF,0xFF,0xFF,0xFF,0xFF,0xFF,0xFF,0xFF,0xFF,0xFF,0xFF,
0xFF,0xFF,0xFF,0xFF,0xFF,0xFF,0xFF,0xFF,0xFF,0x7F,0x3F,0x3F,0x9F,0x9F,0x1F,0xCF,
0xCF,0xCF,0xCF,0xDF,0x9F,0xDF,0xCF,0xCF,0xCF,0xEF,0xE7,0xE7,0xE7,0xE7,0xEF,0x8F,
0x8F,0x8F,0x9F,0x9F,0x1F,0x3F,0x3F,0x3F,0x7F,0x3F,0x3F,0x7F,0x3F,0x1F,0x0F,0x0F,
0x00,0x00,0x00,0x00,0x00,0x00,0x01,0x03,0x07,0x03,0x03,0x01,0x03,0x03,0x05,0x03,
0x03,0x01,0x01,0x01,0x01,0x01,0x01,0x01,0x01,0x01,0x81,0x01,0x00,0x00,0x80,0x80,
0xC0,0x81,0xC1,0x81,0x93,0x43,0x63,0x63,0x47,0x47,0x0F,0x1F,0x3F,0xFF,0xDF,0x7F,
0xFF,0x7F,0x7F,0xFF,0xEF,0xEF,0x7F,0x7F,0x7F,0x3F,0x1F,0x1F,0xFF,0xFF,0xFF,0xFF,
0xFF,0xFF,0x7F,0x7F,0x7F,0x7F,0x7F,0x7F,0x3F,0x3F,0x3F,0x1F,0x07,0x0F,0x1F,0x1F,
0x3F,0x3F,0x37,0x0F,0x1F,0x0F,0x07,0x01,0x00,0x00,0x60,0xC0,0xC0,0xCC,0xFF,0xFF,
0xF7,0xFF,0xFF,0xFF,0xFF,0xFF,0xFF,0xFF,0xFF,0xFF,0xFF,0xFF,0xFF,0xFF,0xFF,0xC7,
0xC7,0xC3,0x03,0x07,0x07,0x07,0x07,0x00,0x08,0x00,0x00,0x00,0x00,0x00,0x00,0x00,
0x00,0x00,0x00,0x00,0x00,0x00,0x00,0x00,0x00,0x00,0x00,0x00,0x00,0x00,0x00,0x00,
0x00,0x80,0xC0,0xC0,0x80,0xC0,0xC0,0xC0,0xE0,0xFC,0xFF,0xFF,0xFF,0xFF,0xFF,0xFF,
0xFF,0xFF,0xFF,0xFF,0xFF,0xFE,0xFE,0xFE,0xFE,0xFC,0xFC,0xFC,0x58,0x71,0x41,0x02,
0x02,0x00,0x00,0x00,0x01,0x01,0x00,0x00,0x00,0x02,0x00,0x01,0x01,0x01,0x01,0x00,
0x00,0x06,0x04,0x00,0x00,0x00,0x00,0x00,0x00,0x00,0x00,0x00,0x00,0x00,0x00,0x00,
0x00,0x00,0x00,0x00,0x00,0x00,0x00,0x00,0x00,0x00,0x00,0x00,0x0C,0x0C,0x1C,0x1F,
0xBF,0xFF,0x7F,0xFF,0xFF,0x7F,0x7F,0x7F,0x1F,0x1F,0x1F,0x0F,0x1F,0x1F,0x0F,0x07,
0x03,0x03,0x06,0x04,0x00,0x00,0x00,0x00,0x00,0x00,0x00,0x00,0x00,0x00,0x00,0x00,
0x00,0x00,0x00,0x00,0x00,0x00,0x00,0x00,0x00,0x00,0x00,0x00,0x00,0x00,0x00,0x00,
0x00,0x00,0x00,0x00,0x00,0x00,0x01,0x01,0x01,0x01,0x01,0x01,0x01,0x03,0x03,0x03,
0x09,0x01,0x03,0x01,0x01,0x01,0x03,0x01,0x09,0x01,0x02,0x04,0x3E,0x26,0x00,0x00,
0x0C,0x04,0x00,0x40,0x00,0x80,0xE0,0x00,0x00,0x00,0x00,0x00,0x00,0x00,0x00,0x00,
0x00,0x00,0x00,0x00,0x00,0x00,0x00,0x00,0x00,0x00,0x00,0x00,0x00,0x00,0x00,0x10,
```

```
0x10,0x20,0x00,0x00,0x00,0x00,0x00,0x00,0x00,0x00,0x00,0x00,0x00,0x00,0x00,0x00,
0x01,0x01,0x01,0x01,0x00,0x00,0x00,0x00,0x00,0x00,0x00,0x00,0x00,0x00,0x00,0x00,
0x00,0x00,0x00,0x00,0x00,0x00,0x00,0x00,0x00,0x00,0x00,0x00,0x00,0x00,0x00,0x00
};
```

编译通过后，可以将 ptc8-3.hex 文件烧入芯片中。没有用到的双排针不应插短路帽。在标示“LCD128x64”单排座上（20 芯）正确插上 128×64 点阵图形液晶模块（引脚号对应，不能插反）。接通电源。

液晶屏显示出几只勇敢的海燕翱翔在波涛汹涌的大海上（图 8-20），2 秒后出现图片的反白显示（图 8-21）。

图 8-20　驱动 128×64LCM 的实验 3 照片

图 8-21　反白显示的实验 3 照片

8.13.3 怎样制作图片的点阵码表

这里也向读者介绍生成图片的点阵码表的方法：

(1) 找一张素材图片(或者拍摄的照片)，最好是反差明显的，并且图片的内容比较简洁的。由于我们使用的液晶只有 128×64 的分辨率，如果图片的内容很殖杂的话，会使显示效果不理想。图 8-22 是笔者准备的素材图片。

图 8-22　准备一张素材图片

(2) 用数码照相机拍摄(或用扫描仪扫描)的方法，得到该素材图片的数字图片信息(＊.JPG 文件)。

(3) 用 PHOTOSHOP 图像处理软件(或其他图像处理软件)将该素材图片的像素降低为 128×64(＊.JPG 文件)，如图 8-23 所示。

图 8-23　将该素材图片的分辨率降低为 128×64(＊.JPG 文件)

(4) 用 PHOTOSHOP 图像处理软件(或其他图像处理软件)将该素材图片转成 128×64 的黑白图片(＊.BMP 文件)，如图 8-24 所示。

图 8-24　该素材图片转成 128×64 的黑白图片(＊.BMP 文件)

(5) 双击 PCtoLCD2002.exe 打开软件。

(6) 在菜单栏中选择“模式”→“图形模式”命令，如图 8-25 所示。

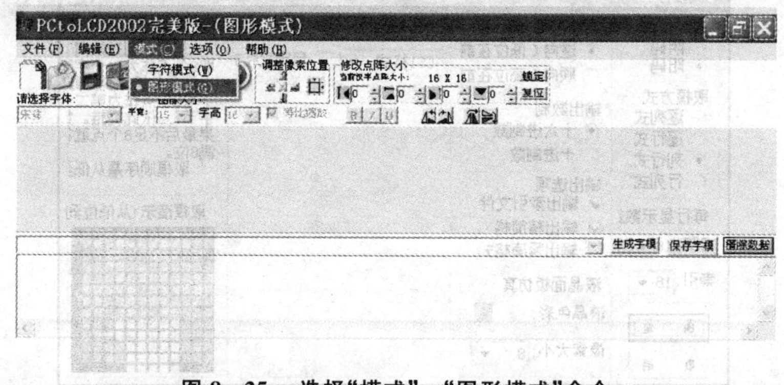

图 8-25　选择“模式”→“图形模式”命令

(7) 在菜单栏中选择“选项”→“字模选项”命令，如图 8-26 所示。接下来按图 8-27进行选项的选择。

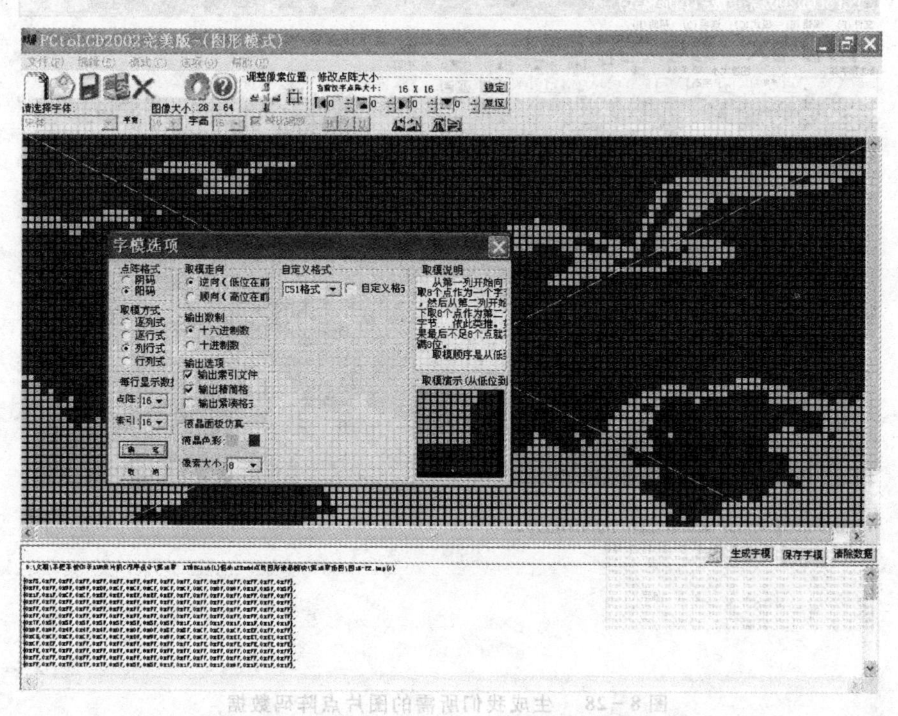

图 8-26　选择“选项”“字模选项”命令

(8) 在菜单栏中选择“文件”→“打开”命令，打开我们刚才制作的 128×64 的黑白图片(*.BMP 文件)。单击“生成字模”按钮，在最下方的字模区就会生成我们所需的图片点阵码数据，如图 8-28 所示。

(9) 将图片点阵码数据复制到源程序中的一个自己命名(如 tu)的数组中即可。

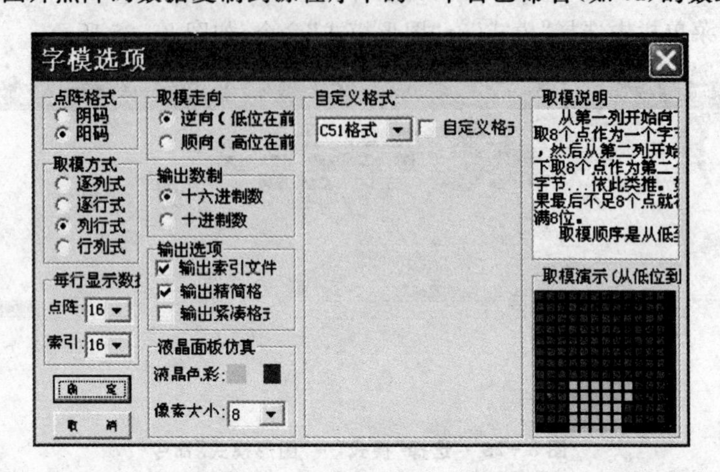

图 8-27　进行选项的选择

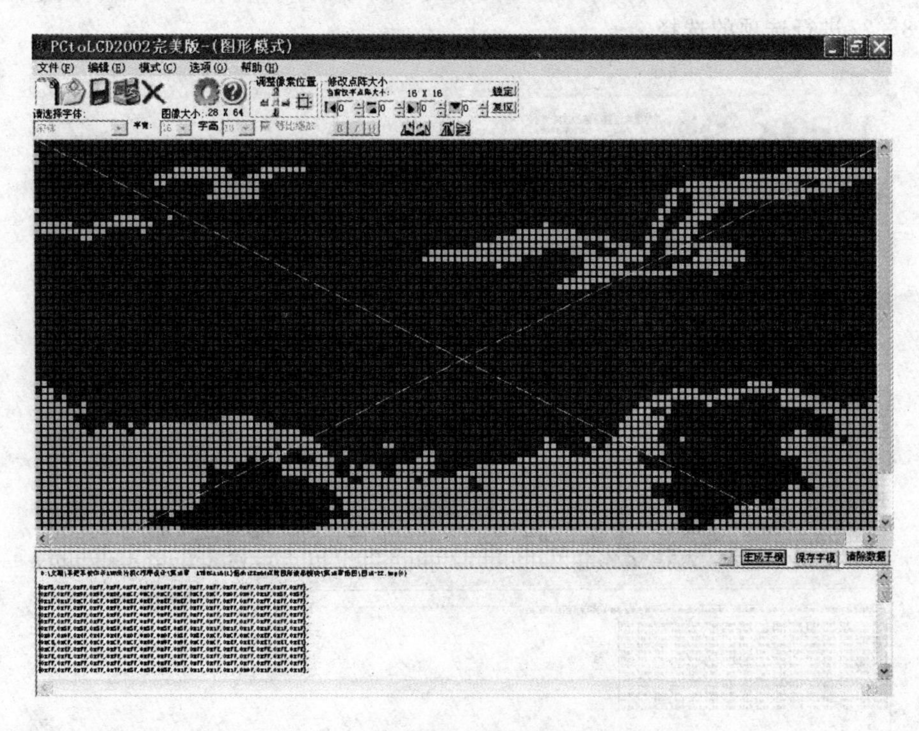

图 8-28　生成我们所需的图片点阵码数据

第9章 中断系统及使用

什么是“中断”？第5章已经简单介绍了中断的一般意义。为了强化大家对中断的理解，这里再重复一下。“中断”的一般意义就是中断某一工作过程去处理一些与本工作过程无关或间接相关或临时发生的事件，处理完后，则继续原工作过程。比如：你在看书，电话响了，你在书上做个记号后去接电话，接完后在原记号处继续往下看书。如有多个中断发生，依优先法则，中断还具有嵌套特性。又比如：看书时，电话响了，你在书上做个记号后去接电话，你拿起电话和对方通话，这时门铃响了，你让打电话的对方稍等一下，你去开门，并在门旁与来访者交谈，谈话结束，关好门，回到电话机旁，拿起电话，继续通话，通话完毕，挂上电话，从作记号的地方继续往下看书。由于一个人不可能同时完成多项任务，因此只好采用中断方法，一件一件地做。

类似的情况在单片机中也同样存在，通常单片机中只有一个CPU，但却要应付诸如运行程序、数据输入/输出以及特殊情况处理等多项任务，为此也只能采用停下一个工作去处理另一个工作的中断方法。在单片机中，“中断”是一个很重要的概念。中断技术的进步使单片机的发展和应用大大地推进了一步。所以，中断功能的强弱已成为衡量单片机功能完善与否的重要指标。中断系统的引入解决了微处理器和外设之间数据传输速率的问题，提高了微处理器的实时性和处理能力。

只有当微处理器处于中断开放时，才能接受外部的中断申请。一个完整的中断处理过程包括中断请求、中断响应、中断处理和中断返回。

中断请求是中断源向微处理器发出的信号，要求微处理器暂停原来执行的程序并为之服务。中断请求可以是电平信号或者脉冲信号。中断请求信号一般保持到微处理器作出响应为止。微处理器在检测到中断请求信号之后，将中止当前正在执行的程序，并对断点实行保护，即将断点的地址（PC值）推入堆栈保护，以便在中断结束时从堆栈弹出断点地址，以便继续执行中断前的任务。然后，微处理器由中断地址表获取中断入口地址，并将此地址送入程序计数器(PC)，从而开始执行中断服务程

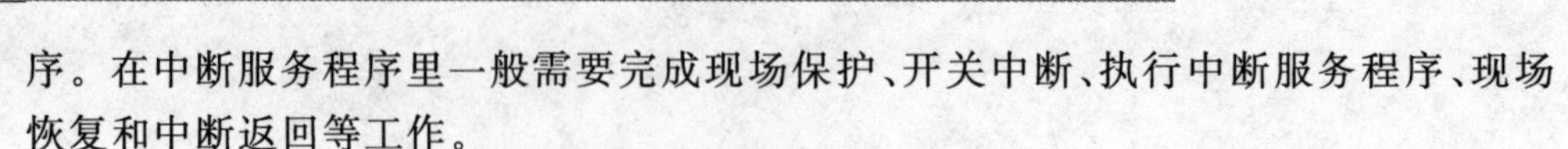

序。在中断服务程序里一般需要完成现场保护、开关中断、执行中断服务程序、现场恢复和中断返回等工作。

9.1 PIC16F877A 的中断系统

在 PIC 单片机家族中，排位属于中上水平的 PIC16F87X 子系列（包括 PIC16F877A）单片机具备的中断源多达 14 种。但 PIC 单片机的中断矢量只有 1 个，并且各个中断源之间也没有优先级别之分，这是它的不足之处。

表 9-1 为 PIC16F87X 系列的中断源及其数量（注：打钩代表具有此功能）。

表 9-1 PIC16F87X 单片机的中断源及其数量

中断源种类	中断源标志位	中断源使能位	PIC16F873/876	PIC16F874/877/877A	PIC16F870	PIC16F871	PIC16F872
外部触发中断 INT	INTF	INTE	√	√	√	√	√
TMR0 溢出中断	T0IF	T0IE	√	√	√	√	√
RB 端口电平变化中断	RBIF	RBIE	√	√	√	√	√
TMR1 溢出中断	TMR1IF	TMR1IE	√	√	√	√	√
TMR2 中断	TMR2IF	TMR2IE	√	√	√	√	√
CCP1 中断	CCP1IF	CCP1IE	√	√	√	√	√
CCP2 中断	CCP2IF	CCP2IE	√	√	—	—	—
SCI 同步发送中断	TXIF	TXIE	√	√	√	√	—
SCI 同步接收中断	RCIF	RCIE	√	√	√	√	—
SSP 中断	SSPIF	SSPIE	√	√	—	—	√
SSP I2C 总线碰撞中断	BCLIF	BCLIE	√	√	—	—	√
并行端口中断	PSPIF	PSPIE	—	√	—	√	—
A/D 转换中断	ADIF	ADIE	√	√	√	√	√
E2PROM 中断	EEIF	EEIE	√	√	√	√	√
			13 种	14 种	10 种	11 种	10 种

9.2 中断源的分类

PIC16F87X 系列单片机中断系统的逻辑电路如图 9-1 所示。按控制原理和使能方式分成两大部分：图 9-1 的右半部分称为内部中断源（或叫中断源第 1 梯队），只安排了 3 个中断源，即：外部触发中断 INT、TMR0 溢出中断、RB 端口电平变化中断；图 9-1 的左半部分称为外部中断源（或叫中断源第 2 梯队），共有 11 个中断源，包括：TMR1 溢出中断、TMR2 中断、CCP1 中断、CCP2 中断、SCI 同步发送中断、SCI

同步接收中断、SSP 中断、SSP I^2C 总线碰撞中断、并行端口中断、A/D 转换中断、E^2PROM 中断。

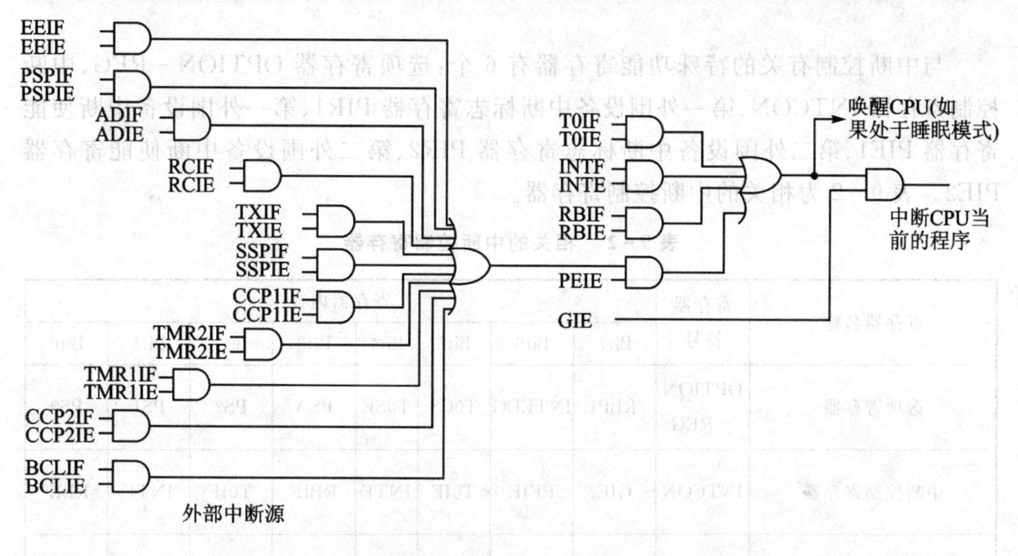

图 9-1　PIC16F87X 系列单片机中断系统的逻辑电路

每一种中断源对应着 1 个中断标志位和 1 个中断使能位，所有的中断源都受总中断使能位 GIE 的控制。对于内部中断源而言，中断使能的条件有 2 个：中断源本身的使能和总中断 GIE 使能；对于外部中断源而言，中断使能的条件有 3 个：除了中断源本身的使能和总中断 GIE 使能外，还有额外的外部中断使能 PEIE。

对于某个中断源而言，只要满足中断的条件，中断标志位就会被置位。当 CPU 响应任何一个中断时，总中断使能位 GIE 会自动清零；当中断返回时它又会自动恢复为 1，重新开放所有的中断源。为了防止对某个中断源的重复响应，在进入该中断程序时，可以用软件将中断标志位清零。

单片机复位后，由硬件对总中断使能位进行自动清零(GIE＝0)。

如果在中断处理期间用软件将已经清零的 GIE 重新置位，这时再出现中断请求，就可以形成中断嵌套。也就是说，如果在响应某一中断期间又响应了其他中断请求，就形成了中断嵌套。发生中断嵌套时，前一中断处理过程被暂停而进入后一中断处理，当后一中断过程被处理完毕之后，才会继续处理前一中断。这样便可形成多级嵌套，甚至自身嵌套。不过嵌套的级数绝对不能超过硬件堆栈的深度(8 级)。

在多级嵌套中断设计时，如果清除中断标志位的指令安排在中断服务程序的尾部，就有可能丢失响应在处理中断期间该中断源第二次中断请求的机会。

如果同时发生多个中断请求，得到优先处理的中断完全取决于在中断服务程序中检查中断源的顺序。原因是各个中断源之间不存在优先级别之分。

9.3 相关的中断控制寄存器

与中断控制有关的特殊功能寄存器有 6 个：选项寄存器 OPTION－REG、中断控制寄存器 INTCON、第一外围设备中断标志寄存器 PIR1、第一外围设备中断使能寄存器 PIE1、第二外围设备中断标志寄存器 PIR2、第二外围设备中断使能寄存器 PIE2。表 9－2 为相关的中断控制寄存器。

表 9－2　相关的中断控制寄存器

寄存器名称	寄存器符号	寄存器内容							
		Bit7	Bit6	Bit5	Bit4	Bit3	Bit2	Bit1	Bit0
选项寄存器	OPTION－REG	/RBPU	INTEDG	T0CS	T0SE	PSA	PS2	PS1	PS0
中断控制寄存器	INTCON	GIE	PEIE	T0IE	INTE	RBIE	T0IF	INTF	RBIF
第 1 外设中断标志寄存器	PIR1	PSPIF	ADIF	RCIF	TXIF	SSPIF	CCP1IF	TMR2IF	TMR1IF
第 1 外设中断屏蔽寄存器	PIE1	PSPIE	ADIE	RCIE	TXIE	SSPIE	CCP1IE	TMR2IE	TMR1IE
第 2 外设中断标志寄存器	PIR2	—	—	—	REIF	BCLIF	—	—	CCP2IF
第 2 外设中断屏蔽寄存器	PIE2	—	—	—	EEIE	BCLIE	—	—	CCP2IE

1. 选项寄存器 OPTION－REG

选项寄存器(OPTION－REG)是一个可读/写的寄存器，其定义如下：

Bit7	Bit6	Bit5	Bit4	Bit3	Bit2	Bit1	Bit0
/RBPU	INTEDG	T0CS	T0SE	PSA	PS2	PS1	PS0

- Bit6－INTEDG：INT 中断信号触发边沿选择位。

  0：RB0/INT 引脚上的上升沿触发。

  1：RB0/INT 引脚上的下降沿触发。

2. 中断控制寄存器 INTCON

中断控制寄存器(INTCON)是一个可读/写的寄存器，涉及各类中断使能状况和内部中断标志位，其定义如下：

Bit7	Bit6	Bit5	Bit4	Bit3	Bit2	Bit1	Bit0
GIE	PEIE	T0IE	INTE	RBIE	T0IF	INTF	RBIF

- Bit0 - RBIF:RB 端口高 4 位引脚 RB4～RB7 电平变化中断标志位。
  0:RB4～RB7 未发生电平变化。
  1:RB4～RB7 已发生电平变化(必须用软件清除)。
- Bit1 - INTF:外部触发 INT 中断标志位。
  0:未发生外部触发 INT 中断申请。
  1:已发生外部触发 INT 中断申请(必须用软件清除)。
- Bit2 - T0IF:TMR0 溢出中断标志位。只要发生 TMRO 计数溢出,就将使 T0lF 置位,而与是否处于中断使能无关。
  0:TMR0 未发生计数溢出。
  1:TMR0 已发生计数溢出(必须用软件清除)。
- Bit3 - RBIE:端口 RB 的引脚 RB4～RB7 电平变化中断使能位。
  0:禁止 RB 端口高 4 位产生电平变化中断。
  1:使能 RB 端口高 4 位产生电平变化中断。
- Bit4 - INTE:外部触发 INT 中断使能位。
  0:禁止外部触发 INT 中断。
  1:使能外部触发 INT 中断。
- Bit5 - T0IE:TMR0 溢出中断使能位。
  0:禁止 TMR0 计数溢出中断。
  1:使能 TMR0 计数溢出中断。
- Bit6 - PEIE:外围中断使能位。
  0:禁止所有外围中断源模块(11 个中断源)的中断请求。
  1:使能所有外围中断源模块(11 个中断源)的中断请求。
- Bit7 - GIE:总中断使能位。
  0:禁止所有中断源模块(14 个中断源)的中断请求。
  1:使能所有中断源模块(14 个中断源)的中断请求。

3. 第一外围设备中断使能寄存器 PIE1

第一外围设备中断使能寄存器(PIE1)是一个可读/写的寄存器,主要涉及 8 个中断源的中断使能位,其定义如下:

Bit7	Bit6	Bit5	Bit4	Bit3	Bit2	Bit1	Bit0
PSPIE	ADIE	RCIE	TXIE	SSPIE	CCP1IE	TMR2IE	TMR1IE

- Bit0 - TMR1IE：TMR1 溢出中断使能位。
  0：禁止 TMR1 计数溢出中断。
  1：使能 TMR1 计数溢出中断。
- Bit1 - TMR2IE：TMR2 溢出中断使能位。
  0：禁止 TMR2 计数溢出中断。
  1：使能 TMR2 计数溢出中断。
- Bit2 - CCP1IE：捕捉比较和脉宽调制 CCP1 模块中断使能位。
  0：禁止 CCP1 模块中断。
  1：使能 CCP1 模块中断。
- Bit3 - SSPIE：同步串行 SSP 通信中断使能位。
  0：禁止 SSP 模块中断。
  1：使能 SSP 模块中断。
- Bit4 - TXIE：SCI 串行通信发送中断使能位。
  0：禁止 SCI 串行通信发送中断。
  1：使能 SCI 串行通信发送中断。
- Bit5 - RCIE：SCI 串行通信接收中断使能位。
  0：禁止 SCI 串行通信接收中断。
  1：使能 SCI 串行通信接收中断。
- Bit6 - ADIE：A/D 转换器中断使能位。
  0：禁止 A/D 转换器的中断。
  1：使能 A/D 转换器的中断。
- Bit7 - PSPIE：RD 并行端口中断使能位。
  0：禁止 RD 并行端口的中断。
  1：使能 RD 并行端口的中断。

4. 第一外围设备中断标志寄存器 PIR1

第一外围中断标志寄存器（PIR1）是一个可读/写的寄存器，主要涉及 8 个中断源的中断标志位，其定义如下：

Bit7	Bit6	Bit5	Bit4	Bit3	Bit2	Bit1	Bit0
PSPIF	ADIF	RCIF	TXIF	SSPIF	CCP1IF	TMR2IF	TMR1IF

- Bit0 - TMR1IF：TMR1 溢出中断标志位。
  0：TMR1 未发生计数溢出。
  1：TMR1 已发生计数溢出（必须用软件清除）。
- Bit1 - TMR2IF：TMR2 溢出中断标志位。

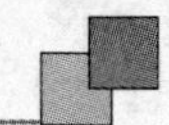

0:TMR2 未发生计数溢出。

1:TMR2 已发生计数溢出(必须用软件清除)。

- Bit2 - CCP1IF:捕捉比较和脉宽调制 CCP1 模块中断标志位。

  0:未发生 CCP1 模块中断申请。

  1:已发生 CCP1 模块中断申请(必须用软件清除)。

- Bit3 - SSPIF:同步串行 SSP 通信中断标志位。

  0:未发生 SSP 模块中断申请,等待下次发送或接收。

  1:已发生 SSP 模块中断申请,完成本次发送或接收(必须用软件清除)。

- Bit4 - TXIF:SCI 串行通信发送中断标志位。

  0:未发生 SCI 模块中断申请,当前正在发送数据。

  1:已发生 SCI 模块中断申请,完成本次数据发送(必须用软件清除)。

- Bit5 - RCIF:SCI 串行通信接收中断标志位。

  0:未发生 SCI 模块中断申请,当前正在准备接收。

  1:已发生 SCI 模块中断申请,完成本次数据接收(必须用软件清除)。

- Bit6 - ADIF:A/D 转换器中断标志位。

  0:未发生 A/D 转换器中断申请。

  1:已发生 A/D 转换器中断申请,完成本次 A/D 转换工作(必须用软件清除)。

- Bit7 - PSPIF:RD 并行端口中断标志位。

  0:未发生 RD 并行端口中断申请。

  1:已发生 RD 并行端口中断申请(必须用软件清除)。

5. 第二外围设备中断使能寄存器 PIE2

第二外围中断使能寄存器(PIE2)是一个可读/写的寄存器,主要涉及 3 个中断源的中断使能位,其定义如下:

Bit7	Bit6	Bit5	Bit4	Bit3	Bit2	Bit1	Bit0
—	—	—	EEIE	BCLIE	—	—	CCP2IE

- Bit0 - CCP2IE:捕捉比较和脉宽调制 CCP2 模块中断使能位。

  0:禁止 CCP2 模块中断。

  1:使能 CCP2 模块中断。

- Bit3 - BCLIE:I^2C 总线冲突中断使能位。

  0:禁止 I^2C 总线冲突中断。

  1:使能 I^2C 总线冲突中断。

- Bit4 - EEIE:EEPROM 中断使能位。

  0:禁止 EEPROM 中断。

  1:使能 EEPROM 中断。

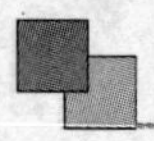

6. 第二外围设备中断标志寄存器 PIR2

第二外围设备中断标志寄存器(PIR2)是一个可读/写的寄存器,主要涉及 3 个中断源的中断标志位,其定义如下:

Bit7	Bit6	Bit5	Bit4	Bit3	Bit2	Bit1	Bit0
—	—	—	EEIF	BCLIF	—	—	CCP2IF

- Bit0 - CCP2IF:捕捉比较和脉宽调制 CCP2 模块中断标志位。

  0:未发生 CCP2 模块中断申请。

  1:已发生 CCP2 模块中断申请(必须用软件清除)。
- Bit3 - BCLIF:I^2C 总线冲突中断标志位。

  0:未发生 I^2C 总线冲突中断申请。

  1:已发生 I^2C 总线冲突中断申请(必须用软件清除)。
- Bit4 - EEIF:EEPROM 中断标志位。

  0:未发生 EEPROM 中断申请,本次写操作正在进行。

  1:已发生 EEPROM 中断申请,本次写操作已经完成(必须用软件清除)。

9.4 外部按键触发中断实验

9.4.1 实验要求

在 PIC DEMO 试验板上,个位数码管循环显示 0~9。按动 INT 按键后,进入中断服务程序,冻结个位数码管的循环显示。图 9-2 为外部按键触发中断实验原理图。

9.4.2 源程序文件及分析

在 D 盘中建立一个文件目录(ptc9-1),在 MPLAB 开发环境中创建一个新工程项目,项目名称也为 ptc9-1。最后输入 C 源程序文件 ptc9-1.c。

```
#include <pic.h>                                   //包含头文件
#define uchar unsigned char                        //数据类型的宏定义
#define uint unsigned int

__CONFIG(HS&WDTDIS&PWRTEN&BORDIS&LVPDIS);  //器件配置
//数码管 0~F 的字形码
const uchar SEG7[16] = {0x3f,0x06,0x5b,0x4f,0x66,0x6d,0x7d,0x07,
                        0x7f,0x6f,0x77,0x7c,0x39,0x5e,0x79,0x71};
//8 个数码管的位选码
const uchar ACT[8] = {0xfe,0xfd,0xfb,0xf7,0xef,0xdf,0xbf,0x7f};
```

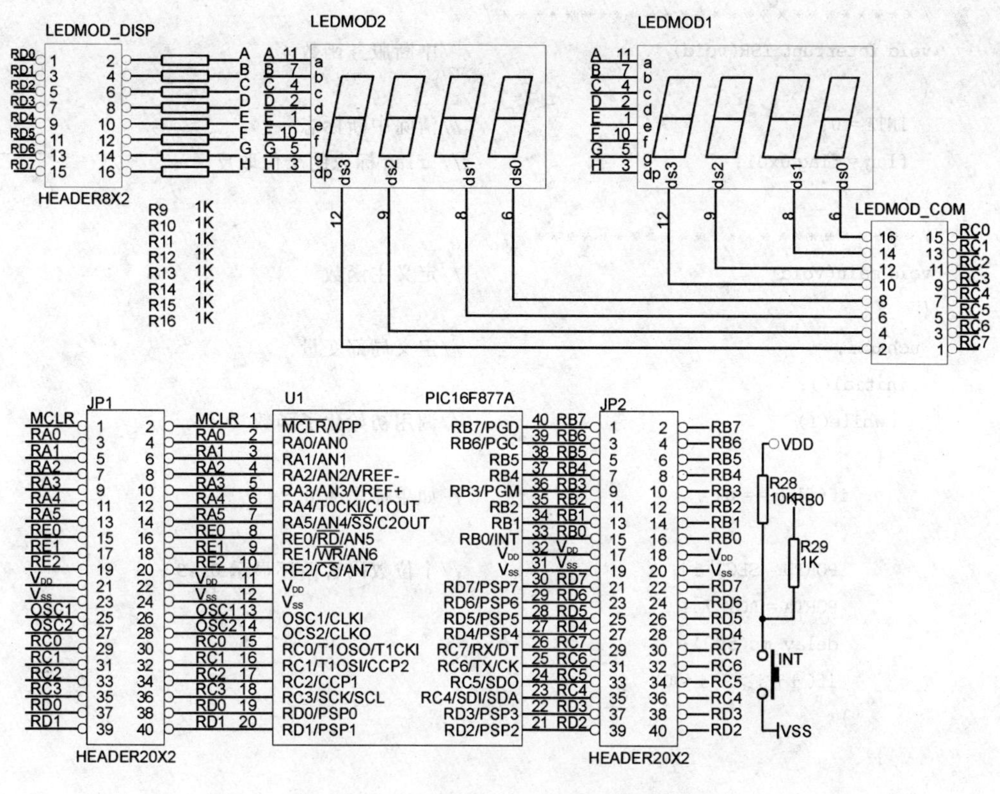

图 9-2　外部按键触发中断实验原理图

```
uchar flag;                                    //定义全局变量作为标志
void delay_ms(uint len)                        //定义延时子函数,延时时间为 len 毫秒
{
uint i,d = 100;
 i = d * len;
 while( -- i){;}
}
/************************************************************/
void initial(void)                             //初始化子函数
{
  OPTION = 0xbf;                               //外部按键上升沿触发
  TRISD = 0x00;                                //RD 口为输出
  TRISC = 0x7f;                                //RC0 为输出
  TRISB = 0x01;                                //RB0 为输入
  INTF = 0;                                    //清除中断标志
  INTE = 1;                                    //使能外部触发 INT 中断
  GIE = 1;                                     //使能总中断
}
```

```
/******************************/
void interrupt ISR(void)                         //中断服务函数
{
  INTF = 0;                                      //清除中断标志
  flag = flag^0x01;                              // flag 标志的个位取反
}
/****************************/
void main(void)                                  //定义主函数
{
 uchar i;                                        //定义局部变量
  initial();
    while(1)                                     //调用初始化子函数
    {
        if(flag == 0)                            //如果标志为 0
        {
         PORTD = SEG7[i];                        //个位数码管循环显示 0~9
         PORTA = ACT[7];
         delay_ms(500);
         if(++i>9)i = 0;
        }
    }
}
```

编译通过后,我们可进行软件模拟仿真或硬件在线仿真。下来就可以将 ptc9 - 1.hex 文件烧入芯片中。PIC DEMO 试验板上标示“LEDMOD_DISP”及“LEDMOD_COM”的双排针插上短路帽,没有用到的双排针不应插短路帽。通电以后我们看到,个位数码管从 0 显示到 9 并循环执行。按动一下 INT 键,个位数码管的数字被冻结;再按动一下 INT 键,数字又循环显示。

9.5 利用 RB 口的电平变化中断读取行列式按键的键值

9.5.1 实验要求

按动行列式按键后进入中断服务程序,读取按键的键值并在个位数码管上显示。图 9 - 3 为行列式按键的中断触发实验原理图。

9.5.2 源程序文件及分析

在 D 盘中建立一个文件目录(ptc9 - 2),在 MPLAB 开发环境中创建一个新工程项目,项目名称也为 ptc9 - 2。最后输入 C 源程序文件 ptc9 - 2.c。

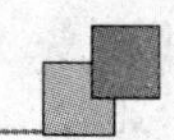

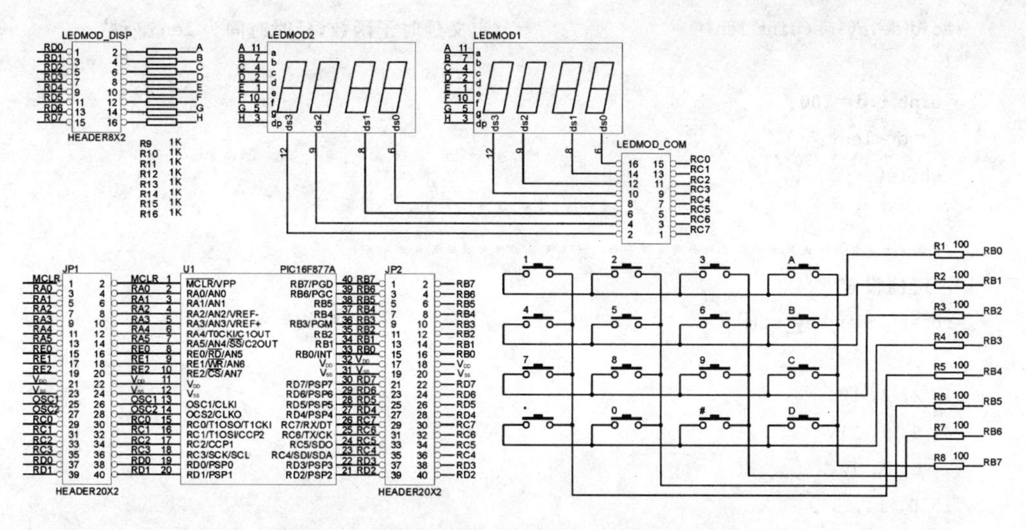

图 9-3　行列式按键的中断触发实验原理图

```
#include <pic.h>                                  //包含头文件
#define uchar unsigned char                       //数据类型的宏定义
#define uint unsigned int

__CONFIG(HS&WDTDIS&PWRTEN&BORDIS&LVPDIS);         //器件配置
//数码管 0~F 的字形码
const uchar SEG7[16] = {0x3f,0x06,0x5b,0x4f,0x66,0x6d,0x7d,0x07,
                        0x7f,0x6f,0x77,0x7c,0x39,0x5e,0x79,0x71};
//8 个数码管的位选码
const uchar ACT[8] = {0xfe,0xfd,0xfb,0xf7,0xef,0xdf,0xbf,0x7f};
/****************************/
uchar flag;
uchar key_scan(void);                             //函数声明
void delay_ms(uint len);
uchar dis_val;                                    //按键键值的显示变量
/*****************************/
void initial(void)                                //初始化子函数
{
  TRISD = 0x00;                                   //RD 口全为输出
  TRISC = 0x00;                                   //RC 口全为输出
  OPTION& = 0x7f;                                 //输入带有上拉电阻
  TRISB = 0xf0;                                   //列输入,行输出
  PORTB = 0xf0;
  RBIE = 1;                                       //使能 RB 口的电平变化中断
  GIE = 1;                                        //使能总中断
}
/****************************/
```

```
void delay_ms(uint len)                   //定义延时子函数,延时时间为 len 毫秒
{
 uint i,d = 100;
 i = d * len;
 while( -- i){;}
}
//************************************
//键值设定
const uchar key_set[ ] =
{
1, 2, 3, 10,
4, 5, 6, 11,
7, 8, 9, 12,
15,0, 14,13
};
//-----------------------------
uchar key_scan(void)                      //按键扫描子函数
{

uchar key,find = 0;                       //定义一个局部变量作为发现按键按下的标志
 TRISB = 0xf0;                            //列输入,行输出
 PORTB = 0xf0;
  if((PORTB&0xf0)! = 0xf0)                //如果有键按下
   { find = 1;                            //发现标志置 1
      if(!RB4){key = 0;}                  //如果第 1 列有键按下
      else if(!RB5){key = 1;}             //如果第 2 列有键按下
      else if(!RB6){key = 2;}             //如果第 3 列有键按下
      else if(!RB7){key = 3;}             //如果第 4 列有键按下
      TRISB = 0x0f;                       //反转方向,行输入,列输出
      PORTB = 0x0f;
      if(!RB0)key += 0;                   //如果第 1 行有键按下
      else if(!RB1)key += 4;              //如果第 2 行有键按下
      else if(!RB2)key += 8;              //如果第 3 行有键按下
      else if(!RB3)key += 12;             //如果第 4 行有键按下
   }
  TRISB = 0xf0;                           //最后置为列输入,行输出,以便下次扫描按键
  PORTB = 0xf0;
  if(find == 1)return key_set[key];       //有键按下,返回键值 0 - 15
  else return 16;                         //无键按下,返回 16
}
```

```
//=======行列式按键的排列============
//    ---------------------------RB4
//  |      ----------------------RB5
//  |    |      ------------------RB6
//  |    |    |      -------------RB7
//  |1   |2   |3   |A
// -0----0----0----0------------RB0
//  |4   |5   |6   |B
// -0----0----0----0------------RB1
//  |7   |8   |9   |C
// -0----0----0----0------------RB2
//  |F   |0   |E   |D
// -0----0----0----0------------RB3
//  |    |    |    |
//=========================
void main(void)                        //定义主函数
{
 initial( );                           //调用初始化子函数
 while(1)                              //无限循环
 {
  OPTION& = 0x7f;                      //输入带有上拉电阻
  TRISB = 0xf0;                        //列输入,行输出
  PORTB = 0xf0;
  RBIE = 1;                            //使能 RB 口的电平变化中断
  GIE = 1;                             //使能总中断
   if(dis_val<16)                      //如果读取的键值为 0～15
   {
     PORTD = SEG7[dis_val];            //在个位数码管上显示
     PORTC = 0xfe;
   }
 }
}
/****************************/
void interrupt ISR(void)               //中断服务函数
{
  RBIF = 0;                            //清除中断标志
  RBIE = 0;       //禁止 RB 口的电平变化中断,避免键扫描时又发生电平变化中断
  dis_val = key_scan( );               //读取键值
delay_ms(20);                          //延时 20ms
}
```

编译通过后,可以将 ptc9－2.hex 文件烧入芯片中。PIC DEMO 试验板上标示

"LEDMOD_DISP"及"LEDMOD_COM"的双排针插上短路帽,没有用到的双排针不应插短路帽。通电以后分别按下行列式按键 0～9 及 A～D、#、* 以后,分别得到键值 0～15。在数码管上显示出 0～9、A～F。不按键,则数码管熄灭。

9.6 多个中断的实验 1

9.6.1 实验要求

PIC DEMO 板上电后,发光管 D0～D7 熄灭。按动 INT 按键后进入中断服务程序,将 D0～D3 点亮;如果按动行列式按键的第二～第四行,将 D4～D7 点亮。图 9-4 为多个中断的实验 1 原理图。

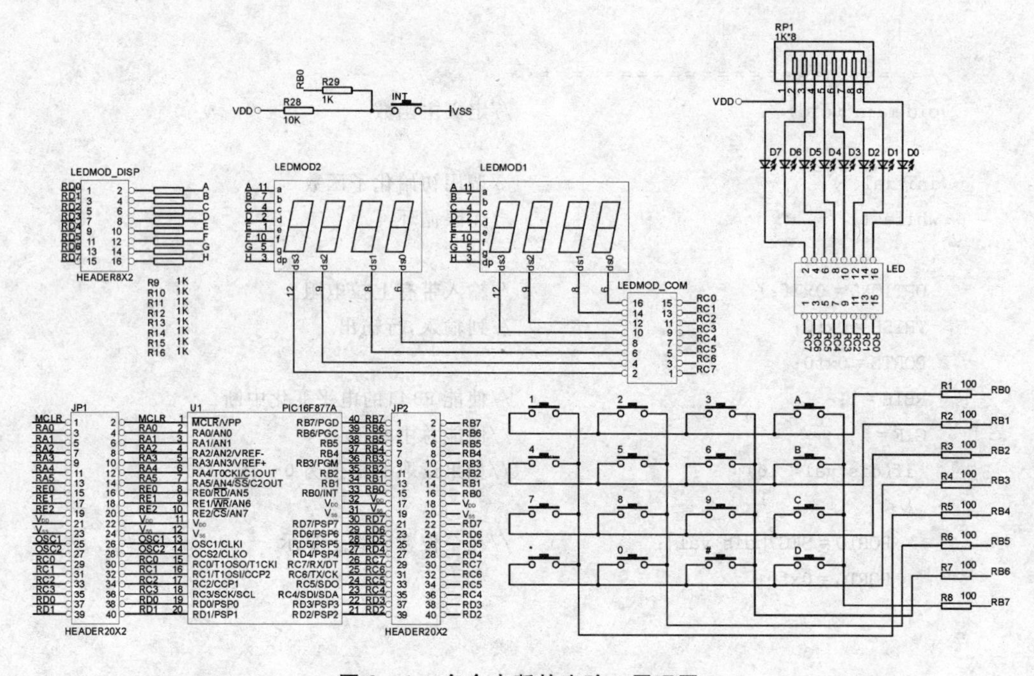

图 9-4 多个中断的实验 1 原理图

9.6.2 源程序文件及分析

在 D 盘中建立一个文件目录(ptc9-3),在 MPLAB 开发环境中创建一个新工程项目,项目名称也为 ptc9-3。最后输入 C 源程序文件 ptc9-3.c。

```
#include <pic.h>                              //包含头文件
#define uchar unsigned char                   //数据类型的宏定义
#define uint unsigned int
__CONFIG(HS&WDTDIS&PWRTEN&BORDIS&LVPDIS);   //器件配置
```

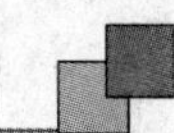

```
/***************************/
void delay_ms(uint len)                //定义延时子函数,延时时间为 len毫秒
{
 uint i,d=100;
 i=d*len;
 while(--i){;}
}
/******************************/
void initial(void)                     //初始化子函数
{
  OPTION=0x3f;                         //输入带有上拉电阻,外部按键上升沿触发
  TRISC=0x00;                          //RC口全为输出
  TRISB=0xf1;                          //RB1、RB4～RB7为输入
  PORTB=0xf1;
  PORTC=0xff;
  INTE=1;                              //使能外部触发 INT 中断
  RBIE=1;                              //使能 RB口的电平变化中断
  GIE=1;                               //使能总中断
}
/****************************/
void interrupt ISR(void)               //中断服务函数
{
 if(INTF)                              //如果外部触发中断标志有效
 {
  INTF=0;                              //清除外部触发标志
  PORTC=0xf0;                          //点亮 D0～D3
 }
 if(RBIF)                              //如果 RB口的电平变化中断标志有效
 {
  RBIF=0;                              //清除 RB口的电平变化中断标志
  PORTC=0x0f;                          //点亮 D4～D7
 }
}
/***************************/
void main(void)                        //定义主函数
{
  initial();                           //调用初始化子函数
    while(1)                           //无限循环
    {
      PORTC=0xff;                      //熄灭 D0～D7
      delay_ms(500);                   //延时 500mS
    }
```

```
}
```

编译通过后,可以将 ptc9－3.hex 文件烧入芯片中。PIC DEMO 试验板上标示"LED"的双排针插上短路帽,没有用到的双排针不应插短路帽。通电以后按动 INT 按键后进入中断服务程序,将 D0～D3 点亮;如果按动行列式按键的第二～第四行,将 D4～D7 点亮。如果同时按下 INT 键和行列式键,则程序首先响应 INT 键的中断。原因是在中断服务程序中按程序的排序首先检查 INT 的中断标志并优先响应。

9.7 单片机休眠状态的中断实验

9.7.1 实验要求

PIC DEMO 板上电后,点亮 D7,然后单片机进入休眠状态。按动行列式按键后引起 RB 口电平变化,将单片机激活。单片机再去检查按下了哪个按键,并将键值显示在数码管上。然后单片机又进入休眠状态。实验原理图与图 9－4 相同。

9.7.2 源程序文件及分析

在 D 盘中建立一个文件目录(ptc9－4),在 MPLAB 开发环境中创建一个新工程项目,项目名称也为 ptc9－4。最后输入 C 源程序文件 ptc9－4.c。

```
#include <pic.h>                                  //包含头文件
#define uchar unsigned char                       //数据类型的宏定义
#define uint unsigned int
__CONFIG(HS&WDTDIS&PWRTEN&BORDIS&LVPDIS);         //器件配置
//数码管 0～F 的字形码
const uchar SEG7[16] = {0x3f,0x06,0x5b,0x4f,0x66,0x6d,0x7d,0x07,
            0x7f,0x6f,0x77,0x7c,0x39,0x5e,0x79,0x71};
//8 个数码管的位选码
const uchar ACT[8] = {0xfe,0xfd,0xfb,0xf7,0xef,0xdf,0xbf,0x7f};
/*****************************/
uchar key_scan(void);                             //函数声明
void delay_ms(uint len);
uchar dis_val;                                    //按键键值的显示变量
/***************************/
void delay_ms(uint len)                           //定义延时子函数,延时时间为 len 毫秒
{
 uint i,d = 100;
 i = d * len;
 while( -- i){;}
}
```

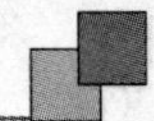

```
//============================
void initial(void)          //初始化子函数
{
  TRISD = 0x00;                          //RD 口全为输出
  TRISC = 0x00;                          //RC 口全为输出
  OPTION& = 0x7f;                        //输入带有上拉电阻
  TRISB = 0xf0;                          //列输入,行输出
  PORTB = 0xf0;
  RBIE = 1;                              //使能 RB 口的电平变化中断
  RBIF = 0;                              //清除 RB 口的电平变化中断标志
  GIE = 0;
}
//************************************
//键值设定
const uchar key_set[ ] =
{
1, 2, 3, 10,
4, 5, 6, 11,
7, 8, 9, 12,
15,0, 14,13
};
//-----------------------------------
uchar key_scan(void)                    //按键扫描子函数
{
 uchar key,find = 0;                    //定义一个局部变量作为发现按键按下的标志
 TRISB = 0xf0;                          //列输入,行输出
 PORTB = 0xf0;
  if((PORTB&0xf0)! = 0xf0)              //如果有键按下
  { find = 1;                           //发现标志置 1
    if(!RB4){key = 0;}                  //如果第 1 列有键按下
    else if(!RB5){key = 1;}             //如果第 2 列有键按下
    else if(!RB6){key = 2;}             //如果第 3 列有键按下
    else if(!RB7){key = 3;}             //如果第 4 列有键按下
    TRISB = 0x0f;                       //反转方向,行输入,列输出
    PORTB = 0x0f;

    if(!RB0)key += 0;                   //如果第 1 行有键按下
    else if(!RB1)key += 4;              //如果第 2 行有键按下
    else if(!RB2)key += 8;              //如果第 3 行有键按下
    else if(!RB3)key += 12;             //如果第 4 行有键按下
  }
  TRISB = 0xf0;                         //最后置为列输入,行输出,以便下次扫描按键
  PORTB = 0xf0;
  if(find == 1)return key_set[key];     //有键按下,返回键值 0~15
  else return 16;                       //无键按下,返回 16
}
```

```
//========================
void main(void)                                  //定义主函数
{
 initial( );                                     //调用初始化子函数
 PORTC| = 0xff;                                  //上电时熄灭发光管
 while(1)                                        //无限循环
 {
   initial( );                                   //重复调用初始化子函数以使单片机进入休眠
   PORTC& = 0x7f;                                //点亮 D7,提示进入休眠
   SLEEP( );                                     //进入休眠
   PORTC| = 0x80;                                //RB 口电平变化后将单片机激活,首先熄灭 D7
   delay_ms(100);                                //延时 100ms,可以观察到 D7 熄灭
   dis_val = key_scan( );                        //调用按键扫描子函数
   if(dis_val<16)                                //如果键值在 0~15 之间
   {
     PORTD = SEG7[dis_val];                      //在数码管上显示键值
     PORTC = 0xfe;
     delay_ms(1);
   }
   else                                          //否则如果键值大于 15,说明有干扰
   {
     PORTD = 0x00;                               //熄灭数码管
     PORTC = 0xff;
     delay_ms(1);
   }
 }
}
```

编译通过后,可以将 ptc9－4.hex 文件烧入芯片中。PIC DEMO 试验板上标示“LED”、“LEDMOD_DISP”及“LEDMOD_COM”的双排针插上短路帽,没有用到的双排针不应插短路帽。通电以后 D7 点亮,然后单片机进入休眠状态。只要一按下行列式按键,则单片机激活,D7 熄灭。同时单片机调用按键扫描子函数,将键值显示在数码管上。以上过程完成后,单片机又进入休眠状态,等待下一次激活。

第 10 章

定时/计数器

PICl6F877A 单片机配置了 3 个定时/计数器，分别为 TMR0、TMR1 和 TMR2。其中 TMR0、TMR2 是 8 位定时/计数器，TMR1 是 16 位定时/计数器，它们的结构与特性并不完全相同，但都可用作定时器或事件计数器，为单片机系统提供计数和定时功能。

定时/计数器在工作时表现为计数累计功能，通常由内部或外部时钟脉冲来驱动。使用内部时钟，称为定时器；使用外部引脚输入的时钟，称为计数器。计数时的触发方式可以是下降沿触发、上升沿触发或是两个边沿都触发，计数的方式一般是递增的累计方式。为了得到较长的计数值(或定时值)，定时/计数器还可配备预(后)分频器来增加每一次计数的时间间隔。除此之外，有的定时/计数器还具有特殊功能(如捕捉、输出比较匹配、PWM 产生等)，这些我们在后面的章节再介绍。

TMR0～TMR2 定时/计数器的功能特点如表 10－1 所列。

表 10－1　TMR0～TMR2 定时/计数器的功能特点

定时/计数器	计数宽度	分频器	常规功能	特殊功能	备注
TMR0	8 位	预分频	定时/计数	—	—
TMR1	16 位	预分频	定时/计数	捕捉、输出比较匹配	可用作低频时基振荡器
TMR2	8 位	预/后分频	定时	PWM	—

10.1　定时/计数器 TMR0

TMR0 是一个通用的 8 位定时/计数器模块，可以作为定时或计数使用。TMR0 带有一个可编程预分频器，可以增加计数值或延长定时时间。TMR0 可以采用时钟信号上升沿、下降沿触发计数方式，计数范围 0～255(0x00～0xff)。如果打开了

TMR0 中断使能，那么在 TMR0 计数溢出时，相应的溢出中断标志自动置位而产生溢出中断。图 10－1 为 TMR0 原理结构框图。

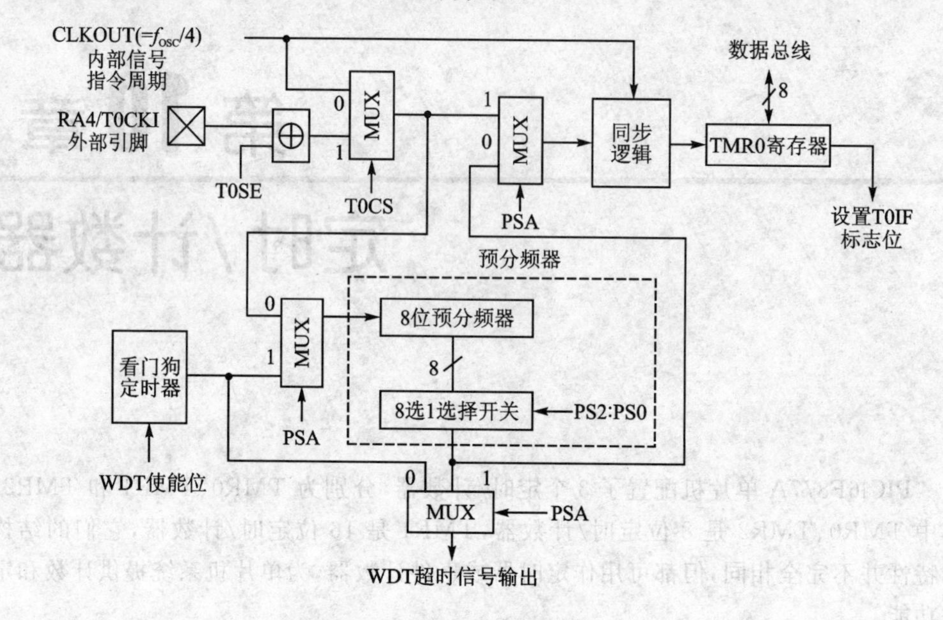

图 10－1　TMR0 原理结构框图

TMR0 主要涉及 4 个寄存器(表 10－2)。

表 10－2　TMR0 相关的 4 个寄存器

寄存器名称	寄存器位定义							
	Bit7	Bit6	Bit5	Bit4	Bit3	Bit2	Bit1	Bit0
TMR0	8 位累加计数寄存器							
OPTION_REG	RBPU	INTEDG	T0CS	T0SE	PSA	PS2	PS1	PS0
INTCON	GIE	PEIE	T0IE	INTE	RBIE	T0IF	INTF	RBIF
TRISA	—	—	TRISA5	TRISA4	TRISA3	TRISA2	TRISA1	TRISA0

1. 定时/计数器 TMR0

8 位定时/计数的核心部件，当赋于初值时，便自动进入计数状态。

2. 选项寄存器 OPTION_REG

选择 TMR0 时钟源、计数触发方式、预分频器等。

3. 中断控制寄存器 INTCON

控制 TMR0 中断使能。

4. 方向寄存器 TRISA

外部触发信号输入端(RA4/TOCKI)的方向定义。

10.1.1 定时/计数器 TMR0 特性

TMR0 是 8 位寄存器,用于存放计数的数值。当 TMR0 送入初始值后,TMR0 便在该初始值的基础上开始(或重新)启动累加计数。最大计数值为 255,TMR0 在 255 后再输入一个脉冲就将产生溢出,此时中断标志位 TOIF 将置位。如果单片机的时钟振荡频率为 4 MHz 时,TMR0 工作于定时器模式,没有使用预分频,那么 TMR0 计数触发信号就是指令周期,即每 1 μs 计数一次,最长定时为 256 μs。

10.1.2 选项寄存器 OPTION_REG

选项寄存器 OPTION_REG 用于配置 TMR0 的工作方式,与 TMR0 有关的各位含义如下。

- Bit5/T0CS:选择 TMR0 的时钟源,确定 TMR0 工作于定时方式还是计数方式。
  0:系统内部指令周期作为定时器 TMR0 的触发信号。
  1:外部引脚 TOCKI 的脉冲信号作为计数器 TMR0 的触发信号。
- Bit4/T0SE:选择计数脉冲触发源的边沿。如果 TMR0 工作于定时器模式,则与该位设置无关。
  0:计数方式,外部脉冲 TOCKI 上升沿触发。
  1:计数方式,外部脉冲 TOCKI 下降沿触发。
- Bit3/PSA:预分频器的分派。
  0:预分频器分派给 TMR0 使用。
  1:预分频器分派给看门狗定时器 WDT(此时 TMR0 的预分频为 1:1)。
- Bit2~Bit0/PS2~PS0:选择预分频器的分频系数(表 10-3)。可见 TMR0 的预分频至少为 1:2,如果将预分频器分派给看门狗定时器 WDT 使用,则 TMR0 的预分频为 1:1。

表 10-3 选择预分频器的分频系数

PS2~PS0	TMR0 分频系数	WDT 分频系数
000	1:2	1:1
001	1:4	1:2
010	1:8	1:4
011	1:16	1:8
100	1:32	1:16
101	1:64	1:32
110	1:128	1:64
111	1:256	1:128

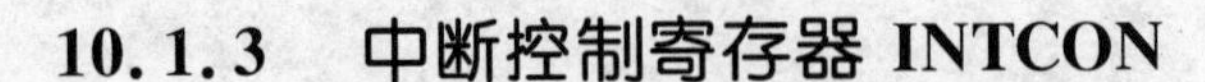

10.1.3 中断控制寄存器 INTCON

TMR0 的中断设置与处理由中断控制寄存器 INTCON 来实行,与 TMR0 有关的各位含义如下。

● Bit7/GIE:总中断使能位。
  0:禁止所有中断。
  1:使能所有中断,但各中断源还受自己的中断使能位控制。
● Bit5/TOIE:TMR0 中断使能位。
  0:禁止 TMR0 中断。
  1:使能 TMR0 中断。
● Bit2/TOIF:TMR0 中断标志位。只要 TMR0 计数溢出,TOIF 就置位。
  0:TMR0 未发生计数溢出。
  1:TMR0 发生计数溢出,必须用软件清零。

10.1.4 方向寄存器 TRISA

方向寄存器 TRISA 用于控制端口 RA 的输入输出方向,,与 TMR0 有关的位含义如下:

● Bit4/TRISA4:在 TMR0 工作于计数器模式时,RA4 引脚设置为输入方式,此时外部脉冲信号 T0CKI 送入 TMR0 进行计数。
  0:端口中 RA4 设置为输出引脚。
  1:端口中 RA4 设置为输入引脚。

10.2 定时/计数器 TMR1

TMR1 为具有较高性能的 16 位定时/计数器,它由 2 个 8 位的寄存器 TMR1H 和 TMR1L 构成。它的计数范围从 0～65535(0x0000～0xffff)。TMR1 计数的触发信号,既可以选择内部系统时钟(设置为定时方式),也可以选择外部触发信号(设置为计数方式)。TMR1 具有较高的性能,除作为普通定时/计数器使用外,还能够与 CCP 模块配合使用,实现输入信号边沿的捕捉和输出信号的比较功能,在频率检测和脉冲宽度测量中得到广泛应用,能应用在广泛的控制领域。图 10-2 为 TMR1 原理结构框图。

两个 8 位的寄存器 TMR1H、TMR1L 是串联起来使用,并且能够自动进位。TMR1 从 0 递增到 65535 之后再返回到 0 时产生溢出,此时溢出标志位 TMR1IF 置位。如果相关中断条件使能,则 CPU 将在下个指令周期响应中断。

TMR1 具有一个可编程预分频器,由用户选择 4 种不同的分频比(1:1、1:2、1:4、1:8)。使用时需注意,在对 TMR1H、TMR1L 进行写操作时,将同时使预分频

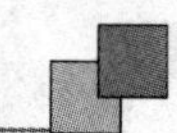

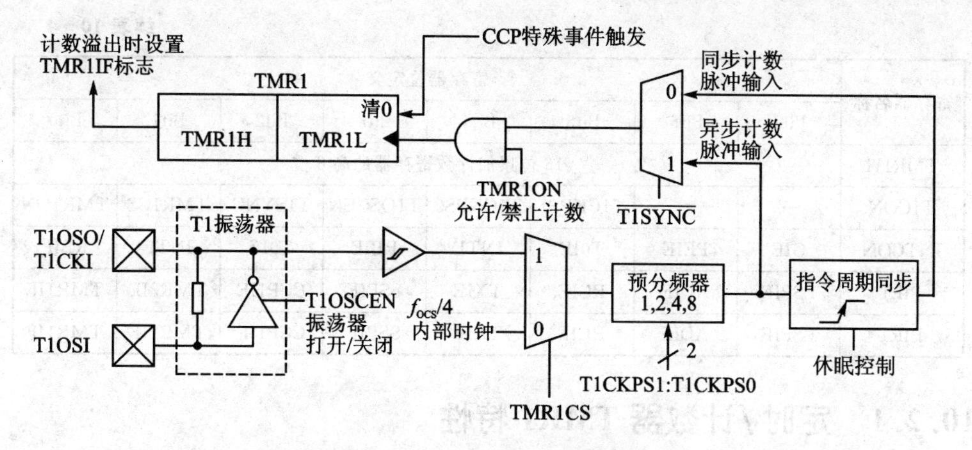

图 10-2 TMR1 原理结构框图

器被清零。如果想禁止预分频器发挥作用,则可以将它的分频比设定为 1:1。

TMR1 可以外接一个 32 768 Hz 的低频晶体振荡器构成一个独立的实时时钟(如图 10-3 所示),TMR1 以此频率作异步计数,这样可使单片机处于睡眠时 TMR1 照样工作,并实现定时唤醒,这可以实现产品的低功耗设计。

TMR1 主要涉及 6 个寄存器(表 10-4)。

1. 寄存器对 TMR1H:TMR1L

TMR1 定时/计数器的核心部件,当赋于初值后,便进入计数准备状态,可通过指令启动 TMRl 工作。

2. TMR1 控制寄存器 T1CON

设置 TMR1 工作方式。

3. 中断控制寄存器 INTCON

控制 TMR1 中断使能。

4. 第一外围中断使能寄存器 PIE1

涉及 TMR1 的中断使能控制。

5. 第一外围中断标志寄存器 PIR1

涉及 TMR1 中断标志位控制。

表 10-4 TMR1 相关的 6 个寄存器

寄存器名称	寄存器位定义							
	Bit7	Bit6	Bit5	Bit4	Bit3	Bit2	Bit1	Bit0
TMR1L	16 位累加计数寄存器的低 8 位							

续表 10-4

寄存器名称	寄存器位定义							
	Bit7	Bit6	Bit5	Bit4	Bit3	Bit2	Bit1	Bit0
TMR1H	16 位累加计数寄存器的高 8 位							
T1CON	—	—	T1CKPS1	T1CKPS0	T1OSCEN	T1SYNC	TMR1CS	TMR1ON
INTCON	GIE	PEIE	T0IE	INTE	RBIE	T0IF	INTF	RBIF
PIE1	PSPIE	ADIE	RCIE	TXIE	SSPIE	CCP1IE	TMR2IE	TMR1IE
PIR1	PSPIF	ADIF	RCIF	TXIF	SSPIF	CCP1IF	TMR2IF	TMR1IF

10.2.1 定时/计数器 TMR1 特性

TMR1 是 16 位寄存器，用于存放计数的数值，采用时钟信号上升沿触发计数方式工作。当 TMR1 送入初始值后，便进入计数准备状态，在指令启动下 TMR1 工作，最大计数值为 65 535。TMR1 在 65 535 后再输入一个脉冲就将产生溢出，此时中断标志位 TMR1IF 将置位，我们可以通过设置 TMR1 中断使能来产生溢出中断。如果单片机的时钟振荡频率为 4 MHz 时，TMR1 工作于定时器模式，没有使用预分频，那么 TMR1 计数触发信号就是指令周期，即每 1 μs 计数一次，最长定时为 65 536 μs。

10.2.2 TMR1 控制寄存器 T1CON

TMR1 工作方式由控制寄存器 INTCON 来设置，与 TMR1 有关的各位含义如下。

- Bit5～Bit4/T1CKPS1～T1CKPS0：TMR1 预分频器的分频比设置。

  11：预分频系数 1:8

  10：预分频系数 1:4

  01：预分频系数 1:2

  00：预分频系数 1:1

- Bit3/T1OSCEN：TMR1 内部振荡器控制。

  0：禁止 TMR1 内部振荡器（低频振荡器）工作。

  1：使能 TMR1 内部振荡器（低频棍荡器），需外接晶体产生振荡时钟。

- Bit2/T1SYNC：TMR1 外部输入时钟与系统时钟同步/异步计数控制位。只有 TMR1 工作于计数方式时，才能进行同步设置。

  0：同步计数模式。

  1：异步计数模式。

- Bit1/TMR1CS：选择 TMR1 计数时钟源。

  0：选择内部指令周期计数（定时器模式）。

1:选择外部引脚 T1CKI 的脉冲计数(计数器模式)。

● Bit0/TMR1CN:TMR1 计数允许/禁止控制位。

0:禁止 TMR1 计数。

1:允许 TMR1 计数。

10.2.3　中断控制寄存器 INTCON

TMR1 的中断设置与处理由中断控制寄存器 INTCON 来实行,与 TMR1 有关的各位含义如下。

● Bit7/GIE:总中断使能位。

0:禁止所有中断。

1:使能所有中断,但各中断源还受自己的中断使能位控制。

● Bit6/PEIE:与 TMR1 中断有关的外围中断使能控制位。

0:禁止所有外围中断源模块(11 个中断源)的中断请求(包含 TMR1)。

1:使能所有外围中断源模块(11 个中断源)的中断请求(包含 TMR1)。

10.2.4　第一外围中断使能寄存器 PIE1

第一外围设备中断使能寄存器 PIE1,主要涉及 8 个中断源的中断使能位,与 TMR1 有关的各位含义如下:

● Bit0/TMR1IE:TMR1 溢出中断使能位。

0:禁止 TMR1 计数溢出中断。

1:使能 TMR1 计数溢出中断。

10.2.5　第一外围中断标志寄存器 PIR1

第一外围中断标志寄存器 PIR1,主要涉及 8 个中断源的中断标志位,与 TMR1 有关的各位含义如下。

● Bit0/TMR1IF:TMR1 溢出中断标志位。

0:TMR1 未发生计数溢出。

1:TMR1 已发生计数溢出(必须用软件清除)。

10.3　定时器 TMR2

与 TMR0 一样,TMR2 也是一个 8 位的定时器,但 TMR2 还具有其他特色,它可以和 CCP 模块搭配产生 PWM 信号,在电动机控制上很有用。但和 TMR0 相比,TMR2 没有时钟输入的外部引脚,因而只能工作于定时器模式。图 10-3 为 TMR2 原理结构框图。

TMR2 含有一个前置预分频器和一个后置预分频器,同时还有一个周期控制寄

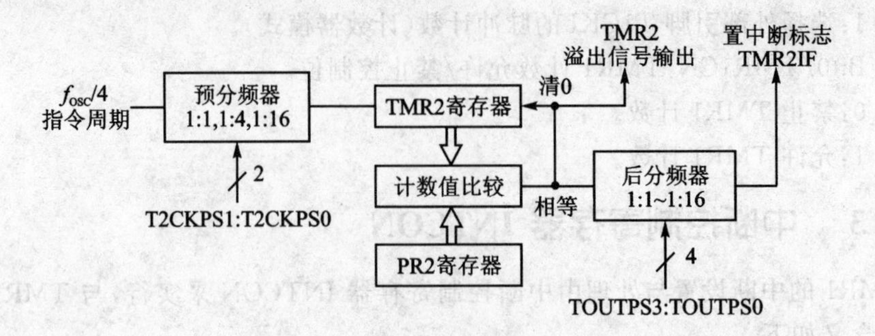

图 10-3　TMR2 原理结构框图

存器 PR2。TMR2 的计数溢出与 TMR2 相比有很大的差异，它并不是采用计数满后(全 1)自然溢出，而是取决于 TMR2 计数值和周期寄存器 PR2 预置值比较的结果。实时对比 TMR2 和 PR2，一旦两者相等，TMR2 即刻自动归零，同时向后分频器输出一个溢出信号。我们看到，溢出信号并没有直接产生溢出中断，而只是作为后分频器的计数脉冲，只有当后分频器再产生溢出时，才会将溢出中断标志位 TMR2IF 置位。如果 TMR2 开放了中断使能，则从下个指令周期，进入 TMR2 溢出中断响应。

应用时须注意：单片机系统复位时，TMR2 会自动清零，周期寄存器 PR2 自动设置为 FFH。

TMR2 设置有前置预分频器和后置预分频器，因此计数(延时)范围非常宽。前置预分频器可以选择 3 种不同的分频比(1∶1、1∶4、1∶16)，而后置预分频器可以连续选择 16 种不同的分频比(1∶1～1∶16)。

TMR2 主要涉及 6 个寄存器(表 10-5)。

1. 定时器 TMR2

8 位定时的核心部件，可以赋于初值。可通过指令启动 TMR2 工作。

2. TMR2 控制寄存器 T2CON

选择 TMR2 的工作模式(设置 TMR2 的前/后分频器以及启动 TMR2 计数)。

3. 中断控制寄存器 INTCON

控制 TMR2 中断使能。

4. 第一外围中断使能寄存器 PIE1

涉及 TMR2 的中断使能控制。

5. 第一外围中断标志寄存器 PIR1

涉及 TMR2 中断标志位控制。

6. TMR2 周期寄存器 PR2

用来设置 TMR2 模块溢出的参考标志，即 PR2 和 TMR2 计数值相等时发生溢出。

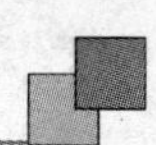

表10-5　TMR2相关的6个寄存器

寄存器名称	寄存器位定义							
	Bit7	Bit6	Bit5	Bit4	Bit3	Bit2	Bit1	Bit0
TMR2	8位累加计数寄存器							
T2CON	—	TOUTPS3	TOUTPS2	TOUTPS1	TOUTPS0	TMR2ON	T2CKPS1	T2CKPS0
INTCON	GIE	PEIE	T0IE	INTE	RBIE	T0IF	INTF	RBIF
PIE1	PSPIE	ADIE	RCIE	TXIE	SSPIE	CCP1IE	TMR2IE	TMR1IE
PIR1	PSPIF	ADIF	RCIF	TXIF	SSPIF	CCP1IF	TMR2IF	TMR1IF
PR2	TMR2定时周期控制寄存器							

10.3.1　定时器TMR2特性

TMR2是8位寄存器，用于存放计数的数值，在指令启动下TMR2工作，最大计数值为255。

10.3.2　TMR2控制寄存器T2CON

TMR2工作方式由控制寄存器T2CON来设置，与TMR2有关的各位含义如下：

● Bit6～Bit3/TOUTPS3～TOUTPS0：TMR2后置预分频器的分频比设置。
0000：预分频系数1∶1。
0001：预分频系数1∶2。
……
1111：预分频系数1∶16。

● Bit2/TMR2ON：TMR2计数允许/禁止控制位。
0：禁止TMR2计数。
1：允许TMR2计数。

● Bit1～Bit0/T2CKPS1～T2CKPS0：TMR2前置预分频器的分频比设置。
00：预分频系数1∶1。
01：预分频系数1∶4。
1x：预分频系数1∶16。

10.3.3　中断控制寄存器INTCON

TMR2的中断设置与处理由中断控制寄存器INTCON来实行，与TMR2有关的各位含义如下：

● Bit7/GIE：总中断使能位。
0：禁止所有中断。

1：使能所有中断，但各中断源还受自己的中断使能位控制。

- Bit6/PEIE：与 TMR2 中断有关的外围中断使能控制位。

  0：禁止所有外围中断源模块(11 个中断源)的中断请求(包含 TMR2)。

  1：使能所有外围中断源模块(11 个中断源)的中断请求(包含 TMR2)。

10.3.4 第一外围中断使能寄存器 PIE1

第一外围设备中断使能寄存器 PIE1，主要涉及 8 个中断源的中断使能位，与 TMR2 有关的各位含义如下：

- Bit1/TMR2IE：TMR2 溢出中断使能位。

  0：禁止 TMR2 计数溢出中断。

  1：使能 TMR2 计数溢出中断。

10.3.5 第一外围中断标志寄存器 PIR1

第一外围中断标志寄存器 PIR1，主要涉及 8 个中断源的中断标志位，与 TMR2 有关的各位含义如下：

- Bit1/TMR2IF：TMR2 溢出中断标志位。

  0：TMR2 未发生计数溢出。

  1：TMR2 已发生计数溢出(必须用软件清除)。

10.3.6 TMR2 周期寄存器 PR2

可由软件设置 TMR2 模块溢出时的数值，即当 PR2 和 TMR2 计数值相等时发生溢出信号。

10.4 蜂鸣器发出 1 kHz 音频的实验

10.4.1 实验要求

TMR0 工作于定时器状态，采用查询方式工作，每 500 μs 驱动端口翻转一次，使蜂鸣器发出 1 kHz 音频。图 10-4 为蜂鸣器发声实验原理图。

10.4.2 源程序文件及分析

在 D 盘中建立一个文件目录(ptc10-1)，在 MPLAB 开发环境中创建一个新工程项目，项目名称也为 ptc10-1。最后输入 C 源程序文件 ptc10-1.c。

```
#include<pic.h>                              //包含头文件
#define uchar unsigned char                  //数据类型的宏定义
#define uint unsigned int
```

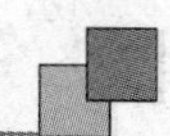

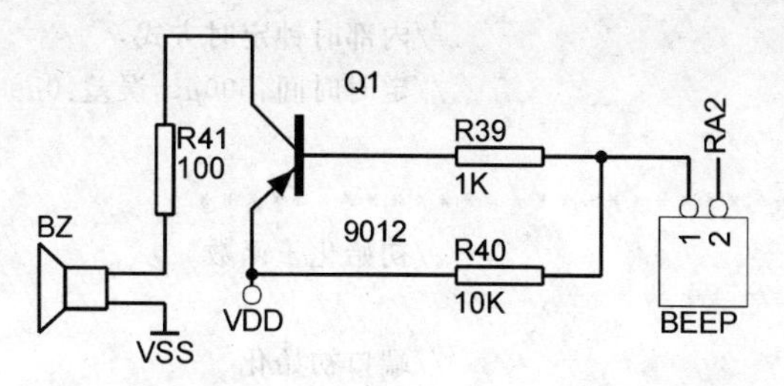

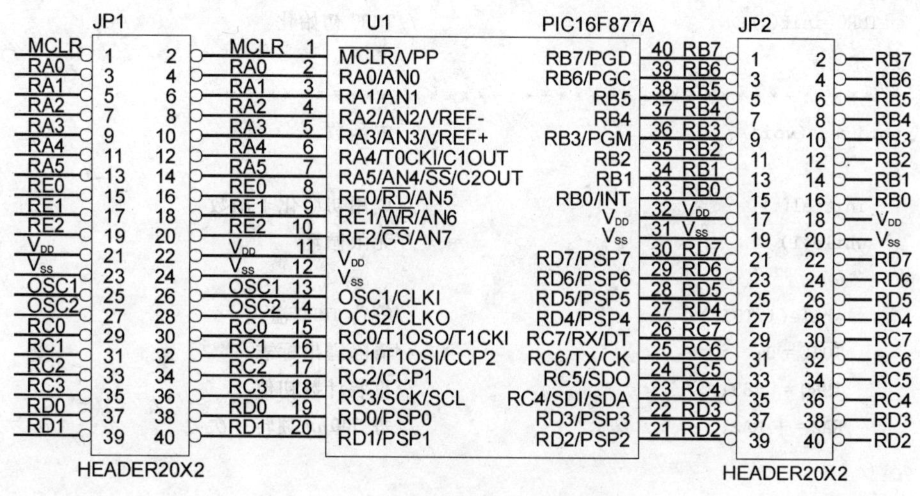

图 10-4　蜂鸣器发声实验原理图

```
__CONFIG(HS&WDTDIS&PWRTEN&BORDIS&LVPDIS);    //器件配置
void delay_ms(uint len)                      //定义延时子函数,延时时间为 len 毫秒
{
  uint i,d = 100;
  i = d * 100;
  while( -- i){;}
}

//***********************************
void PORT_init(void)                         //端口初始化
{
  ADCON1 = 0x06;                             //PORTA 作为数字 I/O 使用
  TRISA2 = 0;                                //RA2 输出
  RA2 = 1;                                   //RA2 初始化为高电平
}

//***********************************
void TMR0_init(void)                         //TMR0 初始化
{
  PSA = 0;                                   //TMR0  使用预分频器
  PS0 = 1;PS1 = 0;PS2 = 0;                   //TMR0 选择分频率为 1:4
```

```
  T0CS = 0;                                        //内部时钟定时方式
  TMR0 = 0x83;                                     //定时时间:500μs,误差:0μs
}
//****************************************
void initial(void)                                 //初始化子函数
{
  PORT_init( );                                    //端口初始化
  TMR0_init( );                                    //TMR0 初始化
}
//****************************************
void main(void)                                    //主函数
{
   initial( );                                     //调用初始化子函数
   while(1)                                        //无限循环
  {
      while(! T0IF);                               //等待 TMR0 溢出
      T0IF = 0;                                    //清除溢出标志
      TMR0 = 0x83;                                 //重装计数初值
      RA2 = ! RA2;                                 //每 500μs 翻转一次
   }
}
```

编译通过后,我们可进行软件模拟仿真或硬件在线仿真。接下来可以将 ptc10 - 1. hex 文件烧入芯片中。PIC DEMO 试验板上标示"BEEP"的排针插上短路帽,没有用到的双排针不应插短路帽。通电以后我们能听到蜂鸣器发出清晰的 1 kHz 音频。

10.5 时间精确的闪烁灯实验

10.5.1 实验要求

TMR1 工作于定时器状态,采用中断方式工作,每 500 ms 驱动端口翻转一次,使 LED 发出时间精确的闪光。图 10 - 5 为闪烁灯实验原理图。

10.5.2 源程序文件及分析

在 D 盘中建立一个文件目录(ptc10 - 2),在 MPLAB 开发环境中创建一个新工程项目,项目名称也为 ptc10 - 2。最后输入 C 源程序文件 ptc10 - 2. c。

```
#include<pic.h>                    //包含头文件
#define uchar unsigned char        //数据类型的宏定义
```

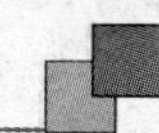

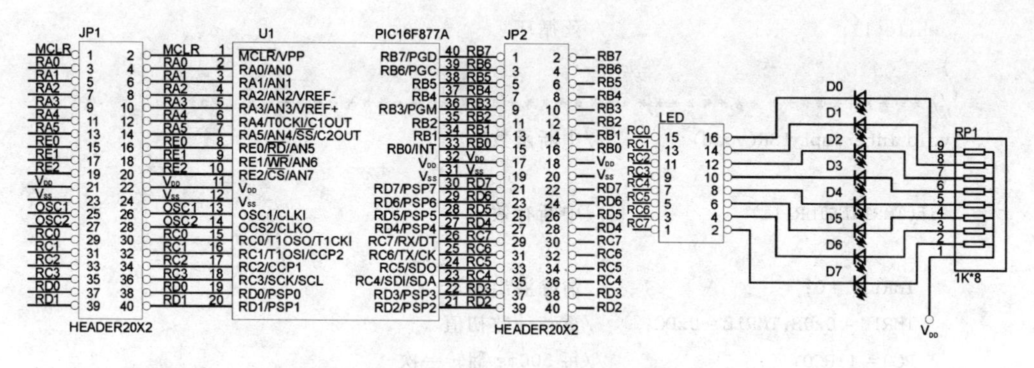

图 10-5 闪烁灯实验原理图

```
#define uint unsigned int
__CONFIG(HS&WDTDIS&PWRTEN&BORDIS&LVPDIS); //器件配置
//****************************************
void PORT_init(void)                //端口初始化
{
 TRISC0 = 0;                        //RC0 输出
 RC0 = 1;                           //RC0 初始化为高电平
}
//****************************************
void TMR1_init(void)                //TMR1 初始化
{
 T1CKPS0 = 1;T1CKPS1 = 1;           //TMR1 使用预分频率 1:8
 T1OSCEN = 0;                       //低频时钟停止工作
 TMR1CS = 0;                        //TMR1 工作定时器模式,定时时间:500000μs,误差:0μs
 TMR1H = 0x0B;TMR1L = 0xDC;         //定时初值
 TMR1ON = 1;                        //启动 TMR1
 TMR1IE = 1;                        //TMR1 中断允许
 PEIE = 1;                          //开外围中断
 GIE = 1;                           //开总中断
}
//****************************************
void initial(void)                  //初始化子函数
{
 PORT_init( );                      //调用端口初始化子函数
 TMR1_init( );                      //调用 TMR1 初始化子函数
}
//****************************************
void main(void)                     //主函数
{
 initial( );                        //调用初始化子函数
```

```
 while(1);                          //死循环
}
//*******************************************************
void interrupt ISR(void)            //中断函数
{
 if(TMR1IF&TMR1IE)                  //中断有效
 {
   TMR1IF = 0;                      //清除溢出标志
   TMR1H = 0x0B;TMR1L = 0xDC;       //重装计数初值
   RC0 = ! RC0;                     //每 500ms 翻转一次
 }
}
```

编译通过后，我们可进行软件模拟仿真或硬件在线仿真。下来就可以将 ptc10-2.hex 文件烧入芯片中。PIC DEMO 试验板上标示“LED”的双排针插上短路帽，没有用到的双排针不应插短路帽。通电以后我们看到，发光管 D0 每 500 ms 闪烁一次，时间很准。

10.6 中断扫描方式驱动 8 位数码管实验

10.6.1 实验要求

TMR2 工作于定时器状态，采用中断方式工作，每 1 毫秒中断一次，点亮一位数码管。由于驱动 8 位数码管只需要 8 ms，因此显示很稳定，无闪烁现象。图 10-6 为中断扫描方式驱动 8 位数码管实验的原理图。

10.6.2 源程序文件及分析

在 D 盘中建立一个文件目录(ptc10-3)，在 MPLAB 开发环境中创建一个新工程项目，项目名称也为 ptc10-3。最后输入 C 源程序文件 ptc10-3.c。

```
#include<pic.h>                                      //包含头文件
#define uchar unsigned char                           //数据类型的宏定义
#define uint unsigned int
__CONFIG(HS&WDTDIS&PWRTEN&BORDIS&LVPDIS);             //器件配置
//数码管 0~F 的字形码
const uchar SEG7[16] = {0x3f,0x06,0x5b,0x4f,0x66,0x6d,0x7d,0x07,
                        0x7f,0x6f,0x77,0x7c,0x39,0x5e,0x79,0x71};
//8 个数码管的位选码
const uchar ACT[8] = {0xfe,0xfd,0xfb,0xf7,0xef,0xdf,0xbf,0x7f};
```

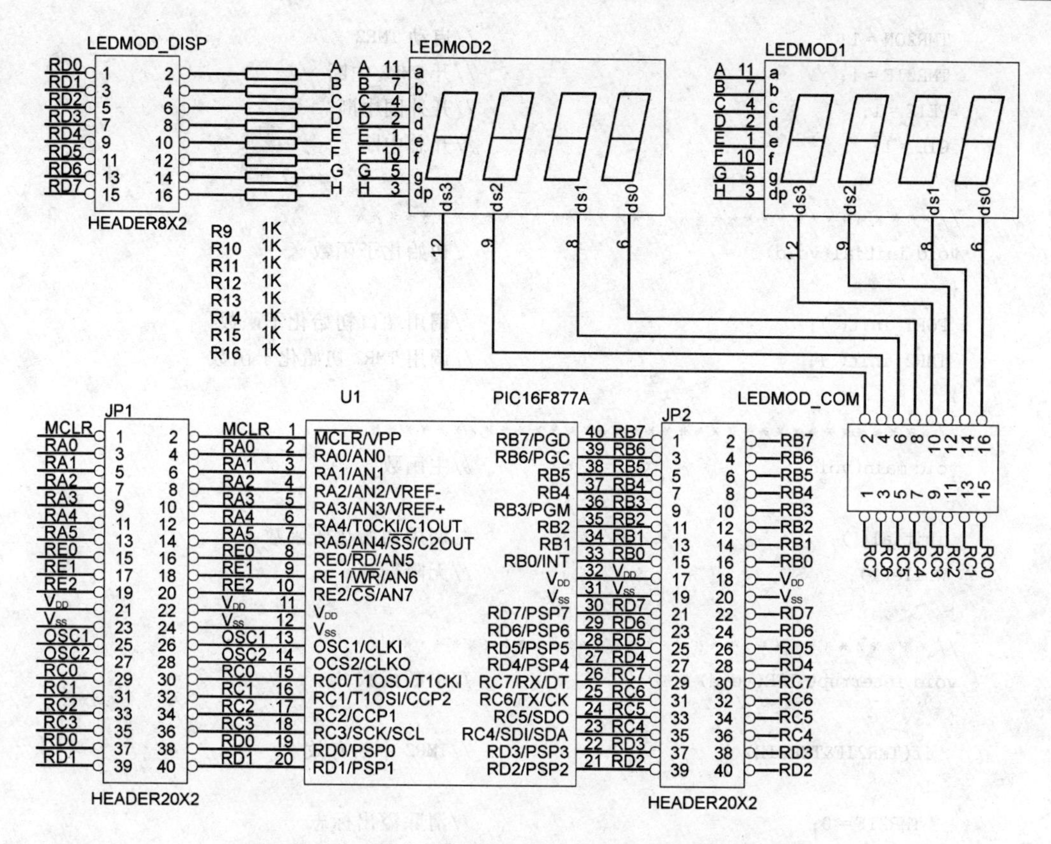

图 10-6　中断扫描方式驱动 8 位数码管实验的原理图

```
uchar i;                                        //全局变量定义
//************************************
void PORT_init(void)                            //端口初始化
{
 TRISD = 0x00;                                  //RD 口为输出
 TRISC = 0x00;                                  //RC 口为输出
 PORTD = 0x00;                                  //RD 口初始化输出低电平
 PORTC = 0xff;                                  //RC 口初始化输出高电平
}
//************************************
void TMR2_init(void)                            //TMR2 初始化
{
 T2CKPS0 = 1;T2CKPS1 = 0;                       //TMR2 使用前置预分频率 1:4
 TOUTPS0 = 0;                                   //TMR2 使用后置预分频率 1:1
 TOUTPS1 = 0;
 TOUTPS2 = 0;
 TOUTPS3 = 0;
 TMR2 = 0x06;                                   //TMR2 定时为:1000μs,误差:0μs
```

```
  TMR2ON = 1;                              //启动 TMR2
  TMR2IE = 1;                              //开 TMR2 中断
  PEIE = 1;                                //开外围中断
  GIE = 1;                                 //开总中断
}
//************************************
void initial(void)                         //初始化子函数
{
  PORT_init( );                            //调用端口初始化子函数
  TMR2_init( );                            //调用 TMR2 初始化子函数
}
//************************************
void main(void)                            //主函数
{
  initial( );                              //调用初始化子函数
  while(1);                                //无限循环
}
//************************************
void interrupt ISR(void)                   //中断函数
{
   if(TMR2IF&TMR2IE)                       //TMR2 中断有效
   {
    TMR2IF = 0;                            //清除溢出标志
    TMR2 = 0x06;                           //重装初值
    PORTD = SEG7[i];                       //送入数码管字形码
    PORTC = ACT[i];                        //点亮 8 位数码管
    if( + + i>7)i = 0;                     //扫描计数器递加
   }
}
```

编译通过后，我们可进行软件模拟仿真或硬件在线仿真。下来就可以将 ptc10-3.hex 文件烧入芯片中。PIC DEMO 试验板上标示“LEDMOD_DISP”及“LEDMOD_COM”的双排针插上短路帽，没有用到的双排针不应插短路帽。通电以后我们看到，8 位数码管从右向左显示 0～7。

10.7 计数器实验

10.7.1 实验要求

TMR1 工作于计数器状态，按键 S1 每按动一下，计数器加一次。图 10-7 为计数器实验的原理图。

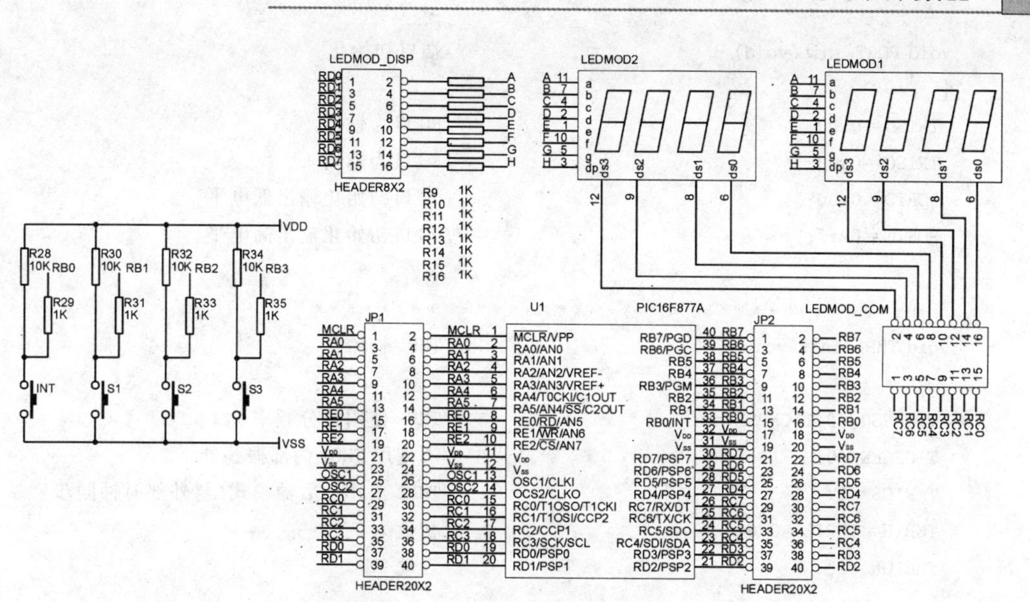

图 10-7　计数器实验的原理图

10.7.2　源程序文件及分析

在 D 盘中建立一个文件目录(ptc10-4),在 MPLAB 开发环境中创建一个新工程项目,项目名称也为 ptc10-4。最后输入 C 源程序文件 ptc10-4.c。

```
#include<pic.h>                                //包含头文件
#define uchar unsigned char                    //数据类型的宏定义
#define uint unsigned int

__CONFIG(HS&WDTDIS&PWRTEN&BORDIS&LVPDIS);      //器件配置
//数码管 0～F 的字形码
const uchar SEG7[16] = {0x3f,0x06,0x5b,0x4f,0x66,0x6d,0x7d,0x07,
                        0x7f,0x6f,0x77,0x7c,0x39,0x5e,0x79,0x71};
//8 个数码管的位选码
const uchar ACT[8] = {0xfe,0xfd,0xfb,0xf7,0xef,0xdf,0xbf,0x7f};
uint CNT;                                      //全局变量
//**************************************
void delay_ms(uint len)                        //定义延时子函数,延时时间为 len 毫秒
{
 uint i,d = 100;
 i = d * len;
 while(--i){;}
}
/***************************************/
```

```
void PORT_init(void)                          //端口初始化
{
 TRISD = 0x00;                                //RD 口为输出
 TRISC = 0x03;                                //RC 口为输出
 PORTD = 0x00;                                //RD 口初始化输出低电平
 PORTC = 0xff;                                //RC 口初始化输出高电平
}
//****************************************
void TMR1_init(void)                          //TMR1 初始化
{
 T1CKPS0 = 0;T1CKPS1 = 0;                     //TMR1 使用预分频率 1:1
 T1OSCEN = 0;                                 //不使用 TMR1 内部振荡器
 TMR1CS = 1;                                  //TMR1 工作计数器模式(与外部时钟同步)
 TMR1H = TMR1L = 0x00;                        //初值为 0
 TMR1ON = 1;                                  //启动 TMR1
}                                //
/****************************************/
void initial(void)                            //初始化子函数
{
 PORT_init( );                                //端口初始化子函数
 TMR1_init( );                                //TMR1 初始化子函数
}
/**********************************/
void main(void)                               //主函数
{
 initial( );                                  //初始化子函数
     while(1)                                 //无限循环
     {
       CNT = (TMR1H<<8) + TMR1L;              //读取计数值
       PORTD = SEG7[CNT % 10];PORTC = ACT[3];            //显示个位
       delay_ms(1);
       PORTD = SEG7[(CNT/10) % 10];PORTC = ACT[4];       //显示十位
       delay_ms(1);
       PORTD = SEG7[(CNT/100) % 10];PORTC = ACT[5];      //显示百位
       delay_ms(1);
       PORTD = SEG7[(CNT/1000) % 10];PORTC = ACT[6];     //显示千位
       delay_ms(1);
       PORTD = SEG7[CNT/10000];PORTC = ACT[7];           //显示万位
       delay_ms(1);
     }
}
```

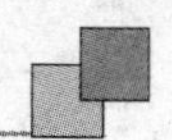

编译通过后,我们可进行软件模拟仿真或硬件在线仿真。下来就可以将 ptc10-4.hex 文件烧入芯片中。PIC DEMO 试验板上标示"LEDMOD_DISP"及"LEDMOD_COM"的双排针插上短路帽,RC0/TICKI 通过跳线连接到 RB1,没有用到的双排针不应插短路帽。通电以后我们看到,5 位数码管显示 00000。按动一下 S1 键,数字变为 00001;再按动一下 S1 键,数字又增加 1,为 00002;……

10.8 4 位跑表实验

10.8.1 实现方法

做一个简易跑表的设计实验。我们使用 INT 键进行计时的开始/停止,使用 S1 键作计时值的清除,并且采用 8 位数码管的右 4 位进行显示。定时器 T0 被用作扫描 4 位数码管,而定时器 T1 则用来计时。实验原理图与图 10-7 相同。

10.8.2 源程序文件及分析

在 D 盘中建立一个文件目录(ptc10-5),在 MPLAB 开发环境中创建一个新工程项目,项目名称也为 ptc10-5。最后输入 C 源程序文件 ptc10-5.c。

```
#include<pic.h>                                   //包含头文件
#define uchar unsigned char                       //数据类型的宏定义
#define uint unsigned int

__CONFIG(HS&WDTDIS&PWRTEN&BORDIS&LVPDIS);         //器件配置

//数码管 0~F 的字形码
const uchar SEG7[16] = {0x3f,0x06,0x5b,0x4f,0x66,0x6d,0x7d,0x07,
                        0x7f,0x6f,0x77,0x7c,0x39,0x5e,0x79,0x71};
//8 个数码管的位选码
const uchar ACT[8] = {0xfe,0xfd,0xfb,0xf7,0xef,0xdf,0xbf,0x7f};

#define CPL_BIT(x,y) (x^= (1 << y))               //端口翻转的宏定义
uint cnt;                                         //全局变量
uchar start_flag = 0x00;                          //启动标志,全局变量
uchar i;                                          //4 位数码管的扫描计数器,全局变量

#define S1 RB1                                    //按键定义

void delay_ms(uint len)                           //定义延时子函数,延时时间为 len 毫秒
{
 uint i,d = 100;
 i = d * len;
 while( -- i){;}
}
```

```
/****************************/
void delay_10ms(void)                        //定义 10ms 延时子函数
{
 uint i,d = 100;
 i = d * 10;
 while( -- i){;}
}
/***************************/
void PORT_init(void)                         //端口初始化
{
  TRISB = 0xff;                              //RB 口为输入
  PORTB = 0xff;                              //RB 口初始化为高电平
  TRISD = 0x00;                              //RD 口为输出
  PORTD = 0x00;                              //RD 口初始化为低电平
  TRISC = 0x00;                              //RD 口为输出
  PORTC = 0xff;                              //RC 口初始化为高电平
}
//*****************************
void TMR0_init(void)                         //TMR0 初始化
{
   PSA = 0;                                  //TMR0  使用预分频器
   PS0 = 0;PS1 = 1;PS2 = 0;                  //TMR0 选择分频率为 1:8
   T0CS = 0;                                 //内部时钟定时方式
   TMR0 = 0x83;                              //定时时间:1000μs,误差:0μs
}
//******************************
void TMR1_init(void)                         //TMR1 初始化
{
   T1CKPS0 = 1;T1CKPS1 = 1;                  //TMR1 使用预分频率 1:8
   T1OSCEN = 0;                              //不使用 TMR1 内部低频振荡器
   TMR1CS = 0;                               //TMR1 工作定时器模式
   TMR1H = 0xFB;TMR1L = 0x1E;                //定时时间:10000μs,误差:0μs
}
//******************************
void initial(void)                           //初始化子函数
{
 PORT_init( );                               //端口初始化
 TMR0_init( );                               // TMR0 初始化
 TMR1_init( );                               // TMR1 初始化
 INTEDG = 1;                                 //INT 引脚下降沿触发
```

```
  INTE = 1;                                        //开外部触发中断
  T0IE = 1;                                        //TMR0 开中断
  TMR1IE = 1;                                      //TMR1 开中断
  PEIE = 1;                                        //开外围中断
  GIE = 1;                                         //开总中断
 }
//********************************
void scan_s1(void)                                 //扫描按键 S1
{
  if(! S1)                                         //如果 S1 键按下
  {
   delay_ms(10);                                   //调用 10 ms 延时后再判
   if(! S1)cnt = 0;                                //如果按下 S1 则计数值清零
  }
 }
//**********************************
void main(void)                                    //主函数
{
initial( );                                        //调用初始化子函数
  while(1)                                         //无限循环
  {
   if(start_flag == 0x01)                          //如果启动标志为 1
   TMR1ON = 1;                                     //启动 TMR1
   if(start_flag == 0x00)                          //如果启动标志为 0
    {TMR1ON = 0;scan_s1( );}                       //关闭 TMR1,同时检测 S1 键是否按下
  }
}
/**************** 中断函数 *************/
void interrupt ISR(void)
{
 if(INTF)                                          //如果 INT 键按下了
 {
  INTF = 0;                                        //清除外中断标志
  CPL_BIT(start_flag,0);                           //取反启动标志
  delay_10ms( );                                   //延时 10 ms
 }
 //---------------
 if(TMR1IF&TMR1IE)                                 //如果产生 TMR1 定时中断(10ms)
 {
  TMR1IF = 0;                                      //清除溢出标志
  TMR1H = 0xFB;TMR1L = 0x1E;                       //重装初值
```

```
  if( ++ cnt>9999)cnt = 0;                        //计数值增加
 }
 //----------------
 if(T0IF)                                          //如果产生 T0 定时中断(1ms)
 {
  T0IF = 0;                                        //清除溢出标志
  TMR0 = 0x83;                                     //重装初值
  GIE = 1;                                         //开总中断
  if( ++ i>3)i = 0;                                //扫描计数器递加
  switch(i)                                        //根据 i 进行散转
  {
    case 0: PORTD = SEG7[cnt % 10]; PORTC = ACT[i];break;           //显示个位
    case 1: PORTD = SEG7[(cnt/10) % 10]; PORTC = ACT[i];break;      //显示十位
    case 2: PORTD = SEG7[(cnt/100) % 10]|0x80; PORTC = ACT[i];break; //显示百位
    case 3: PORTD = SEG7[cnt/1000]; PORTC = ACT[i];break;           //显示千位
    default:break;
  }
 }
}
```

编译通过后，我们可进行软件模拟仿真或硬件在线仿真。下来就可以将 ptc10-5.hex 文件烧入芯片中。PIC DEMO 试验板上标示“LEDMOD_DISP”及“LEDMOD_COM”的双排针插上短路帽，没有用到的双排针不应插短路帽。通电以后我们看到，右边 4 位数码管显示 0000。按动一下 INT 键，跑表走动起来；再按动一下 INT 键，跑表上的数字被冻结。按一下 S1 键，可以清除数字，以备下次使用。

前面提到 TMR1 可以外接一个 32 768 Hz 的低频晶体振荡器构成一个独立的实时时钟，下面我们提供一个参考实验程序供读者参考。需要注意的是，如果单片机 RC0，RC1 外接了 32 768 Hz 的低频晶体振荡器后，则 RC0，RC1 就不能再作它用了。计时时间由数码管显示。

参考实验连线如图 10-8 所示。

实验程序如下：

```
#include<pic.h>                                    //包含头文件
#define uchar unsigned char                        //数据类型的宏定义
#define uint unsigned int

__CONFIG(HS&WDTDIS&PWRTEN&BORDIS&LVPDIS);          //器件配置

//数码管 0~F 的字形码
const uchar SEG7[16] = {0x3f,0x06,0x5b,0x4f,0x66,0x6d,0x7d,0x07,
                        0x7f,0x6f,0x77,0x7c,0x39,0x5e,0x79,0x71};
//8 个数码管的位选码
```

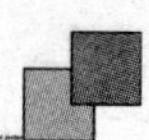

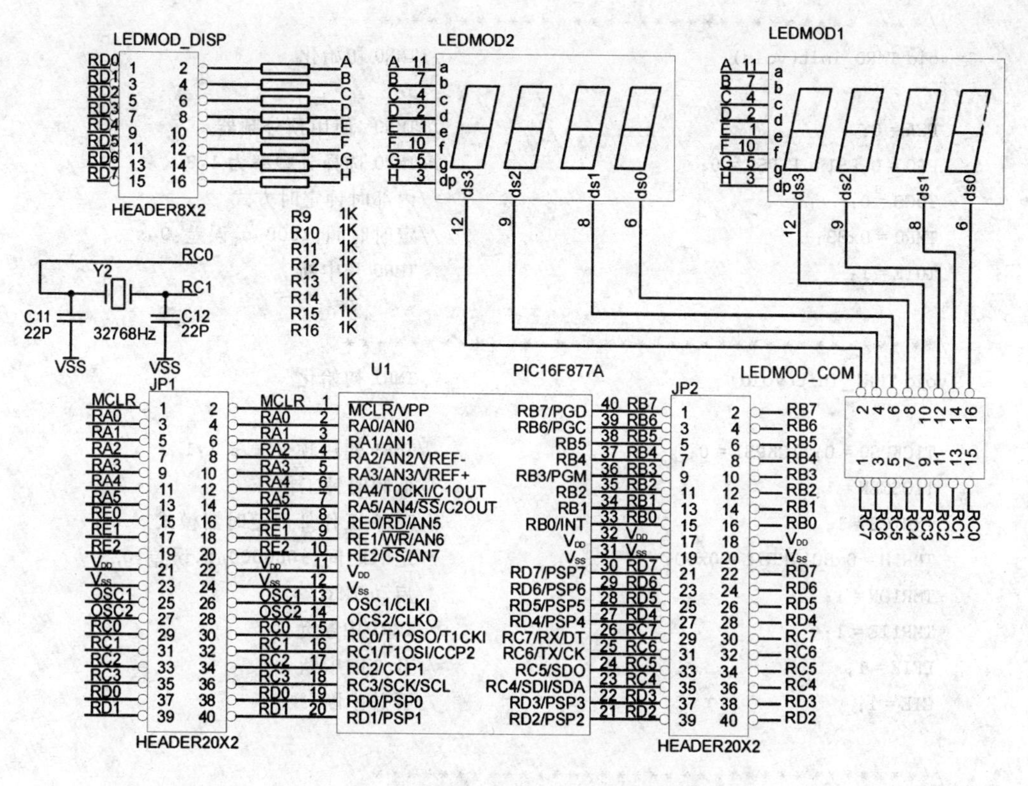

图 10-8 32768Hz 实时时钟实验参考电路图

```
const uchar ACT[8] = {0xfe,0xfd,0xfb,0xf7,0xef,0xdf,0xbf,0x7f};

//=========================
uchar cnt;                                    //数码管扫描计数器
uchar sec,min,hour;                           //秒,分,时定义
//******************************
void delay_ms(uint len)                       //定义延时子函数,延时时间为 len 毫秒
{
 uint i,d = 100;
 i = d * len;
 while(--i){;}
}
/****************************/
void PORT_init(void)                          //端口初始化
{
 TRISD = 0x00;
 TRISC = 0x03;
 PORTD = 0x00;
 PORTC = 0xff;
}
```

```
//****************************************
void TMR0_init(void)                    //TMR0 初始化
{
 PSA = 0;                               //TMR0  使用预分频器
 PS0 = 0;PS1 = 1;PS2 = 0;               //TMR0 选择分频率为 1:8
 T0CS = 0;                              //内部时钟定时方式
 TMR0 = 0x83;                           //定时时间:1000μs,误差:0μs
 T0IE = 1;                              //TMR0 开中断
}
//****************************************
void TMR1_init(void)                    //TMR1 初始化
{
 T1CKPS0 = 0;T1CKPS1 = 0;               //TMR1 使用预分频率 1:1
 T1OSCEN = 1;                           //低频时钟工作
 TMR1CS = 1;                            //TMR1 工作外部定时器模式
 TMR1H = 0x80;TMR1L = 0x00;             //定时时间:1000000μs,误差:0μs
 TMR1ON = 1;                            //启动 TMR1
 TMR1IE = 1;                            //TMR1 中断允许
 PEIE = 1;                              //开外围中断
 GIE = 1;                               //开总中断
}
//****************************************
void initial(void)                      //初始化子函数
{
 PORT_init( );                          //端口初始化
 TMR0_init( );                          //TMR0 初始化
 TMR1_init( );                          //TMR1 初始化
}
/***************************************/
void display(void)                      //数码管显示
{
  switch(cnt)
  {
    case 0:PORTD = SEG7[sec % 10];PORTC = ACT[2];break;  //显示秒
    case 1:PORTD = SEG7[sec/10];PORTC = ACT[3];break;
    case 2:PORTD = SEG7[min % 10];PORTC = ACT[4];break;  //显示分
    case 3:PORTD = SEG7[min/10];PORTC = ACT[5];break;
    case 4:PORTD = SEG7[hour % 10];PORTC = ACT[6];break; //显示时
    case 5:PORTD = SEG7[hour/10];PORTC = ACT[7];break;
    default:break;
  }
}
```

```
/************************************/
void main(void)                               //主函数
{
 initial( );                                  //调用初始化子函数
 while(1)
 {
  delay_ms(500);                              //延时 500 毫秒,模拟主程序
 }
}
/************************************/
void interrupt ISR(void)                      //中断函数
{
     if(TMR1IE&&TMR1IF)                       //计时中断
    {
      TMR1H = 0x80;TMR1L = 0x00;              //定时时间:1000000μs,误差:0μs
      TMR1IF = 0;                             //清除溢出标志
      sec ++ ;                                //1 秒到,秒增加
      if(sec>59){sec = 0;min ++ ;}            //1 分到,分增加
      if(min>59){min = 0;hour ++ ;}           //1 小时到,小时增加
      if(hour>23)hour = 0;
    }
    if(T0IE&&T0IF)                            //扫描数码管的定时中断
    {
      TMR0 = 0x83;                            //重装初值
      T0IF = 0;                               //清除溢出标志
      if( ++ cnt>3)cnt = 0;                   //扫描计数器增加
      display( );                             //显示时间
    }
}
```

第 11 章 捕捉/比较/脉宽调制(CCP)模块

PIC16F877A 配有两个捕捉/比较/脉宽调制(CCP)模块:CCP1 和 CCP2。我们首先了解一下什么是捕捉/比较/脉宽调制?

捕捉(Capture):CCP 模块在引脚输入信号发生电平变化时,把此时的 TMR1 定时器的 16 位计数值记录下来,即为捕捉。

比较(Compare):TMR1 定时器在运行计数时,不断与事先设定的一个数值进行比较,一旦两者相等,就立即通过引脚输出一个设定的电平或者触发一个特殊事件。

脉宽调制(PWM):输出频率固定、但占空比可调的方波脉冲。

两个 CCP 模块 CCP1 和 CCP2 的结构、功能基本相同,它们各自都有独立的 16 位特殊功能寄存器 CCPR1 和 CCPR2,CCP1 和 CCP2 各自拥有独立的外部引脚 CCP1 和 CCP2 以及各自的特殊事件触发器。

CCP 模块工作于捕捉、比较、PWM 的不同模式时,需要片上定时器的配合使用。捕捉和比较需用到 16 位定时器 TMR1,PWM 需用到定时器 TMR2。表 11-1 为单个 CCP 模块工作于不同模式时与定时器的搭配。表 11-2 为两个 CCP 模块工作于不同模式时,与片上定时器的搭配。

表 11-1 单个 CCP 模块工作于不同模式时与定时器的搭配

CCP 工作模式	使用的定时器
捕捉	TMR1
比较	TMR1
PWM	TMR2

表 11-2 两个 CCP 模块工作于不同模式时与片上定时器的搭配

CCP1 工作模式	CCP2 工作模式	使用的定时器
捕捉	捕捉	共同使用 TMR1
捕捉	比较	共同使用 TMR1

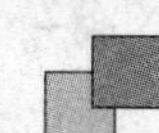

续表 11-2

CCP1 工作模式	CCP2 工作模式	使用的定时器
比较	比较	共同使用 TMR1
PWM	PWM	2 路 PWM 共同使用同一个频率(TMR2 和 PR2 寄存器)
PWM	捕捉	—
PWM	比较	—

捕捉模式可捕捉外部输入信号的上升沿或下降沿，可用来测量脉冲信号的周期、频率和占空比等。

比较模式可以利用标准时序信号的计数比较，从引脚上输出不同宽度的矩形正脉冲、负脉冲。

PWM 模式能够从引脚上输出脉冲宽度随时可调的 PWM 信号来实现直流电动机的调速、D/A 转换等。

11.1 CCP 模块控制寄存器 CCP1CON 和 CCP2CON

CCP 模块控制寄存器为 CCP1CON 和 CCP2CON，其各位含义如表 11-3 所列。

表 11-3 CCP 模块控制寄存器的各位含义

寄存器名称	寄存器位定义							
	Bit7	Bit6	Bit5	Bit4	Bit3	Bit2	Bit1	Bit0
CCP1CON	—	—	CCP1X	CCP1Y	CCP1M3	CCP1M2	CCP1M1	CCP1M0
CCP2CON	—	—	CCP2X	CCP2Y	CCP2M3	CCP2M2	CCP2M1	CCP2M0

● Bit5～Bit4/CCPxX～CCPxY：脉宽占空比控制的低 2 位(脉宽占空比控制字共 10 位，高 8 位为专用寄存器 CCPRxL)。注：CCPxX-CCPxY 及 CCPRxL 中的小 x 代表 1 或 2，以下同。

● Bit3～Bit0/CCP1M3～CCP1MO：CCP 模块工作模式设置。

0000：关闭所有模式，CCP 模块复位。

0100：捕捉模式，每一个上升沿捕捉一次。

0101：捕捉模式，每一个下降沿捕捉一次。

0110：捕捉模式，每隔 4 个上升沿捕捉一次。

0111：捕捉模式，每隔 16 个上升沿捕捉一次。

1000：比较模式，预置 CCPx 引脚输出为低电平，比较一致时输出高电平。

1001：比较模式，预置 CCPx 引脚输出为高电平，比较一致时输出低电平。

1010：比较模式，比较一致时置比较中断标志 CCPxIF 为高电平，CCPx 引脚没有变化。

1011：比较模式，比较一致时置比较中断标志 CCPxIF 为高电平且触发特殊事件。

11xx：PWM 模式。

11.2 CCP 模块寄存器 CCPRx

每个 CCP 模块寄存器带有一个 16 位的可读/写寄存器 CCPRx，它由 2 个 8 位寄存器 CCPRxH 和 CCPRxL 组成。在不同工作模式时，可以起不同的作用，例如可以作为 16 位的捕捉寄存器或 16 位的比较寄存器，也可以用作 PWM 信号输出。CCP 模块寄存器如表 11－4 所列。

表 11－4 CCP 模块寄存器

寄存器名称	寄存器位定义							
	Bit15	Bit14	Bit13	Bit12	Bit11	Bit10	Bit9	Bit8
CCPRxH	8 位可读/写寄存器							
	Bit7	Bit6	Bit5	Bit4	Bit3	Bit2	Bit1	Bit0
CCPRxL	8 位可读/写寄存器							

11.3 CCP 模块的捕捉模式

CCP 模块工作于捕捉模式时，当在引脚 CCPx 上出现以下的触发条件时，TMR1 定时器中的 16 位计数值 TMR1H、TMR1L 立即被复制到 CCPR1H、CCPR1L 寄存器中，CCPxIF 自动置位，如果使能相应的中断源，则在下一个指令周期产生捕捉中断，步骤如下：

(1) 输入 1 个上升沿信号。

(2) 输入 1 个下降沿信号。

(3) 输入 4 个上升沿信号。

(4) 输入 16 个上升沿信号。

图 11－1 为捕捉模式的原理结构框图。

11.4 捕捉模式相关的寄存器

与捕捉模式相关的寄存器如表 11－5 所列。

1. 中断控制寄存器 INTCON

CCP1 的中断状况受控于总中断使能位 GIE 和外围中断使能位 PEIE。

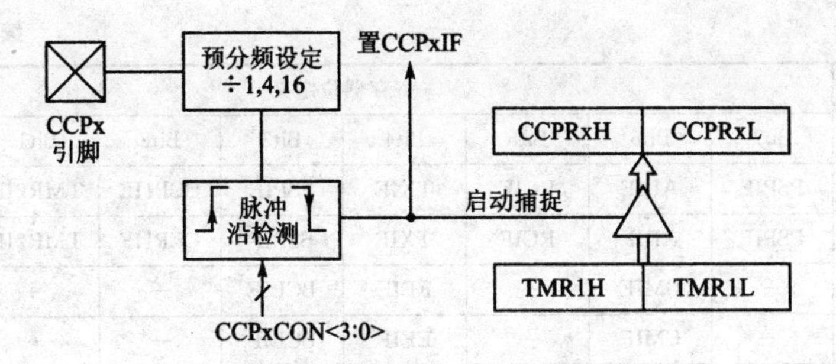

图 11-1 捕捉模式的原理结构框图

2. 第一外围中断使能寄存器 PIE1

外部中断源(或叫中断源第 2 梯队)的 PIE1 寄存器涉及 CCP1 的中断使能。

3. 第一外围中断标志寄存器 PIR1

外部中断源(或叫中断源第 2 梯队)的 PIR1 寄存器涉及 CCP1 中断标志位。

4. 第一外围中断使能寄存器 PIE2

外部中断源(或叫中断源第 2 梯队)的 PIE2 寄存器涉及 CCP2 的中断使能。

5. 第一外围中断标志寄存器 PIR2

外部中断源(或叫中断源第 2 梯队)的 PIR2 寄存器涉及 CCP2 中断标志位。

6. RC 方向寄存器 TRISC

CCP1、CCP2 捕捉模式输入脉冲信号。

7. 16 位计数寄存器 TMR1

16 位累加计数寄存器。

8. 16 位 CCP1 寄存器 CCPR1

用作 16 位捕捉单元。

9. 16 位 CCP2 寄存器 CCPR2

用作 16 位捕捉单元。

10. CCP1、CCP2 控制寄存器 CCP1CON、CCP2CON

用于设置 CCP1、CCP2 模块的工作方式。

表 11-5 与捕捉方式相关的寄存器

寄存器名称	寄存器位定义							
	Bit7	Bit6	Bit5	Bit4	Bit3	Bit2	Bit1	Bit0
INTCON	GIE	PEIE	T0IE	INTE	RBIE	T0IF	INTF	RBIF

续表 11-5

寄存器名称	寄存器位定义							
	Bit7	Bit6	Bit5	Bit4	Bit3	Bit2	Bit1	Bit0
PIE1	PSPIE	ADIE	RCIE	TXIE	SSPIE	CCP1IE	TMR2IE	TMR1IE
PIR1	PSPIF	ADIF	RCIF	TXIF	SSPIF	CCP1IF	TMR2IF	TMR1IF
PIE2	—	CMIE	—	EEIE	BCLIE	—	—	CCP2IE
PIR2	—	CMIF	—	EEIF	BCLIF	—	—	CCP2IF
TRISC	TRISC7	TRISC6	TRISC5	TRISC4	TRISC3	TRISC2	TRISC1	TRISC0
TMR1L	16 位累加计数寄存器的低 8 位							
TMR1H	16 位累加计数寄存器的高 8 位							
CCPR1L	16 位 CCP1 寄存器的低 8 位							
CCPR1H	16 位 CCP1 寄存器的高 8 位							
CCPR2L	16 位 CCP2 寄存器的低 8 位							
CCPR2H	16 位 CCP2 寄存器的高 8 位							
CCP1CON	—	—	CCP1X	CCP1Y	CCP1M3	CCP1M2	CCP1M1	CCP1M0
CCP2CON	—	—	CCP2X	CCP2Y	CCP2M3	CCP2M2	CCP2M1	CCP2M0

11.5 捕捉模式的应用设置

CCP 模块设置为对输入信号的捕捉，需要进行相应的寄存器设置和捕捉初始化：

(1) 将 CCPx 模块对应的引脚 RCx 设置为输入方式。

(2) 设置 TMR1 为定时器工作方式或者同步计数器方式（初值为 0），启动 TMR1。

(3) 设置 CCPxCON 的 CCPxM3－CCPxM0 位，选择一种捕捉方式和边沿触发条件。

(4) 设定 CCPx 中断方式。

如果在捕捉应用中，需要连续变换捕捉条件，那么在每次改变捕捉方式之前，必须清除中断使能位 CCPxIE，禁止 CCPx 中断。在改变捕捉方式之后，及时清除中断标志位 CCPxIF，防止引起中断混乱。

11.6 CCP 模块的比较模式

CCP 模块比较模式的原理结构框图如图 11-2 所示。预先设定 CCPRxH：CCPRxL 寄存器一个值，TMR1 在计数时与该设定值不断进行比较。如果两者数值相等，则通过硬件电路给出匹配信号，并根据模式的选择，自动在 CCPx 引脚上输出

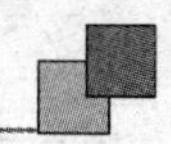

下列 3 种逻辑状态的一种:输出高电平;输出低电平;引脚电平不变,触发内部事件。TMR1 必须工作于内部定时器或同步计数器模式。

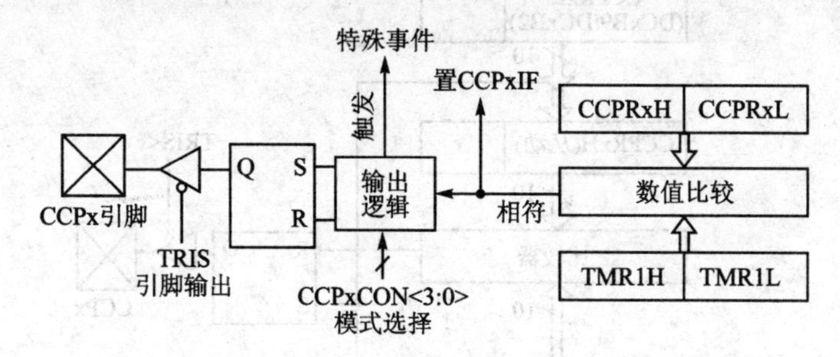

图 11-2　比较模式的原理结构框图

11.7　比较模式相关的寄存器

与比较模式相关的寄存器参见表 11-5 所列。

11.8　比较模式的应用设置

CCP 模块设置为比较模式,需要进行相应的寄存器设置和初始化:

(1) 将 CCPx 模块对应的引脚 RCx 设置为输出方式。

(2) 设置 TMR1 为定时器工作方式或者同步计数器方式(初值为 0),启动 TMR1。

(3) 设置 CCPxCON 的 CCPxM3－CCPxM0 位,选择一种软件中断方式,使 CCPxIF 置位。CPU 响应中断后,也应及时清除标志位 CCPxIF,防止引起中断混乱。

(4) 可以设定 CCPx 为特殊事件触发方式,在发生比较匹配时产生一个内部硬件触发信号,可以用于启动 AD 转换等。

11.9　CCP 模块的 PWM 模式

PWM(Pulse Width Modulation)即脉冲宽度调制,PWM 模式的原理结构框图如图 11-3 所示。当 CCP 模块工作于 PWM 模式时,可以在 CCPx 引脚上输出占空比可变(达 10 位分辨率)的脉冲波。占空比的发生必须借助于 TMR2 实现,TMR2 负责控制脉冲波的周期。占空比的调整主要由 CCPRxH:CCPRxL 寄存器完成,借助于 CCPxCON 寄存器中的第 5、4 位帮助(补充到 10 位 PWM 的低 2 位),可以构成分辨率高达 10 位的比较基数,这样可以在 CCPx 引脚上输出分辨率达 10 位的 PWM 波。

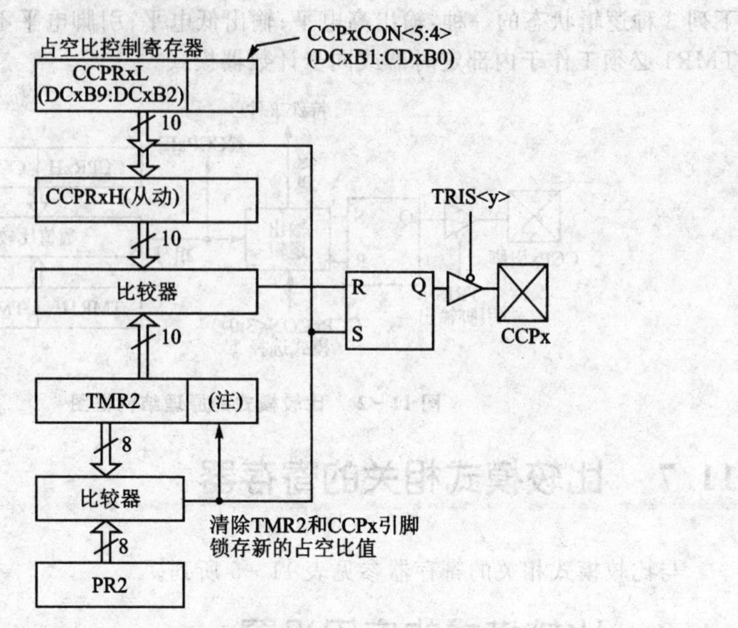

图 11－3　PWM 模式的原理结构框图

11.9.1　PWM 信号周期

PWM 输出信号周期采用 TMR2 定时模式，其基准触发频率就是系统时钟的 4 分频，TMR2 还带有 1 个可编程的预分频器。

$$\text{PWM 信号周期} = 4T_{osc} \times (\text{TMR2 预分频值}) \times (\text{PR2})$$

式中：T_{osc} 为系统时钟周期；$4T_{osc}$ 为指令周期；TMR2 预分频值可取 1、4 或 16；PR2 为周期寄存器的初值(8 位比较器的匹配参数)。

当 TMR2 计数值与周期寄存器 PR2 的值匹配时，会同时发生下面 3 个事件：TMR2 被清零；CCPx 引脚输出高电平(如占空比为 0 时 CCPx 引脚保持为低电平)；新的 PWM 占空比设定值从 CCPRxL(10 位)加载到 CCPRxH(10 位)。

11.9.2　PWM 信号脉宽

脉宽的设定是通过对寄存器 CCPRxL 和 CCPCON＜5：4＞总共 10 位的数据写入得到的，这样可以得到最高 10 位分辨率的 PWM 信号。如果只需要 8 位分辨率的 PWM 波，那么只需对 CCPRxL 进行设定，而 CCPCON＜5：4＞两位固定为 00 即可。

$$\text{PWM 脉宽(高电平)} = \text{CCPRxL:CCPCON}<5:4> \times T_{osc} \times (\text{TMR2 预分频值})$$

式中：CCPRxL：CCPCON＜5：4＞为 10 位脉宽寄存器；T_{osc} 为系统时钟周期；TMR2

预分频值可取 1、4 或 16。

当 TMR2 的 8 位计数值再添加上内部 2 位指令相位计数值(共 10 位)与 CCPRxH:CCPCON<5:4>的锁存值(共 10 位)相等时,CCPx 引脚输出低电平,结束这一周期的输出。如果 CCPRxH 的值大于等于 PR2 的设定值,则输出 100%的高电平。如果 CCPRxH 的值等于 PR2 值的一半,则输出 50%占空比的脉冲。

10 位分辨率的 PWM 信号其频率较低,而 8 位分辨率的 PWM 信号频率较高,具体关系式为

$$\text{PWM 分辨率} = \frac{\lg(F_{osc}/F_{pwm})}{\lg 2}$$

式中:F_{osc} 为单片机的振荡频率;F_{pwm} 为输出的 PWM 信号频率。

11.10　PWM 模式相关的寄存器

与 PWM 模式相关的寄存器如表 11-6 所列。

1. 中断控制寄存器 INTCON

CCP1 的中断状况受控于总中断使能位 GIE 和外围中断使能位 PEIE。

2. 第一外围中断使能寄存器 PIE1

外部中断源(或叫中断源第 2 梯队)的 PIE1 寄存器涉及 CCP1 的中断使能。

3. 第一外围中断标志寄存器 PIR1

外部中断源(或叫中断源第 2 梯队)的 PIR1 寄存器涉及 CCP1 中断标志位。

4. 第一外围中断使能寄存器 PIE2

外部中断源(或叫中断源第 2 梯队)的 PIE2 寄存器涉及 CCP2 的中断使能。

5. 第一外围中断标志寄存器 PIR2

外部中断源(或叫中断源第 2 梯队)的 PIR2 寄存器涉及 CCP2 中断标志位。

6. RC 方向寄存器 TRISC

CCP1、CCP2 PWM 模式输出脉冲信号。

7. 8 位计数寄存器 TMR2

16 位累加计数寄存器。

8. TMR2 定时周期寄存器 PR2

用于预置 PWM 的信号周期。

9. TMR2 控制寄存器 T2CON

设定 TMR2 工作方式及前/后分频比和启动/停止控制。

10. 16位CCP1寄存器CCPR1

用作16位捕捉单元。

11. 16位CCP2寄存器CCPR2

用作16位捕捉单元。

12. CCP1、CCP2控制寄存器CCP1CON、CCP2CON

用于设置CCP1、CCP2模块的工作方式。

表11-6　与PWM模式相关的寄存器

寄存器名称	寄存器位定义							
	Bit7	Bit6	Bit5	Bit4	Bit3	Bit2	Bit1	Bit0
INTCON	GIE	PEIE	T0IE	INTE	RBIE	T0IF	INTF	RBIF
PIE1	PSPIE	ADIE	RCIE	TXIE	SSPIE	CCP1IE	TMR2IE	TMR1IE
PIR1	PSPIF	ADIF	RCIF	TXIF	SSPIF	CCP1IF	TMR2IF	TMR1IF
PIE2	—	CMIE	—	EEIE	BCLIE	—	—	CCP2IE
PIR2	—	CMIF		EEIF	BCLIF	—		CCP2IF
TRISC	TRISC7	TRISC6	TRISC5	TRISC4	TRISC3	TRISC2	TRISC1	TRISC0
TMR2	8位累加计数寄存器							
PR2	TMR2定时周期寄存器							
T2CON	—	TOUTPS3	TOUTPS2	TOUTPS1	TOUTPS0	TMR2ON	T2CKPS1	T2CKPS0
CCPR1L	16位CCP1寄存器的低8位							
CCPR1H	16位CCP1寄存器的高8位							
CCPR2L	16位CCP2寄存器的低8位							
CCPR2H	16位CCP2寄存器的高8位							
CCP1CON	—	—	CCP1X	CCP1Y	CCP1M3	CCP1M2	CCP1M1	CCP1M0
CCP2CON	—	—	CCP2X	CCP2Y	CCP2M3	CCP2M2	CCP2M1	CCP2M0

11.11　PWM模式的应用设置

CCP模块设置为PWM模式输出，需要进行相应的寄存器设置和捕捉初始化：

(1) 设定CCPxCON的Bit3～Bit0/CCP1M3－CCP1MO位，将其设置为PWM模式(11xx)。

(2) 设置CCPRxL作为脉宽寄存器的高8位。同时设置合适的脉宽寄存器补充低2位(CCPxCON的Bit5～Bit4/CCPxX－CCPxY)。脉宽寄存器决定了PWM信号的占空比。

(3) 将CCPx模块对应的引脚RCx设置为输出方式。

(4) 设置 PWM 信号的周期,PR2 赋初值。

(5) 设定 TMR2 预分频值,确定 TMR2 的计数频率。

11.12　CCP 模块的捕捉实验

11.12.1　实验要求

RC2 引脚的上升沿与下降沿被 CCP 模块捕捉,数码管显示出上升沿与下降沿之间的时间长度。图 11-4 为 CCP 模块的捕捉实验原理图。

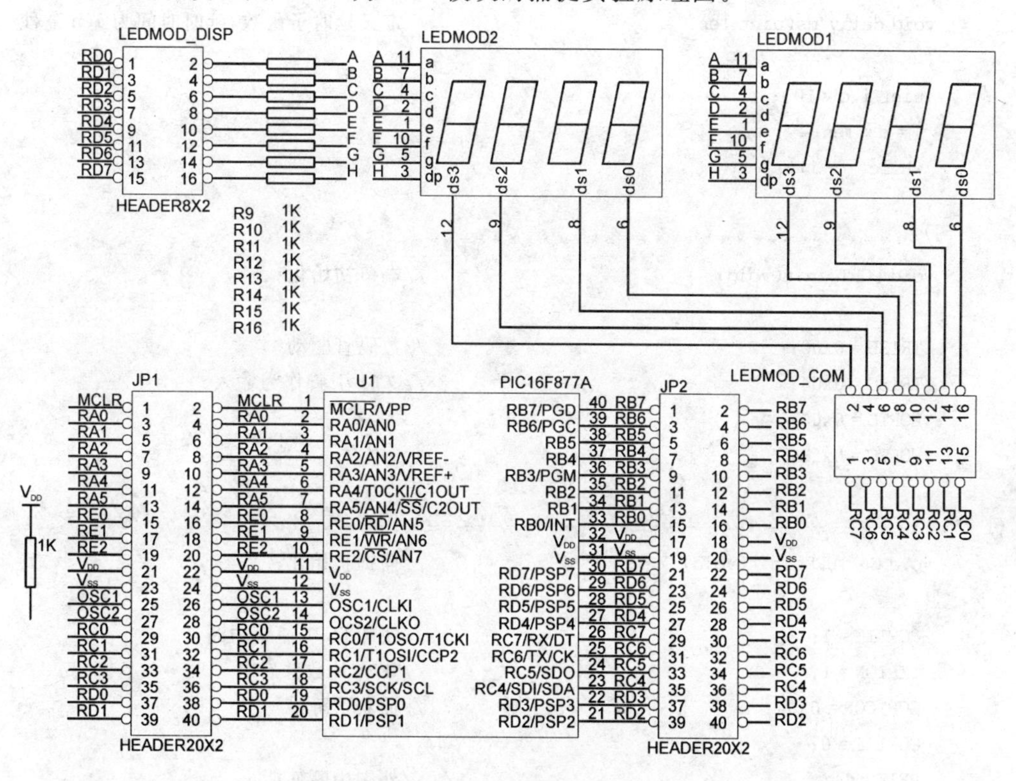

图 11-4　CCP 模块的捕捉实验原理图

11.12.2　源程序文件及分析

在 D 盘中建立一个文件目录(ptc11-1),在 MPLAB 开发环境中创建一个新工程项目,项目名称也为 ptc11-1。最后输入 C 源程序文件 ptc11-1.c。

```
#include<pic.h>                              //包含头文件
#define uchar unsigned char                  //数据类型的宏定义
#define uint unsigned int
```

```
uint val1,val2,time_len = 0;
uchar flag = 0;
__CONFIG(HS&WDTDIS&PWRTEN&BORDIS&LVPDIS);        //器件配置
//数码管 0～F 的字形码
const uchar SEG7[16] = {0x3f,0x06,0x5b,0x4f,0x66,0x6d,0x7d,0x07,
                        0x7f,0x6f,0x77,0x7c,0x39,0x5e,0x79,0x71};
//8 个数码管的位选码
const uchar ACT[8] = {0xfe,0xfd,0xfb,0xf7,0xef,0xdf,0xbf,0x7f};
//********************************
void delay_ms(uint len)                          //定义延时子函数,延时时间为 len 毫秒
{
 uint i,d = 100;
 i = d * len;
 while( -- i){;}
}
//********************************
void PORT_init(void)                             //端口初始化
{
 TRISD = 0x00;                                   //数码管驱动
 TRISC = 0x04;                                   //CCP1 引脚作为输入
 PORTD = 0x00;
 PORTC = 0xf8;
}
//----------------------------------------
void CAPTURE_init(void)                          //捕捉初始化
{
 CCP1IE = 1;                                     //使能 CCP1 捕获中断
 TMR1ON = 1;                                     //TMR1 计数开启
 CCP1CON = 0x04;                                 //捕获下降沿
 CCP1IF = 0;
 PEIE = 1;                                       //外围中断使能
 GIE = 1;                                        //总中断使能
}
//----------------------------------------
void initial(void)                               //初始化子函数
{
 PORT_init( );                                   //调用端口初始化子函数
 CAPTURE_init( );                                //调用捕捉初始化子函数
}
//************************************
void dis_time(void)                              //显示子函数
```

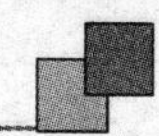

```
{
 PORTD = SEG7[time_len % 10]; PORTC = ACT[3];delay_ms(1);
 PORTD = SEG7[(time_len/10) % 10]; PORTC = ACT[4];delay_ms(1);
 PORTD = SEG7[(time_len/100) % 10]; PORTC = ACT[5];delay_ms(1);
 PORTD = SEG7[(time_len/1000) % 10]; PORTC = ACT[6];delay_ms(1);
 PORTD = SEG7[(time_len/10000) % 10]; PORTC = ACT[7];delay_ms(1);
}
//****************************************
void main(void)                                    //主函数
{
 initial( );                                       //调用初始化子函数
 while(1)                                          //无限循环
 {
  dis_time( );                                     //显示脉冲宽度的时间
 }
}
/******************************/
void interrupt ISR(void)                           //中断函数
{
 uint temp;
 if(CCP1IF)                                        //中断有效
 {
  CCP1IF = 0;                                      //清除中断标志
  flag ++ ;                                        //软件标志增加
  temp = (CCPR1H<<8) + CCPR1L;                     //取出捕捉的值
   if(flag == 1)                                   //软件标志为 1
   {
     val1 = temp;
     CCP1CON = 0x05;                               //上升沿捕捉
   }
   else if(flag == 2)                              //否则软件标志为 2
   {
     val2 = temp;
     time_len = val2 - val1;
     flag = 0;
     CCP1CON = 0x04;                               //下降沿捕捉
   }
 }
}
```

编译通过后，我们可进行软件模拟仿真或硬件在线仿真。下来就可以将 ptc11 - 1.hex 文件烧入芯片中。PIC DEMO 试验板上标示"LEDMOD_DISP"及"LED-

MOD_COM”的双排针插上短路帽，没有用到的双排针不应插短路帽。通电以后我们看到，右边 5 位数码管显示 00000。用一根杜邦线一端插高电平（通过 1 kΩ 电阻），另一端碰 RC2，可以看到数码管上立即有数字出现。原因是杜邦线碰到 RC2 时产生一个上升沿，杜邦线离开 RC2 时产生一个下降沿。两次捕捉的计数值差即为脉冲的宽度。

11.13 CCP 模块的比较实验 1

11.13.1 实验要求

用比较的模式，在端口 RC2 上输出频率信号。图 11-5 为 CCP 模块的比较实验 1 原理图。

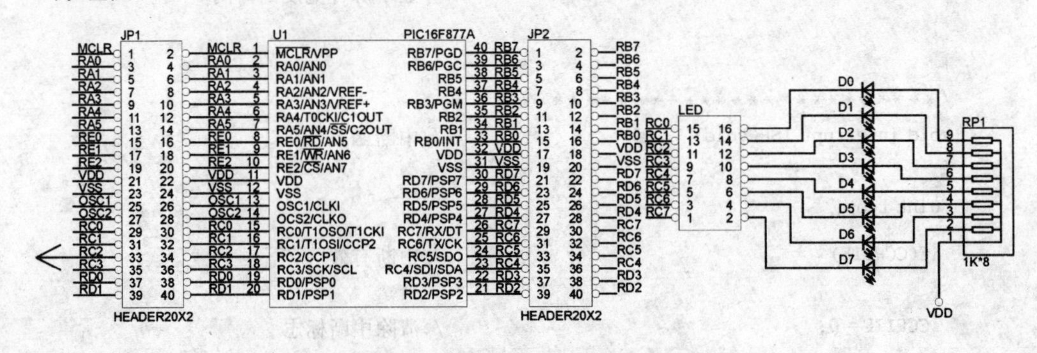

图 11-5　CCP 模块的比较实验 1 原理图

11.13.2 源程序文件及分析

在 D 盘中建立一个文件目录（ptc11-2），在 MPLAB 开发环境中创建一个新工程项目，项目名称也为 ptc11-2。最后输入 C 源程序文件 ptc11-2.c。

```
#include <pic.h>                                         //包含头文件

#define uchar unsigned char                              //数据类型的宏定义
#define uint unsigned int

__CONFIG(HS&WDTDIS&PWRTEN&BORDIS&LVPDIS);                //器件配置

//************************************
void PORT_init(void)                                     //端口初始化
{
 TRISC = 0xFB;
 PORTC = 0xFF;
}
//************************************
void COMPARE_init(void)                                  //比较初始化
```

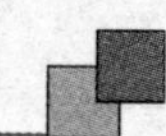

```
{
 T1CKPS0 = 0;T1CKPS1 = 0;                        //TMR1 使用预分频率 1:1
 T1OSCEN = 0;                                    //不使用 TMR1 内部振荡器
 TMR1CS = 0;                                     //TMR1 工作于定时器模式
 TMR1H = 0x00;TMR1L = 0x00;
 TMR1ON = 1;                                     //启动 TMR1
}
//***********************************
void initial(void)                               //初始化子函数
{
 PORT_init( );                                   //调用端口初始化子函数
 COMPARE_init( );                                //调用比较初始化子函数
}
//***********************************
void main(void)                                  //主函数
 {
  initial( );                                    //调用初始化子函数
   CCPR1H = 500/256;CCPR1L = 500 % 256;          //比较值设定为 500
  while(1)
  {
     TMR1H = 0x00;TMR1L = 0x00;                  //TMR1 的初始计数值为 0
     CCP1CON = 0x08;                             //比较匹配时 RC2 出 1
     while(! CCP1IF);                            //等待匹配
     CCP1IF = 0;
     TMR1H = 0x00;TMR1L = 0x00;                  //TMR1 的初始计数值为 0
     CCP1CON = 0x09;                             //比较匹配时 RC2 出 0
     while(! CCP1IF);                            //等待匹配
     CCP1IF = 0;
  }
 }
```

编译通过后,我们可进行软件模拟仿真或硬件在线仿真。下来就可以将 ptc11 - 2.hex 文件烧入芯片中。在端口 RC2 上用示波器观察可看到输出的频率信号。当然如果用万用表的直流电压档测量的话,可以看到有一定的电压。

11.14　CCP 模块的比较实验 2

11.14.1　实验要求

用比较的模式,在端口 RC2 上输出频率与占空比可变的信号。实验原理图与图 11 - 5 相同。

11.14.2　源程序文件及分析

在 D 盘中建立一个文件目录(ptc11 - 3),在 MPLAB 开发环境中创建一个新工程项目,项目名称也为 ptc11－3。最后输入 C 源程序文件 ptc11－3.c。

```
#include <pic.h>                                  //包含头文件

#define uchar unsigned char                       //数据类型的宏定义
#define uint unsigned int

__CONFIG(HS&WDTDIS&PWRTEN&BORDIS&LVPDIS);         //器件配置

uint i;

void delay_ms(uint len)                           //定义延时子函数,延时时间为 len 毫秒
{
 uint i,d = 100;
 i = d * len;
 while( -- i){;}
}
//***********************************
void PORT_init(void)                              //端口初始化
{
 TRISC = 0xFB;
 PORTC = 0xFF;
 TRISB = 0xff;
 PORTB = 0xFF;
}
//**********************************
void COMPARE_init(void)                           //比较初始化
{
 T1CKPS0 = 0;T1CKPS1 = 0;                         //TMR1 使用预分频率 1:1
 T1OSCEN = 0;                                     //不使用 TMR1 内部振荡器
 TMR1CS = 0;                                      //TMR1 工作定时器模式
 TMR1H = 0x00;TMR1L = 0x00;                       //TMR1 的初始计数值为 0
 TMR1ON = 1;                                      //启动 TMR1
}
//***********************************
void initial(void)                                //初始化子函数
{
 PORT_init( );                                    //调用端口初始化子函数
 COMPARE_init( );                                 //调用比较初始化子函数
}
//***********************************
void main(void)                                   //主函数
  {
   initial( );                                    //调用初始化子函数
```

```
    CCP1CON = 0x0A;                                    //比较匹配,RC2电平不变,产生中断
    CCP1IE = 1;                                        //使能比较匹配中断
    PEIE = 1;                                          //外围中断使能
    GIE = 1;                                           //使能总中断
    while(1)
    {
      delay_ms(1);                                     //延时1ms
      i = i + 5;
      CCPR1H = (uchar)(i/256);
      CCPR1L = (uchar)(i % 256);                       //比较值为变化值,便于观察
    }
  }

/****************************/
void interrupt ISR(void)                               //中断函数
{
 if(CCP1IF)                                            //比较中断有效
 {
  CCP1IF = 0;                                          //清除中断标志
  RC2 =! RC2;                                          //取反端口,产生脉冲
  TMR1H = 0x00;TMR1L = 0x00;                           //TMR1的初始计数值为0
 }
}
```

编译通过后,我们可进行软件模拟仿真或硬件在线仿真。下来就可以将ptc11-3.hex文件烧入芯片中。在端口RC2上用示波器观察可看到有变化的频率信号。如果用万用表测量的话,可以发现电压会变化。

11.15　CCP模块的PWM实验

11.15.1　实验要求

在端口RC2上输出PWM信号。实验原理图与图11-5相同。

11.15.2　源程序文件及分析

在D盘中建立一个文件目录(ptc11-4),在MPLAB开发环境中创建一个新工程项目,项目名称也为ptc11-4。最后输入C源程序文件ptc11-4.c。

```
#include <pic.h>                                 //包含头文件

#define uchar unsigned char                      //数据类型的宏定义
#define uint unsigned int
```

```
__CONFIG(HS&WDTDIS&PWRTEN&BORDIS&LVPDIS); //器件配置
//***********************************
void delay_ms(uint len)                  //定义延时子函数,延时时间为 len 毫秒
{
 uint i,d = 100;
 i = d * len;
 while( -- i){;}
}
//-----------------------------------
void PORT_init(void)                     //端口初始化
{
 TRISC = 0xFB;
 PORTC = 0xFF;
}
//***********************************
void PWM_init(void)                      //PWM 初始化
{
  PR2 = 255;                             //3915Hz 的周期为 255.75μs,取值 PR2 - 1 = 255
  CCPR1L = 51;                           //20 % 100 占空比为 51.15μs,取 51
  CCP1CON = 0x3c;                        //取 0001xxxx,小数精度 0.25
  TMR2ON = 1;                            //启动 TMR2
}
//***********************************
void initial(void)                       //初始化子函数
{
 PORT_init( );                           //端口初始化子函数
 PWM_init( );                            //PWM 初始化子函数
}
//***********************************
void main(void)                          //主函数
 {
  uchar val;                             //定义局部变量
  initial( );                            //初始化子函数
  while(1)
  {
   delay_ms(10);                         //延时 10ms
   val ++ ;                              //变量发生变化,便于观察 PWM 信号
   CCPR1L = val;                         //自动改变占空比,从 RC2 输出 PWM 信号
  }
 }
```

编译通过后,我们可进行软件模拟仿真或硬件在线仿真。下来就可以将 ptc11 -

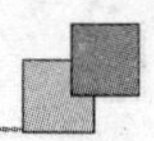

4.hex文件烧入芯片中。在端口RC2上用示波器观察可看到输出信号的占空比会自动发生改变。如果用万用表测量的话,能发现电压也变化。

11.16 连续改变CCP模块PWM的实验

11.16.1 实验要求

在端口RC2上输出连续变化的PWM信号。实验原理图与图11-5相同。

11.16.2 源程序文件及分析

在D盘中建立一个文件目录(ptc11-5),在MPLAB开发环境中创建一个新工程项目,项目名称也为ptc11-5。最后输入C源程序文件ptc11-5.c。

```
#include <pic.h>
#define uchar unsigned char
#define uint unsigned int
__CONFIG(HS&WDTDIS&PWRTEN&BORDIS&LVPDIS);//器件配置
//**********************************
void delay_ms(uint len)                    //定义延时子函数,延时时间为len毫秒
{
 uint i,d=100;
 i=d*len;
 while(--i){;}
}
//--------------------------------
void PORT_init(void)
{
 TRISC=0xFB;
 PORTC=0xFF;
}
//********************************
void PWM_init(void)
{
  PR2=255;                                 //3915Hz的周期为255.75μs,取值PR2-1=255,
                                           //周期寄存器的初值设置(8位比较器的匹配参数)
  CCP1CON=0x3c;                            //取00111100,小数精度0.25
  TMR2ON=1;                                //启动T2
}
```

```
//************************************
void PWM_process(uint wide)                    //10位PWM处理,wide取值0~1023
{
 uchar temph,templ;
 temph = wide>>2;                              //得到调宽数据的高8位
 templ = wide&0x03;                            //得到调宽数据的低2位
 CCPR1L = temph;                               //高8位数据送寄存器CCPR1L
 templ = templ<<4;                             //低2位数据先左移到5,4位置
 CCP1CON & = 0x0f;                             //清除CCP1CON寄存器的高4位
 CCP1CON | = templ;                            //将低2位数据放入寄存器CCP1CON的5,4位置
}
void initial(void)
{
 PORT_init( );
 PWM_init( );
}
//************************************
void main(void)
 {
  uint val;
  uchar temp;
  initial( );
  while(1)
  {
   delay_ms(10);
   val ++ ;
   if(val>1023)val = 0;
   PWM_process(val);                           //自动改变占空比
  }
 }
```

编译通过后,我们可进行软件模拟仿真或硬件在线仿真。下来就可以将 ptc11-5.hex 文件烧入芯片中。在端口 RC2 上用示波器观察可看到输出信号的占空比从最小到最大会自动连续发生改变。

第12章

USART 通信模块

PICl6F877A 单片机片上集成有一个通用的串行通信接口模块 USART。USART 可以配置成 3 种工作方式:全双工的异步通信模式、半双工的同步主控通信模式和半双工的同步从动通信模式。这里我们主要介绍全双工的异步通信模式。

12.1 USART 模块的寄存器

1. 数据发送控制及状态寄存器 TXSTA

寄存器 TXSTA 各位含义如表 12-1 所列。

表 12-1 寄存器 TXSTA 各位含义

寄存器名称	寄存器位定义							
	Bit7	Bit6	Bit5	Bit4	Bit3	Bit2	Bit1	Bit0
TXSTA	CSRC	TX9	TXEN	SYNC	—	BRGH	TRMT	TX9D

- Bit7/CSRC:同步通信模式下时钟源选择位,异步通信不起作用。
  0:选择从动模式,时钟信号来自其他主控器件。
  1:选择主控模式,时钟信号来自自己内部的波特率发生器。
- Bit6/TX9:发送数据长度格式选择位。
  0:按 8 位数据长度发送。
  1:按 9 位数据长度发送。
- Bit5/TXEN:发送使能位。
  0:禁止发送数据。
  1:使能发送数据。

- Bit4/SYNC：USART 同步/异步工作模式选择位。
  0：选择异步通信模式。
  1：选择同步通信模式。
- Bit3/－：未定义。
- Bit2/BRGH：波特率选择位，只适用异步工作模式。
  0：低速波特率发生模式。
  1：高速波特率发生模式。
- Bit1/TRMT：发送移位寄存器的状态标志位。
  0：表示发送移位寄存器正忙于发送数据。
  1：表示发送移位寄存器已空。
- Bit0/TX9D：按 9 位数据格式长度发送数据的第 9 位，可作为校验位或标识位。
  0：正在发送的第 9 位数据位为 0。
  1：正在发送的第 9 位数据位为 1。

2. 数据接收控制及状态寄存器 RCSTA

寄存器 RCSTA 各位含义如表 12－2 所列。

表 12－2　寄存器 RCSTA 各位含义

寄存器名称	寄存器位定义							
	Bit7	Bit6	Bit5	Bit4	Bit3	Bit2	Bit1	Bit0
RCSTA	SPEN	RX9	SREN	CREN	ADDEN	FERR	OERR	RX9D

- Bit7/SPEN：串行通信使能位。
  0：禁止串行通信。
  1：使能串行通信。
- Bit6/RX9：接收数据格式长度选择位。
  0：按 8 位数据格式长度接收。
  1：按 9 位数据格式长度接收。
- Bit5/SREN：同步工作模式下，单次接收数据（一个字节）使能控制位。异步通信不起作用。
  0：禁止单次接收数据。
  1：使能单次接收数据。
- Bit4/CREN：连续接收数据使能位。
  0：禁止接收数据。
  1：使能接收数据。
- Bit3/ADDEN：地址匹配检测使能位，只适用接收 9 位数据。
  0：禁止地址匹配检测。

1:使能地址匹配检测。

- Bit2/FERR:数据帧格式错误标志位,只能读。

  0:没有发生数据帧格式错误。

  1:接收的数据已发生数据帧格式错误,可通过读一次 RCREG 寄存器清除。

- Bit1/OERR:数据接收溢出标志位。

  0:未发生接收溢出。

  1:发生接收溢出,可通过清除 CREN 将其清零。

- Bit0/RX9D:按 9 位数据格式长度接收数据的第 9 位,可作为校验位或标识位。

  0:正在接收的第 9 位数据位为 0。

  1:正在接收的第 9 位数据位为 1。

3. 发送缓冲寄存器 TXREG

寄存器 TXREG 各位含义如表 12-3 所列。

表 12-3　寄存器 TXREG 各位含义

寄存器名称	寄存器位定义							
	Bit7	Bit6	Bit5	Bit4	Bit3	Bit2	Bit1	Bit0
TXREG	TX7	TX6	TX5	TX4	TX3	TX2	TX1	TX0

4. 接收缓冲寄存器 RCREG

寄存器 RCREG 各位含义如表 12-4 所列。

表 12-4　寄存器 RCREG 各位含义

寄存器名称	寄存器位定义							
	Bit7	Bit6	Bit5	Bit4	Bit3	Bit2	Bit1	Bit0
RCREG	RX7	RX6	RX5	RX4	RX3	RX2	RX1	RX0

5. 波特率寄存器 SPBRG

寄存器 SPBRG 各位含义如表 12-5 所列。

表 12-5　寄存器 SPBRG 各位含义

寄存器名称	寄存器位定义							
	Bit7	Bit6	Bit5	Bit4	Bit3	Bit2	Bit1	Bit0
SPBRG	波特率定义值							

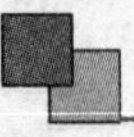

12.2 USART 通信模块相关的寄存器

与 USART 通信模块相关的寄存器如表 12-6 所列。

1. 中断控制寄存器 INTCON

CCP1 的中断状况受控于总中断使能位 GIE 和外围中断使能位 PEIE。

2. 第一外围中断使能寄存器 PIE1

外部中断源(或叫中断源第二梯队)的 PIE1 寄存器涉及 USART 的发送/接收中断使能。

3. 第一外围中断标志寄存器 PIR1

外部中断源(或叫中断源第二梯队)的 PIR1 寄存器涉及 USART 的发送/接收中断标志位。

4. RC 方向寄存器 TRISC

定义 USART 通信时引脚的输入/输出方向。

5. 数据发送控制及状态寄存器 TXSTA

数据发送方式及同步/异步模式选择。

6. 数据接收控制及状态寄存器 RCSTA

数据接收方式选择和串行口使能。

7. 发送缓冲寄存器 TXREG

每次发送数据前,必须将数据先写入该寄存器。

8. 接收缓冲寄存器 RCREG

每次接收完毕,自动将接收的数据放入该寄存器供读取。

9. 波特率定义寄存器 SPBRG

同步工作时,波特率由该寄存器决定;异步工作时,波特率由 BRGH 位和该寄存器共同决定。

表 12-6 与 USART 通信模块相关的寄存器

寄存器名称	寄存器位定义							
	Bit7	Bit6	Bit5	Bit4	Bit3	Bit2	Bit1	Bit0
INTCON	GIE	PEIE	T0IE	INTE	RBIE	T0IF	INTF	RBIF

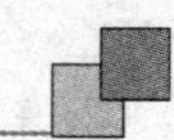

续表 12-6

寄存器名称	寄存器位定义							
	Bit7	Bit6	Bit5	Bit4	Bit3	Bit2	Bit1	Bit0
PIE1	PSPIE	ADIE	RCIE	TXIE	SSPIE	CCP1IE	TMR2IE	TMR1IE
PIR1	PSPIF	ADIF	RCIF	TXIF	SSPIF	CCP1IF	TMR2IF	TMR1IF
TRISC	TRISC7	TRISC6	TRISC5	TRISC4	TRISC3	TRISC2	TRISC1	TRISC0
TXSTA	CSRC	TX9	TXEN	SYNC	—	BRGH	TRMT	TX9D
RCSTA	SPEN	RX9	SREN	CREN	ADDEN	FERR	OERR	RX9D
TXREG	USART 发送缓冲寄存器							
RCREG	USART 接收缓冲寄存器							
SPBRG	波特率定义值							

12.3 USART波特率设置

PIC16F877A 单片机的内部含有一个波特率发生器，它决定着串行通信数据的传送速率。波特率发生器的工作时钟来自单片机的晶体振荡器，经过适当的分频获得所需的波特率。

波特率时钟发生器的结构原理框图如图 12-1 所示，波特率计数器为专用的递减计数器，该计数器的初始数值决定 USART 串行通信的频率，由波特率寄存器 SPBRG 的数值决定。当 SPBRG 初值加载到波特率计数器时，按照一定的时序脉冲触发该计数器以递减方式计数，直到计数器出现借位触发，波特率寄存器 SPBRG 的数值将重新加载。触发计数脉冲的频率与所取的系统时钟分频比有关，具体由参数位 BRGH 和 SYNC 的设置而定，可以获得的分频比是 1:4、1:16 或 1:64。我们常用的波特率一般为 300、600、1 200、2 400、4 800、9 600、19 200 和 57 600 等。

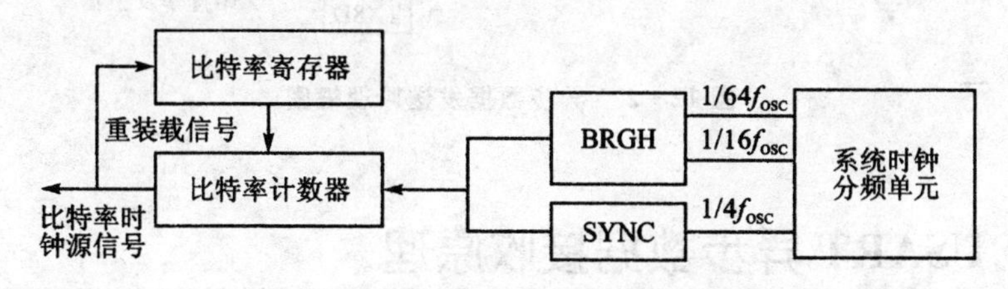

图 12-1 波特率时钟发生器的结构原理框图

异步工作方式时，可以由高低速选择位 BRGH 选择，工作于高速(BRGH=1)或低速模式(BRGH=0)时 SPBRG 的初值为

低速：SPBRG=f_{osc}/(64×波特率)-1

高速：SPBRG=f_{osc}/(16×波特率)-1

同步方式方式时，BRGH 必须定义为低速模式（BRGH=0）。SPBRG 的初值计算过程为

波特率=f_{osc}/[4(SPBRG+1)]

SPBRC=f_{osc}/(4×波特率)-1

12.4 USART 异步数据发送原理

图 12-2 为异步数据发送原理框图，由发送移位寄存器 TSR 和发送数据缓冲器 TXREG 等构成。首先将要发送的 8 位数据送入发送数据缓冲器 TXREG 中，然后系统自动把需发送的数据装入移位寄存器 TSR，在波特率时钟信号的作用下，通过 RC6/TX 引脚从高位到低位依次发送出去。当 TXREG 中的数据送入移位寄存器 TSR 后，即置位中断发送标志 TXIF。

如果采用 9 位数据位进行发送，则首先应将第 9 位数字写入发送状态兼控制寄存器 TXSTA 的最低位 TX9D 位上，然后才将 8 位数据写入发送数据缓冲器 TXREG 中，不然会引起发送混乱。

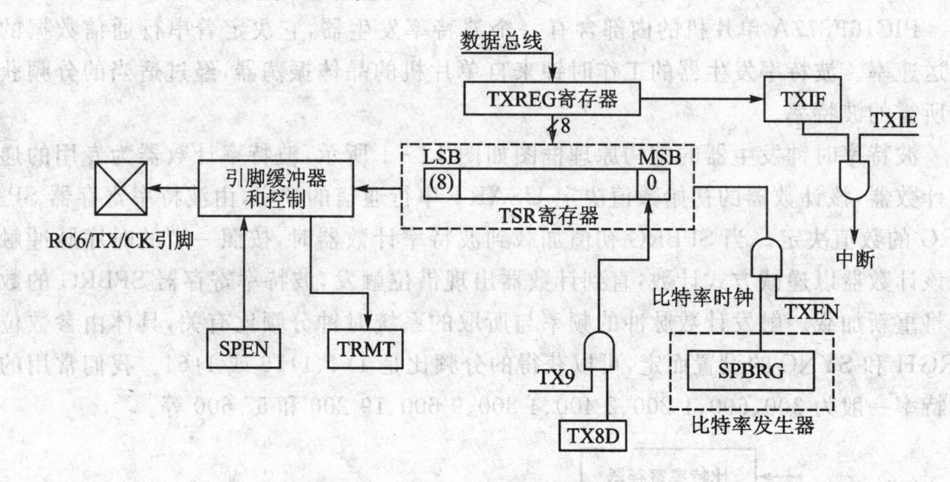

图 12-2　异步数据发送原理框图

12.5 USART 异步数据接收原理

图 12-3 为异步数据接收原理框图，由接收移位寄存器 RSR 和接收数据缓冲器 RCREG 等部件构。接收的串行数据信号从 RC7/RX 引脚输入，在波特率时钟信号的作用下，由接收移位寄存器 RSR 从高位到低位逐位接收数据。当接收到一个停止位时，一次完整的数据帧接收完成，移位寄存器 RSR 就把收到的 8 位数据自动送入

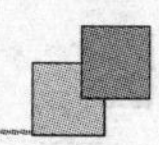

接收数据缓冲器 RCREG 中,同时置位接收中断标志 RCIF。当接收缓冲器 RCREG 的数据被取走后,RCIF 自动清零。

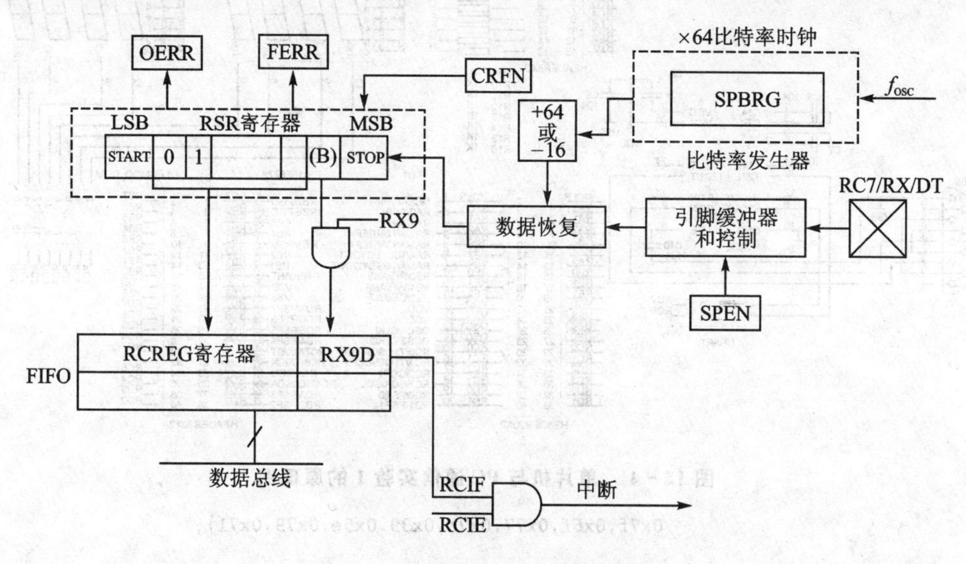

图 12-3　异步数据接收原理框图

12.6　单片机与 PC 通信实验 1

12.6.1　实验要求

单片机接收/发送单个字节数据的实验,采用查询方式工作。每当单片机收到 PC 发送的一个十六进制数据后回发给 PC。图 12-4 为单片机与 PC 通信实验 1 的原理图。

12.6.2　源程序文件及分析

在 D 盘中建立一个文件目录(ptc12-1),在 MPLAB 开发环境中创建一个新工程项目,项目名称也为 ptc12-1。最后输入 C 源程序文件 ptc12-1.c。

```
#include<pic.h>                              //包含头文件
#define uchar unsigned char                  //数据类型的宏定义
#define uint unsigned int
__CONFIG(HS&WDTDIS&PWRTEN&BORDIS&LVPDIS);    //器件配置
//数码管 0~F 的字形码
const uchar SEG7[16] = {0x3f,0x06,0x5b,0x4f,0x66,0x6d,0x7d,0x07,
```

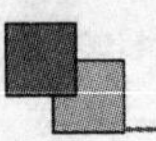

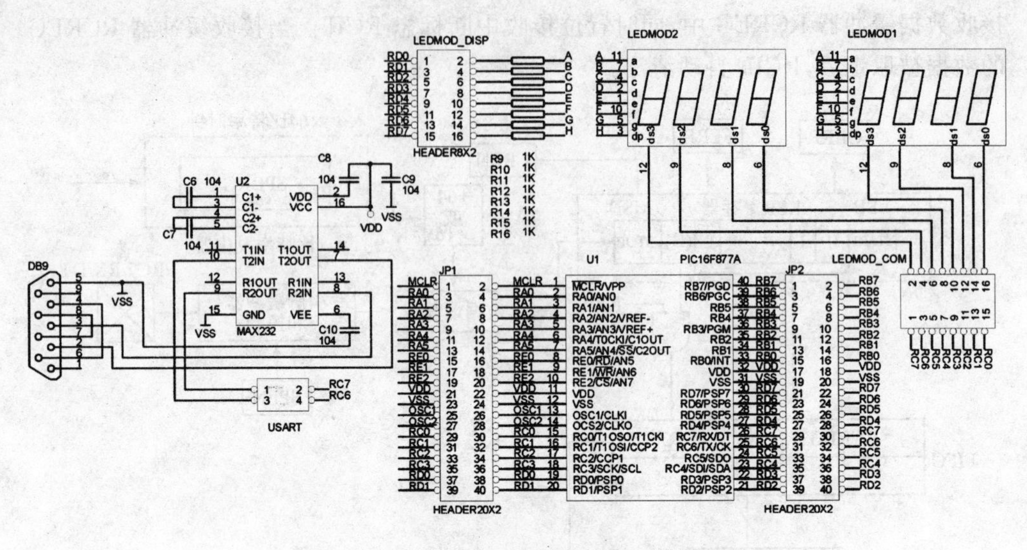

图 12-4　单片机与 PC 通信实验 1 的原理图

```
            0x7f,0x6f,0x77,0x7c,0x39,0x5e,0x79,0x71};

//-------------------------------------------------------
void delay_ms(uint len)                    //定义延时子函数,延时时间为 len 毫秒
{
 uint i,d = 100;
 i = d * len;
 while( -- i){;}
}
/***************端口初始化***************/
void PORT_init(void)
{
 TRISD = 0x00;
 TRISC = 0x00;
 PORTD = 0x00;
 PORTC = 0xff;
}
/**************USART 初始化**************/
void USART_init(void)
{
 di( );                                    //禁止中断
 SPBRG = 0x19;                             //波特率 9600/4 MHz
 TXSTA = 0x04;                             //异步通信,高速比特率发生
 RCSTA = 0x80;                             //串行通信使能
 TRISC6 = 0;                               //TX 发送
 TRISC7 = 1;                               //RX 接收
```

```
  CREN = 1;                                   //连续接收串行数据
  TXEN = 1;                                   //数据发送使能
}
/***************器件初始化***************/
void init_devices(void)
{
  PORT_init( );
  USART_init( );
  }
/***************主函数***************/
void main(void)
{
  uchar a = 0;                                //定义局部变量
  init_devices( );                            //调用器件初始化子函数
  while(1)                                    //无限循环
  {
   PORTD = SEG7[a/100];                       //显示接收到的数据(百位)
   RC2 = 0;RC1 = 1;RC0 = 1;
   delay_ms(1);
   PORTD = SEG7[(a/10) % 10];                 //显示接收到的数据(十位)
   RC2 = 1;RC1 = 0;RC0 = 1;
   delay_ms(1);
   PORTD = SEG7[a % 10];                      //显示接收到的数据(个位)
   RC2 = 1;RC1 = 1;RC0 = 0;
   delay_ms(1);
     if(RCIF == 1)                            //如果接收到数据
     {
      a = RCREG;                              //读取接收数据,同时自动清除 RCIF
      TXREG = a;                              //重新发送回去
      while(! TXIF);                          //等待发送成功
      TXIF = 0;                               //清除发送标志
     }
  }
}
```

编译通过后,我们可进行软件模拟仿真或硬件在线仿真。下来就可以将 ptc12-1.hex 文件烧入芯片中。打开串口调试器软件 COMPort Debuger,其界面如图 12-5 所示。右上方为发送区,右下方为接收区。左上方的初始化区域(如波特率、数据位等)一般不必更改(初始化为:端口号 1、波特率 9600、数据位 8、停止位 1、校验位无)。若使用了 USB-串口的转换线,则应该根据实际情况选择虚拟 COM 口。我们这个实验以十六进制的方式进行,因此,发送区与接收区应该勾选"按十六进制显示或发送"

及“按十六进制显示”。

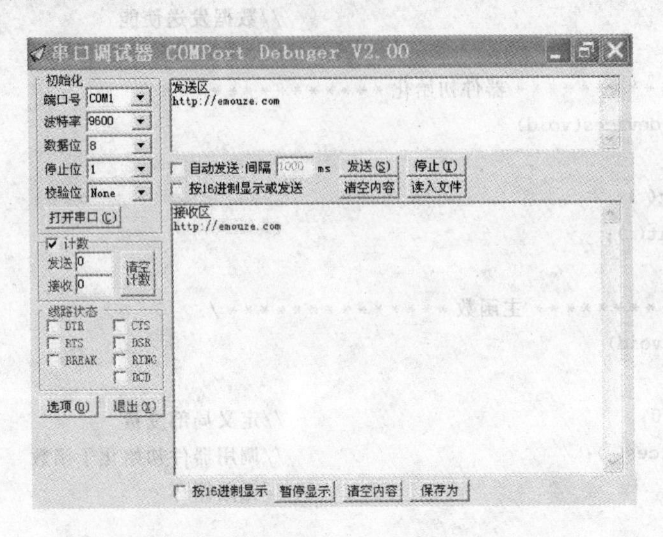

图 12-5　串口调试器软件 COMPort Debuger 界面

PIC DEMO 试验板上标示“LEDMOD_DISP”及“USART”的双排针插上短路帽,“ LEDMOD_COM”的右侧 3 个双排针插上短路帽,没有用到的双排针不应插短路帽。

将计算机的串口与 PIC DEMO 试验板的串口用串口线连接好。清空发送区、接收区的原有内容,然后打开串口。

发送区输入 8,点发送,我们发现 PIC DEMO 试验板的数码管显示 008 中,同时软件的接收区立即显示收到的 08(图 12-6)。

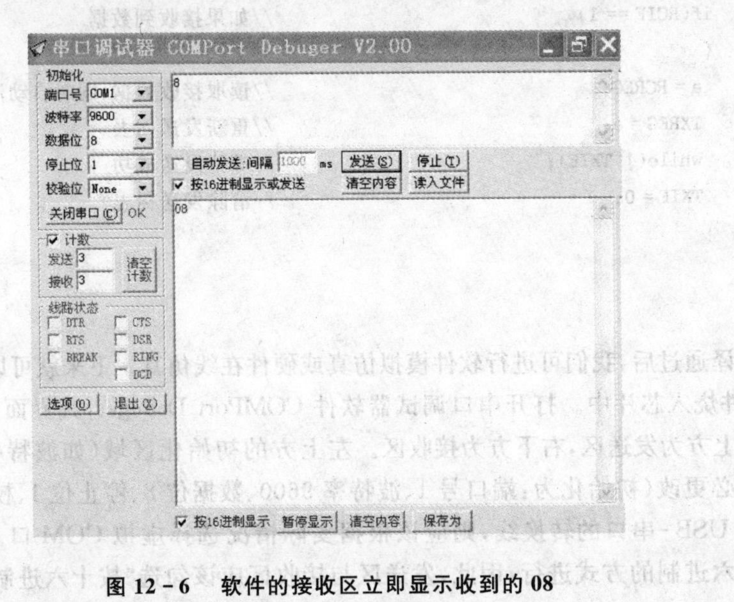

图 12-6　软件的接收区立即显示收到的 08

12.7 单片机与 PC 通信实验 2

12.7.1 实验要求

PC 以字符方式发送 8 个字符给单片机，单片机也回发 8 个字符给 PC，单片机采用查询方式工作。实验原理图与图 12-4 相同。

12.7.2 源程序文件及分析

在 D 盘中建立一个文件目录(ptc12-2)，在 MPLAB 开发环境中创建一个新工程项目，项目名称也为 ptc12-2。最后输入 C 源程序文件 ptc12-2.c。

```
#include<pic.h>                                //包含头文件
#define uchar unsigned char                     //数据类型的宏定义
#define uint unsigned int
__CONFIG(HS&WDTDIS&PWRTEN&BORDIS&LVPDIS);      //器件配置
//数码管 0～F 的字形码
const uchar SEG7[16] = {0x3f,0x06,0x5b,0x4f,0x66,0x6d,0x7d,0x07,
                        0x7f,0x6f,0x77,0x7c,0x39,0x5e,0x79,0x71};
uchar dat[8];                                   //定义数组
//-----------------------------------------------
void delay_ms(uint len)                         //定义延时子函数，延时时间为 len 毫秒
{
 uint i,d = 100;
 i = d * len;
 while( -- i){;}
}
/*************** 端口初始化 ***************/
void PORT_init(void)
{
 TRISD = 0x00;
 TRISC = 0x00;
 PORTD = 0x00;
 PORTC = 0xff;
}
/*************** USART 初始化 ***************/
void USART_init(void)
{
 di( );                                         //禁止中断
 SPBRG = 0x19;                                  //波特率 9600/4 MHz
```

```
 TXSTA = 0x04;                                  //异步通信,高速波特率发生
 RCSTA = 0x80;                                  //串行通信使能
 TRISC6 = 0;                                    //TX 发送
 TRISC7 = 1;                                    //RX 接收
 CREN = 1;                                      //连续接收串行数据
 TXEN = 1;                                      //数据发送使能
}
/*************** 器件初始化 ***************/
void init_devices(void)
{
 PORT_init( );
 USART_init( );
}
/*************************************/
void main(void)                                 //主函数
{
 uchar i;                                       //定义局部变量
 init_devices( );                               //调用初始化子函数
 for(;;)                                        //无限循环
 {
  for(i = 0;i<8;i ++ )                          //循环接收 8 次
  {
   while(! RCIF);                               //等待接收数据
   dat[i] = RCREG;                              //读取接收数据,同时自动清除 RCIF
   TXREG = dat[i];                              //发送接收到的数据
   while(! TXIF);                               //等待发送完成
   TXIF = 0;                                    //清除发送标志
  }

  for(i = 0;i<8;i ++ )                          //循环显示 8 个数据
  {
   PORTD = SEG7[dat[i] - 0x30];                 //显示接收到的数据(字符转换成数字)
   RC0 = 0;                                     //点亮个位数码管
   delay_ms(500);                               //延时 500ms
  }

 }
}
```

编译通过后,我们可进行软件模拟仿真或硬件在线仿真。下来就可以将 ptc12-2.hex 文件烧入芯片中。打开串口调试器软件 COMPort Debuger,我们这个实验以字符方式进行,因此,发送区与接收区不需要勾选“按十六进制显示或发送”及“按十

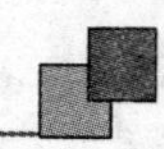

六进制显示”。

PIC DEMO 试验板上标示“LEDMOD_DISP”及“USART” 的双排针插上短路帽，“ LEDMOD_COM”的右侧 1 个双排针插上短路帽，没有用到的双排针不应插短路帽。

将计算机的串口与 PIC DEMO 试验板的串口用串口线连接好。清空发送区、接收区的原有内容，然后打开串口。

发送区输入 12345678，单击“发送”按钮，我们发现同时软件的接收区立即显示收到的 12345678，同时 PIC DEMO 试验板的个位数码管以 500ms 的间隔显示 1、2…8。

12.8　单片机与 PC 通信实验 3

12.8.1　实验要求

PC 机发送 8 个字符给单片机，单片机也回发 8 个字符给 PC，单片机采用中断方式接收。实验原理图与图 12－4 相同。

12.8.2　源程序文件及分析

在 D 盘中建立一个文件目录（ptc12－3），在 MPLAB 开发环境中创建一个新工程项目，项目名称也为 ptc12－3。最后输入 C 源程序文件 ptc12－3.c。

```
#include<pic.h>                                  //包含头文件
#define uchar unsigned char                      //数据类型的宏定义
#define uint unsigned int
__CONFIG(HS&WDTDIS&PWRTEN&BORDIS&LVPDIS);        //器件配置
//数码管 0~F 的字形码
const uchar SEG7[16] = {0x3f,0x06,0x5b,0x4f,0x66,0x6d,0x7d,0x07,
                        0x7f,0x6f,0x77,0x7c,0x39,0x5e,0x79,0x71};
uchar dat[8];                                    //定义数组
uchar p,temp,dis_flag = 0;                       //全局变量
//----------------------------------------------------
void delay_ms(uint len)                          //定义延时子函数,延时时间为 len 毫秒
{
 uint i,d = 100;
 i = d * len;
 while( -- i){;}
}
/***************** 端口初始化 ***************/
void PORT_init(void)
```

```
{
 TRISD = 0x00;
 TRISC = 0x00;
 PORTD = 0x00;
 PORTC = 0xff;
}
/*************** USART 初始化 ***************/
void USART_init(void)
{
 di( );                                  //禁止中断
 SPBRG = 0x19;                           //波特率 9600/4MHz
 TXSTA = 0x04;                           //异步通信,高速波特率发生
 RCSTA = 0x80;                           //串行通信使能
 TRISC6 = 0;                             //TX 发送
 TRISC7 = 1;                             //RX 接收
 CREN = 1;                               //连续接收串行数据
 TXEN = 1;                               //数据发送使能
}
/*************** 器件初始化 ***************/
void init_devices(void)
{
 PORT_init( );
 USART_init( );
 RCIE = 1;                               //使能接收中断
 PEIE = 1;
 GIE = 1;                                //使能总中断
}

/****************************************/
void main(void)                          //主函数
{
 uchar i;                                //定义局部变量
 init_devices( );                        //芯片初始化
 while(1)                                //无限循环
 {
   if(dis_flag == 1)                     //如果显示标志为 1,表示收完数据,进行显示
   {
     p = 0;
     for(i = 0;i<8;i ++ )                //显示 8 个数据
     {
      PORTD = SEG7[dat[i] - 0x30];       //显示接收到的数据(字符转换成数字)
      RC0 = 0;                           //点亮个位数码管
```

```
            delay_ms(500);                    //延时 500ms
          }
      }
    }
  }
  /************************************/
  void interrupt ISR(void)                    //中断函数
  {
   if(RCIF)                                   //如果发生接收中断
   {
    RCIF = 0;                                 //清除接收中断标志
    dis_flag = 0;                             //显示标志清零
    temp = RCREG;                             //接收数据
    TXREG = temp;                             //发送接收到的数据
    while(! TXIF);                            //等待发送完成
    dat[p] = temp;                            //存放接收的数据到数组
    p ++ ;                                    //数组指针指向下一个
    if(p == 8)dis_flag = 1;                   //如果收到 8 个数据,置位显示标志
   }
  }
```

编译通过后,我们可进行软件模拟仿真或硬件在线仿真。下来就可以将 ptc12-3.hex 文件烧入芯片中。打开串口调试器软件 COMPort Debuger,我们这个实验以字符方式进行,因此,发送区与接收区不需要勾选"按十六进制显示或发送"及"按十六进制显示"复选框。

PIC DEMO 试验板上标示"LEDMOD_DISP"及"USART"的双排针插上短路帽," LEDMOD_COM"的右侧 1 个双排针插上短路帽,没有用到的双排针不应插短路帽。

将计算机的串口与 PIC DEMO 试验板的串口用串口线连接好。清空发送区、接收区的原有内容,然后打开串口。

发送区输入 12345678,单击"发送"按钮,我们发现同时软件的接收区立即显示收到的 12345678,同时 PIC DEMO 试验板的个位数码管以 500ms 的间隔显示 1、2…8。

这个实验由于单片机采用中断方式接收,大大提高了工作效率,可以在主函数中处理更多的其他事情。

第 13 章

I^2C 通信模块

I^2C 总线是 Philips 公司推出的一种同步串行传输总线，只依靠两条信号线就可进行信息传递，目前已大量应用于家电及工业领域的系统内部数据传输。两条信号线为同步串行数据线 SDA 和同步串行时钟线 SCL。I^2C 的工作方式是采用主、从器件分时合用一条数据线 SDA，包含字节数据信息、地址识别码和双方应答握手信号。I^2C 数据传送的速率取决于时钟脉冲信号 SCL 的频率，目前主要有两种：一种是标准模式(100 kb/s)，另一种是快速模式(400 kb/s)。

PIC16F877A 内部配置有主控同步串行通信模块 MSSP，该模块主要应用于 I^2C 及后面介绍的 SPI 方式的短距离通信。

13.1 I^2C 总线通信模式

图 13-1 为 I^2C 总线一次完整的数据传输过程。I^2C 总线上传送的每一个字节均为 8 位，并且高位在前。首先由起始信号启动 I^2C 总线，其后为寻址字节，寻址字节由高 7 位地址和最低 1 位方向组成，方向位表明主控器与被控器(从器件)数据传送方向，方向位为"0"时表明主控器对被控器的写操作，为"1"时表明主控器对被控器的读操作，其后的数据传输字节数是没有限制的，可以是一个或多个字节。每传送一个字节后都必须跟随一个应答位或非应答位，在全部数据传送结束后主控制器发送终止信号。

I^2C 总线上的数据传输有许多读、写组合方式。几种常用的数据传送格式如图 13-2 所示。

其中：S—起始信号；SLAW—写寻址字节；SLAR—读寻址字节；A—应答信号；/A—非应答信号；Datal～Datan—被写入/读出的 *n* 个数据字节；Sr—重复起始信号；P—终止信号。

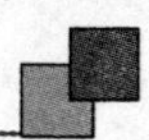

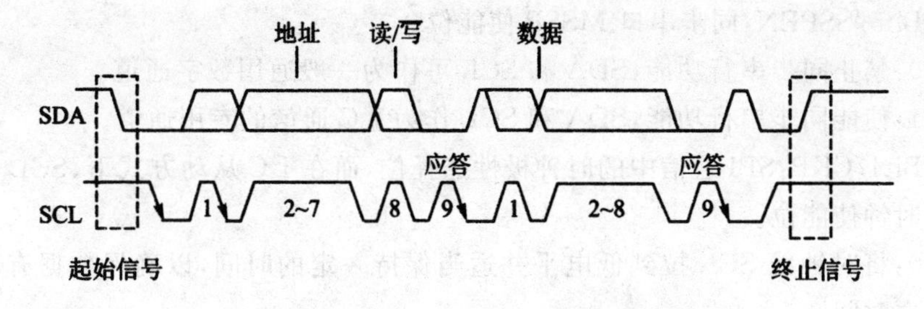

图 13-1 I²C总线一次完整的数据传输过程

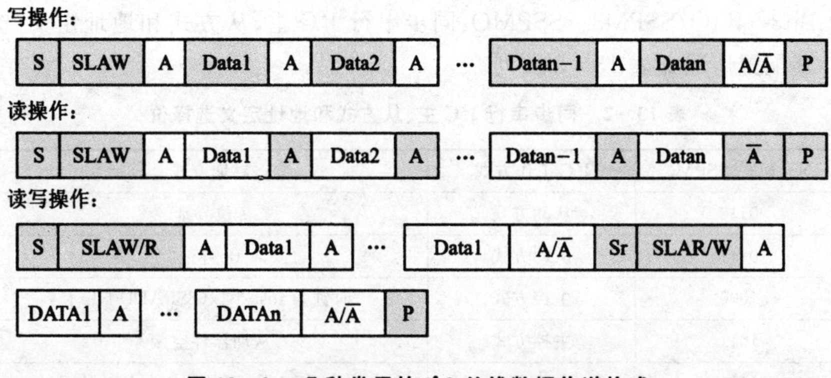

图 13-2 几种常用的I²C总线数据传送格式

在读/写操作中未注明数据的传送方向,其方向由寻址字节的方向位决定。

13.2 I²C模块的寄存器

1. 同步串口控制寄存器SSPCON

寄存器SSPCON各位含义如表13-1所列。

表 13-1 寄存器SSPCON各位含义

寄存器名称	寄存器位定义							
	Bit7	Bit6	Bit5	Bit4	Bit3	Bit2	Bit1	Bit0
SSPCON	WCOL	SSPOV	SSPEN	CKP	SSPM3	SSPM2	SSPM1	SSPM0

- Bit7/WCOL:发送缓冲器SSPBUF冲突检测位。

  0:没有发生写操作冲突。

  1:已经发生写操作冲突。

- Bit6/SSPOV:接收缓冲器SSPBUF溢出标志位。

  0:没有发生接收溢出。

  1:已经发生接收溢出。

- Bit5/SSPEN：同步串口 MSSP 使能位。

  0：禁止同步串行功能，SDA 和 SCL 可作为一般通用数字通道。

  1：使能同步串行功能，SDA 和 SCL 作为 I²C 通信的专用通道。

- Bit4/CKP：SPI 通信中的时钟极性选择位，而在 I²C 从动方式下，SCL 仅表示时钟使能位。

  0：将时钟线 SCL 拉到低电平并适当保持一定的时间，以确保数据有足够建立时间。

  1：时钟信号正常工作方式。

- Bit3－Bit0/SSPM3－SSPM0：同步串行 I²C 主、从方式和地址定义选择位，其配置情况如表 13－2 所列。

表 13－2　同步串行 I²C 主、从方式和地址定义选择位

SSPM3－SSPM0	I²C 工作方式	寻址方式
0110	从动方式	7 位寻址
0111	从动方式	10 寻址
1000	主控方式	时钟为 fosc/[4x(SSPADD+1)]
1011	主控方式	从动器件空闲
1110	主控方式	启动位、停止位、可使能中断的 7 位寻址
1111	主控方式	启动位、停止位、可使能中断的 10 位寻址

2. 同步串口状态寄存器 SSPSTAT

寄存器 SSPSTAT 各位含义如表 13－3 所列。

表 13－3　寄存器 SSPCON 各位含义

寄存器名称	寄存器位定义							
	Bit7	Bit6	Bit5	Bit4	Bit3	Bit2	Bit1	Bit0
SSPSTAT	SMP	CKE	D/A	P	S	STAT_RW	UA	BF

- Bit7/SMP：在 I²C 主、从方式下，I²C 总线传输率选择位。

  0：采用快速 F 模式(400 kb/s)。

  1：采用标准 S 模式(100 kb/s)。

- Bit6/CKE：在 I²C 主、从方式下，选择一种总线电平标准。

  0：输入电平满足 I²C 总线标准。

  1：输入电平满足 SMBus 总线标准。

- Bit5/D/A：在 I²C 总线方式下，本次传送的信息状况，即当前主、从器件接收或发送的字节是数据还是地址。

  0：当前接收或发送的字节是地址。

1：当前接收或发送的字节是数据。

- Bit4/P：停止位，用于 I²C 总线方式，停止信号的出现情况。若 SSPEN=O，I²C 通信被禁止，该位将自动清零。

  0：当前还没有检测到停止信号。

  1：当前已经检测到了停止信号。

- Bit3/S：启动位，用于 I²C 总线方式，启动信号的出现情况。若 SSPEN=O，I²C 通信被禁止，该位将自动清零。

  0：当前还没有检测到启动信号。

  1：当前已经检测到了启动信号。

- Bit2/STAT_RW：在 I²C 总线方式下，主、从数据传送的方向将由核读/写信息位决定。一般在最近一次地址匹配信息中，可以从第 8 位获取的状态信息。在本次 I²C 总线传送中，只要没有出现启/停信号，数据的流向必须遵循原有的设置。注意，在主、从方式下该位所表达的含义是不同的。

  在 I²C 主控方式下：

  0：没有进行发送。

  1：正在进行发送。

  在 I²C 从动方式下：

  0：写数据操作。

  1：读数据操作。

- Bit1/UA：在 I²C 总线 10 位地址的寻址方式中，可以作为地址更新标志位，由硬件自动设置。

  0：无须更新 SSPADD 寄存器中的地址。

  1：需要更新 SSPADD 寄存器中的地址。

- Bit0/BF：缓冲器 SSPBUF 满标志位。

  在 I²C 总线方式下，主、从器件接收时：

  0：表示接收缓冲器为空。

  1：表示接收缓冲器已满。

  在 I²C 总线方式下，主、从器件发送时：

  0：表示完成数据发送，目前发送缓冲器 SSPBUF 为空。

  1：表示正在发送数据，目前发送缓冲器 SSPBUF 已满。

3. 从动器件地址/波特率寄存器 SSPADD

SSPADD 寄存器在 I²C 主、从方式下具有多功能角色。在 I²C 主控工作方式下，加载波特率发生器的定时常数。在 I²C 从动工作方式下，担当地址寄存器，用来存放从动器件的地址。在 10 位寻址方式下，程序需要分别写入高 8 位字节（11110A_9A_8R/W）和低 8 位字节（A_7～A_0）地址信息。

寄存器 SSPADD 各位含义如表 13－4 所列。

表 13－4　寄存器 SSPADD 各位含义

寄存器名称	寄存器位定义							
	Bit7	Bit6	Bit5	Bit4	Bit3	Bit2	Bit1	Bit0
SSPADD	I^2C 从动方式存放从器件地址/I^2C 主控方式存放波特率值							

4. 同步串口控制寄存器 SSPCON2

寄存器 SSPCON2 各位含义如表 13－5 所列。

表 13－5　寄存器 SSPCON2 各位含义

寄存器名称	寄存器位定义							
	Bit7	Bit6	Bit5	Bit4	Bit3	Bit2	Bit1	Bit0
SSPCON2	GCEN	ACKSTAT	ACKDT	ACKEN	RCEN	PEN	RSEN	SEN

- Bit7/GCEN：通用呼叫地址使能位。

  0：禁止通用呼叫地址方式。

  1：使能通用呼叫地址方式。
- Bit6/ACKSTAT：应答状态位。如果处于 I^2C 主控方式，则硬件将自动接收来自从动器件的应答信号。

  0：已收到来自从动器件的有效应答位（ACK）。

  1：未收到来自从动器件约有效应答位（NACK）。
- Bit5/ACKDT：应答信息位。如果处于 I^2C 主控接收方式，在接收一个完整的字节后，主控器件应回送一个应答信号，该位就是用户软件写入的回送值。

  0：在接收一个完整的字节后，将回送有效应答位（ACK）。

  1：在接收一个完整的字节后，将回送非应答位（NACK）。
- Bit4/ACKEN：应答信号时序发送使能位，用于 I^2C 主控接收方式。

  0：在 I^2C 传送线路上未出现应答信号时序。

  1：在 I^2C 传送线路上已出现应答信号时序（硬件可自动清零）。
- Bit3/RCEN：接收使能位。

  0：禁止 I^2C 接收。

  1：使能 I^2C 接收。
- Bit2/PEN：停止信号时序发送使能位。

  0：在 I^2C 线路上未出现停止信号时序。

  1：在 I^2C 线路上已出现停止信号时序（硬件可自动清零）。
- Bit1/RSEN：重启动信号时序发送使能位。

  0：在 I^2C 传送线路上未出现重启动信号时序。

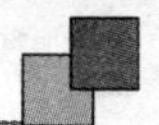

1:在 I²C 传送线路上已出现重启动信号时序(硬件可自动清零)。

- Bit0/SEN:启动信号时序发送使能位。

  0:在 I²C 传送线路上未出现启动信号时序。

  1:在 I²C 传送线路上已出现启动信号时序(硬件可自动清零)。

13.3　I²C 模块相关的寄存器

I²C 模块相关的寄存器共有 12 个,如表 13-6 所列,其中 SSPSR 无编址。

1. 中断控制寄存器 INTCON

SSP 的中断状况受控于总中断使能位 GIE 和外围中断使能位 PEIE。

2. 第一外围中断使能寄存器 PIE1

外部中断源(或叫中断源第 2 梯队)的 PIE1 寄存器涉及 SSP 中断使能位。

3. 第一外围中断标志寄存器 PIR1

外部中断源(或叫中断源第 2 梯队)的 PIR1 寄存器涉及 SSP 中断标志位。

4. 第二外围中断使能寄存器 PIE2

涉及 I²C 总线冲突中断使能位 BCLIE。

5. 第二外围中断标志寄存器 PIR2

涉及 I²C 总线冲突中断标志位 BCLIF。

6. RC 方向寄存器 TRISC

I²C 通信专用数据通道和时序同步信号的方向设置。

7. 同步串口控制寄存器 SSPCON

设置 I²C 通信的工作模式。

8. 收/发数据缓冲器 SSPBUF

I²C 通信收/发数据专用寄存器。

9. 同步串口控制寄存器 SSPCON2

I²C 通信工作模式的功能设置及定义各类信号的使能。

10. 从动器件地址/波特率寄存器 SSPADD

用于存放 10 位地址或波特率发生器。

11. 同步串口状态寄存器 SSPSTAT

设置 I²C 通信的工作状态,包括 I²C 发送速率、启/停、读/写及收/发状态等信息的选择。

表 13－6　与 I^2C 模块相关的寄存器

寄存器名称	寄存器位定义							
	Bit7	Bit6	Bit5	Bit4	Bit3	Bit2	Bit1	Bit0
INTCON	GIE	PEIE	T0IE	INTE	RBIE	T0IF	INTF	RBIF
PIE1	PSPIE	ADIE	RCIE	TXIE	SSPIE	CCP1IE	TMR2IE	TMR1IE
PIR1	PSPIF	ADIF	RCIF	TXIF	SSPIF	CCP1IF	TMR2IF	TMR1IF
PIE2	—	—	—	EEIIE	BCLIE	—	—	CCP2IE
PIR2	—	—	—	EEIIF	BCLIF	—	—	CCP2IF
TRISC	TRISC7	TRISC6	TRISC5	TRISC4	TRISC3	TRISC2	TRISC1	TRISC0
SSPCON	WCOL	SSPOV	SSPEN	CKP	SSPM3	SSPM2	SSPM1	SSPM0
SSPBUF	SSP 接收/发送数据缓冲器							
SSPCON2	GCEN	ACKSTAT	ACKDT	ACKEN	RCEN	PEN	RSEN	SEN
SSPBUF	SPEN	RX9	SREN	CREN	ADDEN	FERR	OERR	RX9D
SSPADD	I^2C 从动方式存放从器件地址/I^2C 主控方式存放波特率值							
SSPSTAT	SMP	CKE	D/A	P	S	R/W	UA	BF
SPPSR	I^2C 接收/发送数据移位寄存器							

13.4　I^2C 主控方式

I^2C 工作在主控方式时，串行数据线 SDA 必须设置为输出，而串行时钟线 SCL 取决于数据和回送信号的方向。主控器件在发送数据之前，首先必须发送一个启动信号 S。发送的第一个字节是从动器件的地址（7 位）和读/写（R/W）位，发送时 R/W 位必须为低电平。每个字节发送完后都必须等待接收一个从动器件回送的应答 ACK（或 NACK）信号。如果主控器件在发送一个或几个字节后收到一个非应答信号，将立即给出终止信号 P，表明一次数据传送结束。I^2C 在主控方式下的基本结构如图 13－3 所示。

PIC 单片机只有具有 MSSP 模块的型号才可以有硬件 I^2C 主控模式支持，普通的 SSP 模块工作于主控模式时必须用软件配合实现。

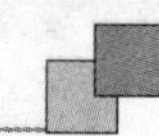

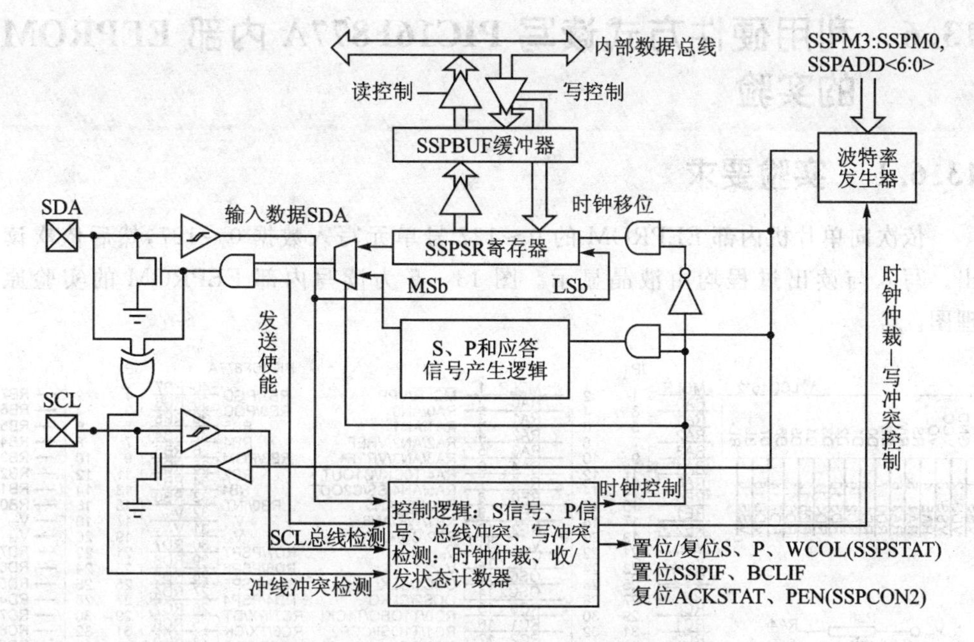

图 13-3 I²C在主控方式下的基本结构

13.5 I²C从动方式

当I²C工作在从动方式时，串行数据线SDA必须设置为输入，而串行时钟线SCL取决于数据和回送信号的方向。从动器件在I²C总线上时刻侦听主控器件发出的地址信息，一切地址匹配便进入数据接收阶段。通常每次收到主控器件传送的数据后，将自动回送一个应答信号ACK，但当溢出标志位SSPOV已置位或缓冲器满标志位BF已置位时，将自动回送一个非应答NACK信号。移位寄存器SSPSR收到一个完整的数据后，自动将该数据送入SSPBUF。I²C在从动方式下的基本结构如图13-4所示。

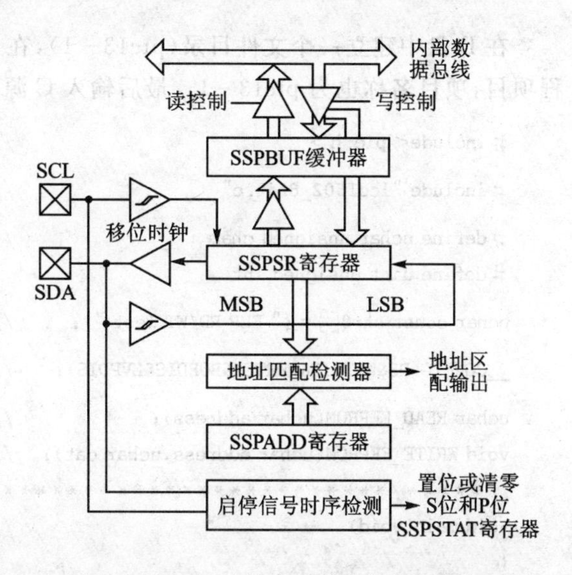

图 13-4 I²C在从动方式下的基本结构

13.6 利用硬件方式读写 PIC16F877A 内部 EEPROM 的实验

13.6.1 实验要求

依次向单片机内部 EEPROM 的 0～127 号单元写入数据 0～127，然后依次读出。写入与读出过程均由液晶显示。图 13－5 为读写内部 EEPROM 的实验原理图。

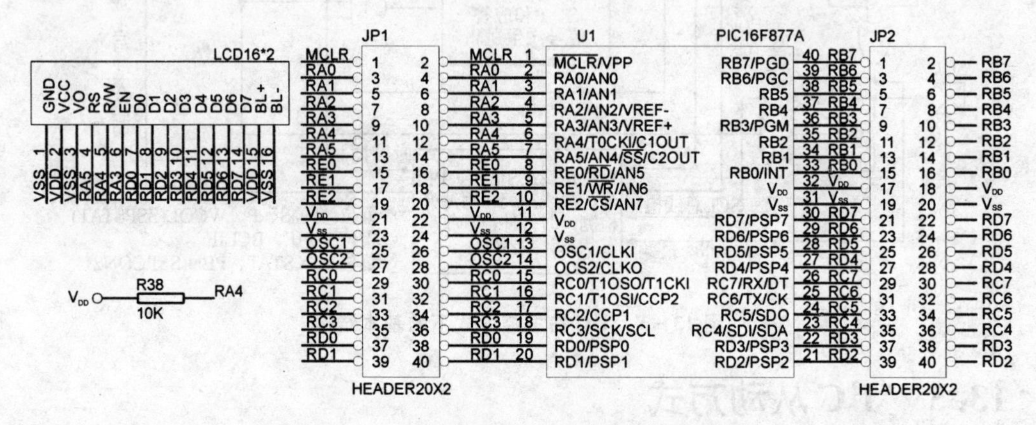

图 13－5 读写内部 EEPROM 的实验原理图

13.6.2 源程序文件及分析

在 D 盘中建立一个文件目录(ptc13－1)，在 MPLAB 开发环境中创建一个新工程项目，项目名称也为 ptc13－1。最后输入 C 源程序文件 ptc13－1.c。

```
#include<pic.h>                                     //包含头文件
#include "lcd1602_8bit.c"                           //包含液晶驱动程序文件
#define uchar unsigned char                         //数据类型的宏定义
#define uint unsigned int
uchar const str0[] = {" EEP RD/WT Test "};          //待显的预定字符串
__CONFIG(HS&WDTDIS&PWRTEN&BORDIS&LVPDIS);           //器件配置
uchar READ_EEPROM(uchar address);                   //函数声明
void WRITE_EEPROM(uchar address,uchar dat);         //函数声明
//*************************************
void main(void)                                     //主函数
{
 uchar rd_val;                                      //定义局部变量
 uchar i;
```

```
  delay_ms(500);                                   //延时 500ms 等电源稳定
  InitLcd( );                                      //液晶初始化
  ePutstr(0,0,str0);                               //显示预定字符串
  while(1)                                         //无限循环
  {
    for(i = 0;i< = 127;i ++ )                      //局部循环 128 次
    {
     WRITE_EEPROM(i,i);                            //将 0～127 写入内部 EEPROM0 - 127 号单元
     DisplayOneChar(0,1,(i/100) + 0x30);           //显示数据
     DisplayOneChar(1,1,((i/10) % 10) + 0x30);
     DisplayOneChar(2,1,(i % 10) + 0x30);
     delay_ms(10);                                 //每写一个数据等待 10ms
    }
    for(i = 0;i< = 127;i ++ )                      //局部循环 128 次
    {
     rd_val = READ_EEPROM(i);                      //从内部 EEPROM0 - 127 号单元读出数据
     DisplayOneChar(13,1,(rd_val/100) + 0x30);//显示数据
     DisplayOneChar(14,1,((rd_val/10) % 10) + 0x30);
     DisplayOneChar(15,1,(rd_val % 10) + 0x30);
     delay_ms(200);                                //等待 200ms 便于观察显示
    }
    while(1);                                      //程序原地踏步,动态停机
  }
}
//****************************************
uchar READ_EEPROM(uchar address)                   //从内部地址 address 读出数据子函数
{
  EEADR = address;                                 //从 address 地址读取数据
  RD = 1;
  return EEDATA;                                   //返回读出的数据
}
//**** 将数据 dat 写入内部地址 address 中子函数 ****
void WRITE_EEPROM(uchar address,uchar dat)
{
  while(WR == 1);                                  //等待上次数据写完
  EEADR = address;                                 //写入的地址为 address
  EEDATA = dat;                                    //写入的数据为 dat
  GIE = 0;                                         //关中断
  WREN = 1;                                        //写使能
  EECON2 = 0x55;                                   //命令字
  EECON2 = 0x0aa;                                  //命令字
```

```
    WR = 1;                                       //写入标志为 1
    WREN = 0;                                     //关闭写
    GIE = 1;                                      //再开中断
}
```

这里要使用 lcd1602_8bit.c 这个文件，因此我们要将 lcd1602_8bit.c 文件从第 7 章的实验程序文件夹 ptc7-2 中复制到当前目录中(ptc13-1)。

编译通过后，我们可进行软件模拟仿真或硬件在线仿真。下来将 ptc13-1.hex 文件烧入芯片中。

PIC DEMO 试验板上标示“LEDMOD_DISP”及“I²C”的双排针插上短路帽，没有用到的双排针不应插短路帽。标示“LCD16 * 2”处正确插上 1602 液晶。

上电以后，我们发现液晶的第二行左下角依次显示 0～127，说明正在往 EEPROM 中写入数据。随后，又发现液晶的第二行右下角依次显示 0～127，说明正在从 EEPROM 中读出数据。

写入、读出完成后，单片机动态停机，数据锁存在液晶上。

13.7 利用库函数读写 PIC16F877A 内部 EEPROM 的实验

13.7.1 实验要求

利用库函数向单片机内部 EEPROM 的 10 号单元写入数据 123，然后读出。写入与读出过程均由液晶显示。实验原理图与图 13-5 相同。

13.7.2 源程序文件及分析

在 D 盘中建立一个文件目录(ptc13-2)，在 MPLAB 开发环境中创建一个新工程项目，项目名称也为 ptc13-2。最后输入 C 源程序文件 ptc13-2.c。

```
#include<pic.h>                                   //包含头文件
#include "lcd1602_8bit.c"                         //包含液晶驱动程序文件
#define uchar unsigned char                       //数据类型的宏定义
#define uint unsigned int
uchar const str0[] = {"FUN EEP R/W Test"};        //待显的预定字符串
__CONFIG(HS&WDTDIS&PWRTEN&BORDIS&LVPDIS);         //器件配置
//****************** 函数声明 ********************
extern void eeprom_write(unsigned char addr, unsigned char value);
extern unsigned char eeprom_read(unsigned char addr);
//************************************
void main(void)                                   //主函数
```

```
{
uchar val;                                  //定义局部变量
delay_ms(500);                              //延时 500ms 等待电源稳定
InitLcd( );                                 //液晶初始化
ePutstr(0,0,str0);                          //显示预定的字符串
while(1)                                    //无限循环
{
 val = 123;                                 //取数值 123
 eeprom_write(10,val);                      //将数据 123 写入内部 EEPROM 的 10 号单元
 DisplayOneChar(0,1,(val/100) + 0x30);      //显示该数据
 DisplayOneChar(1,1,((val/10) % 10) + 0x30);
 DisplayOneChar(2,1,(val % 10) + 0x30);

 val = 0;                                   //清除数据
 val = eeprom_read(10);                     //从内部 10 号单元读出数据
 DisplayOneChar(13,1,(val/100) + 0x30);     //显示读出的数据
 DisplayOneChar(14,1,((val/10) % 10) + 0x30);
 DisplayOneChar(15,1,(val % 10) + 0x30);

 while(1);                                  //程序动态停机
 }
}
```

由于要使用 lcd1602_8bit. c 这个文件，因此我们将 lcd1602_8bit. c 文件从第 7 章的实验程序文件夹 ptc7 - 2 中复制到当前目录中（ptc13 - 2）。

编译通过后，我们可进行软件模拟仿真或硬件在线仿真。下来将 ptc13 - 2. hex 文件烧入芯片中。

PIC DEMO 试验板上标示“LEDMOD_DISP”及“I²C”的双排针插上短路帽，没有用到的双排针不应插短路帽。标示“LCD16 * 2”处正确插上 1602 液晶。

上电以后，我们发现液晶的第二行左下角显示 123，说明往 EEPROM 中写入的数据是 123。随后，又发现液晶的第二行右下角显示 123，说明从 EEPROM 中读出数据也为 123。

写入、读出完成后，单片机动态停机，数据锁存在液晶上。

13.8 利用硬件接口读写外部 24C01 的实验

13.8.1 实验要求

利用硬件接口读写外部 24C01/02，可读写单个字节，也可进行页读写（8 字节）。写入与读出过程均由液晶显示。图 13 - 6 为读写外部 24C01/02 的实验原理图。

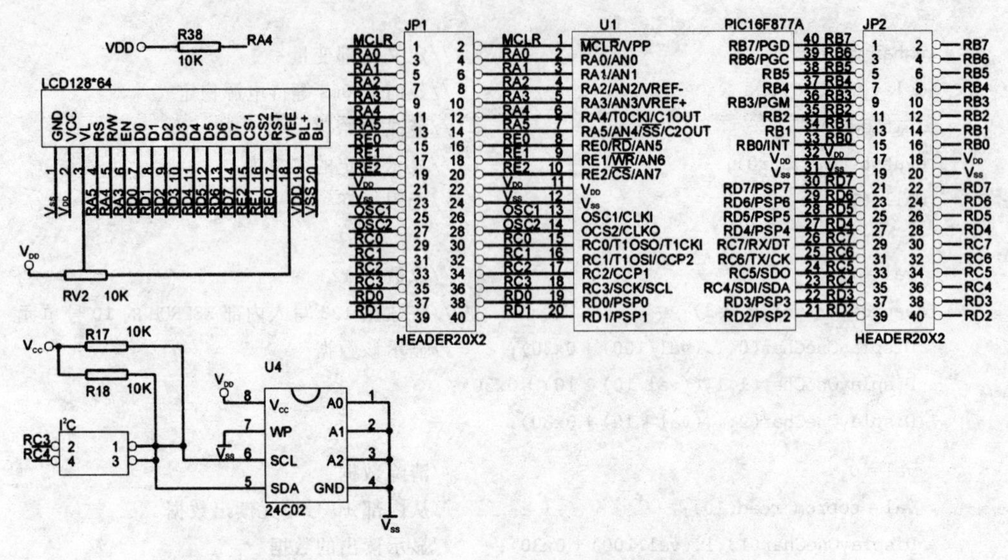

图 13-6　读写外部 24C01/02 的实验原理图

13.8.2　源程序文件及分析

在 D 盘中建立一个文件目录(ptc13-3),在 MPLAB 开发环境中创建一个新工程项目,项目名称也为 ptc13-3。最后输入 C 源程序文件 ptc13-3.c。

```
#include<pic.h>                                    //包含头文件
#include "lcd1602_8bit.c"                         //包含液晶驱动程序文件
#define uchar unsigned char                       //数据类型的宏定义
#define uint unsigned int
uchar const str0[] = {"24C01 RD/WT Test"};        //待显的预定字符串
__CONFIG(HS&WDTDIS&PWRTEN&BORDIS&LVPDIS);         //器件配置
uchar EE_FLAG;                                    //读写 EEPROM 的标志
//**************空闲检测子函数**************
void BUSY(void)
{
    while((SSPCON2 & 0x1F)|(STAT_RW))
    continue;
}
//********写一个字节 wt_val 到 24C01 的地址 address 中的子函数*****
void WRITE_BYTE_TO_24C01(uchar wt_val, uchar address)
{
  SEN = 1;                                        //发送起始命令
  while(SEN);                                     //SEN 被硬件自动清零前循环等待
  SSPBUF = 0xa0;                                  //控制字送入 SSPBUF
```

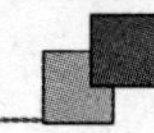

```
  BUSY( );                                    //空闲检测
  if(! ACKSTAT) EE_FLAG = 0;                  //是否有应答?
  else                                        //ACKSTAT = 1 从器件无应答
    EE_FLAG = 1;
  SSPBUF = address;                           //地址送入 SSPBUF
  BUSY( );                                    //空闲检测
  if(! ACKSTAT) EE_FLAG = 0;                  //应答位检测,ACKSTAT = 0 从器件有应答
  else                                        //ACKSTAT = 1 从器件无应答
    EE_FLAG = 1;

      SSPBUF  =  wt_val;                      //数据送入 SSPBUF
      BUSY( );                                //空闲检测
      if(! ACKSTAT) EE_FLAG = 0;              //应答位检测,ACKSTAT = 0 从器件有应答
      else                                    //ACKSTAT = 1 从器件无应答
          EE_FLAG = 1;

  PEN  =  1;                                  //初始化重复停止位
  while(PEN);                                 //PEN 被硬件自动清零之前循环
//* * EEPROM 内部写周期一般为 3～10ms,必须循环查询内部写入过程是否结束 * *
  while(1)
  {
    SEN = 1;                                  //发送起始位
    while(SEN);                               //SEN 被硬件自动清零前循环等待
    SSPBUF = 0xa0;                            //控制字送入 SSPBUF
    BUSY( );                                  //空闲检测
    PEN = 1;                                  //发送停止位
    while(PEN);                               //PEN 被硬件自动清零前循环
    if(! ACKSTAT)                             //应答位检测,ACKSTAT = 0 从器件有应答
        break;
  }
}
//* * * * * * * * 从 24C01 的地址 address 中读取一个字节的子函数 * * * * * * * *
uchar READ_BYTE_FROM_24C01(uchar address)
{
 uchar ee_val;                                //定义局部变量
 SEN  =  1;                                   //发送起始信号
 while(SEN);                                  //SEN 被硬件自动清零前循环等待
 SSPBUF  =  0xa0;                             //写控制字送入 SSPBUF
 BUSY( );                                     //空闲检测
 if(! ACKSTAT) EE_FLAG = 0;                   //应答位检测,ACKSTAT = 0 从器件有应答
 else                                         //ACKSTAT = 1 从器件无应答
     EE_FLAG = 1;
 SSPBUF  =  address;                          //地址送入 SSPBUF
 BUSY( );                                     //空闲检测
 if(! ACKSTAT) EE_FLAG = 0;                   //应答位检测,ACKSTAT = 0 从器件有应答
 else                                         //ACKSTAT = 1 从器件无应答
```

```
      EE_FLAG = 1;
      RSEN = 1;                                  //重复 START 状态
      while(RSEN);                               //等待 START 状态结束
      SSPBUF = 0xa1;                             //读数据的控制字送入 SSPBUF
      BUSY( );                                   //空闲检测
      if(! ACKSTAT)EE_FLAG = 0;                  //应答位检测,ACKSTAT = 0 从器件有应答
      else                                       //ACKSTAT = 1 从器件无应答
          EE_FLAG = 1;
      RCEN = 1;                                  //允许接收
      while(RCEN);                               //等待接收结束
      ACKDT = 1;                                 //接收结束后不发送应答位
      ACKEN = 1;
      while(ACKEN);                              //ACKEN 被硬件自动清零之前不断循环
      ee_val = SSPBUF;                           //从 SSPBUF 读取数据
    PEN = 1;                                     //发送停止位
    while(PEN);                                  //PEN 被硬件自动清零前循环
    return ee_val;                               //返回读取的数据
  }
//* * * 将 dat 数组中的 num 个字节写到 24C01 中地址 address 开始的空间中 * * *
void WRITE_nBYTE_TO_24C01(uchar dat[ ], uchar address,uchar num)
{
   uchar i;                                      //定义局部变量
   SEN = 1;                                      //发送起始命令
   while(SEN);                                   //SEN 被硬件自动清零前循环等待
   SSPBUF = 0xa0;                                //控制字送入 SSPBUF
   BUSY( );                                      //空闲检测
   if(! ACKSTAT)EE_FLAG = 0;                     //是否有应答?
   else                                          //ACKSTAT = 1 从器件无应答
      EE_FLAG = 1;
   SSPBUF = address;                             //地址送入 SSPBUF
   BUSY( );                                      //空闲检测
   if(! ACKSTAT)EE_FLAG = 0;                     //应答位检测,ACKSTAT = 0 从器件有应答
   else                                          //ACKSTAT = 1 从器件无应答
      EE_FLAG = 1;
   for(i = 0;i<num;i ++ )
   {
      SSPBUF = dat[i];                           //数据送入 SSPBUF
      BUSY( );                                   //空闲检测
       if(! ACKSTAT)EE_FLAG = 0;                 //应答位检测,ACKSTAT = 0 从器件有应答
       else                                      //ACKSTAT = 1 从器件无应答
           EE_FLAG = 1;
   }
   PEN = 1;                                      //初始化重复停止位
   while(PEN);                                   //PEN 被硬件自动清零之前循环
```

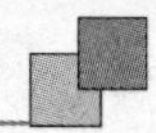

```
//**EEPROM内部写周期一般为3～10ms,必须循环查询内部写入过程是否结束**
 while(1)
 {  SEN = 1;                                   //发送起始位
    while(SEN);                                //SEN被硬件自动清零前循环等待
    SSPBUF = 0xa0;                             //控制字送入SSPBUF
    BUSY( );                                   //空闲检测
    PEN = 1;                                   //发送停止位
    while(PEN);                                //PEN被硬件自动清零前循环
    if(! ACKSTAT)                              //应答位检测,ACKSTAT = 0从器件有应答
        break;                                 //ACKSTAT = 1从器件无应答
 }
}
//***从24C01中address开始的地址连续读出num个字节到数组dat中***
void READ_nBYTE_FROM_24C01(uchar dat[],uchar address,uchar num)
{
 uchar i;                                      //定义局部变量
 SEN = 1;                                      //发送起始信号
 while(SEN);                                   //SEN被硬件自动清零前循环等待
 SSPBUF = 0xa0;                                //写控制字送入SSPBUF
 BUSY( );                                      //空闲检测
 if(! ACKSTAT)EE_FLAG = 0;                     //应答位检测,ACKSTAT = 0从器件有应答
 else                                          //ACKSTAT = 1从器件无应答
     EE_FLAG = 1;
 SSPBUF = address;                             //地址送入SSPBUF
 BUSY( );                                      //空闲检测
 if(! ACKSTAT)EE_FLAG = 0;                     //应答位检测,ACKSTAT = 0从器件有应答
 else                                          //ACKSTAT = 1从器件无应答
     EE_FLAG = 1;
 for(i = 0;i<num;i ++ )                        //循环读出
 {
     RSEN = 1;                                 //重复START状态
     while(RSEN);                              //等待START状态结束
     SSPBUF = 0xa1;                            //读数据的控制字送入SSPBUF
     BUSY( );                                  //空闲检测
     if(! ACKSTAT)EE_FLAG = 0;                 //应答位检测,ACKSTAT = 0从器件有应答
     else                                      //ACKSTAT = 1从器件无应答
         EE_FLAG = 1;
     RCEN = 1;                                 //允许接收
     while(RCEN);                              //等待接收结束
     ACKDT = 1;                                //接收结束后不发送应答位
     ACKEN = 1;
     while(ACKEN);                             //ACKEN被硬件自动清零之前不断循环
     dat[i] = SSPBUF;                          //从SSPBUF读出的数据存入数组
 }
 PEN = 1;                                      //发送停止位
```

```
  while(PEN);                                     //PEN 被硬件自动清零前循环
}
//************** 主函数 *****************
void main( )
{
  uchar i;                                        //定义局部变量
  uchar wt_a,rd_b;
  uchar    wt_buff[8];                            //定义发送缓冲区
  uchar    rd_buff[8];                            //定义接收缓冲区
  delay_ms(500);                                  //延时 500 ms 等待电源稳定
  InitLcd( );                                     //液晶初始化
  ePutstr(0,0,str0);                              //显示预定字符串
  SSPCON = 0x28;                                  //SSPEN = 1,I2C 主模式

  for(i = 0;i<8;i ++ ) wt_buff[i] = i + 100;      //发送缓冲区取值

   while(1)                                       //无限循环
   {
      wt_a = 245;                                 //取数 245
      EE_FLAG = 0;
      WRITE_BYTE_TO_24C01(wt_a,50);               //245 写入 50 号单元
      DisplayOneChar(0,1,(wt_a/100) + 0x30);      //液晶显示该数
      DisplayOneChar(1,1,((wt_a/10) % 10) + 0x30);
      DisplayOneChar(2,1,(wt_a % 10) + 0x30);

      EE_FLAG = 0;
      rd_b = READ_BYTE_FROM_24C01(50);            //从 50 号单元读取一字节
      DisplayOneChar(4,1,(rd_b/100) + 0x30);      //液晶显示该字节
      DisplayOneChar(5,1,((rd_b/10) % 10) + 0x30);
      DisplayOneChar(6,1,(rd_b % 10) + 0x30);

      EE_FLAG = 0;
      //* * * 发送缓冲区 8 字节写入 24C01 的 16 号单元开始的空间 * * *
      WRITE_nBYTE_TO_24C01(wt_buff,16,8);

      for(i = 0;i<8;i ++ )                        //液晶循环显示这 8 个数
      {
       DisplayOneChar(9,1,(wt_buff[i]/100) + 0x30);
       DisplayOneChar(10,1,((wt_buff[i]/10) % 10) + 0x30);
       DisplayOneChar(11,1,(wt_buff[i] % 10) + 0x30);
       delay_ms(500);
      }

      EE_FLAG = 0;
      //* * * 从 24C01 的 16 号单元开始连续读 8 字节到接收缓冲区 * * *
      READ_nBYTE_FROM_24C01(rd_buff,16,8);

      for(i = 0;i<8;i ++ )                        //液晶循环显示这 8 字节的数
```

```
    {
      DisplayOneChar(13,1,(rd_buff[i]/100) + 0x30);
      DisplayOneChar(14,1,((rd_buff[i]/10) % 10) + 0x30);
      DisplayOneChar(15,1,(rd_buff[i] % 10) + 0x30);
      delay_ms(500);
    }

    while(1);                                   //动态停机
  }
}
```

由于要使用lcd1602_8bit.c这个文件，因此我们将lcd1602_8bit.c文件从第7章的实验程序文件夹ptc7-2中复制到当前目录中(ptc13-3)。

编译通过后，我们可进行软件模拟仿真或硬件在线仿真。下面将ptc13-3.hex文件烧入芯片中。

PIC DEMO试验板上标示"LEDMOD_DISP"及"I²C"的双排针插上短路帽，没有用到的双排针不应插短路帽。标示"LCD16 * 2"处正确插上1602液晶。

上电以后，我们发现液晶的第二行左下角显示245，说明往EEPROM中写入的数据是245。随后，又发现液晶的第二行稍靠右显示245，说明从EEPROM中读出数据也为245。

接下来，液晶的第二行再靠右依次显示100～107，说明显示的是往24C01中页写的数据。最后，发现液晶的第二行最右下角依次显示100～107，说明显示的是从24C01中按页读出的数据。

写入、读出完成后，液晶进行显示，最后单片机动态停机，数据锁存在液晶上。

13.9 利用软件模拟时序实现读写外部24C01的实验

13.9.1 实验要求

利用软件模拟时序实现读写外部24C01/02。写入与读出过程均由液晶显示。实验原理图与图13-6相同。

13.9.2 源程序文件及分析

在D盘中建立一个文件目录(ptc13-4)，在MPLAB开发环境中创建一个新工程项目，项目名称也为ptc13-4。最后输入C源程序文件ptc13-4.c。

```
#include<pic.h>                         //包含头文件
#include "lcd1602_8bit.c"               //包含液晶驱动程序文件
#define uchar unsigned char             //数据类型的宏定义
#define uint unsigned int
```

```
uchar const str0[ ] = {"24C01 EXTER_Test"}; //待显的预定字符串
#define nop( ) asm("nop")                    //定义空操作
#define SCL RC3                              //端口宏定义
#define SDA RC4
#define SCL_DIR TRISC3                       //端口方向宏定义
#define SDA_DIR TRISC4
#define WT_COM 0xa0                          //写命令宏定义
#define RD_COM 0xa1                          //读命令宏定义
void START(void);                            //函数声明
void STOP(void);
void SEND(uchar c);
void WRITE_BYTE_TO_24C01(uchar wt_val, uchar address);
uchar READ_BYTE_FROM_24C01(uchar address);
//********** 定义数组并初始化 ***************
uchar wt_code[] = {0x00,0x01,0x03,0x07,0x0f,0x1f,0x3f,0x7f};
uchar ack,rd_data,EE_FLAG;
void main(void)                              //主函数
{
  uchar i;                                   //定义局部变量
  uchar a,b;
  SCL_DIR = 0;SCL = 1;                       //端口方向及电平设置
  SDA_DIR = 0;SDA = 1;
  delay_ms(500);                             //延时 500ms 等待电源稳定
  InitLcd( );                                //液晶初始化
  ePutstr(0,0,str0);                         //显示一个预定字符串
  while (1)                                  //无限循环
  {
    a = 234;                                 //取数 234
    WRITE_BYTE_TO_24C01(a,60);               //将 234 写入 24C01 的 60 号单元
    delay_ms(10);                            //延时 10ms
    DisplayOneChar(0,1,(a/100) + 0x30);      //液晶显示 234
    DisplayOneChar(1,1,((a/10) % 10) + 0x30);
    DisplayOneChar(2,1,(a % 10) + 0x30);
    b = READ_BYTE_FROM_24C01(60);            //从 24C01 的 60 号单元中读出一字节
    delay_ms(10);                            //延时 10ms
    DisplayOneChar(4,1,(b/100) + 0x30);      //液晶显示读出的一字节
    DisplayOneChar(5,1,((b/10) % 10) + 0x30);
    DisplayOneChar(6,1,(b % 10) + 0x30);
    for(i = 0;i<8;i ++)                      //循环写 8 次
    {
     a = i + 100;
     WRITE_BYTE_TO_24C01(a,i + 20);
     delay_ms(10);
```

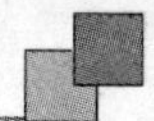

```
      DisplayOneChar(9,1,(a/100) + 0x30);
      DisplayOneChar(10,1,((a/10) % 10) + 0x30);
      DisplayOneChar(11,1,(a % 10) + 0x30);
      delay_ms(500);
    }
      for(i = 0;i<8;i ++)                          //循环读 8 次
    {
      b = READ_BYTE_FROM_24C01(i + 20);
      delay_ms(10);
      DisplayOneChar(13,1,(b/100) + 0x30);
      DisplayOneChar(14,1,((b/10) % 10) + 0x30);
      DisplayOneChar(15,1,(b % 10) + 0x30);
      delay_ms(500);
    }
    while(1);                                      //动态停机
  }
}
/ *************** 起动总线函数 *************** /
void START(void)
{
  SDA = 1;
  nop( );nop( );nop( );nop( );nop( );
  SCL = 1;
  nop( );nop( );nop( );nop( );nop( );
  SDA = 0;                                         //发送起始信号
  nop( );nop( );nop( );nop( );nop( );
  SCL = 0;
  nop( );nop( );nop( );nop( );nop( );
}
/ ***************** 停止总线函数 ***************** /
void STOP(void)
{
  SDA = 0;                                         //发送结束条件的数据信号
  nop( );nop( );nop( );nop( );nop( );
  SCL = 1;
  nop( );nop( );nop( );nop( );nop( );
  SDA = 1;
  nop( );nop( );nop( );nop( );nop( );
}
/ * ============== 字节数据传送函数 ================= * /
void SEND(uchar c)
{
 uchar bit_count;
  for (bit_count = 0;bit_count<8;bit_count ++)
  {
```

```
    if ((c<<bit_count)&0x80) {SDA = 1;}
    else {SDA = 0;}
    nop( );nop( );nop( );nop( );nop( );
    SCL = 1;
    nop( );nop( );nop( );nop( );nop( );
    SCL = 0;
    nop( );nop( );nop( );nop( );nop( );
  }
}
//******************** 应答 *************************
void ACK(void)
{
  SCL = 1;
  nop( );nop( );nop( );nop( );nop( );          //产生时钟脉冲
  SCL = 0;
  nop( );nop( );nop( );nop( );nop( );
}

/* ============== 字节数据接收函数 =================== */
uchar READ_BYTE_FROM_24C01(uchar address)
{
 uchar i,retc;                                  //在 data 区定义的无符号字符型局部变量
  SDA = 1;
  nop( );nop( );nop( );nop( );nop( );
  SCL = 0;
  nop( );nop( );nop( );nop( );nop( );
  START( );                                     //启动读写时序
  SEND(WT_COM);                                 //发送给 AT24C01
  ACK( );                                       //调用应答子函数
  SEND(address);                                //发送 AT24C01 中子地址
  ACK( );                                       //调用应答子函数
  START( );                                     //启动读写时序
  SEND(RD_COM);                                 //发送给 AT24C01
  ACK( );                                       //调用应答子函数
  SDA = 1;
  nop( );nop( );nop( );nop( );nop( );
  SDA_DIR = 1;
  for(i = 0;i<8;i ++ )                          //AT24C01 的 a 单元内容读入 com_data 中
  {
    retc = retc<<1;                             // 左移一位
    if (SDA == 1) retc = retc + 1;
    SCL = 1;
    nop( );nop( );nop( );nop( );nop( );
    SCL = 0;
    nop( );nop( );nop( );nop( );nop( );
  }
```

```
    STOP( );                                        //停止操作
    SDA_DIR = 0;
    return retc;                                    //返回读取的内容
}
//****************************************
void WRITE_BYTE_TO_24C01(uchar wt_val, uchar address)
{
    nop( );nop( );nop( );nop( );nop( );
    SDA = 1;
    nop( );nop( );nop( );nop( );nop( );
    SCL = 0;
    nop( );nop( );nop( );nop( );nop( );
    START( );                                       //启动读写时序
    SEND(WT_COM);                                   //发送给 AT24C01
    ACK( );                                         //调用应答子函数
    SEND(address);
    ACK( );                                         //调用应答子函数
    SEND(wt_val);
    ACK( );                                         //调用应答子函数
    STOP( );                                        //停止操作
}
```

由于要使用 lcd1602_8bit.c 这个文件，因此我们将 lcd1602_8bit.c 文件从第 7 章的实验程序文件夹 ptc7-2 中复制到当前目录中(ptc13-4)。

编译通过后，我们可进行软件模拟仿真或硬件在线仿真。下面将 ptc13-4.hex 文件烧入芯片中。

PIC DEMO 试验板上标示“LEDMOD_DISP”及“I²C”的双排针插上短路帽，没有用到的双排针不应插短路帽。标示“LCD16 * 2”处正确插上 1602 液晶。

上电以后，我们发现液晶的第二行左下角显示 234，说明往 EEPROM 中写入的数据是 234。随后，又发现液晶的第二行稍靠右显示 234，说明从 EEPROM 中读出数据也为 234。

液晶的第二行再靠右依次显示 100～107，说明显示的是往 24C01 中页写的数据。最后，发现液晶的第二行最右下角依次显示 100～107，说明显示的是从 24C01 中按页读出的数据。

写入、读出完成后，单片机动态停机，数据锁存在液晶上。

第 14 章

SPI 通信模块

14.1　SPI 通信模式

SPI 是 Motorola 公司开发的一种单片机与其他器件之间的同步串行通信接口，SPI 接口的特点是占有芯片的引脚少、通信速率高，因而得到了广泛的应用。

SPI 基于 3 线连接的方式实现单片机与其他器件的通信，如果增加从动器件片选端(SS)，可以构成主从方式的 SPI 总线。

4 条信号线如下：

- SDO——串行数据输出端。
- SDI——串行数据输入端。
- SCK——串行通信时钟端。
- SS——片选端。

图 14－1 为主控器件与从动器件进行 SPI 全双工通信的连接示意图。图 14－2 为 SPI 模块的基本结构。

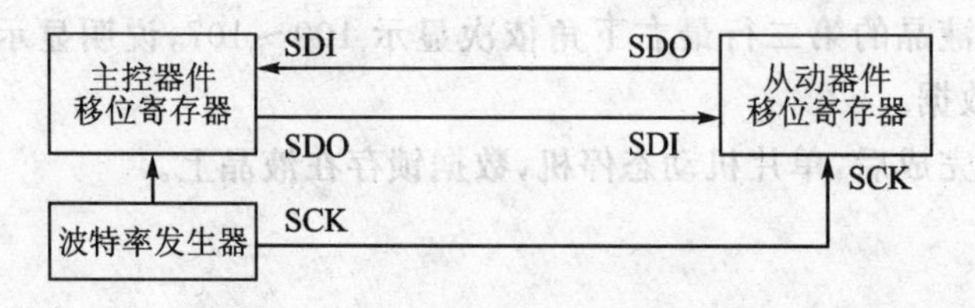

图 14－1　主控器件与从动器件进行 SPI 全双工通信的连接示意图

SPI 模块主要包含发送缓冲器、接收缓冲器和移位寄存器。

数据发送时：将欲发送的 1 字节的数据送入发送缓冲器 SSPBUF，系统自动传送到移位寄存器 SSPSR 中，然后根据移位时钟信号将数据发送出去，发送时高位

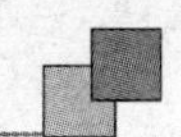

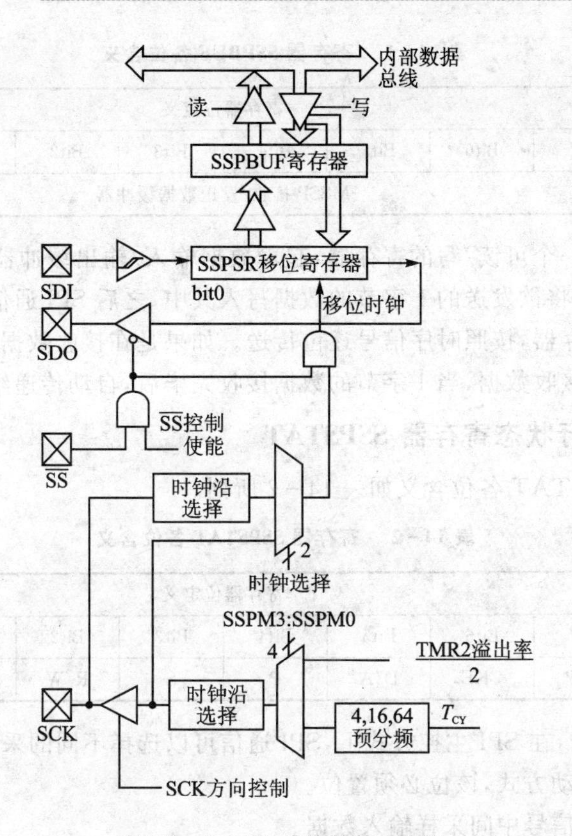

图 14－2　SPI 模块的基本结构

(MSB)在前，低位在后。

数据接收时：移位寄存器根据时钟信号逐位接收发送端传来的数据。等 8 个时钟信号后完整收到 1 字节数据，再自动传送到接收缓冲器 SSPBUF。同时将接收缓冲器 SSPBUF 满标志位置位。

SPI 数据的发送与接收实际上是通过移位实现的，从图 14－1 看出，主从结构的 SPI 全双工通信实际上构成了一个环状的移位链，因此数据发送的过程同时也是数据接收的过程。

14.2　SPI 模块的寄存器

1. 收/发数据缓冲器 SSPBUF

寄存器 SSPBUF 各位含义如表 14－1 所列。

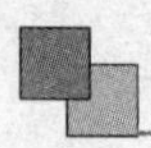

表 14-1 寄存器 SSPBUF 各位含义

寄存器名称	寄存器位定义							
	Bit7	Bit6	Bit5	Bit4	Bit3	Bit2	Bit1	Bit0
SSPBUF	MSSP 接收/发送数据缓冲器							

SSPBUF 是一个可读/写的寄存器,起着数据输入/输出缓冲器的功能。在数据发送过程中,只需将欲发送的 1 字节的数据写入其中,之后 SPI 通信模块会自动将数据传递给移位寄存器,按照时序信号逐位传送。如果是在接收数据的过程中,那么移位寄存器会逐位接收数据,当 1 字节的数据接收完毕后,自动传递给 SSPBUF。

2. 同步串行状态寄存器 SSPSTAT

寄存器 SSPSTAT 各位含义如表 14-2 所列。

表 14-2 寄存器 SSPSTAT 各位含义

寄存器名称	寄存器位定义							
	Bit7	Bit6	Bit5	Bit4	Bit3	Bit2	Bit1	Bit0
SSPSTAT	SMP	CKE	D/A	P	S	R/W	UA	BF

- Bit7/SMP:在 SPI 主控方式下,SPI 通信可以选择不同的采样控制方式;而对于 SPI 从动方式,该位必须置位。

  0:在时序信号中间采样输入数据。

  1:在时序信号的末尾采样输入数据。
- Bit6/CKE:在 SPI 通信中,决定时钟沿选择和发送数据的关系,并且与空闲时的高/低电平有关。

  在 CKP=0,静态电平为低时:

  0:时序信号 SCK 下降沿发送数据。

  1:时序信号 SCK 上升沿发送数据。

  在 CKP=1,静态电平为高时:

  0:时序信号 SCK 上升沿发送数据。

  1:时序信号 SCK 下降沿发送数据。
- Bit0/BF:接收缓冲器 SSPBUF 满标志位,仅仅用于 SPI 接收状态。

  0:表示接收缓冲器空。

  1:表示接收缓冲器满。

3. 同步串行控制寄存器 SSPCON

寄存器 SSPCON 各位含义如表 14-3 所列。

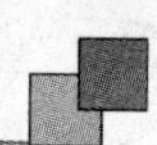

表14-3 寄存器SSPCON各位含义

寄存器名称	寄存器位定义							
	Bit7	Bit6	Bit5	Bit4	Bit3	Bit2	Bit1	Bit0
SSPCON	WCOL	SSPOV	SSPEN	CKP	SSPM3	SSPM2	SSPM1	SSPM0

- Bit7/WCOL:发送缓冲器SSPBUF冲突检测位。

  0:没有发生写操作冲突。

  1:已经发生写操作冲突。

- Bit6/SSPOV:接收缓冲器SSPBUF溢出标志位。

  0:没有发生接收溢出。

  1:已经发生接收溢出。

这里的接收溢出,是指接收缓冲器SSBUF中上次获得的数据还未被取出,移位寄存器SSPSR中又收到新的数据。这样会将移位寄存器SSPSR新接收的数据丢失。在实际应用中,应该避免这种现象发生。

- Bit5/SSPEN:同步串行MSSP使能位。

  0:禁止同步串行功能,SCK、SDO、SDI和SS作为一般通用数字通道。

  1:使能同步串行功能,SCK、SDO、SDI和SS作为SPI的专用通道。

- Bit4/CPK:空闲时钟电平选择位。

  0:表示空闲时钟为低电平。

  1:表示空闲时钟为高电平。

- Bit3~Bit0/SSPM3~SSPM0:同步串口SPI方式选择位。其配置如表14-4所列。

表14-4 同步串口SPI方式选择位

SSPM3~SSPM0	SPI工作方式	时钟
0000	主控方式	fosc/4
0001	主控方式	fosc/16
0010	主控方式	fosc/64
0011	主控方式	TMR2输出/2
0100	从动方式	SCK脚输入,使能SS引脚功能
0101	从动方式	SCK脚输入,关闭SS引脚功能,SS用作普通数字I/O脚

4. 移位寄存器SSPSR

寄存器SSPSR各位含义如表14-5所列。

表 14-5 寄存器 SSPSR 各位含义

寄存器名称	寄存器位定义							
	Bit7	Bit6	Bit5	Bit4	Bit3	Bit2	Bit1	Bit0
SSPSR	MSSP 接收/发送数据串行移位器							

在 SPI 模式下,移位寄存器 SSPSR 是主、从双方进行数据发送和接收的主要器件,会自动与发送/接收缓冲器 SSPBUF 进行数据传递。而用户可进行读/写操作的寄存器是 SSPBUF。

14.3 SPI 模式相关的寄存器

SPI 模块相关的寄存器共有 10 个,如表 14-6 所列,其中 SSPSR 无编址。

1. 中断控制寄存器 INTCON

SSP 的中断状况受控于总中断使能位 GIE 和外围中断使能位 PEIE。

2. 第一外围中断使能寄存器 PIE1

外部中断源(或叫中断源第 2 梯队)的 PIE1 寄存器涉及 SSP 中断使能位。

3. 第一外围中断标志寄存器 PIR1

外部中断源(或叫中断源第 2 梯队)的 PIR1 寄存器涉及涉及 SSP 中断标志位。

4. AD 控制寄存器 ADCON1

定义 RA5 为数字通道。

5. RA 方向寄存器 TRISA

设置 RA5 为输入方式。

6. RC 方向寄存器 TRISC

SPI 输入/输出通道和时序同步信号。

7. 同步串行控制寄存器 SSPCON

定义 SPI 通信的工作模式。

8. 收/发数据缓冲器 SSPBUF

SPI 通信收/发数据专用寄存器。

9. 同步串行状态寄存器 SSPSTAT

设置 SPI 通信的工作状态,涉及 SPI 数据通信的发送方式及收/发数据缓冲器的数据状态。

表 14-6　与 I²C 模块相关的寄存器

寄存器名称	寄存器位定义							
	Bit7	Bit6	Bit5	Bit4	Bit3	Bit2	Bit1	Bit0
INTCON	GIE	PEIE	T0IE	INTE	RBIE	T0IF	INTF	RBIF
PIE1	PSPIE	ADIE	RCIE	TXIE	SSPIE	CCP1IE	TMR2IE	TMR1IE
PIR1	PSPIF	ADIF	RCIF	TXIF	SSPIF	CCP1IF	TMR2IF	TMR1IF
ADCON1	ADFM	—	—	—	PCFG3	PCFG2	PCFG1	PCFG0
TRISA	TRISA7	TRISA6	TRISA5	TRISA4	TRISA3	TRISA2	TRISA1	TRISA0
TRISC	TRISC7	TRISC6	TRISC5	TRISC4	TRISC3	TRISC2	TRISC1	TRISC0
SSPCON	WCOL	SSPOV	SSPEN	CKP	SSPM3	SSPM2	SSPM1	SSPM0
SSPBUF	MSSP 接收/发送数据缓冲器							
SSPSTAT	SMP	CKE	D/A	P	S	R/W	UA	BF
SPPSR	MSSP 接收/发送数据移位寄存器							

14.4　同步串行 EEPROM AT93CXX 的性能特点

下来要做同步串行 EEPROM——AT93C46 的读写实验，因此这里我们先介绍 AT93C46 的性能特点。

AT93C46/56/57/66/86 是 1K/2K/2K/4K/16K 位的串行 EEPROM 存储器器件，它们可配置为 16 位（ORG 引脚接 V_{CC}）或者 8 位（ORG 引脚接 GND）的寄存器。每个寄存器都可通过 DI（或 DO 引脚）串行写入（或读出）。

AT 93C46/56/57/66/86 采用先进的 CMOS EEPROM 浮动闸（floating gate）技术制造而成。器件可经受 1,000,000 次的编程/擦除操作，片内数据保存寿命高达 100 年。器件可采用 8 脚 DIP，8 脚 SOIC 或 8 脚 TSSOP 的封装形式。引脚封装如图 14-3 所示。

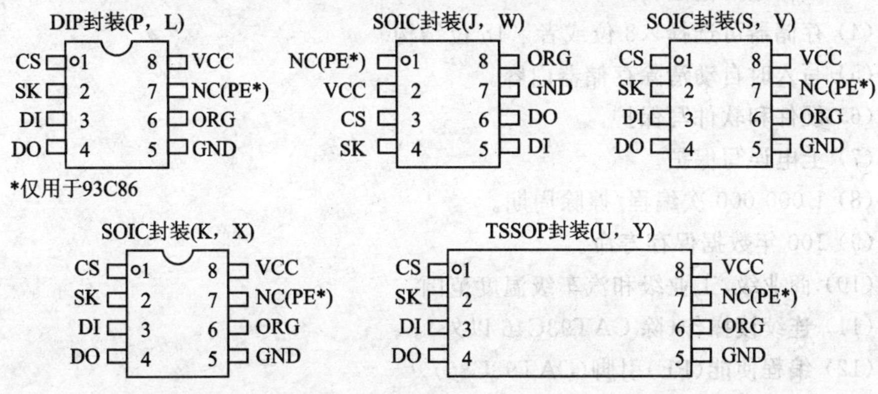

图 14-3　AT93C46/56/57/66/86 引脚封装

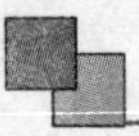

14.5 AT93CXX 引脚定义

表 14－7 为 AT93CXX 的引脚定义。

表 14－7 AT93CXX 的引脚定义

引脚号	引脚名称	功能
1	CS	芯片选择
2	SK	时钟输入
3	DI	串行数据输入
4	DO	串行数据输出
5	GND	地
6	ORG	存储器结构
7	NC(PE＊)	不连接(编程使能)
8	VCC	＋1.8～6.0 V 电源电压

注：当 ORG 引脚连接到 VCC 时，选择×16 的结构。当 ORG 引脚连接到地时，选择×8 的结构。如果 ORG 引脚悬空，内部的上拉电阻将选择×16 的存储器结构。

14.6 AT93CXX 系列存储器特点

(1) 高速操作：

93C56/57/66：1 MHz。

93C46/86：3 MHz。

(2) 低功耗 CMOS 工艺。

(3) 工作电压范围：1.8～6.0 V。

(4) 存储器可选择×8 位或者×16 位结构。

(5) 写入时自动清除存储器内容。

(6) 硬件和软件写保护。

(7) 上电误写保护。

(8) 1 000 000 次编程/擦除周期。

(9) 100 年数据保存寿命。

(10) 商业级、工业级和汽车级温度范围。

(11) 连续读操作(除 CAT93C46 以外)。

(12) 编程使能(PE)引脚(CAT93C86)。

14.7　AT93CXX 系列 EEPROM 的内部结构

图 14-4 为 AT93CXX 系列 EEPROM 的内部结构框图。

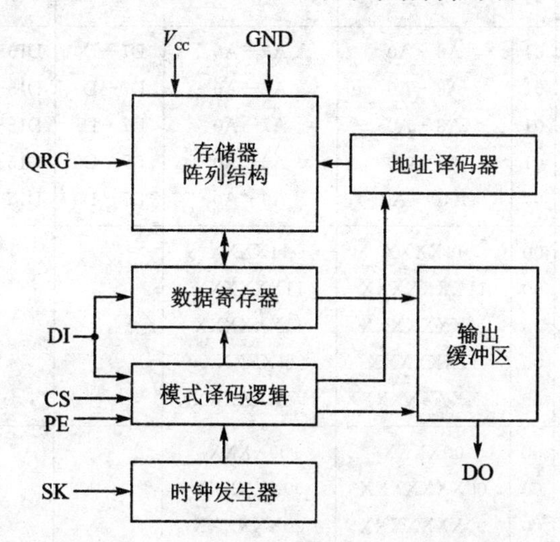

图 14-4　AT93CXX 系列 EEPROM 的内部结构框图

14.8　AT93CXX 系列 EEPROM 的指令集

表 14-8 为 AT93CXX 系列 EEPROM 的指令集。

表 14-8　AT93CXX 系列 EEPROM 的指令集

指令	器件类型	起始位	操作码	地址		数据		命令	PE(2)
				X8	X16	X8	X16		
READ	93C46	1	10	A6－A0	A5－A0			读地址 AN－A0	X
	93C56(1)	1	10	A8－A0	A7－A0				
	93C66	1	10	A8－A0	A7－A0				
	93C57	1	10	A7－A0	A6－A0				
	93C86	1	10	A10－A0	A9－A0				
ERASE	93C46	1	11	A6－A0	A5－A0			清除地址 AN－A0	I
	93C56(1)	1	11	A8－A0	A7－A0				
	93C66	1	11	A8－A0	A7－A0				
	93C57	1	11	A7－A0	A6－A0				
	93C86	1	11	A10－A0	A9－A0				

续表 14-8

指令	器件类型	起始位	操作码	地址		数据		命令	PE(2)
				X8	X16	X8	X16		
WRITE	93C46	1	01	A6－A0	A5－A0	D7－D0	D15－D0	写地址 AN－A0	
	93C56(1)	1	01	A8－A0	A7－A0	D7－D0	D15－D0		
	93C66	1	01	A8－A0	A7－A0	D7－D0	D15－D0		
	93C57	1	01	A7－A0	A6－A0	D7－D0	D15－D0		
	93C86	1	01	A10－A0	A9－A0	D7－D0	D15－D0		I
EWEN	93C46	1	00	11XXXX	11XXXX			写使能	
	93C56(1)	1	00	11XXXXXXX	11XXXXXX				
	93C66	1	00	11XXXXXXX	11XXXXXX				
	93C57	1	00	11XXXXXX	11XXXXX				
	93C86	1	00	11XXXXXXXXX	11XXXXXXXX				X
EWDS	93C46	1	00	00XXXX	00XXXX			写禁止	
	93C56(1)	1	00	00XXXXXXX	00XXXXXX				
	93C66	1	00	00XXXXXXX	00XXXXXX				
	93C57	1	00	00XXXXXX	00XXXXX				
	93C86	1	00	00XXXXXXXXX	00XXXXXXXX				
ERAL	93C46	1	00	10XXXX	10XXXX			清除所有地址	
	93C56(1)	1	00	10XXXXXXX	10XXXXXX				
	93C66	1	00	10XXXXXXX	10XXXXXX				
	93C57	1	00	10XXXXXX	10XXXXX				
	93C86	1	00	10XXXXXXXXX	10XXXXXXXX				I
WRAL	93C46	1	00	01XXXX	01XXXX	D7－D0	D15－D0	写所有地址	
	93C56(1)	1	00	01XXXXXXX	01XXXXXX	D7－D0	D15－D0		
	93C66	1	00	01XXXXXXX	01XXXXXX	D7－D0	D15－D0		
	93C57	1	00	01XXXXXX	01XXXXX	D7－D0	D15－D0		
	93C86	1	00	01XXXXXXXXX	01XXXXXXXX	D7－D0	D15－D0		I

注：

1. 256×8 ORG 的地址位 A8 和 128×16 ORG 的地址位 A7 为任意值，但对于读、写和擦除命令必须置 1 或置 0 来实现操作。
2. 仅适用于 93C86。
3. 这是最初测试的参数，设计或加工改变后可能会影响参数的值。

14.9 器件操作

AT93C46/56(57)/66/86 是一个 1024/2048/4096/16,384 位的非易失性存储

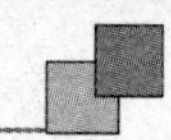

器，可与工业标准的微处理器一同使用。AT93C46/56/57/66/86 可以选择为 16 位或 8 位结构。当选择为×16 位结构时，93C46 有 7 条 9 位的指令；93C57 有 7 条 10 位的指令；93C56 和 93C66 有 7 条 11 位的指令；93C86 有 7 条 13 位的指令；这些指令用来控制对器件的读、写和擦除操作。当选择×8 位结构时，93C46 有 7 条 10 位的指令；93C57 有 7 条 11 位的指令；93C56 和 93C66 有 7 条 12 位的指令；93C86 有 7 条 14 位的指令；由它们来控制对器件的读、写和擦除操作。

AT93C46/56/57/66/86 的所有操作都在单电源上进行，执行写操作时需要的高电压由芯片产生。

指令、地址和写入的数据在时钟信号(SK)的上升沿时由 DI 引脚输入。DO 引脚通常都是高阻态，读取器件的数据或在写操作后查询器件的准备/繁忙工作状态的情况除外。

写操作开始后，可通过选择器件(CS 高)和查询 DO 引脚来确定准备/繁忙状态；DO 为低电平时表示写操作还没有完成，而 DO 为高电平时则表示器件可以执行下一条指令。如果需要的话，可在芯片选择过程中通过向 DI 管脚移入一个虚"1"使 DO 引脚重新回到高阻态。DO 引脚将在时钟(SK)的下降沿进入高阻态。

发送到器件的所有指令的格式为：一个高电平"1"的起始位，一个 2 位(或 4 位)的操作码，6 位(93C46)/7 位(93C57) /8 位(93C56 或 93C66) /10 位(93C86)(当选择×8 位结构时加一位)及写入数据时的 16 位数据域(选择 8 位结构时为×8 位)。

对于 93C86，写、擦除、全写和全擦除指令要求 PE＝1。如果 PE 引脚悬空，93C86 进入编程使能模式。对于写使能和写禁止指令，PE 可以为任意值。

图 14－5 所示为数据传输同步时序。

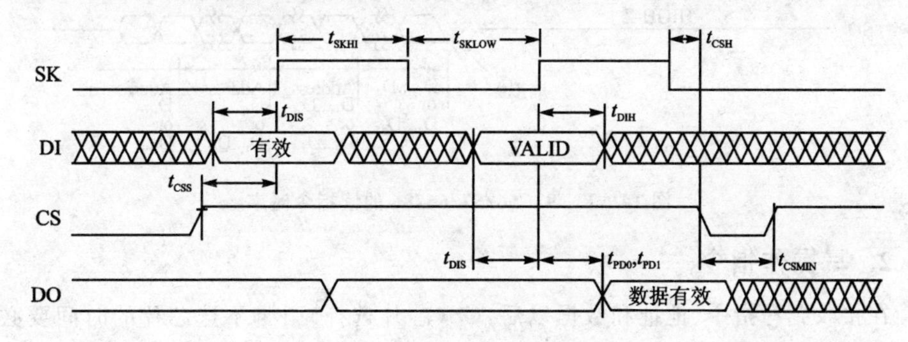

图 14－5 数据传输同步时序

1. 读操作指令

在接收到一个读命令和地址(在时钟作用下从 DI 引脚输入)时，AT93C46/56/57/66/86 的 DO 引脚将退出高阻态，且在发送完一个初始的虚 0 位后，DO 引脚将开始移出寻址的数据(高位在前)。输出数据位在时钟信号(SK)的上升沿触发，经过一定的延迟时间后才能稳定(t_{PD0} 或 t_{PD1})。

在第一个数据字移位输出后且保持 CS 有效和时钟信号 SK 连续触发时，AT93C46/56/66/86 将自动加 1 到下一地址，并且在连续读模式下移出下一个数据字。只要 CS 持续有效且 SK 连续触发，器件使地址不断地增加直至到达器件的末地址，然后再返回到地址 0。在连续读模式下，只有第一个数据字在虚拟 0 位的前面。所有后续的数据字将没有虚拟 0 位。图 14-6 为 93C46 的读指令时序。图 14-7 为 93C56/57/66/86 的读指令时序。

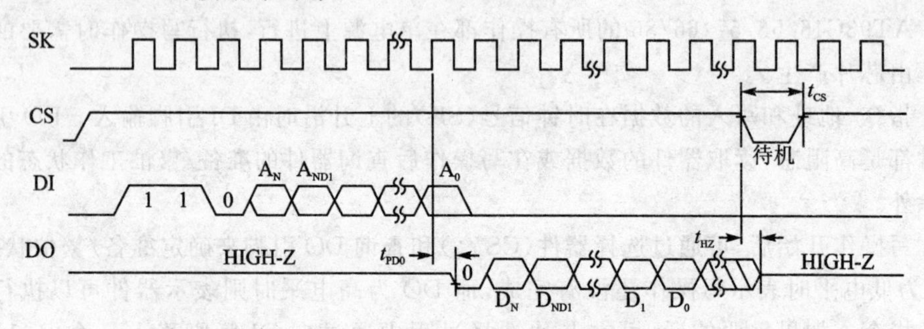

图 14-6 93C46 的读指令时序

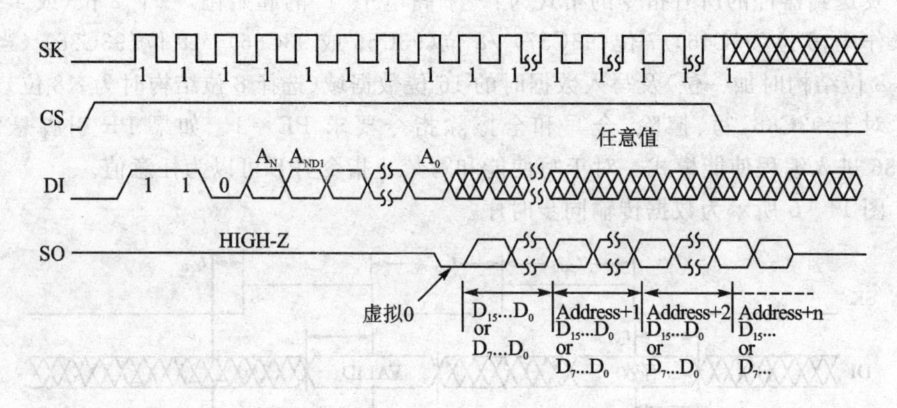

图 14-7 93C56/57/66/86 的读指令时序

2. 写操作指令

在接收到写指令、地址和数据以后，CS（芯片选择）引脚不选芯片的时间要必须大于 t_{CSMIN}。在 CS 的下降沿，器件将启动对指令指定的存储单元的自动时钟擦除和数据保存周期。AT93C46/56/57/66/86 的准备/忙碌状态可通过选择器件和查询 DO 引脚来确定。由于该器件有在写入之前自动清除的特性，所以没有必要在写入之前擦除存储器单元的内容。图 14-8 为写操作指令时序。

3. 擦　除

接收到擦除指令和地址时，CS（芯片选择）引脚不选芯片的时间要必须大于

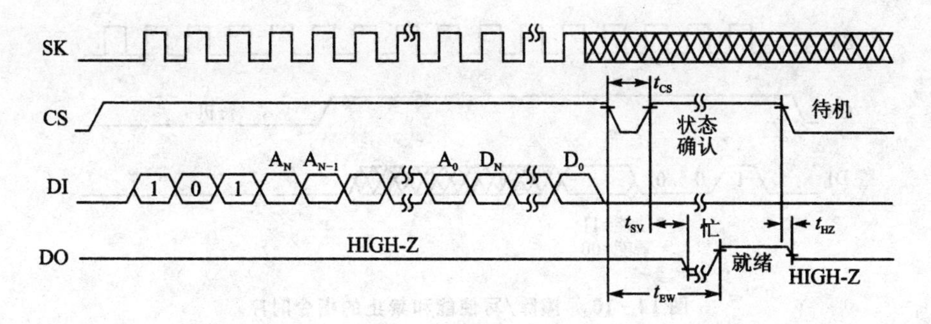

图 14-8　写操作指令时序

t_{CSMIN}。在 CS 的下降沿时，器件启动选择的存储器单元的自动时钟清除周期。AT93C46/56/57/66/86 的准备/忙碌状态可通过选择器件和查询 DO 引脚来确定。一旦清除，已清除单元的内容返回到逻辑"1"状态。图 14-9 为擦除指令时序。

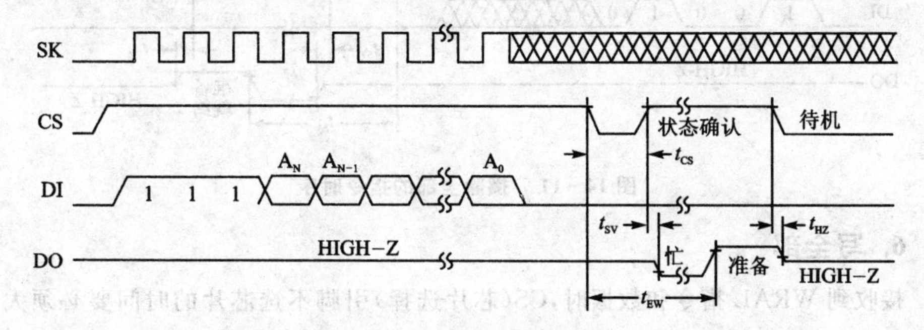

图 14-9　擦除指令时序

4. 擦除/写使能和禁止

AT93C46/56/57/66/86 在写禁止状态下上电。上电或 EWDS(写禁止)指令后的所有写操作都必须在 EWEN(写使能)指令之后才能启动。一旦写指令被使能，它将保持使能直到器件的电源被移走或 EWDS 指令被发送。EWDS 指令可用来禁止所有对 AT93C46/56/57/66/86 的写入和擦除操作，并且将防止意外地对器件进行写入或擦除。无论写使能还是写禁止的状态，数据都可以照常从器件中读取。图 14-10 为擦除/写使能和禁止的指令时序。

5. 擦除全部

在接收到 ERAL 指令时，CS(芯片选择)引脚不选芯片的时间要必须大于 t_{CSMIN}。在 CS 的下降沿，器件将启动所有存储器单元的自动时钟清除周期。

AT93C46/56/57/66/86 的准备/忙碌状态可通过选择器件和查询 DO 引脚来确定。一旦清除，所有存储器位的内容返回到逻辑"1"状态。图 14-11 为擦除全部的指令时序。

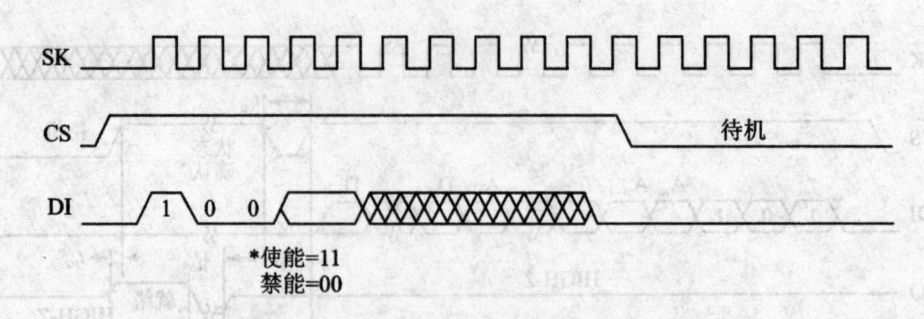

图 14－10　擦除/写使能和禁止的指令时序

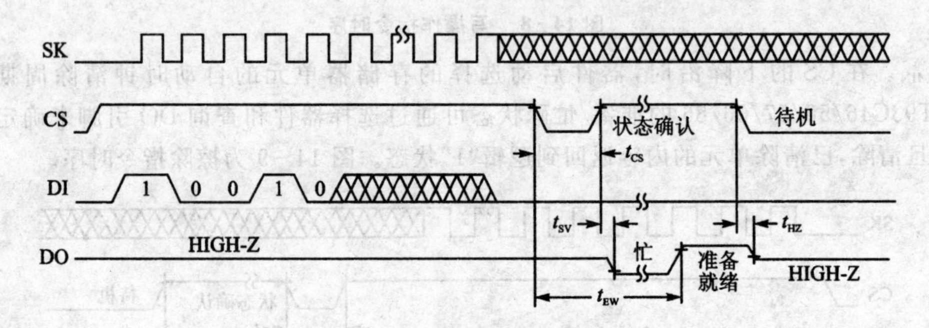

图 14－11　擦除全部的指令时序

6. 写全部

接收到 WRAL 指令和数据时，CS(芯片选择)引脚不选芯片的时间要必须大于 t_{CSMIN}。在 CS 的下降沿，器件将启动自动时钟把数据内容写满器件的所有存储器。AT93C46/56/57/66/86 的准备/忙碌状态可通过选择器件和查询 DO 引脚来确定。没有必要在 WRAL 命令执行之前将所有存储器内容清除。图 14－12 为写全部的指令时序。

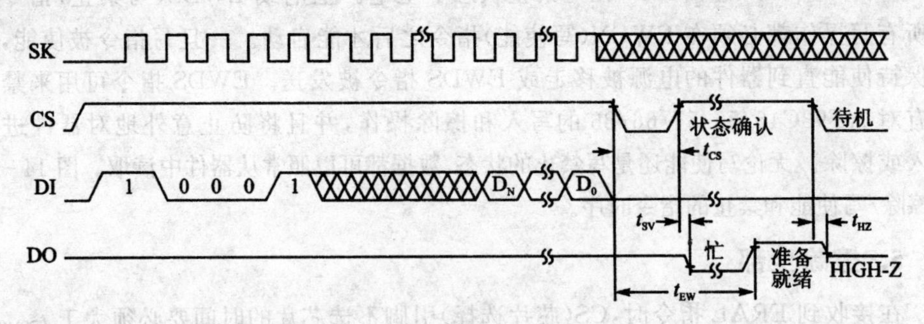

图 14－12　写全部的指令时序

14.10　软件模拟 SPI 时序读写外部 93C46 的实验

14.10.1　实验要求

软件模拟 SPI 时序读写外部 93C46,写入值与读出值均由液晶显示。图 14－13 为软件模拟 SPI 时序读写外部 93C46 的实验原理图。

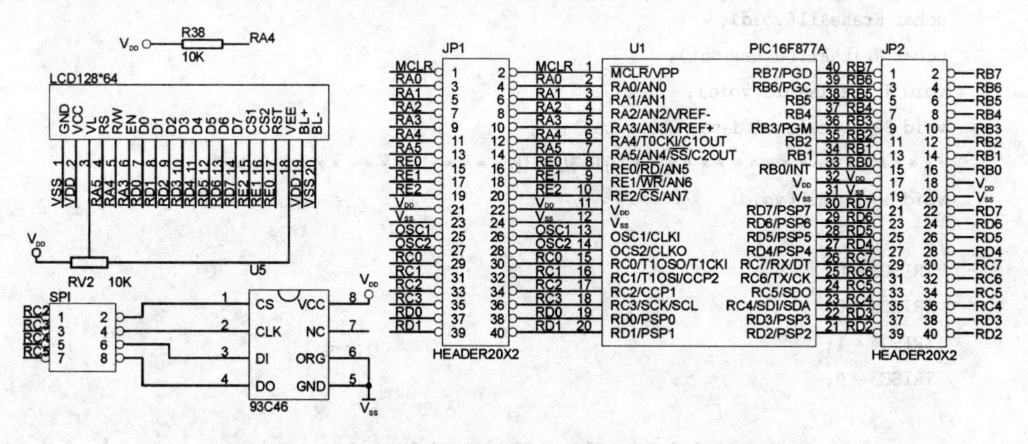

图 14－13　软件模拟 SPI 时序读写外部 93C46 的实验原理图

14.10.2　源程序文件及分析

在 D 盘中建立一个文件目录(ptc14－1),在 MPLAB 开发环境中创建一个新工程项目,项目名称也为 ptc14－1。最后输入 C 源程序文件 ptc14－1.c。

```
#include<pic.h>                                   //包含头文件
#include "lcd1602_8bit.c"                         //包含液晶驱动程序文件
#define uchar  unsigned char                      //数据类型的宏定义
#define uint   unsigned int
uchar const str0[]={" 93C46 R/W Test1"};  //待显的预定字符串
__CONFIG(HS&WDTDIS&PWRTEN&BORDIS&LVPDIS); //器件配置
//*************端口宏定义*********************
#define CS      RC2
#define DI      RC5
#define DO      RC4
#define SK      RC3
#define ORG     0
/******************常量宏定义******************/
```

```
int SENDCMD_LEN = 10;
#define TIMEOUT 15
/******************* 函数声明 *******************/
void Start(void);
uchar ReadOneByte(uchar Address);
uchar WriteOneByte(uchar Address, uchar dat);
void WriteEnable(void);
uchar EraseOneByte(uchar Address);
uchar EraseAll(void);
uchar WriteAll(uchar dat);
void WriteDisable(void);
void SendData(uint data, uchar len);
//******************** 端口初始化 ********************
void port_init(void)
{
 TRISC2 = 0;
 TRISC5 = 0;
 TRISC4 = 1;
 TRISC3 = 0;
}
/********* 定义延时子函数,延时时间为 len 毫秒 ********/
void delay_ms(uint len)
{
  uint i,d = 100;
  i = d * len;
  while(--i){;}
}
/********************** 主函数 **********************/
void main(void)
{
  uchar set_val = 123,rd_val;                //定义局部变量
  uchar temp = 0;
  delay_ms(500);                             //延时 500ms 等待电源稳定
  port_init( );                              //端口初始化
  InitLcd( );                                //液晶初始化
  ePutstr(0,0,str0);                         //显示一个预定字符串
  WriteEnable( );                            //写使能
  temp = WriteOneByte(20, set_val);          //将 123 写入 93C46 的 20 号单元
  WriteDisable( );                           //写禁止
  rd_val = ReadOneByte(20);                  //从 93C46 的 20 号单元读取一个字节
  while(1)                                   //无限循环
  {
```

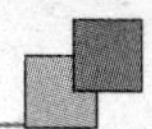

```
    DisplayOneChar(0,1,(set_val/100) + 0x30); //液晶显示待写的数
    DisplayOneChar(1,1,((set_val/10) % 10) + 0x30);
    DisplayOneChar(2,1,(set_val % 10) + 0x30);
    DisplayOneChar(13,1,(rd_val/100) + 0x30); //液晶显示读出的数
    DisplayOneChar(14,1,((rd_val/10) % 10) + 0x30);
    DisplayOneChar(15,1,(rd_val % 10) + 0x30);
  }
}
/*********************** 短延时 **************************/
void delay_us(void)
{
  asm("nop");
  asm("nop");
  asm("nop");
  asm("nop");
}
/************************ 启动 ***********************/
void Start(void)
{
    CS = 0;delay_us( );
    SK = 0;delay_us( );
    DI = 0;delay_us( );
    CS = 1;delay_us( );
}
/****************** 检测擦写完成? *****************/
uchar EraseWriteEnd(void)
{
    uchar Wait_Time = 0;
    CS = 0;
    delay_us( );
    CS = 1;
    delay_us( );
    while (DO == 0)
    {
        if ( ++ Wait_Time > TIMEOUT)
        {
            CS = 0;
            return 0;                     //write failed
        }
        SK = 1;
        delay_us( );
```

```
        SK = 0;
        delay_ms(1);
    }
    CS = 0;
    return 1;                                    //write successful
}
/*************从地址 Address 读取一个字节**************/
uchar ReadOneByte(uchar Address)
{
    uint mdata;
    uchar inData = 0;
    int i;
    Start( );
    mdata  =  0x0300|(Address & 0x7f);          //0000'0011'0xxx'xxxx
    SendData(mdata, SENDCMD_LEN);
    DI = 0;
    delay_us( );
    SK = 0;
    delay_us( );
    for (i = 7; i >= 0; i-- )
    {
        SK = 1;
        delay_us( );
        if(DO == 1) inData |=  1 << i;
        else inData &=  ~(1 <<i);
        SK = 0;
        delay_us( );
    }
    CS = 0;
    return inData;
}
/************写一个字节 data 到地址 Address 中*****************/
uchar WriteOneByte(uchar Address, uchar data)
{
    uint mdata;
    Start( );
    mdata = 0x0280|(Address & 0x7f);            //0000'0010'1000'0000
    SendData(mdata, SENDCMD_LEN);
    SendData(data, 8);
    return EraseWriteEnd( );
}
```

```
/*************** 写使能 **************/
void WriteEnable(void)
{
    uint mdata;
    Start( );
    mdata = 0x0260;                    //0000'0010'0110'0000
    SendData(mdata, SENDCMD_LEN);
    CS = 0;
}
/************** 擦除地址为 Address 的一个字节 ***************/
uchar EraseOneByte(uchar Address)
{
    uint mdata;
    Start( );
    mdata = 0x0380|(Address & 0x7f);   //0000'0011'0xxx'xxxx
    SendData(mdata, SENDCMD_LEN);
    return EraseWriteEnd( );
}
/**************** 擦除全部 *****************/
uchar EraseAll(void)
{
    uint mdata;
    Start( );
    mdata = 0x0240;                    //0000'0010'0100'0000
    SendData(mdata, SENDCMD_LEN);
    return EraseWriteEnd( );
}
/********** 将数据 data 写入 93C46 全部的空间 **********/
uchar WriteAll(uchar data)
{
    uint mdata;
    Start( );
    mdata = 0x0220;                    //0000'0010'0010'0000
    SendData(mdata, SENDCMD_LEN);
    SendData(data, 8);
    return EraseWriteEnd( );
}
/*************** 写禁止 ***************/
void WriteDisable(void)
{
    uint mdata;
    Start( );
```

```
    mdata = 0x0200;                                    //0000'0010'0000'0000
    SendData(mdata, SENDCMD_LEN);
    CS = 0;
  }
  /********** 将数据 data 的 len 位发送出去 **********/
  void SendData(uint data, uchar len)
  {
      int i;
      for (i = len - 1; i >= 0; i--)
      {
      if (data & (1<<i)) DI = 1;
      else DI = 0;
       SK = 1;
       delay_us( );
      SK = 0;
       delay_us( );
      }
  }
```

由于要使用 lcd1602_8bit.c 这个文件，因此我们将 lcd1602_8bit.c 文件从第 7 章的实验程序文件夹 ptc7-2 中复制到当前目录中(ptc14-1)。

编译通过后，我们可进行软件模拟仿真或硬件在线仿真。下来将 ptc14-1.hex 文件烧入芯片中。

PIC DEMO 试验板上标示“LEDMOD_DISP”及“SPI” 的双排针插上短路帽，没有用到的双排针不应插短路帽。标示“LCD16 * 2”处正确插上 1602 液晶。

上电以后，我们发现液晶的第二行左下角显示 123，说明往 93C46 中写入的数据是 123。又看到液晶的第二行右下角显示 123，说明显示的是从 93C46 中读出的数据。

14.11 利用硬件接口读写外部 93C46 的实验

14.11.1 实验要求

硬件方式读写外部 93C46，写入值与读出值均由液晶显示。实验原理图与图 14-13 相同。

14.11.2 源程序文件及分析

在 D 盘中建立一个文件目录(ptc14-2)，在 MPLAB 开发环境中创建一个新工程项目，项目名称也为 ptc14-2。最后输入 C 源程序文件 ptc14-2.c。

```
#include<pic.h>                              //包含头文件
#include "lcd1602_8bit.c"                    //包含液晶驱动程序文件
#define uchar  unsigned char                 //数据类型的宏定义
#define uint   unsigned int
uchar const str0[ ] = {" 93C46 R/W Test2"};  //待显的预定字符串
__CONFIG(HS&WDTDIS&PWRTEN&BORDIS&LVPDIS);    //器件配置
#define TIMEOUT 15                           //常量的宏定义
//*********************************
#define CS RC2                               //宏定义
#define DI RC5
#define DO RC4
#define SK RC3
#define ORG 0
void delay_us(void);                         //函数声明
void delay_ms(uint len);
void port_init(void);
void WriteEnable(void);
void WriteDisable(void);
uchar WriteOneByte(uchar Address, uchar dat);
uchar WriteAll(uchar dat);
uchar EraseOneByte(uchar Address);
uchar EraseAll(void);
uchar ReadOneByte(uchar Address);
uchar SendData(uchar dat);
/***********************************/
void  main(void)                             //主函数
{
 uchar set_val = 234,rd_val;                 //局部变量定义
 delay_ms(500);                              //延时 500ms 等待电源稳定
 port_init( );                               //端口初始化
 InitLcd( );                                 //液晶初始化
 ePutstr(0,0,str0);                          //显示一个预定字符串
 WriteEnable( );                             //使能写入
 WriteOneByte(50,set_val);                   //将 234 写入 50 号单元
 WriteDisable( );                            //写使能
 rd_val = ReadOneByte(50);                   //从 50 号单元读取一个字节
 while(1)                                    //无限循环
 {
   DisplayOneChar(0,1,(set_val/100) + 0x30); //液晶显示待写的数
   DisplayOneChar(1,1,((set_val/10) % 10) + 0x30);
   DisplayOneChar(2,1,(set_val % 10) + 0x30);
   DisplayOneChar(13,1,(rd_val/100) + 0x30); //液晶显示读出的数
```

```
      DisplayOneChar(14,1,((rd_val/10) % 10) + 0x30);
      DisplayOneChar(15,1,(rd_val % 10) + 0x30);
    }
  }
//-----------定义延时子函数,延时时间为 len 毫秒---------
void delay_ms(uint len)
{
 uint i,d = 100;
 i = d * len;
 while( -- i){;}
}
//----------------短延时-----------------
void delay_us(void)
{
  asm("nop");
  asm("nop");
  asm("nop");
  asm("nop");
}
//----------------端口初始化-----------------
void port_init(void)
{
 TRISC2 = 0;
 TRISC5 = 0;
 TRISC4 = 1;
 TRISC3 = 0;

 OPTION = 0;
 ADCON1 = 0X07;

 SSPSTAT = 0X80;
 SSPCON = 0X31;
 INTCON = 0X00;
 PIR1 = 0X00;
 CS = 0;                                        //未选中 93C46
}
//-----------写一个字节 dat 到 93C46 的 Address 单元----------
uchar WriteOneByte(uchar Address, uchar dat)
{
  uchar Wait_Time = 0;
  CS = 1;                                       //片选 93C46
  SendData(0x02);                               //0000'0010'1xxx'xxxx
  SendData(Address|0x80);                       //指定写入 0x05 地址
  SendData(dat);                                //将数据发送出去
  CS = 0;                                       //取消片选
  delay_us( );
  CS = 1;                                       //选中 93C46
```

```
    delay_us( );
    while(! DO)                                    //等待 D0 为高电平
    {
      if ( ++ Wait_Time > TIMEOUT)
      {
        CS = 0;
        return 0;                                  //write failed
      }
      delay_ms(1);
    }
  CS = 0;
  delay_us( );
  return 1;
  }
//---------------- 将 dat 写入 93C46 的全部单元 ------------------
uchar WriteAll(uchar dat)
{
  uchar Wait_Time = 0;
  CS = 1;                                          //片选
  SendData(0x02);                                  //发送 0000'0010'0010'0000
  SendData(0x20);
  SendData(dat);
  while(! DO)                                      //等待 d0 为高电平
  {
    if ( ++ Wait_Time > TIMEOUT)
    {
      CS = 0;
      return 0;                                    //write failed
    }
    delay_ms(1);
  }
  CS = 0;                                          //取消片选
  delay_us( );
  return 1;
}
//---------------- 从 Address 地址读取一个字节 --------------
uchar ReadOneByte(uchar Address)
{
  uchar temp;
  CS = 1;                                          //片选
  delay_us( );
  SendData(0x03);                                  //
  SendData(Address&0x7f);                          //0000'0011'0xxx'xxxx
  temp = SendData(0);                              //
  delay_us( );
```

```
  CS = 0;                                       //取消片选
  delay_us( );
  return temp;
}
//---------------擦除地址为 Address 的单元---------------
uchar EraseOneByte(uchar Address)
{
  uchar Wait_Time = 0;
  CS = 1;                                       //片选
  SendData(0x03);                               //发送 0000'0011'1000'0000
  SendData(0x80);
  while(! DO)                                   //等待 d0 为高电平
  {
   if ( ++ Wait_Time > TIMEOUT)
   {
     CS = 0;
     return 0;                                  //write failed
   }
   delay_ms(1);
  }
  CS = 0;                                       //取消片选
  delay_us( );
  return 1;
}
//-------------------擦除 93C46 的全部单元----------------
uchar EraseAll(void)
{
   uchar Wait_Time = 0;
   CS = 1;                                      //片选
   SendData(0x02);                              //发送 0000'0010'0100'0000
   SendData(0x40);
   while(! DO)                                  //等待 d0 为高电平
  {
     if ( ++ Wait_Time > TIMEOUT)
     {
       CS = 0;
       return 0;                                //write failed
     }
      delay_ms(1);
   }
   CS = 0;                                      //取消片选
   delay_us( );
   return 1;
}
//---------------写使能---------------
```

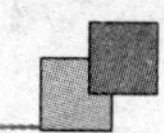

```
void WriteEnable(void)
{
 CS = 1;                                      //片选
 SendData(0x02);                              //发送 0000'0010'0110'0000
 SendData(0x60);
 CS = 0;                                      //取消片选
 delay_us( );
}
//--------------- 写禁止 --------------
void WriteDisable(void)
{
 CS = 1;
 SendData(0x02);                              //发送 0000'0010'0000'0000
 SendData(0x00);
 CS = 0;                                      //取消片选
 delay_us( );
}
//------------------ 发送一个字节 -----------
uchar SendData(uchar dat)
{
 SSPBUF = dat;                                //将 dat 发送出去
 while(! SSPIF);
 SSPIF = 0;
 return SSPBUF;
}
```

由于要使用 lcd1602_8bit.c 这个文件，因此我们将 lcd1602_8bit.c 文件从第 7 章的实验程序文件夹 ptc7-2 中复制到当前目录中(ptc14-2)。

编译通过后，我们可进行软件模拟仿真或硬件在线仿真。下面将 ptc14-2.hex 文件烧入芯片中。

PIC DEMO 试验板上标示“LEDMOD_DISP”及“SPI”的双排针插上短路帽，没有用到的双排针不应插短路帽。标示“LCD16 * 2”处正确插上 1602 液晶。

上电以后，我们发现液晶的第二行左下角显示 234，这是往 93C46 中写入的数据。又看到液晶的第二行右下角显示 234，说明显示的是从 93C46 中读出的数据。

第15章 A/D转换器模块

15.1 A/D转换器结构及原理

在PIC16F877A单片机中，集成了一个10位的逐次比较型模/数转换器（A/D转换器），其内部结构如图15-1所示。

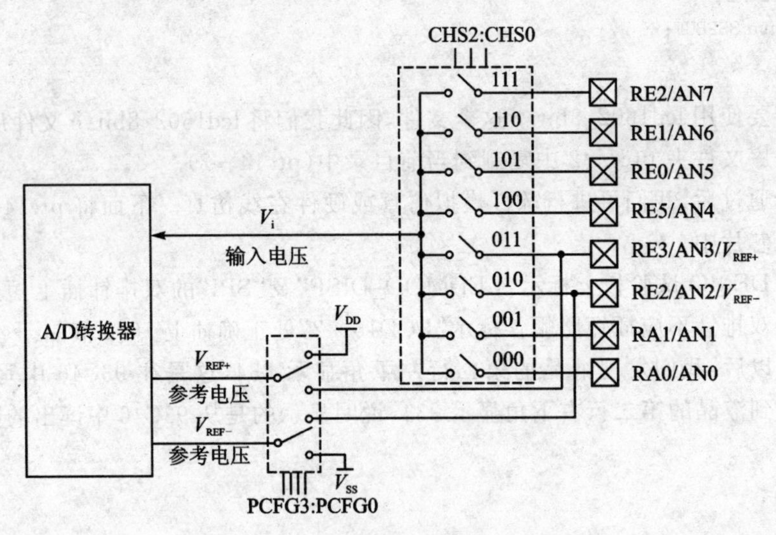

图15-1　PIC16F877A单片机内部结构

逐次比较型A/D转换器实际采用的方法是从高位开始逐位设定，比较模拟量，再来确定原设定位是否正确。逐次比较型A/D转换器原理结构如图15-2所示。其主要由采样保持电路、电压比较器、逐次比较寄存器、数/模转换器DAC和锁存器等部分组成。

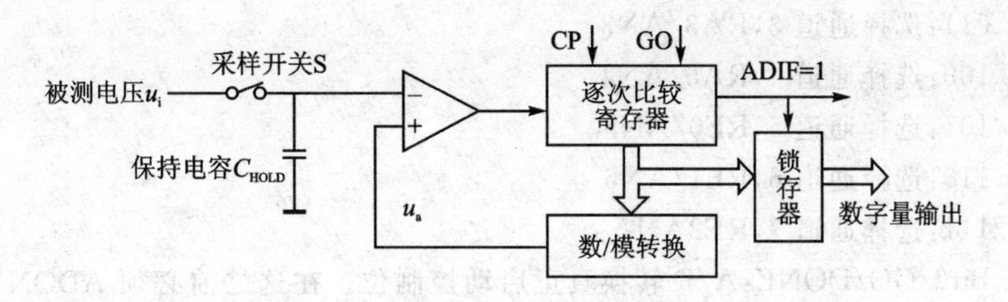

图 15-2 逐次比较型 A/D 转换器原理结构

逐次比较型 A/D 转换器工作原理是：

采样开关 S 和保持电容 C_{HOLD}组成采样保持电路。被测模拟电压 u_i 在采样开关 S 闭合时，向保持电容 C_{HOLD}充电并经电压比较器后被采样。逐次比较寄存器将脉冲 CP 信号转换成数字量，该数字量再经过数/模转换器生成对应的模拟量 u_a。当模拟量 u_a 的数值达到被测电压 u_i 后，就可以使电压比较器完成翻转。此时，逐次比较寄存器的计数值就是被测电压 u_i 所对应的数字量，从而完成模拟量向数字量的转换。

15.2 A/D 转换器的寄存器

1. A/D 控制寄存器 0 ADCON0

寄存器 ADCON0 用于模拟通道切换和时钟频率的选择以及 A/D 转换器的启/停控制，其各位含义如表 15-1 所列。

表 15-1 寄存器 A/DCON0 各位含义

寄存器名称	寄存器位定义							
	Bit7	Bit6	Bit5	Bit4	Bit3	Bit2	Bit1	Bit0
ADCON0	ADCS1	ADCS0	CHS2	CHS1	CHS0	GO/DONE	—	ADON

- Bit7～Bit6/ADCS1～ADCS0：A/D 转换时钟及其频率选择位，可选择 3 种系统时钟频率的分频和 RC 振荡器时钟频率。

  00：选择系统时钟，频率为 $f_{osc}/2$

  01：选择系统时钟，频率为 $f_{osc}/8$；

  10：选择系统时钟，频率为 $f_{osc}/32$；

  11：选择内部阻容(RC)振荡器，频率为 f_{RC}。这样即使单片机处于睡眠状态，A/D 转换器仍能正常工作。

- Bit5～Bit3/CHS2～CHS0：A/D 转换模拟信道选择位。

  000：选择通道 0，RA0/AN0

  001：选择通道 1，RA1/AN1

  010：选择通道 2，RA2AN2

011:选择通道 3,RA3/AN3

100:选择通道 4,RA5/AN4

101:选择通道 5,RE0/AN5

110:选择通道 6,RE1/AN6

111:选择通道 7,RE2AN7

● Bit2/GO/DONE:A/D 转换真正启动控制位。在这之前必须 ADON=1,已进入准备工作状态。

0:A/D 转换已经完成(自动清零)或表示还未进行 A/D 转换。

1:启动 A/D 转换,或表明 A/D 转换正在进行。

● Bit0/ADON:A/D 转换启/停准备状态开关位。

0:关闭 A/D,完全退出转换状态,可以不消耗电流。

1:启用 ADC,进入 A/D 转换准备工作状态。

2. A/D 控制寄存器 1 ADCON1

ADCON1 主要用于定义相关引脚的功能选择。包括 A/D 转换结果的形成方式及 RA、RE 端口各引脚的初始化设置,可选择为模拟输入、参考电压输入或者通用数字 I/O 引脚,其各位含义如表 15-2 所列。

表 15-2 寄存器 ADCON1 各位含义

寄存器名称	寄存器位定义							
	Bit7	Bit6	Bit5	Bit4	Bit3	Bit2	Bit1	Bit0
ADCON1	ADFM	—	—	—	PCFG3	PCFG2	PCFG1	PCFG0

● Bit7/ADFM:A/D 转换结果组合方式选择位。

0:结果左对齐,ADRESL 寄存器的高 2 位作为 10 位转换结果的低 2 位。

1:结果右对齐,ADRESH 寄存器的低 2 位作为 10 位转换结果的高 2 位,如图 15-3 所示。

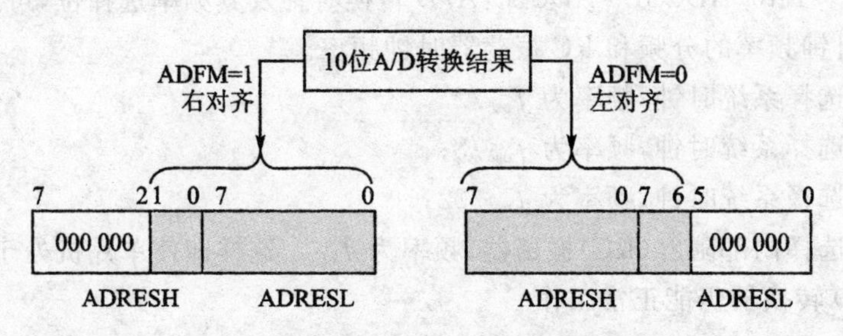

图 15-3 A/D 转换结果组合方式选择

● Bit3~Bit0/PCFG3~PCFG0:A/D 转换器引脚功能、参考电压选择位,其含义如表 15-3 所列。

表 15-3　A/D 转换器引脚功能、参考电压选择

PCFG3-PCFG0	AN7 RE2	AN6 RE1	AN5 RE0	AN4 RA4	AN3 RA3	AN2 RA2	AN1 RA1	AN0 RA0	VREF+	VREF−	CHAN/REFS
0000	A	A	A	A	A	A	A	A	VDD	VSS	8/0
0001	A	A	A	A	VREF+	A	A	A	RA3	VSS	7/1
0010	D	D	D	A	A	A	A	A	VDD	VSS	5/0
0011	D	D	D	A	VREF+	A	A	A	RA3	VSS	4/1
0100	D	D	D	D	A	D	A	A	VDD	VSS	3/0
0101	D	D	D	D	VREF+	D	A	A	RA3	VSS	2/1
011x	D	D	D	D	D	D	D	D	VDD	VSS	0/0
1000	A	A	A	A	VREF+	VREF−	A	A	RA3	RA2	6/2
1001	D	D	A	A	A	A	A	A	VDD	VSS	6/0
1010	D	D	A	A	VREF+	A	A	A	RA3	VSS	5/1
1011	D	D	A	A	VREF+	VREF−	A	A	RA3	RA2	4/2
1100	D	D	D	A	VREF+	VREF−	A	A	RA3	RA2	3/2
1101	D	D	D	D	VREF+	VREF−	A	A	RA3	RA2	2/2
1110	D	D	D	D	D	D	D	A	VDD	VSS	1/0
1111	D	D	D	D	VREF+	VREF−	D	A	RA3	RA2	1/2

注：A 表示模拟量通道，D 表示数字量通道，CHAN/REFS 一列表示模拟量通道数量/外接参考电压引脚数量。

3. ADC 结果寄存器高位　ADRESH

当 ADFM=0 时，对应 A/D 转换结果的高 8 位；当 ADFM=1 时，对应 A/D 转换结果的高 2 位。寄存器 ADRESH 各位含义如表 15-4 所列。

表 15-4　寄存器 ADRESH 各位含义

寄存器名称	寄存器位定义							
	Bit7	Bit6	Bit5	Bit4	Bit3	Bit2	Bit1	Bit0
ADRESH	ADC 转换结果寄存器高位							

4. ADC 结果寄存器低位　ADRESL

当 ADFM=1 时，对应 A/D 转换结果的低 8 位；当 ADFM=0 时，对应 A/D 转换结果的低 2 位。寄存器 ADRESL 各位含义如表 15-5 所列。

表 15-5 寄存器 ADRESL 各位含义

寄存器名称	寄存器位定义							
	Bit7	Bit6	Bit5	Bit4	Bit3	Bit2	Bit1	Bit0
ADRESL	ADC 转换结果寄存器低位							

5. 方向控制寄存器 TRISA 和 TRISE

方向控制寄存器 TRISA、TRISE 与 ADCON1 配合使用，能够控制 A/D 模拟通道引脚的功能。作为模拟量输入通道时，方向寄存器中的相应位必须被置位。

15.3 A/D 转换器模块相关的寄存器

ADC 模块相关的寄存器共有 11 个，如表 15-6 所列。

1. ADC 控制寄存器 ADCON0

模拟通道切换和时钟频率的选择以及 A/D 转换器的启/停控制方式。

2. ADC 控制寄存器 ADCON1

控制相关引脚功能的选择，参考电压输入方式，或者通用数字 RA 和 RE 端口 I/O引脚设置。

3. ADC 结果高、低位寄存器 ADRESH/ADRESL

组合形成 10 位转换数字量结果。

4. 中断控制寄存器 INTCON

管理外围各类中断使能状况。

5. 第一外围中断使能寄存器 PIEI

涉及 A/D 转换中断使能位。

6. 第一外围中断标志寄存器 PIRI

涉及 A/D 转换中断标志位。

7. 方向寄存器 TRISA、TRISE

定义 8 个模拟量输入的方向。

8. 数据寄存器 PORTA、PORTE

8 个模拟量输入通道。

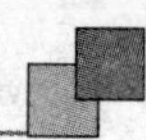

表 15-6　与 A/D 转换器模块模块相关的寄存器

寄存器名称	寄存器位定义							
	Bit7	Bit6	Bit5	Bit4	Bit3	Bit2	Bit1	Bit0
ADCON0	ADCS1	ADCS0	CHS2	CHS1	CHS0	GO/DONE	—	ADON
ADCON1	ADFM	—	—	—	PCFG3	PCFG2	PCFG1	PCFG0
ADRESH	ADC 转换结果寄存器高位							
ADRESL	ADC 转换结果寄存器低位							
INTCON	GIE	PEIE	T0IE	INTE	RBIE	T0IF	INTF	RBIF
PIE1	PSPIE	ADIE	RCIE	TXIE	SSPIE	CCP1IE	TMR2IE	TMR1IE
PIR1	PSPIF	ADIF	RCIF	TXIF	SSPIF	CCP1IF	TMR2IF	TMR1IF
TRISA	—	—	TRISA5	TRISA4	TRISA3	TRISA2	TRISA1	TRISA0
PORTA	—	—	RA5	RA4	RA3	RA2	RA1	RA0
TRISE						TRISE2	TRISE1	TRISE0
PORTE	—	—	—	—	—	RE2	RE1	RE0

15.4　中断方式读取 A/D 转换器值的实验

15.4.1　实验要求

使用中断方式读取 A/D 转换器的值，数码管显示。图 15-4 为中断方式读取 A/D 转换值的实验原理图。

15.4.2　源程序文件及分析

在 D 盘中建立一个文件目录(ptc15-1)，在 MPLAB 开发环境中创建一个新工程项目，项目名称也为 ptc15-1。最后输入 C 源程序文件 ptc15-1.c。

```
#include <pic.h>                          //包含头文件
#define uchar unsigned char               //数据类型的宏定义
#define uint unsigned int

__CONFIG(HS&WDTDIS&PWRTEN&BORDIS&LVPDIS); //器件配置
/*****************0～F 的数码管字段码*****************/
const uchar SEG7[16] = {0x3f,0x06,0x5b,0x4f,0x66,0x6d,0x7d,0x07,0x7f,
                        0x6f,0x77,0x7c,0x39,0x5e,0x79,0x71};
/*******************8 位数码管位选码*******************/
const uchar ACT[8] = {0xfe,0xfd,0xfb,0xf7,0xef,0xdf,0xbf,0x7f};
union adres                               //定义共用体
{
```

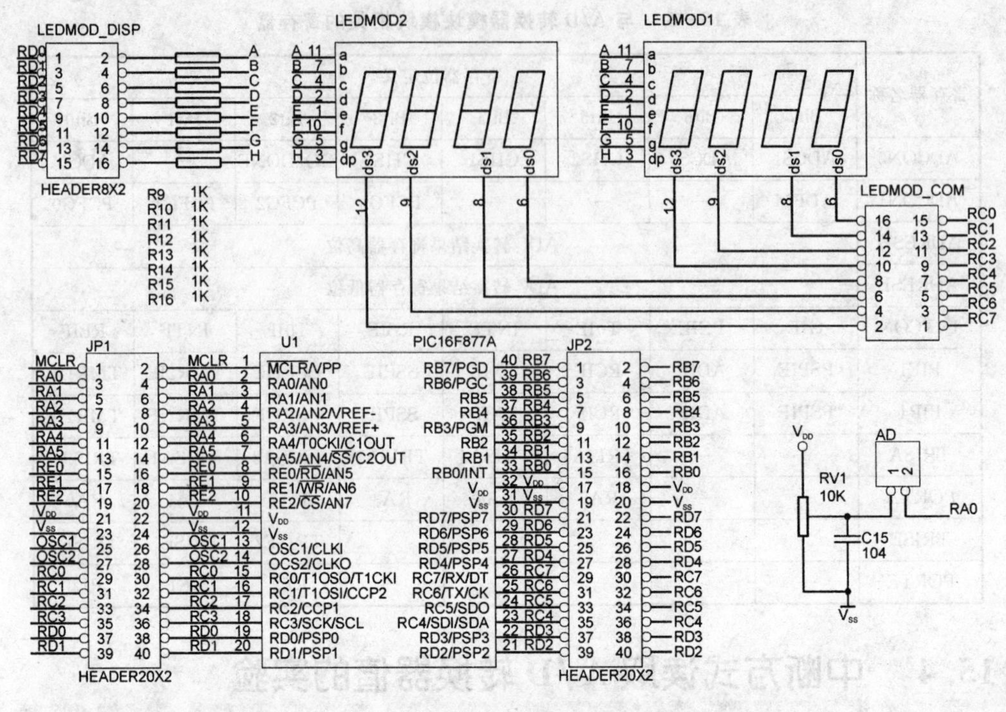

图 15-4　中断方式读取 A/D 转换值的实验原理图

```
    uint adval;
    uchar adre[2];
}adresult;

uint voltage;                          //全局变量
long x;

/***************初始化**************/
void initial(void)
{
  ADCON0 = 0x80;           //主振荡器 32 分频,AN0 输入,启动 A/D,模块开始工作
  ADCON1 = 0x8E;                       //转换结果右对齐
  PIE1 = 0x00;                         //第 1 外设中断屏蔽寄存器禁止
  PIE2 = 0x00;                         //第 2 外设中断屏蔽寄存器禁止
  ADIE = 1;                            //开 A/D 中断
  PEIE = 1;                            //开外围中断使能
  TRISD = 0x00;                        //PORTD 输出
  PORTD = 0x00;
  TRISC = 0x00;                        //PORTC 输出
  PORTC = 0xff;

  TRISA = 0x01;                        //RA0 输入(作 A/D 转换器的输入信号)

  GIE = 1;                             //开总中断
```

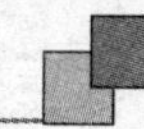

```
 ADON = 1;                                          //启动A/D转换器准备A/D采样
 ADGO = 1;                                          //开启A/D转换
}

/************** 定义延时子函数,延时时间为len毫秒 **************/
void delay_ms(uint len)
{
 uint i,d = 100;
 i = d * len;
 while( -- i){;}
}

/*************** 中断服务函数 *************/
void interrupt ISR(void)
{
 ADIF = 0;                                          //清除A/D中断标志
 adresult.adre[0] = ADRESL;                         //读取A/D值
 adresult.adre[1] = ADRESH;
 voltage = adresult.adval;
 x = (long)voltage;                                 //转换成对应的电压值
 x = (x * 5000)/1023;
 voltage = (uint)x;
}

/****************** 主函数 ****************/

void main(void)
{
 uchar i;                                           //定义局部变量
 initial( );                                        //初始化函数
 while(1)                                           //无限循环
 {
   for(i = 0;i<50;i ++ )                            //for循环语句,耗时约400ms
   {
   PORTD = SEG7[voltage % 10];                      //显示电压
   PORTC = ACT[0];
   delay_ms(1);
   PORTD = SEG7[(voltage % 100)/10];
   PORTC = ACT[1];
   delay_ms(1);
   PORTD = SEG7[(voltage % 1000)/100];
   PORTC = ACT[2];
   delay_ms(1);
   PORTD = SEG7[voltage/1000]|0x80;
   PORTC = ACT[3];
   delay_ms(1);

   PORTD = SEG7[adresult.adval % 10];               //显示A/D数值
```

```
    PORTC = ACT[4];
    delay_ms(1);
    PORTD = SEG7[(adresult.adval % 100)/10];
    PORTC = ACT[5];
    delay_ms(1);
    PORTD = SEG7[(adresult.adval % 1000)/100];
    PORTC = ACT[6];
    delay_ms(1);
    PORTD = SEG7[adresult.adval/1000];
    PORTC = ACT[7];
    delay_ms(1);
    }
    ADGO = 1;                                   //进行下一次 A/D 转换
  }
}
```

编译通过后，我们可进行软件模拟仿真或硬件在线仿真。下面将 ptc15－1.hex 文件烧入芯片中。

PIC DEMO 试验板上标示“LEDMOD_DISP”、“LEDMOD_COM”及“AD”的双排针插上短路帽，没有用到的双排针不应插短路帽。

上电以后，我们发现数码管上有数字显示，其中数码管低 4 位为电压值，数码管高 4 位为对应的 A/D 转换值。用一把螺丝刀调整 RV1 电位器，改变 A/D 电压，那么我们看到数码管的数字也相应发生变化。

15.5　查询方式读取 A/D 转换器值的实验

15.5.1　实验要求

上个实验我们使用中断方式读取 A/D 转换器的值，那么这个实验我们使用查询的方式进行，数码管显示。实验原理图与图 15－4 相同。

15.5.2　源程序文件及分析

在 D 盘中建立一个文件目录(ptc15－2)，在 MPLAB 开发环境中创建一个新工程项目，项目名称也为 ptc15－2。最后输入 C 源程序文件 ptc15－2.c。

```
#include<pic.h>                                   //包含头文件
#define uchar  unsigned char                      //数据类型的宏定义
#define uint   unsigned int
__CONFIG(HS&WDTDIS&PWRTEN&BORDIS&LVPDIS); //器件配置
/*****************0~F 的数码管字段码*****************/
```

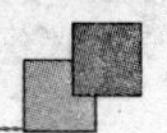

```
const uchar SEG7[16] = {0x3f,0x06,0x5b,0x4f,0x66,0x6d,0x7d,0x07,0x7f,
                        0x6f,0x77,0x7c,0x39,0x5e,0x79,0x71};
/*******************8位数码管位选码*******************/
const uchar ACT[8] = {0xfe,0xfd,0xfb,0xf7,0xef,0xdf,0xbf,0x7f};
//-----------------------------------
uint AD_val,voltage;                          //全局变量
 long x;

/**************************************/
void delay_ms(uint len)                       //定义延时子函数,延时时间为 len 毫秒
{
 uint i,d = 100;
 i = d * len;
 while(--i){;}
}

//---------------------------------------
void PORT_init(void)                          //端口初始化
{
 TRISD = 0x00;                                //PORTD 输出
 PORTD = 0x00;
 TRISC = 0x00;                                //PORTC 输出
 PORTC = 0xff;
 TRISA = 0x01;                                //RA0 作 A/D 转换输入
}

//----------------------------
void TMR2_init(void)                          //定时器 T2 初始化
{
 T2CKPS0 = 1;T2CKPS1 = 0;                     //T2 使用预分频率 1:4
 TOUTPS0 = 0;                                 //T2 使用后分频率 1:1
 TOUTPS1 = 0;
 TOUTPS2 = 0;
 TOUTPS3 = 0;
 TMR2 = 0x06;                                 //T2 定时为:1000μs,误差:0μs
 TMR2ON = 1;                                  //启动 T2
 TMR2IE = 1;                                  //开 T2 中断
 PEIE = 1;                                    //开外围中断
 GIE = 1;                                     //开总中断
}

//****************************
void ADC_init(void)                           //A/D 转换器初始化
{
```

```
 ADCON0 = 0X80;                              //A/D时钟源来自芯片主振荡的 32 分频
 ADCON1 = 0X8E;                              //AN0 为 A/D 输入,VREF + = VDD,VREF - = VSS
 ADON = 1;                                   //启动 A/D 转换器准备 A/D 采样
}
//==============初始化子函数==============
void initial(void)
{
 PORT_init( );                               //端口初始化
 TMR2_init( );                               //定时器 T2 初始化
 ADC_init( );                                //A/D 转换器初始化
}
//----------------------------------------------------
void AD_Start(void)                          //启动 A/D 转换子函数
{
 ADGO = 1;                                   //开启 A/D 转换
 while(ADGO == 1);                           //查询等待,直到本次 A/D 转换结束
}
//*************************************
uint AD_Get(void)                            //读取 A/D 转换值
{
 uint temp;                                  //定义局部变量
 temp = ADRESH;                              //读取 A/D 转换值高位
 temp = temp<<8;                             //高位左移
 temp = temp + ADRESL;                       //A/D 转换值高位和低位合并
 return temp;                                //返回读取的 10 位 A/D 转换值
}
//----------------主函数----------------
void main(void)
{
  uchar i;                                   //局部变量
  uint temp_val;
  initial( );                                //芯片初始化
  while(1)                                   //无限循环
  {
    temp_val = 0;
    for(i = 0;i<10;i ++ )                    //连续进行 10 次 A/D 转换
    {
      AD_Start( );                           //启动 A/D 转换
      temp_val + = AD_Get( );                //得到 10 次 A/D 转换值之和
    }
```

```
    AD_val = temp_val/10;                    //取 10 次 A/D 转换的平均值
     x = (long)AD_val;                       //转换成十进制显示的电压值
    x = (x * 5000)/1023;
    voltage = (uint)x;
    delay_ms(100);                           //延时 100ms
  }
}
//*********************************
void interrupt ISR(void)                     //中断响应函数
{
 static uchar cnt;                           //静态的局部变量
 if(TMR2IF&TMR2IE)                           //如果 T2 发生溢出中断
  {
   TMR2IF = 0;                               //清除溢出标志
   TMR2 = 0x06;                              //重装定时初值
   if( ++ cnt>7)cnt = 0;                     //数码管扫描计数器递增

   switch(cnt)                               // switch 语句,根据 cnt 值进行散转
   {
                                             //数码管低 4 位显示 A/D 电压值
     case 0: PORTD = SEG7[voltage % 10];PORTC = ACT[0];break;
     case 1:     PORTD = SEG7[(voltage % 100)/10];PORTC = ACT[1];break;
     case 2:     PORTD = SEG7[(voltage % 1000)/100];PORTC = ACT[2];break;
     case 3:     PORTD = SEG7[voltage/1000]|0x80;PORTC = ACT[3];break;
     //数码管高 4 位显示 A/D 转换值
     case 4:     PORTD = SEG7[AD_val % 10];PORTC = ACT[4];break;
     case 5:     PORTD = SEG7[(AD_val % 100)/10];PORTC = ACT[5];break;
     case 6:     PORTD = SEG7[(AD_val % 1000)/100];PORTC = ACT[6];break;
     case 7:     PORTD = SEG7[AD_val/1000];PORTC = ACT[7];break;
     default:break;
   }
  }
}
```

编译通过后,我们可进行软件模拟仿真或硬件在线仿真。下面将 ptc15 - 2.hex 文件烧入芯片中。

PIC DEMO 试验板上标示“LEDMOD_DISP”、“LEDMOD_COM”及“AD” 的双排针插上短路帽,没有用到的双排针不应插短路帽。

同样,上电以后,我们发现数码管上有数字显示,其中数码管低 4 位为电压值,数码管高 4 位为对应的 A/D 转换值。用一把螺丝刀调整 RV1 电位器,改变 A/D 电压,那么我们看到数码管的数字也会相应发生变化。

第 16 章

PIC 单片机看门狗及芯片的配置、复位等

16.1 PIC 单片机看门狗定时器 WDT

看门狗定时器 WDT 能够有效防止因电磁干扰而引起系统程序跑飞。PIC 单片机的看门狗定时/计数脉冲是由芯片内专用的 RC 振荡器产生，它工作时不需要任何单片机器件参与，具有极高的可靠性。表 16-1 为看门狗定时器 WDT 参数配置一览表。

表 16-1 看门狗定时器 WDT 参数配置一览表

寄存器名称	Bit7	Bit6	Bit5	Bit4	Bit3	Bit2	Bit1	Bit0
CONFIG	LVP	BODEN	CP1	CP0	PERTE	WDTE	FOSC1	FOSC0
STATUS	IRP	RP1	RP0	/T0	/PD	Z	DC	C
OPTION_REG	/RBPU	INTEDG	T0CS	T0SE	PSA	PS2	PS1	PS0

看门狗定时器的基本定时为 18 ms（由于受温度影响，该值可能在 7～33 ms 之间变化），我们根据需要可以在该定时基础上引入时钟分频器，分频范围是 1∶1～1∶128。因此，看门狗定时器可产生的定时时间是 18～2 304 ms。看门狗对付突发性的强干扰（如电源、辐射和电磁等）引起的程序跑飞非常有效，如果因为程序跑飞而不能及时清除看门狗的计数值，那么到看门狗定时器计数溢出时便对系统复位，以便程序及时重启而不会死机。

16.2 PIC 单片机的芯片配置寄存器 CONFIG

PIC 单片机的配置寄存器 CONFIG 是一个 14 位宽度的“不可访问”寄存器。该

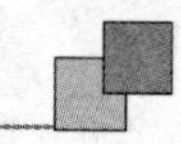

寄存器的配置位可以对单片机片内各种部件进行配置，如表 16－2 所列。

表 16－2　PIC 单片机的配置寄存器 CONFIG

寄存器名称	寄存器位定义													
	Bit13	Bit12	Bit11	Bit10	Bit9	Bit8	Bit7	Bit6	Bit5	Bit4	Bit3	Bit2	Bit1	Bit0
CONFIG	CP1	CP0	RESV	—	WRT	CPD	LVP	BODEN	CP1	CP0	PWRTE	WDTE	F0SC1	F0SC0

配置寄存器 CONFIG 出厂时或擦除之后的值是 3FFFH。该寄存器的映像的地址为 2007H，已经超出用户编程存储空间可寻址的范围，只能通过特殊的方法实现读/写。事实上，我们前面已经用这种特殊的方法将器件的配置位安插在程序中实现，例如：

"__CONFIG(HS&WDTDIS&PWRTEN&BORDIS&LVPDIS);"

配置寄存器 CONFIG 主要包括系统振荡方式选择、看门狗定时器设置、上电延时控制、掉电检测复位 BOR 使能、低电压编程功能以及 EEPROM 数据存储器和 FLASH 程序存储器操作使能位等。

- Bit13－Bit12：与 Bit5－Bit4/CP1－CP0 设置相同。
- Bit11/RESV：系统保留(一般为 1)。
- Bit10/Unimplemented：未定义。
- Bit9/WRT：FLASH 程序写操作使能位。

  0：通过 EECON 控制，禁止写入 FLASH 中程序。

  1：通过 EECON 控制，使能写入 FLASH 中程序。
- Bit8/CPD：EEPROM 数据存储器代码保护功能使能位。

  0：使能 EEPROM 数据存储器代码功能。

  1：禁止 EEPROM 数据存储器代码功能。
- Bit7/LVP：低电压(13V)可编程使能位。

  0：禁止 RB3/PGM 引脚低电压编程功能，若 RB3 定义为数字 I/0 端口时，MCLR 应接高电压才能编程。

  1：使能 RB3/PGM 引脚低电压编程。
- Bit6/BODEN：掉电检测复位 BOR 使能位。

  0：禁止掉电检测复位 BOR。

  1：使能掉电检测复位 BOR。
- Bit5－Bit4/CP1－CPO：FLASH 程序代码保护使能位。

  00：使能保护 00OOH－1FFFH 代码功能。

  01：使能保护 10OOH－lFFFH 代码功能。

  10：使能保护 1F00H－1FFFH 代码功能。

  11：禁止代码保护功能。
- Bit3/PWRTE：系统上电延时控制位。

0:禁止上电延时方式。

1:使能上电延时方式。

不管 PWRTE 位如何取值,使能掉电复位功能也就自动使能上电延时定时器。因此,需要确保在任何时候使能掉电检测复位时,上电延时定时器都将处于使能状态。

● Bit2/WDTE:看门狗定时器工作使能位。

0:禁止 WDT 工作。

1:使能 WDT 工作。

● Bit1 - Bit0/FOSC1 - FOSC0:单片机系统振荡类型的选择位。

00:选择 LP 型,低频振荡方式(<200 kHz)。

01:选择 XT 型,标准振荡方式(100 kHz~4 MHz)。

10:选择 HS 型,高频振荡方式(>2 MHz)。

11:选择 RC 型,阻容振荡方式(<4 MHz)。

16.3 PIC 单片机的复位

为了使单片机系统安全、可靠地运行,PIC 系列单片机提供了以下多种功能的复位方式:

● 在任何状态下通过在外部/MCLR 脚上加低电平复位,复位地址为 PC＝O0OOH。

● 在正常工作状态下看门狗定时器 WDT 超时溢出复位,复位地址为 PC＝O0OOH。

● 在睡眠状态下看门狗定时器 WDT 超时溢出复位,复位地址为 PC＝PC＋1。

● 掉电检测复位/BOR(Brown-Out Reset),复位地址为 PC＝O0OOH。

● 芯片上电复位/POR(Power-On Reset),复位地址为 PC＝0000H。

出现任何一种复位情形,都将使单片机进入到如下状态:

● 所有的 I/O 引脚处于确定的高阻抗输入状态。

● 所有的模拟/数字输入复用引脚被配置成模拟量输入模式。

● 设定对应的复位标志。

● 特殊功能寄存器设定复位缺省值(详见芯片数据手册)。

● 复位过程结束后程序将从复位地址处开始运行。

1. 外部/MCLR 引脚低电平复位:

在 PIC 单片机通电运行过程中,只要在/MCLR 引脚上加一个低电平,那么电路立即进入复位状态。图 16 - 1 为常用的 PIC 单片机复位电路。

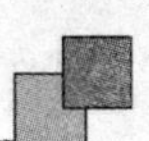

2. 看门狗定时器 WDT 溢出复位

如果程序跑飞而不能及时清除看门狗的计数值，那么到看门狗定时器将发生溢出复位。

3. 掉电检测复位 BOR

如果系统运行时 V_{DD} 跌落到 V_{BOR}（大约 4 V）的时间大于 T_{BOR}（大约 100 ps），那么掉电复位电路将立即使芯片进入复位状态；而如果 V_{DD} 跌落到 V_{BOR} 以下的时间小于 T_{BOR}，那么系统就不会产生复位。

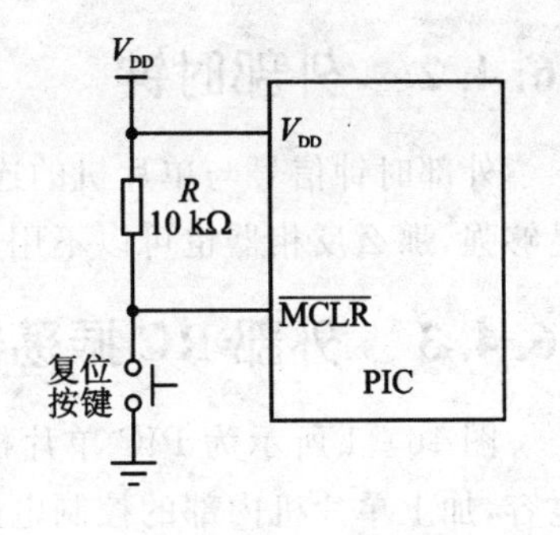

图 16－1　常用的 PIC 单片机复位电路

4. 上电复位 POR

在芯片加电时，当电源电压 V_{DD} 上升到一定数值（一般为 1.6～1.8 V）时，上电复位电路提供一个上电复位脉冲，那么可以在上电期间对系统进行有效复位。

另外在芯片加电时，上电延时定时器 $\overline{PWRTE}$ 提供了一个固定 72 ms 的正常上电延迟定时，上电延迟定时电路采用 RC 振荡器方式工作。当 $\overline{PWRTE}$ 处于延时过程时，芯片就能一直保持在复位状态，以确保电源电压在这个固定延时内上升到适合芯片工作的电压。

在上电延时电路提供一个 72 ms 延时后，起振定时器 OST 将提供 1 024 个振荡周期的延迟时间，以保证晶体或陶瓷谐振器能够有合适的时间起振并产生稳定的时序波形。需要注意的是：在 XT、LP 和 HS 振荡方式下，仅有上电复位或从睡眠状态中被唤醒的复位才能启动 OST 定时器工作。

16.4　PIC 单片机的工作时钟

16.4.1　石英晶体/陶瓷谐振器

PIC 单片机使用石英晶体/陶瓷谐振器时钟模式如图 16－2 所示。

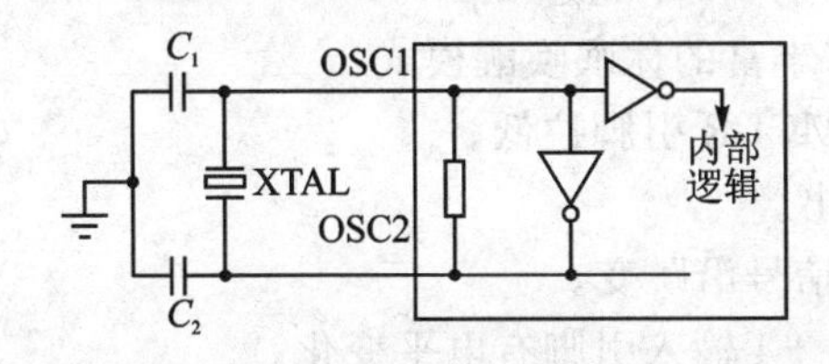

图 16－2　PIC 单片机使用石英晶体/陶瓷谐振器时钟模式

16.4.2 外部时钟

外部时钟信号与单片机的连接如图 16－3 所示，如果外部时钟信号的驱动能力足够强，那么反相器也可以不用。

16.4.3 外部 RC 振荡器

图 16－4 所示为 PIC 单片机的外部 RC 振荡器模式，只要外接一个电阻和一个电容，加上单片机内部的控制电路，即可产生供给单片机内部使用的时钟信号。

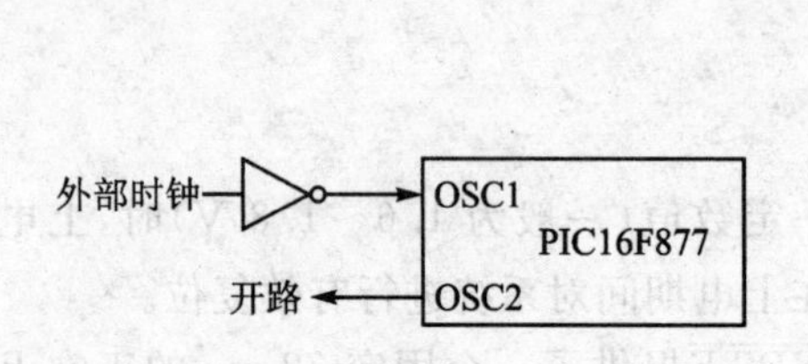

图 16－3 外部时钟信号与单片机的连接

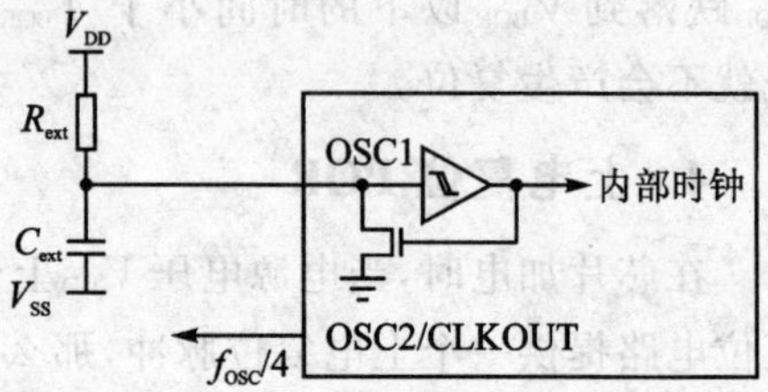

图 16－4 PIC 单片机的外部 RC 振荡器模式

16.4.4 内部 RC 振荡器

大部分的 PIC 单片机在芯片内部还提供一个独立的片内 RC 振荡器。这样的芯片如果设定成片内 RC 振荡，只要给其加上电源即可工作。除了电源和地这两个引脚，其他所有引脚都可以做输入输出，非常方便。内部 RC 振荡的工作原理和外部 RC 振荡大同小异，但振荡频率在芯片设计时已经确定，一般都被定在 4 MHz 左右。

16.5 PIC 单片机的低功耗休眠

任何时候执行一条 sleep 指令，PIC 单片机就进入低功耗休眠模式。PIC16F877A 单片机进入休眠模式后，振荡器停振，芯片内部的所有电路都将停止工作，但所有寄存器保持原有的状态不变。休眠时单片机内核本身的功耗可以降至最低，在电源电压为 3 V 时一般不超过 1 μA。

PIC 单片机还具有丰富的休眠唤醒模式：

- 外部复位，即/MCLR 引脚拉低。
- 看门狗超时溢出。
- INT 引脚上的信号沿跳变。
- PORTB 的位 7－4 输入引脚有电平变化。
- 定时器 1 计数溢出。
- A/D 转换结束。
- 模拟比较器比较结果翻转。

- 输入捕捉模块捕捉到事件发生。
- 同步串行接口 I^2C 检测到起始位/停止位。
- 从动并行接口有读/写请求。
- 内部 EEPROM 写过程结束。

唤醒后程序的执行分以下几种情形：

- 外部复位唤醒，芯片将真正复位，情形如普通运行时的复位相同。
- 看门狗溢出唤醒，程序将从 sleep 的下面一条指令处执行而不产生芯片复位。
- 其他信号在唤醒单片机的同时也发出了中断请求信号。若 GIE＝0，则程序从 sleep 的下面一条指令处继续执行；若 GIE＝1，则立即进入中断服务程序，中断退出后再回到 sleep 的下面一条指令处继续执行。

16.6　PIC 单片机在线串行编程

PIC 单片机具有在线串行编程（ICSP）的功能。即芯片被焊接到电路板后，可以通过一个简单的 5 PIN 接口实现编程烧写。该接口的 5 根连线分别是 5 V 电源（VDD）、地（GND）、编程电压（/MCLR）、串行编程数据 PGD（RB7）和串行编程时钟 PGC（RB6）。应注意的是，对于 8/14 引脚封装的芯片串行编程数据与时钟引脚的配置可能不同，请参阅该芯片的数据手册。

这里推荐一种效果较好的 ICSP 接口方式供选择，如图 16－5 所示。

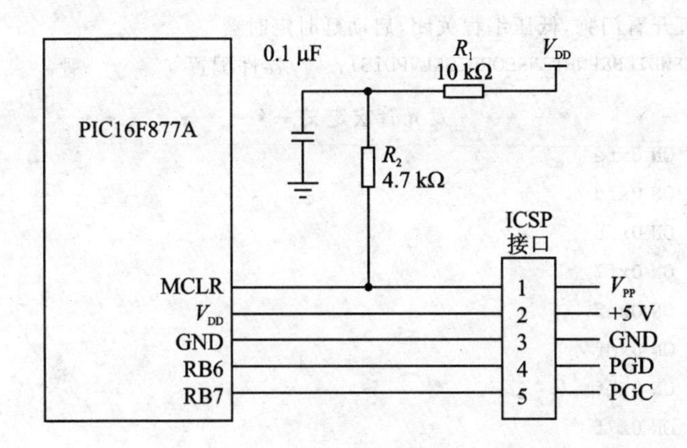

图 16－5　一种效果较好的 ICSP 接口方式

16.7　PIC 单片机看门狗实验 1

16.7.1　实验要求

在看门狗定时器启动后，依次将 D0～D7 点亮，每位发光管点亮保持 4 ms。每点亮 4 位发光管后（此时耗时约 16 ms）将看门狗清除，防止溢出后复位单片机。

图 16－6 为 PIC 单片机看门狗实验 1 的原理图。

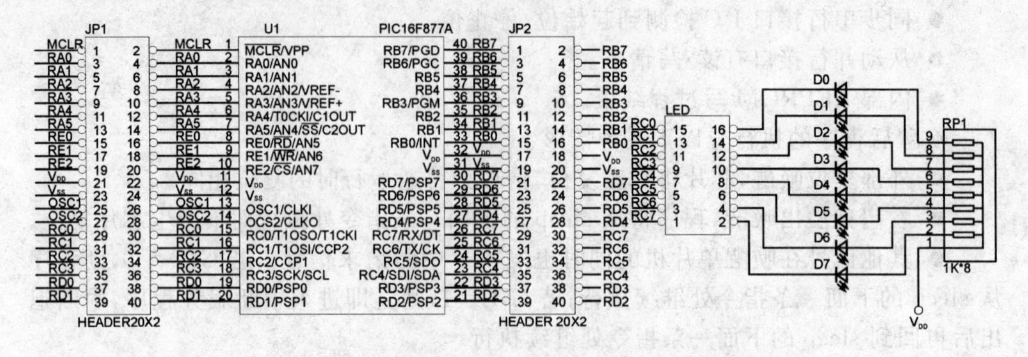

图 16－6 PIC 单片机看门狗实验 1 的原理图

16.7.2 源程序文件及分析

在 D 盘中建立一个文件目录(ptc16－1)，在 MPLAB 开发环境中创建一个新工程项目，项目名称也为 ptc16－1。最后输入 C 源程序文件 ptc16－1.c。

```
#include <pic.h>                                //包含头文件
#define uchar unsigned char                     //数据类型的宏定义
#define uint unsigned int
//HS 振荡，打开看门狗，低压编程关闭，启动延时定时器
__CONFIG(HS&WDTEN&PWRTEN&BORDIS&LVPDIS);        //器件配置
/**************** 发光管宏定义 *************/
#define D0_ON 0xfe
#define D1_ON 0xfd
#define D2_ON 0xfb
#define D3_ON 0xf7
#define D4_ON 0xef
#define D5_ON 0xdf
#define D6_ON 0xbf
#define D7_ON 0x7f
//****************************************
void initial(void)                              //初始化
{
    PSA = 1;                                    //预分频器分配给 WDT 使用
    PS2 = 0;
    PS1 = 0;
    PS0 = 0;                                    //预分频器 1 分频
    TRISC = 0x00;                               //PORTC 口设置为输出
    PORTC = 0xff;
```

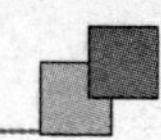

```
    CLRWDT( );                                 //清看门狗
}
//*****************************************
void delay_ms(uint len)                        //定义延时子函数,延时时间为len毫秒
{
 uint i,d = 100;
 i = d * len;
 while( -- i){;}
}
//********************* 主函数 *********************
void main(void)
{
 initial( );                                   //初始化
   while(1)
   {
    PORTC = D0_ON;                             //点亮发光管D0
    delay_ms(4);                               //延时4ms
    PORTC = D1_ON;                             //点亮发光管D1
    delay_ms(4);                               //延时4ms
    PORTC = D2_ON;                             //点亮发光管D2
    delay_ms(4);                               //延时4ms
    PORTC = D3_ON;                             //点亮发光管D3
    delay_ms(4);                               //延时4ms
    CLRWDT( );                                 //清看门狗
    PORTC = D4_ON;                             //点亮发光管D4
    delay_ms(4);                               //延时4ms
    PORTC = D5_ON;                             //点亮发光管D5
    delay_ms(4);                               //延时4ms
    PORTC = D6_ON;                             //点亮发光管D6
    delay_ms(4);                               //延时4ms
    PORTC = D7_ON;                             //点亮发光管D7
    delay_ms(4);                               //延时4ms
    CLRWDT( );                                 //清看门狗
   }
}
```

编译通过后,我们可进行软件模拟仿真或硬件在线仿真。下面将ptc16-1.hex文件烧入芯片中。

PIC DEMO试验板上标示"LED"的双排针插上短路帽,没有用到的双排针不应插短路帽。

我们看到,8个发光二极管都能点亮,这是由于程序正常运行时,能清除看门狗,因而不会发生溢出复位的情况。

16.8 PIC 单片机看门狗实验 2

16.8.1 实验要求

在看门狗定时器启动后，依次将 D0～D7 点亮，每位发光管点亮保持 4 ms，但是在主循环中不去清除看门狗，这样在 18 ms 后看门狗溢出复位，我们就不能看到 8 个发光管全部点亮了。实验原理图与图 16－6 相同。

16.8.2 源程序文件及分析

在 D 盘中建立一个文件目录(ptc16－2)，在 MPLAB 开发环境中创建一个新工程项目，项目名称也为 ptc16－2。最后输入 C 源程序文件 ptc16－2.c。

```
#include <pic.h>                         //包含头文件
#define uchar unsigned char              //数据类型的宏定义
#define uint unsigned int
//HS 振荡，打开看门狗，低压编程关闭，启动延时定时器
__CONFIG(HS&WDTEN&PWRTEN&BORDIS&LVPDIS);  //器件配置
/**************发光管宏定义***********/
#define D0_ON 0xfe
#define D1_ON 0xfd
#define D2_ON 0xfb
#define D3_ON 0xf7
#define D4_ON 0xef
#define D5_ON 0xdf
#define D6_ON 0xbf
#define D7_ON 0x7f
//****************************************
void initial(void)                       //初始化
{
    PSA = 1;                             //预分频器分配给 WDT 使用
    PS2 = 0;
    PS1 = 0;
    PS0 = 0;                             //预分频器 1 分频
    TRISC = 0x00;                        //PORTC 口设置为输出
    PORTC = 0xff;
    CLRWDT( );                           //清看门狗
}
//****************************************
void delay_ms(uint len)                  //定义延时子函数，延时时间为 len 毫秒
{
```

```
  uint i,d = 100;
  i = d * len;
  while( -- i){;}
}

//******************** 主函数 ********************
void main(void)
{
 initial( );                          //初始化
   while(1)
   {
    PORTC = D0_ON;                    //点亮发光管 D0
    delay_ms(4);                      //延时 4ms
    PORTC = D1_ON;                    //点亮发光管 D1
    delay_ms(4);                      //延时 4ms
    PORTC = D2_ON;                    //点亮发光管 D2
    delay_ms(4);                      //延时 4ms
    PORTC = D3_ON;                    //点亮发光管 D3
    delay_ms(4);                      //延时 4ms
    PORTC = D4_ON;                    //点亮发光管 D4
    delay_ms(4);                      //延时 4ms
    PORTC = D5_ON;                    //点亮发光管 D5
    delay_ms(4);                      //延时 4ms
    PORTC = D6_ON;                    //点亮发光管 D6
    delay_ms(4);                      //延时 4ms
    PORTC = D7_ON;                    //点亮发光管 D7
    delay_ms(4);                      //延时 4ms
   }
}
```

编译通过后,我们可进行软件模拟仿真或硬件在线仿真。下面将 ptc16 - 2.hex 文件烧入芯片中。

PIC DEMO 试验板上标示“LED”的双排针插上短路帽,没有用到的双排针不应插短路帽。

我们看到,由于程序的主循环不清除看门狗,因而发生看门狗溢出复位的情况,8 个发光二极管只有 5 个能亮。

第 17 章

设计具有测温及液晶显示的简易万年历

17.1 实验目的

通过前面的学习实验，我们基本掌握了对 PIC 单片机各功能单元的设计了。这里我们做一个比较复杂的综合实验，设计一个具有测温及液晶显示的简易万年历。通过这个实验，可锻炼读者掌握前面所学的设计能力。实验的电路原理可以参考第 2 章的图 2－3。

17.2 实验要求

(1) 上电后 PIC DEMO 试验板显示图 17－1 的内容，此时时间已开始运行。因为我们在试验板的 U7 插座还没有插上测温器件 DS18B20(或者 DS18B20 损坏)时，因此不能测出温度。正确插上 DS18B20 后的情形如图 17－2 所示，印字平面向上。

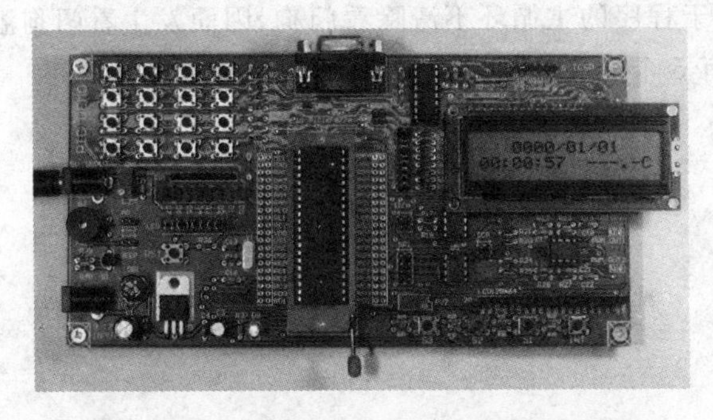

图 17－1 上电后 PIC DEMO 试验板显示的内容

图 17－2　正确插上 DS18B20，印字平面向上

(2) 按下试验板上“A”键，液晶屏的右上角显示输入状态标志“Y”，表明进入输入年份的状态，此时可以连续按下行列式按键中的 0～9 键 4 次进行输入。例如可以按下 2010 进行输入(图 17－3)。

图 17－3　液晶屏的右上角显示输入状态标志“Y”，表明可以输入年份

(3) 按下试验板上“B”键，液晶屏的右上角显示输入状态标志“M”，表明进入输入月份的状态，此时可以连续按下行列式按键中的 0～9 键 2 次进行输入。例如可以按下 11 进行输入(图 17－4)。

图 17－4　液晶屏的右上角显示输入状态标志“M”，表明可以输入月份

(4) 按下试验板上“C”键,液晶屏的右上角显示输入状态标志“D”,表明进入输入日的状态,此时可以连续按下行列式按键中的 0～9 键 2 次进行输入。例如可以按下 20 进行输入(图 17-5)。

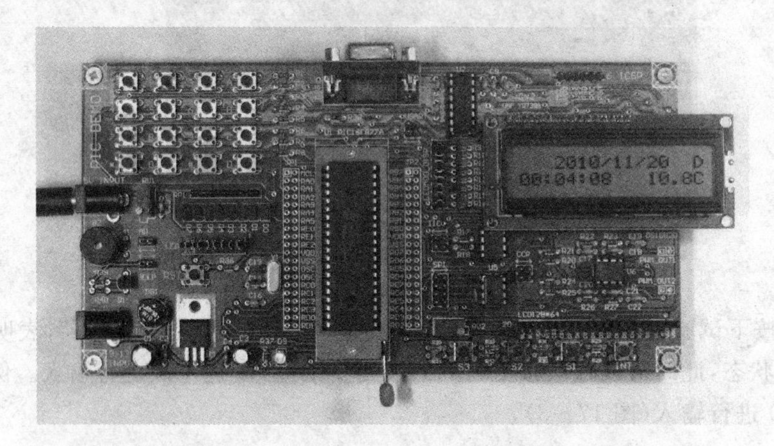

图 17-5　液晶屏的右上角显示输入状态标志“D”,表明可以输入日

(5) 按下试验板上“D”键,液晶屏的右上角显示输入状态标志“H”,表明进入输入时的状态,此时可以连续按下行列式按键中的 0～9 键 2 次进行输入。例如可以按下 15 进行输入(图 17-6)。

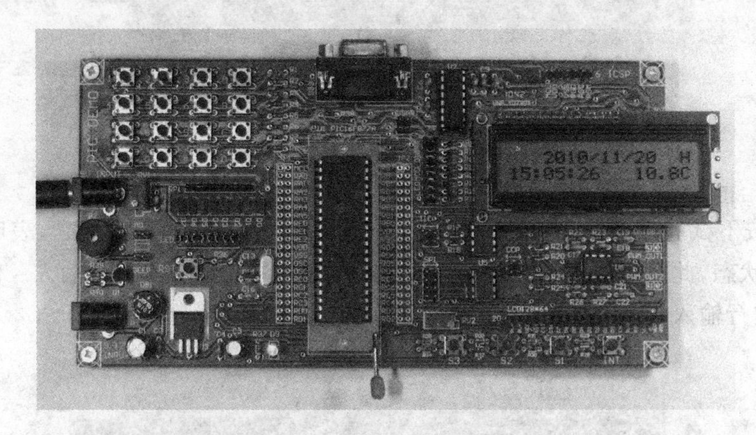

图 17-6　液晶屏的右上角显示输入状态标志“H”,表明可以输入时

(6) 按下试验板上“#”键,液晶屏的右上角显示输入状态标志“m”,表明进入输入分的状态,此时可以连续按下行列式按键中的 0～9 键 2 次进行输入。例如可以按下 26 进行输入(图 17-7)。

(7) 在任何输入状态下,按下板上“*”键,液晶屏的右上角输入状态标志显示消失,表明退出输入状态,进入正常工作状态(图 17-8)。

图 17－7　液晶屏的右上角显示输入状态标志“m”，表明可以输入分

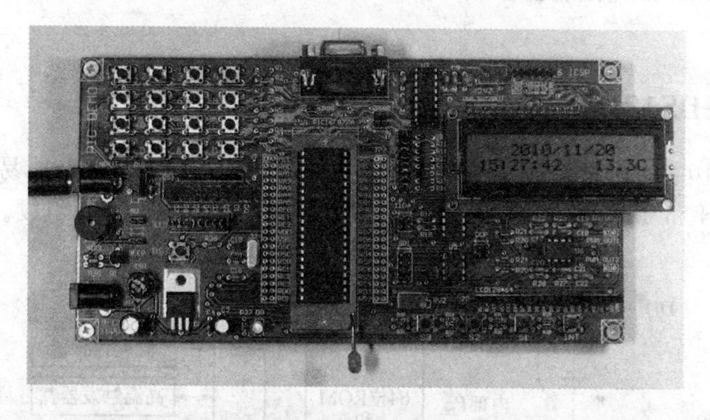

图 17－8　液晶屏的右上角显示消失，表明退出输入状态，进入正常工作状态

17.3　单线数字温度传感器 DS18B20

DS18B20 是美国 DALLAS 半导体公司继 DS1820 之后推出的一种改进型智能温度传感器。与传统的热敏电阻相比，他能够直接读出被测温度并且可根据实际要求通过简单的编程实现 9～12 位的数字值读数方式。可以分别在 93.75 ms 和 750 ms 内完成 9 位和 12 位的数字量，并且从 DS18B20 读出的信息或写入 DS18B20 的信息仅需要一根口线(单线接口)读写，温度变换功率来源于数据总线，总线本身也可以向所挂接的 DS18B20 供电，而无需额外电源。因而使用 DS18B20 可使系统结构更趋简单，可靠性更高。它在测温精度、转换时间、传输距离、分辨率等方面较 DS1820 有了很大的改进，给用户带来了更方便的使用和更令人满意的效果。图 17－9 为 DS18B20 的外形封装。表 17－1 为其引脚定义。

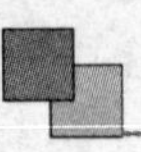

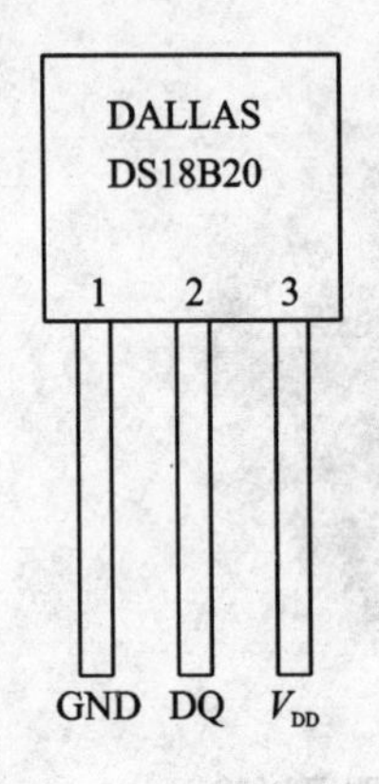

图 17-9　DS18B20 的外形封装

表 17-1　DS18B20 的引脚定义

引脚号	说　明
V_{DD}	可选的供电电压输入
GND	地
DQ	数据输入/输出

17.3.1　DS18B20 内部结构与原理

图 17-10 为 DS18B20 的内部结构。主要由 64 位闪速 ROM、非易失性温度报警触发器 TH 和 TL、高速暂存存储器、配置寄存器、温度传感器等组成。

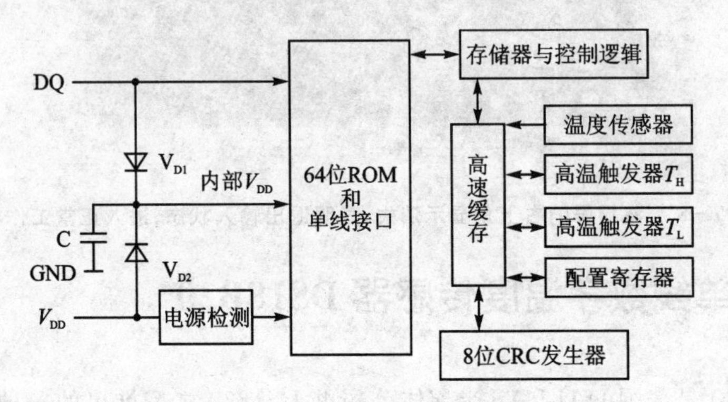

图 17-10　DS18B20 的内部结构

1. 64 位闪速 ROM 的结构

8 位校验 CRC	48 位序列号	8 位工厂代码(10H)
MSB　　LSB	MSB　　LSB	MSB　　LSB

开始 8 位是产品类型的编号，接着是每个器件的唯一的序号，共有 48 位，最后 8 位是前 56 位的 CRC 校验码，这也是多个 DS18B20 可以采用一线进行通信的原因。非易市失性温度报警触发器 TH 和 TL，可通过软件写入用户报警上下限。

2. 高速暂存存储器

DS18B20 温度传感器的内部存储器包括一个高速暂存 RAM 和一个非易失性的

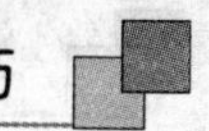

可电擦除的 EERAM。后者用于存储 T_H，T_L 值。数据先写入 RAM，经校验后再传给 EERAM。而配置寄存器为高速暂存器中的第 5 字节，它的内容用于确定温度值的数字转换分辨率，DS18B20 工作时按此寄存器中的分辨率将温度转换为相应精度的数值。该字节各位的定义如下：

TM	R1	R0	1	1	1	1	1

低 5 位一直都是 1，TM 是测试模式位，用于设置 DS18B20 在工作模式还是在测试模式。在 DS18B20 出厂时该位被设置为 0，用户不要去改动，R1 和 R0 决定温度转换的精度位数，即是来设置分辨率，如表 17－2 所列（DS18B20 出厂时被设置为 12 位）。可见，设定的分辨率越高，所需要的温度数据转换时间就越长。因此，在实际应用中要在分辨率和转换时间权衡考虑。

表 17－2　R1 和 R0 决定温度转换的精度位数

R1	R0	分辨率	温度最大转换时间(ms)
0	0	9 位	93.75
0	1	10 位	187.5
1	0	11 位	275.00
1	1	12 位	750.00

高速暂存存储器除了配置寄存器外，还有其他 8 个字节组成，其分配如下所示。其中温度信息（第 1、2 字节）、T_H 和 T_L 值第 3，4 字节、第 6～8 字节未用，表现为全逻辑 1；第 9 字节读出的是前面所有 8 字节的 CRC 码，可用来保证通信正确。

温度低位	温度高位	TH	TL	配置	保留	保留	保留	8 位 CRC

LSB　　MSB

当 DS18B20 接收到温度转换命令后，开始启动转换。转换完成后的温度值就以 16 位带符号扩展的二进制补码形式存储在高速暂存存储器的第 1，2 字节。单片机可通过单线接口读到该数据，读取时低位在前，高位在后，数据格式以 0.0625 ℃/LSB 形式表示。温度值格式如下：

S	S	S	S	S	2^6	2^5	2^4	2^3	2^2	2^1	2^0	2^{-1}	2^{-2}	2^{-3}	2^{-4}

MSB　　LSB

测得的温度计算：当符号位 S＝0 时，直接将二进制位转换为十进制；当符号位 S＝1时，先将补码变换为原码，再计算十进制值。表 17－3 是部分温度值所对应的二进制或十六进制。

表 17－3　部分温度值所对应的二进制或十六进制

温度(℃)	二进制表示		十六进制表示
＋125	00000111	11010000	07D0H
＋25.0625	00000001	10010001	0191H
＋0.5	00000000	00001000	0008H
0	00000000	00000000	0000H
－0.5	11111111	11111000	FFF8H
－25.0625	11111110	01101111	FE6FH
－55	11111100	10010000	FC90H

DS18B20 完成温度转换后，就把测得的温度值与 TH，TL 作比较，若 T＞TH 或 T＜TL，则将该器件内的告警标志置位，并对主机发出的告警搜索命令作出响应。因此，可用多只 DS18B20 同时测量温度并进行告警搜索。

3. CRC 的产生

在 64 位 ROM 的最高有效字节中存储有循环冗余校验码(CRC)。主机根据 ROM 的前 56 位来计算 CRC 值，并和存入 DS18B20 中的 CRC 值做比较，以判断主机收到的 ROM 数据是否正确。

17.3.2　DS18B20 特点

(1) 独特的单线接口方式，DS18B20 与微处理器连接时仅需要一条口线即可实现微处理器与 DS18B20 的双向通信。

(2) 在使用中不需要任何外围元件。

(3) 可用数据线供电，电压范围：＋3.0～＋5.5 V。

(4) 测温范围：－55～＋125℃。固有测温分辨率为 0.5℃。

(5) 通过编程可实现 9～12 位的数字读数方式。

(6) 用户可自设定非易失性的报警上下限值。

(7) 支持多点组网功能，多个 DS18B20 可以并联在唯一的三线上，实现多点测温。

(8) 负压特性，电源极性接反时，温度计不会因发热而烧毁，但不能正常工作。

虽然 DS18B20 有诸多优点，但使用起来并非易事，由于采用单总线数据传输方式，DS18B20 的数据 I/O 均由同一条线完成。因此，对读写的操作时序要求严格。为保证 DS18B20 的严格 I/O 时序，软件设计中需要做较精确的延时。

17.3.3　1－wire 总线操作

DS18B20 的 1－wire 总线硬件接口电路如图 17－11 所示。

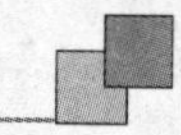

1-wire 总线支持一主多从式结构，硬件上需外接上拉电阻。当一方完成数据通信需要释放总线时，只需将总线置高电平即可；若需要获取总线进行通信时则要监视总线是否空闲，若空闲，则置低电平获得总线控制权。

1-wire 总线通信方式需要遵从严格的通信协议，对操作时序要求严格。几个主要的操作时序：总线复位、写数据位、读数据位的控制时序如图 17-12～图 17-16 所示。

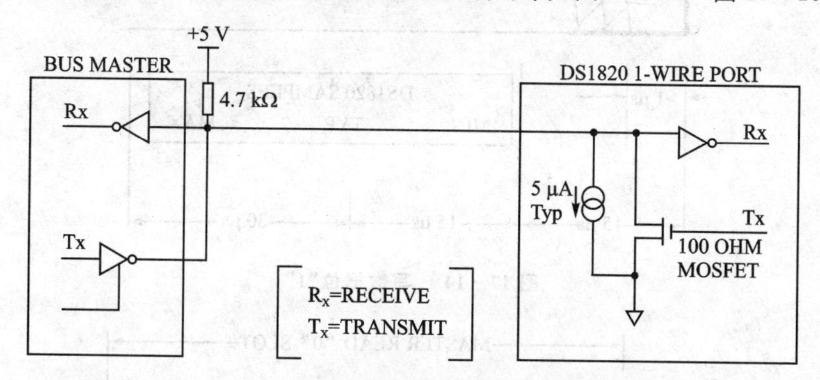

图 17-11　DS18B20 的 1-wire 总线硬件接口电路

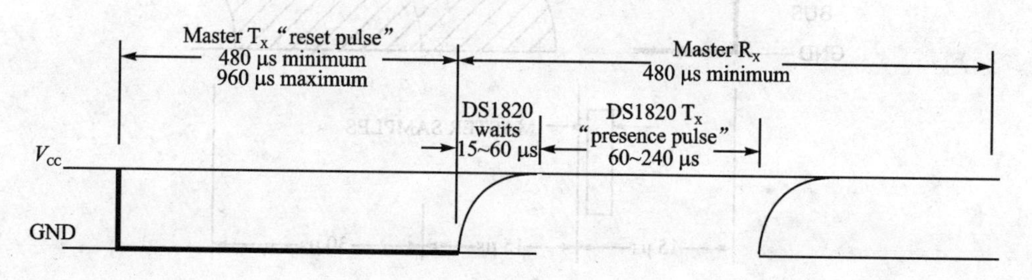

图 17-12　总线复位

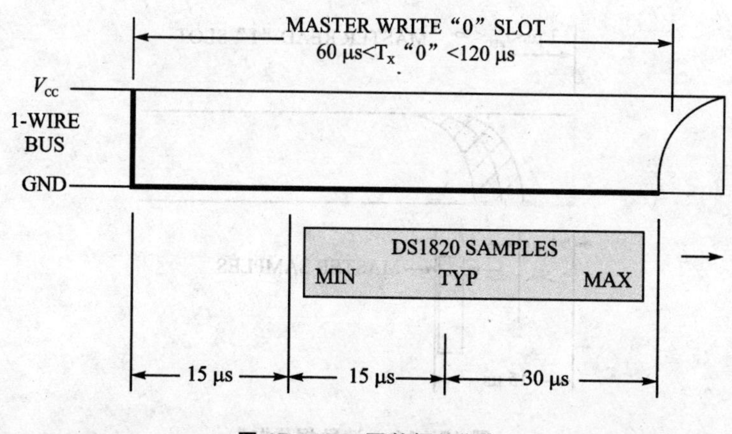

图 17-13　写数据位"0"

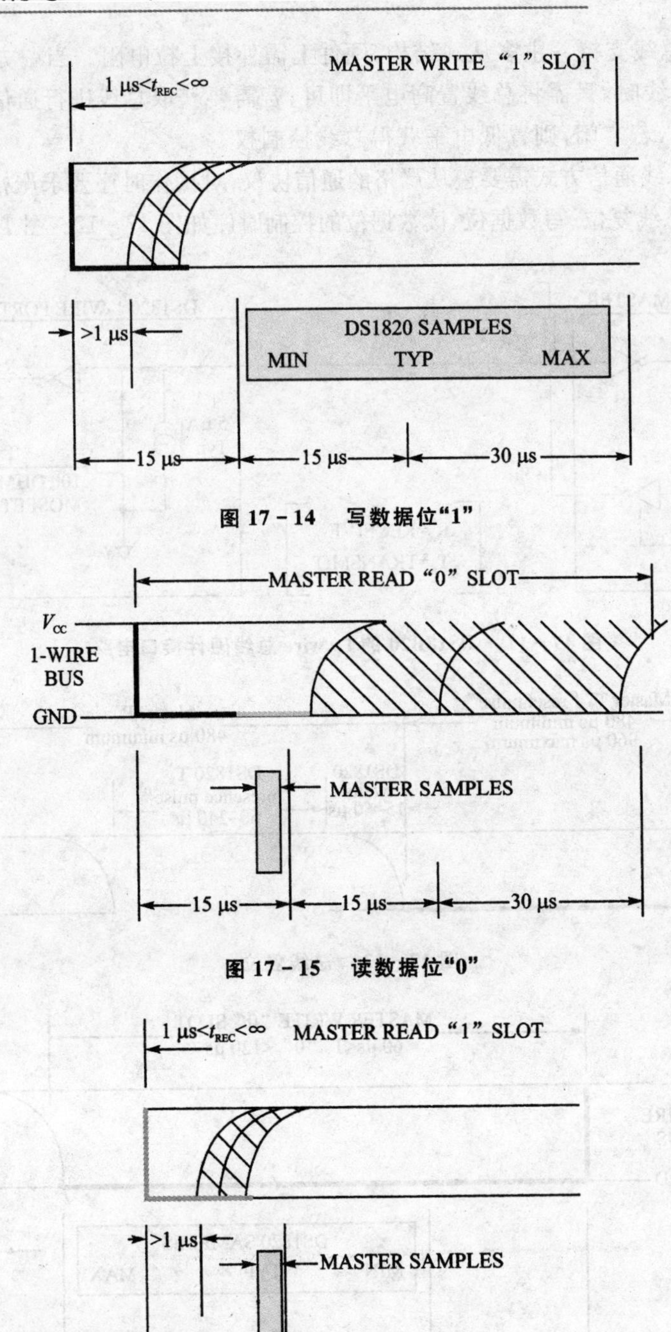

图 17－14　写数据位"1"

图 17－15　读数据位"0"

图 17－16　读数据位"1"

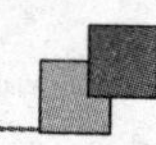

1. 总线复位

置总线为低电平并保持至少480 μs，然后拉高电平，等待从端重新拉低电平作为响应，则总线复位完成。

2. 写数据位"0"

置总线为低电平并保持至少15 μs，然后保持低电平15～45 μs等待从端对电平采样，最后拉高电平完成写操作。

3. 写数据位"1"

置总线为低电平并保持1～15 μs，然后拉高电平并保持15～45 μs等待从端对电平采样，完成写操作。

4. 读数据位"0"或"1"

置总线为低电平并保持至少1 μs，然后拉高电平保持至少1 μs，在15 μs内采样总线电平获得数据，延时45 μs完成读操作。

17.3.4　DS18B20初始化流程

DS18B20初始化流程如表17－4所列。

表17－4　DS18B20初始化流程

主机状态	命令/数据	说明
发送	Reset	复位
接收	Presence	从机应答
发送	0xCC	忽略ROM匹配(对单从机系统)
发送	0x4E	写暂存器命令
发送	2字节数据	设置温度值边界TH、TL
发送	1字节数据	温度计模式控制字

17.3.5　DS18B20温度转换及读取流程

DS18B20温度转换以及读取流程如表17－5所列。

1－wire总线支持一主多从式通信，所以支持该总线的器件在交互数据过程需要完成器件寻址（ROM匹配）以确认是哪个从机接受数据，器件内部ROM包含了该器件的唯一ID。对于一主一从结构，ROM匹配过程可以省略。

表 17-5　DS18B20 温度转换以及读取流程

主机状态	命令/数据	说明
发送	Reset	复位
接收	Presence	从机应答
发送	0xCC	忽略 ROM 匹配(对单从机系统)
发送	0x44	温度转换命令
等待		等待 100～200 ms
发送	Reset	复位
接收	Presence	从机应答
发送	0xCC	忽略 ROM 匹配(对单从机系统)
发送	0xBE	读取内部寄存器命令
读取	9 字节数据	前 2 字节为温度数据

17.4　程序设计

1. 程序设计思路

本设计涉及多种元器件的程序驱动，程序代码较大，也比较雍杂。为了使软件部分的设计清晰明了，便于读者阅读分析，程序设计分成主控程序文件(ptc17-1.c)、液晶驱动程序文件(lcd1602_8bit.c)、温度测量程序文件(ds18b20.c)、按键扫描程序文件(key.c)和头文件(head.h)等几大部分，这样设计速度较快，结构坚固完善，方便整个程序的装配。

2. ptc17-1.c 主控程序文件

```
#include <pic.h>                                   //包含头文件
#define uchar unsigned char                        //变量类型的宏定义
#define uint unsigned int
__CONFIG(HS&WDTDIS&PWRTEN&BORDIS&LVPDIS);          //器件配置
uchar const str0[] = {"      /  /      "};         //液晶显示界面
uchar const str1[] = {"   :  :      .C"};

uint year;                                         //全局变量,定义年、月、日、时、分、秒及滴答
uchar month,date,hour,minute,second,deda;
uchar e[4];                                        //存放测得的温度值
uchar temh,teml;                                   //存放温度数据高低字节
uchar sign;                                        //温度正负符号
uchar Flag_1820Error = 0;                          //DS18B 损坏标志
```

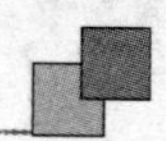

```
uchar key_val;                                  //读取的键值
#include "head.h"                               //包含头文件
#include"ds18b20.c"                             //包含温度测量程序文件
#include "lcd1602_8bit.c"                       //包含液晶驱动程序文件
#include "key.c"                                //包含按键扫描程序文件

/***************端口初始化***************/
void port_init(void)
{
  ADCON1 = 0x07;                                //设置模拟口全部为普通数字 I/O 口
  TRISA = 0x00;                                 //定义 RA 口为输出
  TRISD = 0x00;                                 //定义 RD 口为输出
  TRISE = 0x00;                                 //定义 RE 口为输出
  PORTA = 0x00;                                 //RA 口初始化为低电平
  PORTE = 0x00;                                 //RE 口初始化为低电平
  PORTD = 0x00;                                 //RD 口初始化为低电平
}

/***************定时器 T1 初始化**************/
void TMR1_init(void)
{
 T1CKPS0 = 1;T1CKPS1 = 1;                       //T1 使用预分频率 1:8
 T1OSCEN = 0;                                   //低频时钟停止工作
 TMR1CS = 0;                //T1 工作定时器模式,定时时间:500000μs,误差:0μs
 TMR1H = 0x0B;TMR1L = 0xDC;                     //定时初值
 TMR1ON = 1;                                    //启动 T1
 TMR1IE = 1;                                    //T1 中断允许
 PEIE = 1;                                      //开外围中断
 GIE = 1;                                       //开总中断
}

/****************器件初始化***************/
void initial(void)
{
 port_init( );                                  //调用端口初始化子函数
 TMR1_init( );                                  //调用定时器 T1 初始化子函数
}

/***************根据年月得到当月天数***************/
uchar conv(uint year,uchar month)
{uchar len;
  switch(month)                                 //switch 语句
  {
    case 1:len = 31;break;                      //1 月 31 天
```

```
    case 3:len = 31;break;                          //3 月 31 天
    case 5:len = 31;break;                          //5 月 31 天
    case 7:len = 31;break;                          //7 月 31 天
    case 8:len = 31;break;                          //8 月 31 天
    case 10:len = 31;break;                         //10 月 31 天
    case 12:len = 31;break;                         //12 月 31 天
    case 4:len = 30;break;                          //4 月 30 天
    case 6:len = 30;break;                          //6 月 30 天
    case 9:len = 30;break;                          //9 月 30 天
    case 11:len = 30;break;                         //11 月 30 天
    case 2:if(year % 4 == 0&&year % 100! = 0||year % 400 == 0)len = 29;//2 月如闰年为 29 天
          else len = 28;break;                      //2 月如平年为 28 天
    default:return 0;
  }
return len;                                         //返回得到的天数
}
/************** 主函数 **************/
void main(void)
{
  uchar tempday,cmp,cnt,status;                     //定义局部变量
  uchar YEA[4],MON[2],DAT[2],HOU[2],MIN[2];          //临时变量,输入年月日时分
  delay_ms(500);                                    //延时等待电源稳定
  initial( );                                       //芯片初始化
  InitLcd( );                                       //液晶初始化
  ePutstr(0,0,str0);                                //界面显示
  ePutstr(0,1,str1);
/***********************************/
 while(1)                                           //无限循环
 {
  switch(status)                                    //根据状态进行散转
  {
   case 0:     if(Flag_1820Error == 0)read_temperature( );      //读取温度
               key_val = key_scan( );               //扫描按键
               if((key_val>9)&&(key_val<15))status = key_val;//得到状态值
               tempday = conv(year,month);          //以下为运行时间
               if(minute>59){minute = 0;hour ++ ;}
               if(hour>23){hour = 0;date ++ ;}
               if((date>tempday)||(date == 0)){date = 1;month ++ ;}
               if(month>12){month = 1;year ++ ;}
               if(year>9999)year = 0;
               break;
```

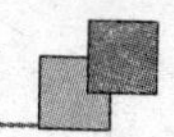

```
case 10:  DisplayOneChar(15,0,'Y');            //如按下 A 键后,LCD 显示"Y",调整年
           key_val = key_scan( );              //扫描按键
           if(key_val == 16)cmp = key_val;     //按键返回值为 16,说明按键释放一次
           if((key_val<10)&&(cmp == 16))       //输入年
           {YEA[cnt] = key_val;cmp = 0;cnt ++ ;
 year = YEA[0] * 1000 + YEA[1] * 100 + YEA[2] * 10 + YEA[3];
             if(cnt>3)cnt = 0;}
           if((key_val == 15)&&(cmp == 16))//按下 * 键,退出输入状态
           {status = 0;cnt = 0;DisplayOneChar(15,0,' ');}
           if((key_val>10)&&(key_val<15))//直接按下其他状态键
           {status = key_val;cmp = 0;cnt = 0;key_val = 16;}
           break;
case 11:  DisplayOneChar(15,0,'M');            //如按下 B 键后,LCD 显示"M",调整月
           key_val = key_scan( );              //扫描按键
           if(key_val == 16)cmp = key_val;     //按键返回值为 16,说明按键释放一次
           if((key_val<10)&&(cmp == 16))       //输入月
           {MON[cnt] = key_val;cmp = 0;cnt ++ ;month = MON[0] * 10 + MON[1];
             if(cnt>1)cnt = 0;}
           if((key_val == 15)&&(cmp == 16))//按下 * 键,退出输入状态
           {status = 0;cnt = 0;DisplayOneChar(15,0,' ');}
           //直接按下其他状态键,可进入其他的输入状态
           if((key_val == 10)||(key_val == 12)||(key_val == 13)||(key_val == 14))
           {status = key_val;cmp = 0;cnt = 0;key_val = 16;}
           break;
case 12:  DisplayOneChar(15,0,'D');            //如按下 C 键后,LCD 显示"D",调整日
           key_val = key_scan( );              //扫描按键
           if(key_val == 16)cmp = key_val;     //按键返回值为 16,说明按键释放一次
           if((key_val<10)&&(cmp == 16))       //输入日
           {DAT[cnt] = key_val;cmp = 0;cnt ++ ;date = DAT[0] * 10 + DAT[1];
             if(cnt>1)cnt = 0;}
           if((key_val == 15)&&(cmp == 16))//按下 * 键,退出输入状态
           {status = 0;cnt = 0;DisplayOneChar(15,0,' ');}
           //直接按下其他状态键,可进入其他的输入状态
           if((key_val == 10)||(key_val == 11)||(key_val == 13)||(key_val == 14))
           {status = key_val;cmp = 0;cnt = 0;key_val = 16;}
           break;
case 13:  DisplayOneChar(15,0,'H');            //如按下 D 键后,LCD 显示"H",调整时
           key_val = key_scan( );              //扫描按键
```

```
        if(key_val == 16)cmp = key_val;        //按键返回值为 16,说明按键释放一次
        if((key_val<10)&&(cmp == 16))          //输入时
        {HOU[cnt] = key_val;cmp = 0;cnt ++ ;hour = HOU[0] * 10 + HOU[1];
          if(cnt>1)cnt = 0;}
        if((key_val == 15)&&(cmp == 16))       //按下 * 键,退出输入状态
        {status = 0;cnt = 0;DisplayOneChar(15,0,' ');}
        //直接按下其他状态键,可进入其他的输入状态
        if((key_val == 10)||(key_val == 11)||(key_val == 12)||(key_val == 14))
        {status = key_val;cmp = 0;cnt = 0;key_val = 16;}
        break;
  case 14:  DisplayOneChar(15,0,'m');          //如按下 # 键后,LCD 显示"m",调整分
        key_val = key_scan( );                 //扫描按键
        if(key_val == 16)cmp = key_val;        //按键返回值为 16,说明按键释放一次
        if((key_val<10)&&(cmp == 16))          //输入分
        {MIN[cnt] = key_val;cmp = 0;cnt ++ ;minute = MIN[0] * 10 + MIN[1];
          if(cnt>1)cnt = 0;}
        if((key_val == 15)&&(cmp == 16))       //按下 * 键,退出输入状态
        {status = 0;cnt = 0;DisplayOneChar(15,0,' ');}
        //直接按下其他状态键,可进入其他的输入状态
  if((key_val>9)&&(key_val<14))
        {status = key_val;cmp = 0;cnt = 0;key_val = 16;}
        break;
  default:break;
  }
  //========= 以下为 1602LCD 显示 =========
  DisplayOneChar(3,0,year/1000 + 0x30);               //显示年
  DisplayOneChar(4,0,(year % 1000)/100 + 0x30);
  DisplayOneChar(5,0,(year % 100)/10 + 0x30);
  DisplayOneChar(6,0,year % 10 + 0x30);
  //**********************************
  DisplayOneChar(8,0,(month % 100)/10 + 0x30);   //显示月
  DisplayOneChar(9,0,month % 10 + 0x30);
  //**********************************
  DisplayOneChar(11,0,(date % 100)/10 + 0x30);   //显示日
  DisplayOneChar(12,0,date % 10 + 0x30);
  //**********************************
  DisplayOneChar(0,1,(hour % 100)/10 + 0x30);    //显示时
  DisplayOneChar(1,1,hour % 10 + 0x30);
  //**********************************
```

```
  DisplayOneChar(3,1,(minute % 100)/10 + 0x30);  //显示分
  DisplayOneChar(4,1,minute % 10 + 0x30);
  //********************************
  DisplayOneChar(6,1,(second % 100)/10 + 0x30);  //显示秒
  DisplayOneChar(7,1,second % 10 + 0x30);
  //********************************
  if(Flag_1820Error == 0)                         //如果 DS18B20 是好的
  {
     if(sign == 1)                                //温度是正的
     {
       if(e[0]>0)DisplayOneChar(10,1,e[0] + 0x30);//显示正的温度
       else DisplayOneChar(10,1,' ');
     }
     else DisplayOneChar(10,1,'-');               //显示负的温度
     DisplayOneChar(11,1,e[1] + 0x30);            // 显示温度值
     DisplayOneChar(12,1,e[2] + 0x30);            // 显示温度值
     DisplayOneChar(14,1,e[3] + 0x30);            // 显示温度值
  }
  else                                            //DS18B20 是坏的
  {
     DisplayOneChar(10,1,'-');                    //显示 -
     DisplayOneChar(11,1,'-');                    // 显示 -
     DisplayOneChar(12,1,'-');                    // 显示 -
     DisplayOneChar(14,1,'-');                    // 显示 -
  }
 }
}

//**************************************
void interrupt ISR(void)                          //500ms 中断函数
{
 if(TMR1IF&TMR1IE)
 {
  TMR1IF = 0;                                     //清除溢出标志
  TMR1H = 0x0B;TMR1L = 0xDC;                      //重装 500ms 计数初值
  deda ++ ;
  if(deda> = 2)
  {
     deda = 0;
     second ++ ;                                  //秒增加
     if(second>59){second = 0;minute ++ ;}
  }
```

```
    }
  }
```

3. lcd1602_8bit.c 液晶驱动源程序文件

```
#include <pic.h>                          //包含头文件
//---------------------------------------------------
#define uchar unsigned char               //变量类型的宏定义
#define uint unsigned int
//------------------------------------------------------
#define RS RA5                            //液晶端口定义
#define RW RA4
#define EN RA3
//==================================
#define DataPort PORTD
//==================================
//****显示指定座标的一串字符子函数******
void ePutstr(uchar x,uchar y, uchar const *ptr)
{
uchar i,l = 0;
    while(ptr[l]>31){l ++ ;}
    for(i = 0;i<l;i ++ )
    {
      DisplayOneChar(x ++ ,y,ptr[i]);
      if(x = = 16)
       {
        x = 0;y = 1;
       }
    }
}
//**********显示光标定位子函数*************
void LocateXY(char posx,char posy)
{
uchar temp = 0x00;
    temp& = 0x7f;
    temp = posx&0x0f;
    posy& = 0x01;
    if(posy = = 1)temp| = 0x40;
    temp| = 0x80;
    LcdWriteCommand(temp);
}
//****显示指定座标的一个字符子函数******
void DisplayOneChar(uchar x,uchar y,uchar Wdata)
{
```

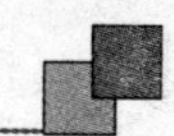

```
    LocateXY(x,y);
    LcdWriteData(Wdata);
}
//************LCD初始化子函数***********
void InitLcd(void)
{
    ADCON1 = 0x07;                                  //设置模拟口全部为普通数字I/O口
    TRISA = 0x00;                                   //定义RA口为输出
    TRISD = 0x00;                                   //定义RC口为输出
    PORTA = 0x00;
    PORTD = 0x00;
    LcdWriteCommand(0x01);                          //清屏
    LcdWriteCommand(0x38);                          //设置8位2行5x7点阵
    LcdWriteCommand(0x06);                          //设置文字不动,光标自动右移
    LcdWriteCommand(0x0c);                          //开显示
}
//**********写命令到LCM子函数************
void LcdWriteCommand(uchar CMD)
{
    DataPort = CMD;
    RS = 0;RW = 0;EN = 0;
    delay_ms(2);
    EN = 1;
}

//**********写数据到LCM子函数************
void LcdWriteData(uchar dataW)
{
    DataPort = dataW;
    RS = 1;RW = 0;EN = 0;
    delay_ms(2);
    EN = 1;
}

//*******************************************
void delay_ms(uint len)
{
    uint i,d = 100;
    i = d * len;
    while( -- i){;}
}
```

4. ds18b20.c 温度测量源程序文件

```
/*************DS18B20的初始化子函数***********/
void init_1820(void)
```

```
{
  uint j = 0;
  RA1 = 1;                     //拉高总线电平
  RA1 = 0;                     //置总线为低电平
  delay_480us( );              //延时 480μs 以上
  RA1 = 1;                     //拉高总线电平
  TRISA1 = 1;                  //将总线置为输入状态
  delay_15us( );               //延时 15～60μs
  delay_15us( );
  Flag_1820Error = 0;          //首先将 DS18B20 的损坏标志置 0(认为 DS18B20 是好的)
  while(RA1)                   //等待从端重新拉低电平作为响应
  {
    delay_74us( );
    j ++ ;
    if(j> = 18000){Flag_1820Error = 1;break;}  //如果 1.33s 后从端没有响应,
  }                            //则 DS18B20 是坏的,损坏标志置 1
  TRISA1 = 0;                  //再将总线置为输出状态
  RA1 = 1;                     //总线拉高电平
  delay_260us( );              //延时>240μs
}
/ * * * * * * * * * * * * * * * * 7μs 延时子函数 * * * * * * * * * * * * * * * * * * /
void delay_7us(void)
{
  nop( ); nop( );
}
/ * * * * * * * * * * * * * * * * * * 15μs 延时子函数 * * * * * * * * * * * * * * * * /
void delay_15us(void)
{
    uchar i = 3;
    while( -- i){;}
}
/ * * * * * * * * * * * * * * * * * 74μs 延时子函数 * * * * * * * * * * * * * * * * * /
void delay_74us(void)
{
  delay_15us( );delay_15us( );
  delay_15us( );delay_15us( );
}
/ * * * * * * * * * * * * * * * * * 260μs 延时子函数 * * * * * * * * * * * * * * * * /
void delay_260us(void)
{
  delay_74us( );delay_74us( );
  delay_74us( );delay_74us( );
}
/ * * * * * * * * * * * * * * * * 480μs 延时子函数 * * * * * * * * * * * * * * * * * /
void delay_480us(void)
{
```

```
    delay_15us();delay_15us();
    delay_74us();
    delay_74us();delay_74us();
    delay_74us();delay_74us();
    delay_74us();delay_74us();
}

/****************写 DS18B20 数据的子函数*****************/
void write_1820(uchar x)        //x 为待写的一字节数据
{
    uchar m;
    for(m = 0;m<8;m ++)
    {
     if(x&(1<<m))               //写数据,从低位开始
     {
       RA1 = 0;delay_7us();     //拉低电平,等待 7μs
       RA1 = 1;                 //写入"1"
       delay_15us();            //延时 15～45μs
       delay_15us();
       delay_15us();
     }
      else
     {
       RA1 = 0;delay_15us();    //拉低电平并写入"0",等待 15μs
       delay_15us();            //延时 15 - 45μs
       delay_15us();
       delay_15us();
       RA1 = 1;                 //拉高总线电平
     }
    }
    RA1 = 1;                    //拉高总线电平
}

/****************读 DS18B20 数据的子函数****************/
uchar read_1820(void)
{
    uchar temp,k,n;
    temp = 0;
    for(n = 0;n<8;n ++)
    {
     RA1 = 0;                                       //置总线为低电平
     delay_7us();                                   //等待 7μs
     RA1 = 1;                                       //拉高总线电平
     delay_7us();                                   //等待 7μs
     TRISA1 = 1;                                    //将总线置为输入状态
     k = RA1;                                       //读数据,从低位开始
     if(k) temp| = (1<<n);                          //读"1"
     else temp& = ~(1<<n);                          //读"0"
     delay_15us();                                  //等待 45μs
```

```
        delay_15us( );
        delay_15us( );
        TRISA1 = 0;                                   //再将总线置为输出状态
    }
    return (temp);                                    //返回读取的数据
}
/*****************读取 DS18B20 测得的温度子函数****************/
void read_temperature(void)
{
    uchar tempval;
    init_1820( );                                     //复位18b20
    write_1820(0xcc);                                 // 发出转换命令
    write_1820(0x44);
    delay_ms(100);
    init_1820( );
    write_1820(0xcc);                                 //发出读命令
    write_1820(0xbe);
    teml = read_1820( );                              //读取到温度(前 2 字节)
    temh = read_1820( );
    if(temh&0xf8)sign = 0;                            //测得的温度为负
    else sign = 1;                                    //测得的温度为正
    if(sign = = 0){temh = 255 - temh;teml = 255 - teml;} // 负的温度取补码
    temh = temh << 4;                                 // temh 存放温度的整数值
    temh| = (teml&0xf0) >> 4;
    teml = teml&0x0f;                                 // teml 存放温度的小数值
    teml = (teml * 10)/16;
    tempval = temh;e[0] = tempval/100;                //读取的温度数据转存数组中
    tempval = temh;e[1] = (tempval/10) % 10;
    tempval = temh;e[2] = tempval % 10;
    tempval = teml;e[3] = tempval;
}
```

5. key.c 按键扫描源程序文件

```
//**********键值设定数组***********
const uchar key_set[ ] =
{
1, 2, 3, 10,
4, 5, 6, 11,
7, 8, 9, 12,
15,0, 14,13
};
//***********按键扫描子函数**********
uchar key_scan(void)
{
  uchar key,find = 0;                       //定义一个局部变量作为发现按键按下的标志
  OPTION& = 0x7f;                           //打开 RB 口的弱上拉电阻
```

```
  TRISB = 0x0f;                          //行输入,列输出
  PORTB = 0x0f;                          //输入带有上拉电阻
   if((PORTB&0x0f)! = 0x0f)              //如果有键按下
   {
     find = 1;                           //发现标志置 1
     if(! RB0){key = 0;}                 //如果第 1 行有键按下,寻找键值的坐标置 0
     else if(! RB1){key = 4;}            //如果第 2 行有键按下,寻找键值的坐标置 4
     else if(! RB2){key = 8;}            //如果第 3 行有键按下,寻找键值的坐标置 8
     else if(! RB3){key = 12;}           //如果第 4 行有键按下,寻找键值的坐标置 12
     TRISB = 0xf0;                       //反转方向,列输入,行输出
     PORTB = 0xf0;                       //输入带有上拉电阻
     delay_ms(10);                       //延时 10ms,不是必需的
     if(! RB4)key + = 0;                 //如果第 1 列有键按下,寻找键值的坐标加 0
     else if(! RB5)key + = 1;            //如果第 2 列有键按下,寻找键值的坐标加 1
     else if(! RB6)key + = 2;            //如果第 3 列有键按下,寻找键值的坐标加 2
     else if(! RB7)key + = 3;            //如果第 4 列有键按下,寻找键值的坐标加 3
   }
 if(find = = 1)return key_set[key];      //有键按下,返回键值 0~15
 else return 16;                         //无键按下,返回 16
}
```

6. head.h 头文件

```
#define nop( ) asm("nop")                                 //一个机器周期的宏定义
void port_init(void);                                    //端口初始化
void TMR1_init(void);                                    //定时器 1 初始化
void initial(void);                                      //芯片初始化
uchar conv(uint year,uchar month);                       //根据年月计算出当月的天数
void delay_ms(uint len);                                 //延时
void LcdWriteData(uchar W);                              //液晶写数据
void LcdWriteCommand(uchar CMD);                         //液晶写命令
void InitLcd(void);                                      //液晶初始化
void DisplayOneChar(uchar x,uchar y,uchar Wdata);        // 显示指定座标的一个字符
void ePutstr(uchar x,uchar y, uchar const * ptr);        //显示指定座标的一串字符
void init_1820(void);                                    //DS18B20 初始化
void delay_7us(void);                                    //延时 7μs
void delay_15us(void);                                   //延时 15μs
void delay_74us(void);                                   //延时 74μs
void delay_260us(void);                                  //延时 260μs
void delay_480us(void);                                  //延时 480μs
void write_1820(uchar x);                                //写 DS18B20 数据
uchar read_1820(void);                                   //读取 DS18B20 数据
void read_temperature(void);                             //读取 DS18B20 温度值
uchar key_scan(void);                                    //按键扫描
```

第 18 章

PIC 单片机驱动步进电动机的实验

18.1 步进电动机简介

步进电动机是将电脉冲信号转变为角位移或线位移的开环控制元件，当步进驱动器接收到一个脉冲信号，它就驱动步进电动机按设定的方向转动一个固定的角度（称为“步距角”），它的旋转是以固定的角度一步一步运行的。

在非超载的情况下，电动机的转速、停止的位置只取决于脉冲信号的频率和脉冲数，而不受负载变化的影响。我们可以通过控制脉冲个数来控制角位移量，从而达到准确定位的目的；同时可以通过控制脉冲频率来控制电动机转动的速度和加速度，从而达到调速的目的。步进电动机只有周期性的误差而无累积误差，这一特点使其在速度、位置等控制领域进行开环控制（也可取得负反馈信号后进行闭环控制）变得非常的简单。

图 18－1　某步进电动机的外形

步进电动机作为执行元件，是机电一体化的关键产品之一，目前广泛应用在各种自动化控制系统中。随着微电子和计算机技术的发展，步进电动机的需求量与日俱增，在国民经济各个领域都有广阔的应用。图 18－1 为某步进电动机的外形图片。

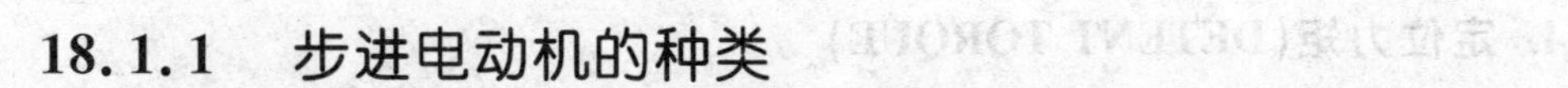

18.1.1 步进电动机的种类

步进电动机包括反应式步进电动机(VR)、永磁式步进电动机(PM)、混合式步进电动机(HB)等。

1. 永磁式步进电动机

永磁式步进电动机一般为两相,转矩和体积较小,步进角一般为7.5°或15°。

2. 反应式步进电动机

反应式步进电动机一般为三相,可实现大转矩输出,步进角一般为1.5°,但噪声和振动都很大,在欧美等发达国家20世纪80年代就已被淘汰。

3. 混合式步进电动机

混合式步进电动机是指混合了永磁式和反应式的优点,它又分为两相和五相,两相步进角一般为1.8°而五相步进角一般为0.72°,目前,两相混合式步进电动机的应用最为广泛。

18.1.2 步进电动机的一些基本参数

1. 电动机固有步距角

它表示控制系统每发一个步进脉冲信号,电动机所转动的角度。电动机出厂时给出了一个步距角的值,如86byg250a型电动机给出的值为0.9°/1.8°(表示半步工作时为0.9°、整步工作时为1.8°),这个步距角可以称为"电动机固有步距角",它不一定是电动机实际工作时的真正步距角,真正的步距角和驱动器有关。

2. 步进电动机的相数

是指电动机内部的线圈组数,目前常用的有二相、三相、四相、五相步进电动机。电动机相数不同,其步距角也不同,一般二相电动机的步距角为0.9°/1.8°、三相的为0.75°/1.5°、五相的为0.36°/0.72°。在没有细分驱动器时,用户主要靠选择不同相数的步进电动机来满足自己步距角的要求。如果使用细分驱动器,则"相数"将变得没有意义,用户只需在驱动器上改变细分数,就可以改变步距角。

3. 保持转矩

是指步进电动机通电但没有转动时,定子锁住转子的力矩。它是步进电动机最重要的参数之一,通常步进电动机在低速时的力矩接近保持转矩。由于步进电动机的输出力矩随速度的增大而不断衰减,输出功率也随速度的增大而变化,所以保持转矩就成为了衡量步进电动机最重要的参数之一。比如,当人们说2 N·m的步进电动机,在没有特殊说明的情况下是指保持转矩为2 N·m的步进电动机。

4. 定位力矩(DETENT TORQUE)

是指步进电动机没有通电的情况下，定子锁住转子的力矩。由于反应式步进电动机的转子不是永磁材料，所以它没有定位力矩这一项。

18.1.3　步进电动机的动态指标及术语

1. 步距角精度

步进电动机每转过一个步距角的实际值与理论值的误差。用百分比表示：误差/步距角×100%。不同运行拍数其值不同，四拍运行时应在5%之内，八拍运行时应在15%以内。

2. 失　步

电动机运行时转动的步数。如果不等于理论上的步数，称为失步。

3. 失调角

转子齿轴线偏移定子齿轴线的角度，电动机运转必存在失调角，由失调角产生的误差，采用细分驱动是不能解决的。

4. 最大空载起动频率

电动机在某种驱动形式、电压及额定电流下，在不加负载的情况下，能够直接启动的最大频率。

5. 最大空载的运行频率

电动机在某种驱动形式，电压及额定电流下，电动机不带负载的最高转速频率。

6. 运行矩频特性

电动机在某种测试条件下测得运行中输出力矩与频率关系的曲线称为运行矩频特性，这是电动机诸多动态曲线中最重要的，也是电动机选择的根本依据。

这里我们实验使用的是5 V电压的小功率四相步进电动机24BYJ48，采用单极性直流电源供电。只要对步进电动机的各相绕组按合适的时序通电，就能使步进电动机步进转动。其主要特性参数如表18-1所列。

表18-1　24BYJ48步进电动机的主要特性参数

型　号	24BYJ48
外观尺寸	Φ24×19
安装孔距	31 mm
电压	12 V(5 V 6 V)
相数	4相/2相

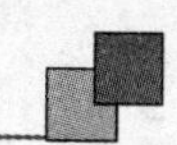

续表 18-1

型　号	24BYJ48
减速比	1:64(1:16 1:32)
步距角	5.625°
驱动方式	4 相 8 拍
相电阻	200 Ω±7%(25℃)
空载牵入频率	≥600 Hz
空载牵出频率	≥1000 Hz
牵入转矩	≥34.3 mN·m
自定位转矩	≥34.3 mN·m
绝缘电阻	＞10 MΩ(500 V)
绝缘强度	600 VAC/1 mA/1S
绝缘等级	A
噪音	＜40 dB(A)
温升	＜40 K(120 Hz)
转向	CCW/CW
净重	约 35 g
说明	电压、减速比、相电阻不同，对应的转矩也不同

18.2　四相步进电动机的工作方式

四相步进电动机按照通电顺序的不同，可分为单相四拍(简称单四拍)、双相四拍(简称双四拍)、八拍三种工作方式。

单四拍工作方式：电动机控制绕组 A、B、C、D 相的正转通电顺序为 A→B→C→D→A；反转的通电顺序为：A→D→C→B→A。

八拍工作方式：正转绕组的通电顺序为 A→AB→B→BC→C→CD→D→DA→A；反转绕组的通电顺序为 A→DA→D→DC→C→CB→B→BA→A。

双四拍的工作方式：正转绕组通电顺序为 AB→BC→CD→DA；反转绕组通电顺序为 AD→CD→BC→AB。

单四拍与双四拍的步距角相等，但单四拍的转动力矩小。八拍工作方式的步距角是单四拍与双四拍的一半，因此，八拍工作方式既可以保持较高的转动力矩又可以提高控制精度。

图 18-2 为单四拍的驱动时序波形图。图 18-3 为双四拍的驱动时序波形图。图 18-4 为八拍的驱动时序波形图。如果按给定工作方式的正序换相通电，步进电

动机正转；如果按反序通电换相，电动机就会反转。如果给步进电动机一个控制脉冲，它就转一步，再发送一个脉冲，它会再转一步。两个脉冲的间隔越短，步进电动机就转的越快。调整单片机发出的脉冲频率，就可以对步进电动机进行调速。

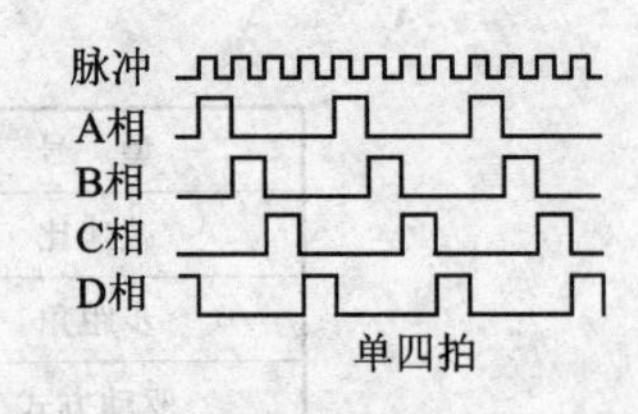

图 18-2　单四拍的驱动时序波形图

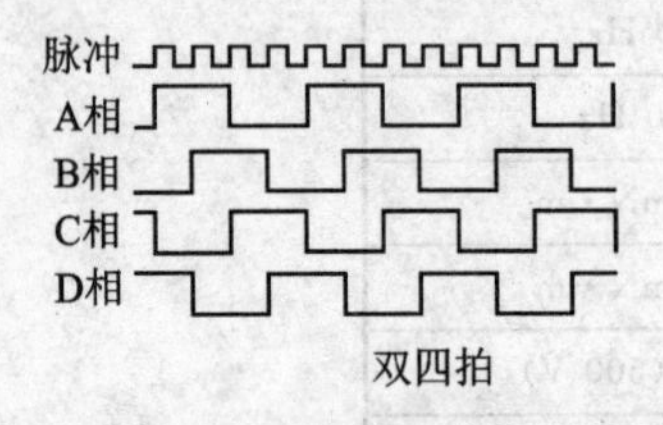

图 18-3　双四拍的驱动时序波形图

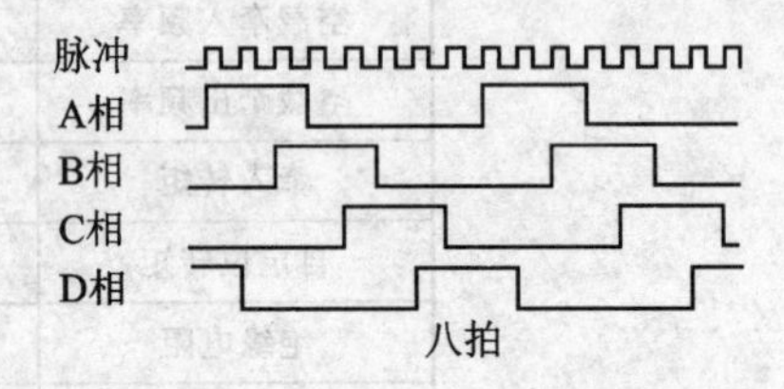

图 18-4　八拍的驱动时序波形图

18.3　步进电动机单四拍运行的实验

18.3.1　实验要求

以单四拍工作方式驱动步进电动机正向转动，驱动脉冲的宽度为 2 ms。图 18-5 为实验的电路原理图，其中电动机驱动芯片 ULN2003 及步进电动机 24BYJ48 需要读者自行外扩，照片如图 18-6 所示。

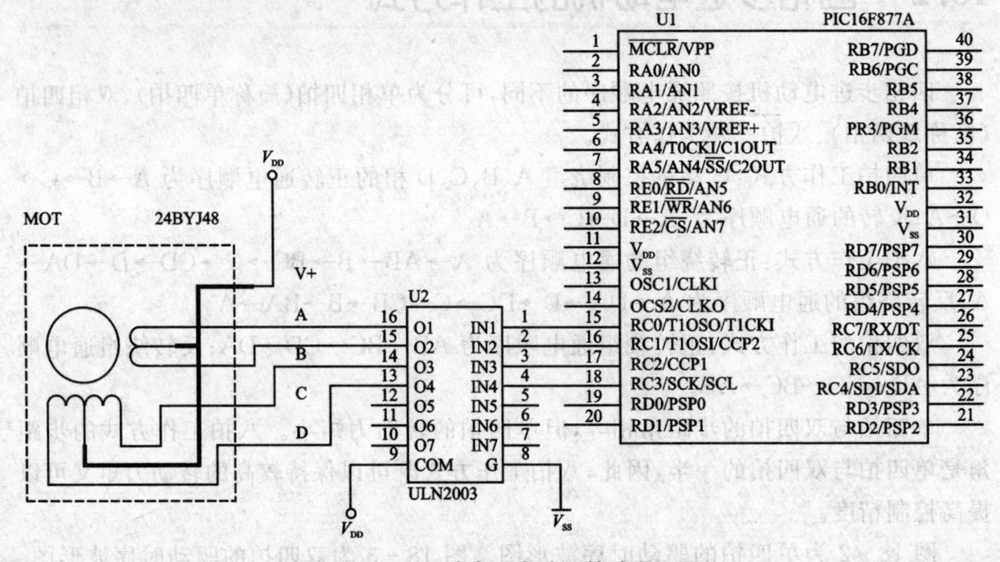

图 18-5　驱动步进电动机转动原理图

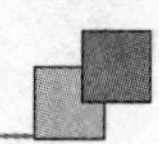

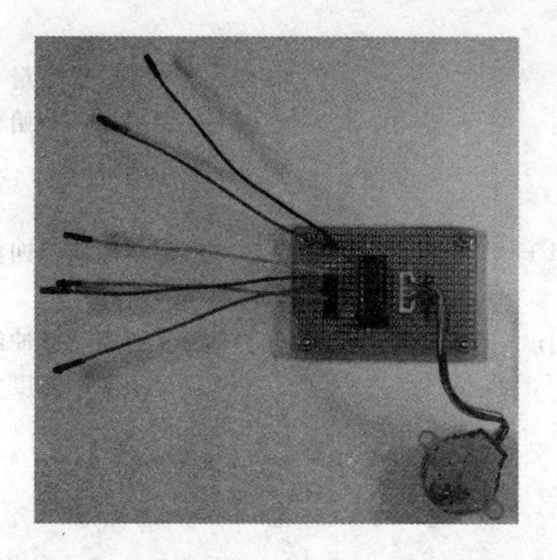

图18-6　外扩驱动芯片ULN2003及步进电动机24BYJ48

18.3.2　源程序文件及分析

在D盘中建立一个文件目录(ptc18-1),在MPLAB开发环境中创建一个新工程项目,项目名称也为ptc18-1。最后输入C源程序文件ptc18-1.c。

```
#include <pic.h>                                  //包含头文件
//-----------------------------------------
#define uchar unsigned char                       //数据类型的宏定义
#define uint unsigned int

__CONFIG(HS&WDTDIS&PWRTEN&BORDIS&LVPDIS);         //器件配置

uchar const Tab[4] = {0x01,0x02,0x04,0x08};       //单四拍工作方式
//-----------------------------------------
void delay_ms(uint len)                           //定义延时子函数,延时时间为len毫秒
{
    uint i,d = 100;
    i = d * len;
    while(--i){;}
}

/*************** 初始化 ***************/
void initial(void)
{
  TRISC = 0x00;
  PORTC = 0x00;
}

/**************** 主函数 ****************/
void main(void)
```

```
{
 uchar i;                                            //定义局部变量
 initial( );                                         //调用器件初始化子函数
 while(1)                                            //无限循环
 {
    for(i = 0;i<4;i ++ )                             //每一周期为四拍
    {
      PORTC = Tab[i];                                //发送驱动脉冲给步进电动机
      delay_ms(2);                                   //每个脉冲宽度为 2ms
    }
 }
}
```

编译通过后,我们可进行软件模拟仿真或硬件在线仿真。下面将 ptc18 - 1. hex 文件烧入芯片中。

PIC DEMO 试验板上相关的端口及 5 V 电源、地线连接到扩展板上。通电以后,步进电动机以单四拍方式连续旋转起来。

18. 4　步进电动机双四拍运行的实验

18. 4. 1　实验要求

以双四拍工作方式驱动步进电动机正向转动,驱动脉冲的宽度为 2 ms。实验电路原理与图 18 - 5 相同。

18. 4. 2　源程序文件及分析

在 D 盘中建立一个文件目录(ptc18 - 2),在 MPLAB 开发环境中创建一个新工程项目,项目名称也为 ptc18 - 2。最后输入 C 源程序文件 ptc18 - 2. c。

```
#include <pic.h>                                    //包含头文件
//---------------------------------------------
#define uchar unsigned char                          //数据类型的宏定义
#define uint unsigned int
__CONFIG(HS&WDTDIS&PWRTEN&BORDIS&LVPDIS);            //器件配置
uchar const Tab[4] = {0x03,0x06,0x0c,0x09};          //双四拍工作方式
//---------------------------------------------
void delay_ms(uint len)                              //定义延时子函数,延时时间为 len 毫秒
{
    uint i,d = 100;
    i = d * len;
```

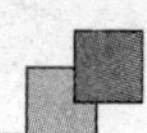

```
    while( -- i){;}
}

/****************初始化***************/
void initial(void)
{
  TRISC = 0xf0;                                    //定义 RC 口为输出
  PORTC = 0xf0;
}

/*********************主函数*******************/
void main(void)
{
 uchar i;                                          //定义局部变量
 initial( );                                       //调用器件初始化子函数
 while(1)                                          //无限循环
 {
    for(i = 0;i<4;i ++ )                           //每一周期为四拍
    {
      PORTC = Tab[i];                              //发送驱动脉冲给步进电动机
      delay_ms(2);                                 //每个脉冲宽度为 2ms
    }
 }
}
```

编译通过后,我们可进行软件模拟仿真或硬件在线仿真。下面将 ptc18 - 2. hex 文件烧入芯片中。

PIC DEMO 试验板上相关的端口及 5 V 电源、地线连接到扩展板上。通电以后,步进电动机以双四拍方式连续旋转起来。

18.5 步进电动机八拍运行的实验

18.5.1 实验要求

下来我们再做一个以八拍工作方式驱动步进电动机转动的实验,驱动脉冲的宽度为 1ms。

18.5.2 源程序文件及分析

在 D 盘中建立一个文件目录(ptc18 - 3),在 MPLAB 开发环境中创建一个新工程项目,项目名称也为 ptc18 - 3。最后输入 C 源程序文件 ptc18 - 3. c。

```
#include <pic.h>                                     //包含头文件
//----------------------------------------------------
#define uchar unsigned char                          //数据类型的宏定义
#define uint unsigned int

__CONFIG(HS&WDTDIS&PWRTEN&BORDIS&LVPDIS);           //器件配置

uchar const Tab[8] = {0x01,0x03,0x02,0x06,0x04,0x0c,0x08,0x09};  //八拍工作方式
//----------------------------------------------------
void delay_ms(uint len)                              //定义延时子函数,延时时间为 len 毫秒
{
    uint i,d = 100;
    i = d * len;
    while(--i){;}
}

/**************** 初始化 ***************/
void initial(void)
{
TRISC = 0xf0;                                        //定义 RC 口为输出
PORTC = 0xf0;
}

/**************** 主函数 ***************/
void main(void)
{
 uchar i;                                            //定义局部变量
 initial( );                                         //调用器件初始化子函数
 while(1)                                            //无限循环
 {
    for(i = 0;i<8;i++ )                              //每一周期为四拍
    {
      PORTC = Tab[i];                                //发送驱动脉冲给步进电动机
      delay_ms(1);                                   //每个脉冲宽度为 2ms
    }
 }
}
```

编译通过后,我们可进行软件模拟仿真或硬件在线仿真。下面将 ptc18－3.hex 文件烧入芯片中。

PIC DEMO 试验板上相关的端口及 5 V 电源、地线连接到扩展板上。通电以后,步进电动机以八拍方式连续旋转起来。

18.6 使用中断方式控制步进电动机运行的实验

18.6.1 实验要求

上面的几个步进电动机运行实验都是利用软件模拟实现的，驱动脉冲的宽度延时是使用了软件延时子函数。这种方式消耗了大量的 CPU 资源，在实际工作中，并不是很实用。现在我们进行一个使用中断方式实现脉冲延时的实验，它可以节约大量的 CPU 资源，使 CPU 可以处理更多的工作，效率大为提高。本实验电动机以双四拍方式运行，可以通过按键控制电动机的正反转及调速。

18.6.2 源程序文件及分析

在 D 盘中建立一个文件目录（ptc18－4），在 MPLAB 开发环境中创建一个新工程项目，项目名称也为 ptc18－4。最后输入 C 源程序文件 ptc18－4.c。

```
#include <pic.h>                                  //包含头文件
//-------------------------------------------------------------------
#define uchar unsigned char                       //数据类型的宏定义
#define uint unsigned int
__CONFIG(HS&WDTDIS&PWRTEN&BORDIS&LVPDIS);         //器件配置
#define INT_KEY RB0                               //正转按键
#define S1_KEY RB1                                //反转按键
#define S2_KEY RB2                                //加速按键
#define S3_KEY RB3                                //减速按键
uchar cnt,i,j;
uchar Direction_Flag;                             //转动方向定义
uchar const Tab_ffw[4] = {0x03,0x06,0x0c,0x09};//正转双四拍工作方式
uchar const Tab_rev[4] = {0x09,0x0c,0x06,0x03};//反转双四拍工作方式
//-----------------------------------------------------------------
void delay_ms(uint len)                           //定义延时子函数,延时时间为 len 毫秒
{
    uint i,d = 100;
    i = d * len;
    while(--i){;}
}
/****************定时器 0 初始化***************/
void TMR0_init(void)
{
 PSA = 0;                                         //T0 使用预分频器
```

```
 PS0 = 0;PS1 = 1;PS2 = 0;                              //T0 选择分频率为 1:8
 T0CS = 0;                                             //内部时钟定时方式
 TMR0 = 0x83;                                          //定时时间:1000μs,误差:0μs
}

/**************** 端口初始化 **************/
void PORT_init(void)
{
 TRISB = 0xff;
 PORTB = 0xff;
 TRISC = 0xf0;
 PORTC = 0xf0;
}

/************** 器件初始化 *************/
void initial(void)
{
 PORT_init( );                                         //端口初始化
 TMR0_init( );                                         //定时器 0 初始化
 T0IE = 1;                                             //T0 开中断
 GIE = 1;                                              //开总中断
}
//************* 正转运行 ***********
void ffw(uchar phasic)
{
  switch (phasic)
    {
      case 0: PORTC = Tab_ffw[0]; break;
      case 1: PORTC = Tab_ffw[1]; break;
      case 2: PORTC = Tab_ffw[2]; break;
      case 3: PORTC = Tab_ffw[3]; break;
    }
}
//************* 反转运行 ***********
void rev(uchar phasic)
{
  switch (phasic)
    {
      case 0: PORTC = Tab_rev[0]; break;
      case 1: PORTC = Tab_rev[1]; break;
      case 2: PORTC = Tab_rev[2]; break;
      case 3: PORTC = Tab_rev[3]; break;
```

```
    }
}

//**************** 主函数 **************
void main(void)
{
 j = 2;                                    //最小脉冲宽度为 2ms
 initial( );                               //调用器件初始化子函数
 while(1)                                  //无限循环
 {
   if(! S2_KEY){if(j>2)j- =1;}             //加速
   if(! S3_KEY){if(j<30)j+ =1;}            //减速
   if(! INT_KEY)Direction_Flag = 0;        //正转
   if(! S1_KEY)Direction_Flag = 1;         //反转
   delay_ms(300);
 }
}
/****************** 中断子函数 ******************** /
void interrupt ISR(void)
{
 static uchar temp;                        //静态的局部变量
 if(T0IF)                                  //如果 1ms 到
 {
     T0IF = 0;                             //清除定时器溢出标志
     TMR0 = 0x83;                          //重装定时器初值
     temp ++ ;                             //变量加
     if(temp = = j)                        //脉冲宽度控制(调速)
     {
 temp = 0;
       if( ++ i>3)i = 0;                   //每一周期为四拍
       if(Direction_Flag = = 0)ffw(i);     //正转
       if(Direction_Flag = = 1)rev(i);     //反转
     }
   }
}
```

编译通过后，我们可进行软件模拟仿真或硬件在线仿真。下面将 ptc18 - 4. hex 文件烧入芯片中。

PIC DEMO 试验板上相关的端口及 5 V 电源、地线连接到扩展板上。通电以后，按动 INT 键后，电动机正转；按动 S1 键后，电动机反转；如果按动 S2 键，电动机加速运行；按动 S3 键，电动机减速。

18.7 步进电动机模拟指针仪表的实验

18.7.1 实验要求

步进电动机在模拟指针仪表方面的应用非常广泛，例如我们常见的汽车仪表盘上的速度、油量表的指示都是使用步进电动机实现的。下面的实验我们可以通过按键对电动机的正反转及转动的角度进行控制。24BYJ48 步进电动机自带减速装置，查 24BYJ48 步进电动机的相关资料并经实验得出，24BYJ48 步进电动机以八拍方式工作（脉宽为 1 ms）时，每输入 1024 个脉冲可使其旋转一圈（360°）。我们使用 PIC DEMO试验板上的 INT 键、S1 键实现电动机在 360°范围内的任意角度正反向转动。

18.7.2 源程序文件及分析

在 D 盘中建立一个文件目录（ptc18－5），在 MPLAB 开发环境中创建一个新工程项目，项目名称也为 ptc18－5。最后输入 C 源程序文件 ptc18－5.c。

```
#include <pic.h>                               //包含头文件
//-----------------------------------------------------------------
#define uchar unsigned char                    //数据类型的宏定义
#define uint unsigned int
__CONFIG(HS&WDTDIS&PWRTEN&BORDIS&LVPDIS);      //器件配置
#define INT_KEY RB0                            //正转按键
#define S1_KEY RB1                             //反转按键
uchar step;                                    //步进范围 0～1023，相应的电动机旋转 360°
uint old_val,new_val;                          //设置过去值，当前值
uchar Direction_Flag;                          //转动方向定义
uchar const Tab_ffw[8] = {0x01,0x03,0x02,0x06,0x04,0x0c,0x08,0x09};//正转八拍工作方式
uchar const Tab_rev[8] = {0x09,0x08,0x0c,0x04,0x06,0x02,0x03,0x01};//反转八拍工作方式
//-----------------------------------------------------------------
void delay_ms(uint len)                        //定义延时子函数，延时时间为 len 毫秒
{
    uint i,d = 100;
    i = d * len;
    while(--i){;}
}
//************** 定时器 T0 初始化 **************
void TMR0_init(void)
{
```

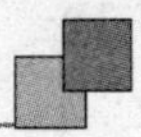

```
  PSA = 0;                              //T0  使用预分频器
  PS0 = 0;PS1 = 1;PS2 = 0;              //T0 选择分频率为 1:8
  T0CS = 0;                             //内部时钟定时方式
  TMR0 = 0x83;                          //定时时间:1000μs,误差:0μs
}
//************** 端口初始化 **************
void PORT_init(void)
{
  TRISB = 0xff;
  PORTB = 0xff;
  TRISC = 0xf0;
  PORTC = 0xf0;
}
//************** 器件初始化 **************
void initial(void)
{
PORT_init( );
TMR0_init( );
T0IE = 1;                               //T0 开中断
GIE = 1;                                //开总中断
}
//************ 正转运行 ************
void ffw(uchar phasic)
{
  switch (phasic)
    {
      case 0: PORTC = Tab_ffw[0]; break;
      case 1: PORTC = Tab_ffw[1]; break;
      case 2: PORTC = Tab_ffw[2]; break;
      case 3: PORTC = Tab_ffw[3]; break;
      case 4: PORTC = Tab_ffw[4]; break;
      case 5: PORTC = Tab_ffw[5]; break;
      case 6: PORTC = Tab_ffw[6]; break;
      case 7: PORTC = Tab_ffw[7]; break;
    }
}
//************ 反转运行 ************
void rev(uchar phasic)
{
  switch (phasic)
```

```
    {
      case 0: PORTC = Tab_rev[0]; break;
      case 1: PORTC = Tab_rev[1]; break;
      case 2: PORTC = Tab_rev[2]; break;
      case 3: PORTC = Tab_rev[3]; break;
      case 4: PORTC = Tab_rev[4]; break;
      case 5: PORTC = Tab_rev[5]; break;
      case 6: PORTC = Tab_rev[6]; break;
      case 7: PORTC = Tab_rev[7]; break;
    }
}
//****************** 主函数 ****************
void main(void)
{
 initial( );                                    //调用器件初始化子函数
 while(1)                                       //无限循环
 {
   if(! INT_KEY){if(new_val<1023)new_val + = 1;}     //得到正转控制的目标值
   if(! S1_KEY){if(new_val>0)new_val - = 1;}         //得到反转控制的目标值

   //*********** 得到正转或反转的方向及增量(控制量) *********
   if(new_val>old_val) {Direction_Flag = 1;step = new_val - old_val;}
   else if(old_val>new_val){Direction_Flag = 2;step = old_val - new_val;}
   else if(old_val = = new_val){Direction_Flag = 0;}//停转

   old_val = new_val;                           //当前值保存为过去值,准备下一次处理
   delay_ms(3);                                 //延时 3ms
 }
}
/******************* 中断子函数 ******************/
void interrupt ISR(void)
{
 static uchar i,j;                              //定义静态变量
 if(T0IF)                                       //如果 1ms 到
 {
  //****************************************
  T0IF = 0;                                     //清除定时器溢出标志
  TMR0 = 0x83;            重装定时器初值
   //===========================
   if(Direction_Flag = = 1)                     //如果是正转标志则正转
   {
      if( ++ j>step){j = 0; Direction_Flag = 0;} //转动值超过增量值即停转
```

```
        else
        {
          if( ++ i>7)i = 0;                        //每一周期为八拍
          ffw(i);                                  //正转运行
        }
      }
    //==============================
    if(Direction_Flag = = 2)                       //如果是反转标志则反转
    {
        if( ++ j>step){j = 0; Direction_Flag = 0;} //转动值超过增量值即停转
        else
        {
          if( ++ i>7)i = 0;                        //每一周期为八拍
          rev(i);                                  //反转运行
        }
    }
    //***************************************
  }
}
```

编译通过后，我们可进行软件模拟仿真或硬件在线仿真。下面将 ptc18 - 5.hex 文件烧入芯片中。

PIC DEMO 试验板上相关的端口及 5 V 电源、地线连接到扩展板上。通电以后，按动 INT 键或 S1 键后，步进电动机可在360°范围内的任意角度正反向转动，模拟出一个指针仪表的动作。

参考文献

[1] 李学海编著. PIC 单片机实用教程. 基础篇[M]. 北京:北京航空航天大学出版社,2002.

[2] 张明峰编著. PIC 单片机入门与实战[M]. 北京:北京航空航天大学出版社,2004.

[3] 李荣正等编著. PIC 单片机原理及应用[M]. 第 3 版. 北京:北京航空航天大学出版社,2006.

[4] 刘和平编著. PIC16F87X 单片机实用软件与接口技术[M]. 北京:北京航空航天大学出版社,2002.

[5] 谭浩强著. C 程序设计[M]. 第 2 版. 北京:清华大学出版社,1999.

[6] 周兴华编著. 手把手教你学单片机 C 程序设计[M]. 北京:北京航空航天大学出版社,2007.

[7] PIC16F87XA DATA SHEET,2003 MICROCHIP TECHNOLOGY INC.